Lüftungs- und Klimaanlagen

einschließlich Luftheizung

Von

Ing. M. Hottinger
Privatdozent an der Eidgen. Techn. Hochschule
in Zürich

Mit 145 Abbildungen
und 39 Zahlentafeln im Text

Berlin
Verlag von Julius Springer
1940

ISBN-13:978-3-642-98545-4 e-ISBN-13:978-3-642-99360-2
DOI: 10.1007/978-3-642-99360-2

Vorwort.

In der letzten Zeit ist so viel über Klimaanlagen geschrieben worden, daß der Fernerstehende glauben könnte, es handle sich um ein neues Gebiet, das die einfachen Lüftungsanlagen vollständig zu verdrängen im Begriffe sei. Beides ist falsch. Klimaanlagen werden schon seit über 30 Jahren in großer Vollkommenheit gebaut, spielen aber bei den klimatischen Verhältnissen Mittel- und Nordeuropas nicht die gleiche Rolle wie in vielen Gegenden Amerikas, dem klassischen Lande der Klimatisierung, und in den Tropen. Es ist daher verständlich und durchaus richtig, wenn bei uns der Selbstlüftung der Räume, nötigenfalls unterstützt durch geeignete Fensterbauarten, Abluftschächte usw. und den gegenüber den vollselbsttätigen Klimaanlagen billigeren, gewöhnlichen Lüftungsanlagen, da, wo sie ihre Aufgabe zu erfüllen vermögen, der Vorzug gegeben wird. Müssen außer genügender Reinheit auch Temperatur und Feuchte der Raumluft gewährleistet werden, so sind allerdings Klimaanlagen auch bei uns nicht zu umgehen.

Aus diesen Überlegungen heraus habe ich in dem vorliegenden Buch nach Angaben allgemeiner Art und einem grundlegenden Abschnitt über die Luft zuerst die natürliche oder Selbstlüftung der Räume und ihre Steigerung unter Zuhilfenahme einfacher Mittel (die sog. freie Lüftung), ferner die gewöhnlichen Lüftungsanlagen mit Lüfterbetrieb behandelt. Es war naheliegend, anschließend auch die damit nah verwandten Luftheizungen, die oft gleichzeitig auch zur Lüftung dienen, mit einzubeziehen. Darauf erst folgen die Klimaanlagen, wobei zuerst kurz auf die Außen- und Innenklimaverhältnisse, die Behaglichkeits- und sonstigen Anforderungen, sowie die Behaglichkeitsmaßstäbe, eingegangen wird. In diesem Zusammenhang sei mein im Jahre 1938 im gleichen Verlag erschienenes Buch „Klima und Gradtage in ihren Beziehungen zur Heiz- und Lüftungstechnik" [5] erwähnt. Es enthält eine Menge klimatischer Grundlagen, weshalb ich mich diesmal in dieser Hinsicht kurz gefaßt habe. Schließlich sind noch einige Anforderungen an die Lüftungs- und Klimaanlagen bei einigen beispielsweise herausgegriffenen Raumarten angegeben. Es war verlockend, diesen Abschnitt weiter auszuarbeiten. Wenn ich davon abgesehen habe, so geschah es in Hinsicht auf den Umfang des Buches, aber auch, weil diesbezüglich auf die unlängst erschienene 2. Auflage des Buches Kämper-Hottinger-v. Gonzenbach: „Die Heiz- und Lüftungsanlagen in den verschiedenen Gebäudearten" [18] sowie auf zahlreiche andere Arbeiten, in denen vielfach auch ausgeführte Anlagen beschrieben sind, hingewiesen werden konnte. Das bezieht sich insbesondere auf Sondergebiete, wie z. B. die Lüftung von Luftschutzräumen, Fahrzeugen, Stallungen usw. Desgleichen ließ ich einen anfänglich geplanten Abschnitt über Meßgeräte und Meßverfahren weg, weil das unter [27] angeführte Buch von Bradtke und Liese über raumklimatische Messungen Aufschluß gibt und auch über die Geräuschmessung usw. zahlreiche Arbeiten vorliegen. Desgleichen bin ich auf die üblichen Berechnungen der Anlagen (Bestimmung der Kanalwiderstände usw.) nicht eingegangen, weil diese in dem von Gröber und Bradtke bearbeiteten Rietschelschen Leitfaden der Heiz- und Lüftungstechnik [6] mustergültig behandelt sind. Von den industriellen Klimaanlagen sind die Befeuchtungs- und Entnebelungsanlagen erwähnt, dagegen bestand nie die Absicht, auch auf die industriellen Kühl-, Trocken-, Entstaubungsanlagen und ähnliche Sonderausführungen, über die ebenfalls schon ausführliche Bücher bestehen, einzugehen. Desgleichen wurden die zum Schutze der Arbeiter gegen gesundheitsschädliche Gase, Dämpfe, große Hitze usw. zu erstellenden Anlagen nicht näher behandelt. Ich begnügte mich damit, als Beispiele unter Abschnitt VII 7 im Zusammenhang mit der Besprechung der Lüftungsanlagen in Großkraftwagenräumen auf die in den Wagenwäschereien und unter Abschnitt VII 8 auf die vom gesundheitlichen Standpunkt aus besonders wichtigen Anlagen in Farbspritzereien hinzuweisen.

Willkommen zur Durchführung von Sonderstudien wird außer den zahlreichen Fußnotenhinweisen das am Schluß des Buches beigegebene ausführliche Schrifttumverzeichnis über Bücher und Aufsätze sein.

Nur auf diese Weise war es möglich, einen zu großen Umfang des Buches zu vermeiden und es dennoch zu einem umfassenden Wegweiser auszugestalten. Der Lüftungsfachmann wird leicht erkennen, daß viel eigene Erfahrungen, aber auch die Erfahrungen und Ansichten einer großen Zahl von Fachkollegen, die sich im Schrifttum in wertvollen Arbeiten geäußert haben, darin niedergelegt sind. Ich darf daher wohl die Hoffnung aussprechen, daß das Buch, trotz der erwähnten Beschränkungen, oder vielleicht gerade deswegen, zahlreiche Freunde finden und sich als zuverlässiger Führer erweisen werde.

Zürich, im Januar 1940.

M. Hottinger.

Inhaltsverzeichnis.

I. Allgemeines.

Der Mensch lüftet seine Aufenthaltsräume seit der Urzeit. Anfänglich geschah dies allerdings in sehr einfacher Weise dadurch, daß er im Dach seiner Behausungen Öffnungen anbrachte, durch die der Rauch des offenen Herdfeuers abzog. Später wurden von den an die Wände verlegten Feuerstellen, den Kaminen und Herden, ins Freie führende Schornsteine und über den Herden mächtige Rauchfänge erstellt[1]. Die Zuluft konnte mit Leichtigkeit durch die vielen Undichtigkeiten von außen her einströmen, um so mehr, als die Fenster, sogar als bereits Burgen, Schlösser und städtische Bürgerhäuser erstellt wurden, noch keineswegs wie heute durch Glas, sondern nur mit mehr oder weniger luftdurchlässigen Verkleidungen notdürftig verhängt waren. Als gut schließende Fenster aufkamen, wurde der Abschluß der Räume gegen das Freie erheblich besser, trotzdem genügten die Undichtigkeiten in den Umfassungswänden und das gelegentliche Öffnen von Fenstern und Türen, um die erforderliche Lüftung herbeizuführen, wie das ja auch heute noch zumeist der Fall ist.

Im Laufe der Zeit machte sich aber doch das Bedürfnis geltend, manchmal noch besondere Abluftkanäle zu erstellen, wodurch bei Temperaturunterschieden zwischen innen und außen ein erhöhter Luftwechsel zustande kam, ohne daß die Fenster geöffnet werden mußten. Und als die Lüftungstechnik noch weiter fortgeschritten war, wurde die Luft zur Erhöhung des Auftriebes am untern Ende dieser Kanäle noch erwärmt, oder man führte die Schornsteine durch oder neben denselben hoch, insbesondere seitdem die Sammelheizungen Verbreitung erlangt hatten. In den Räumen wurden diese Kanäle meist mit untern und obern Abluftgittern und Jalousieklappen versehen, von denen man, wenn die Wärme möglichst beseitigt werden sollte, die obern, wenn sie möglichst zusammengehalten werden mußte, die untern öffnete. Wünschte man den Räumen außerdem vorgewärmte Frischluft zuzuführen, so wurden auch etwa in den Kellern gelegene und mit Heizkörpern oder Rippenrohren vollgepackte Heizkammern erstellt, von denen Zuluftkanäle nach den Räumen hinauf führten. In ähnlicher Weise, jedoch unter Erstellung von Umluftkanälen, die die aus den Räumen abströmende Luft wieder zu den Heizkammern zurückleiteten, wurden auch Luftheizungen ausgeführt, die unter Beimischung von Frischluft oder bei reinem Frischluftbetrieb gleichzeitig auch zum Lüften der Räume benutzt werden konnten.

Vor Jahrzehnten schon wurden etwa auch kleine Lüfter in die Mauern oder Fenster eingesetzt und in Ermangelung von elektrischer Energie durch an die Druckwasserleitung angeschlossene Wasserrädchen betätigt. Diese Ausführungen

[1] Vgl. z. B. Hottinger, M.: Die geschichtliche Entwicklung der Heiz- und Lüftungstechnik bis zur Mitte des XIX. Jahrhunderts, Denkschrift zum 25jährigen Bestehen des Vereins Schweiz. Centralheizungs-Industrieller 1932.

beschränkten sich jedoch auf ganz kleine Leistungen, wobei sich die Betriebskosten trotzdem verhältnismäßig hoch stellten. Ausnahmsweise kamen in der zweiten Hälfte des letzten Jahrhunderts jedoch auch schon große Lüfter zur Anwendung, deren Antrieb in schwerfälliger Weise durch kleine, lotrecht stehende Dampfmaschinen erfolgte (Abb. 1). Man führte damals sogar Fern-Luftheiz- und -Lüftungsanlagen unter Benutzung solcher Lüfter aus, bei denen die Luft vom Kesselhaus aus durch gemauerte Bodenkanäle nach den zu heizenden Gebäuden befördert wurde. Vor ihrem Eintritt in die Räume wurde sie durch dampfbeheizte Nachwärmheizkörper noch endgültig auf die gewünschte Temperatur gebracht. In der Schweiz entstanden solche Anlagen beispielsweise im Jahr 1869 im Kantonsspital St. Gallen und in der Heilanstalt Königsfelden,

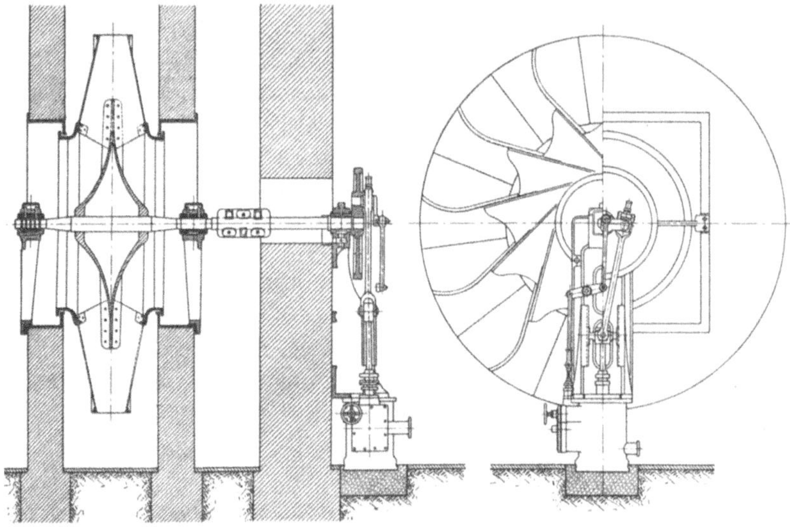

Abb. 1. Durch lotrecht stehende Dampfmaschine angetriebener Lüfter aus den 60er Jahren des letzten Jahrhunderts. Flügeldurchmesser 3 m, Drehzahl 120/min, Fördermenge 32000 m³/h, Dampfspannung 2 atü.

1883 im Inselspital Bern, 1884 im Kantonsspital Aarau usw. Außer zum Heizen wurden sie gleichzeitig zum Lüften benutzt.

Daß das Lüftungsfach unter diesen Umständen keinen rechten Aufschwung nehmen konnte, ist begreiflich. Er erfolgte erst, als die Ausbreitung der Elektrizitätsversorgung im letzten Viertel des vorigen und zu Beginn des jetzigen Jahrhunderts sich vollzog, weil es dadurch möglich wurde, die Lüfter in einfachster Weise auf elektrischem Wege anzutreiben. Damit setzte auch die bekannte Entwicklung der Lüftungs-, und neuerdings der Klimatechnik, sowie, nun unter Anwendung von Lüftern, ein erneuter Aufschwung der Luftheizungen ein.

Allerdings waren die im ersten Jahrzehnt des jetzigen Jahrhunderts ausgeführten Anlagen noch wenig befriedigend. Sowohl die gemauerten oder in Rabitz ausgeführten Luftkanäle als die geräumigen Heizkammern, in die an die Sammelheizungen angeschlossene Rippenrohre oder Radiatoren und bisweilen zur Befeuchtung der Luft auch Dunstgefäße hineingestellt wurden, erforderten sehr viel Platz und waren daher den Architekten nicht willkommen. Auch wurden sie vielfach nicht sauber gehalten und von den Hauswarten gelegentlich als Abstellräume und sogar Kleintierstallungen benutzt. Dazu kam, daß die Luftführung in den Räumen manchmal zu wünschen übrig ließ. Zugerscheinungen, störende Geräusche, Schwärzungen der Wände und Decken über den Lufteintrittsgittern waren an der Tagesordnung. Auch beklagten sich die Krankenhausärzte vielfach darüber, daß die Luftwege nicht richtig gereinigt werden konnten, weshalb solche Anlagen in gesundheitlicher Beziehung mehr eine Gefahr als ein Vorteil seien.

Das Bedürfnis nach guten Lüftungsanlagen und sachgemäßen Großraumluftheizungen war aber vorhanden und nahm zufolge der ständig wachsenden Verunreinigung der Stadtluft (durch die Überhandnahme der Kraftwagen usw.),

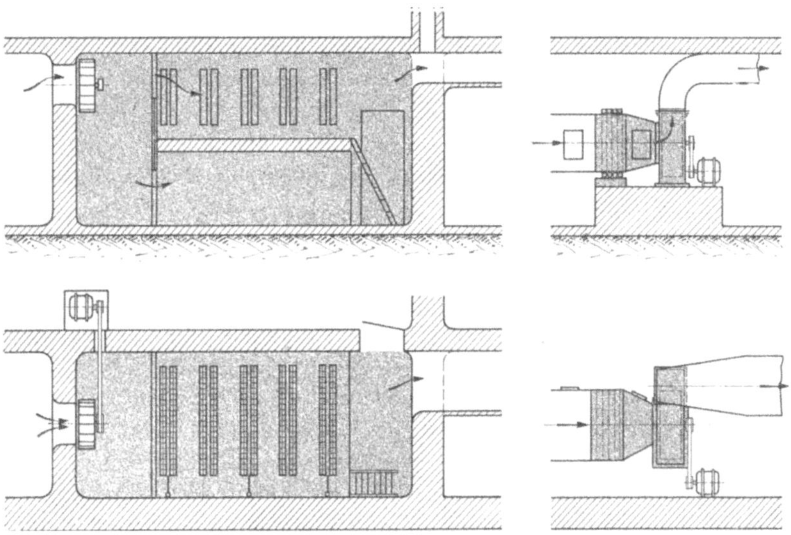

Abb. 2. Platzbedarf einer gemauerten Heizkammer mit hineingestellten Heizkörpern und eines Sendric-Lufterhitzers gleicher Leistung (um 1915).

der sich ändernden Bauweisen, der immer stärkeren Ausnutzung des Platzes in den Gebäuden und nicht zuletzt infolge der erhöhten Anforderungen an gute Luft und gesunde Arbeitsräume, ständig zu. Wie das Verlangen nach besserer Beleuchtung, so stieg auch das Verlangen nach besserer Belüftung der Räume. Das führte zu einer raschen Verbreitung der Lüfter und, zufolge der erhöhten Nachfrage, auch zu ihrer baulichen Verbesserung. Fördernd war, daß die Elektrizitätsversorgung inzwischen bis in die kleinsten Dörfer hinaus Verbreitung erlangt hatte, so daß der Antrieb der Lüfter keinen Schwierigkeiten mehr begegnete.

Zu den ursprünglich meist verwendeten Schraubenlüftern gesellten sich im ersten Jahrzehnt dieses Jahrhunderts die Luftturbinen und die neuzeitlichen, vielschaufligen Kreisellüfter. Aber auch in anderen Beziehungen begann man um jene Zeit die Lüftungsanlagen, den amerikanischen Vorbildern folgend, überlegter auszuführen. Die geräumigen Heizkammern machten weniger Raum erfordernden Lufterhitzern Platz (Abb. 2). Auf die schmiedeisernen Röhrenlufterhitzer und die anfänglich schweren gußeisernen Ausführungen (Vento, Sendric, Rhombicus usw.) folgten die heute gebräuchlichen, wesentlich leichteren, schmiedeisernen Lamellenlufterhitzer und schmiedeisernen Rippenröhren. Ferner traten an Stelle der erwähnten gemauerten oder in Rabitz aufgeführten Luftkanäle solche aus verzinktem Eisenblech. Die erreichten Vorteile waren: dichte Wandungen, größere Sauberkeit (Vermeidung von Staubecken) und kleinere Platzinanspruchnahme bei geringeren Reibungswiderständen. Auch achtete man in erhöhtem Maße auf die Verminderung der Einzelwiderstände in den Luftwegen und auf zweckmäßigere Luftführung in den Räumen zur Vermeidung von Zugerscheinungen.

Wie das in der Heiztechnik schon früher der Fall war, setzte nun auch in der Lüftungstechnik die wissenschaftliche Durchdringung in erhöhtem Umfange ein. Zahlreiche Versuche in den Prüfanstalten von Hochschulen, auf den Prüfständen der Industrie und an ausgeführten Anlagen lieferten wertvolle Berechnungs- und Konstruktionsgrundlagen. Beispielsweise gelang es, langsamer und dadurch geräuschloser laufende Lüfter zu bauen, was zur Vermeidung störender Geräusche wertvoll war.

Statt durch Elektromotoren wurden die Lüfter bisweilen (wie die Pumpen von Pumpenheizungen) auch durch mit Niederdruckdampf gespeiste Kleindampfturbinen angetrieben. Bei großen Anlagen stellte man manchmal sogar einen Elektromotor und außerdem eine Dampfturbine auf, zwecks Schaffung einer Reserve, die insbesondere so lange am Platz war, als an den Elektromotoren und der Stromzuführung noch öfter Störungen auftraten. Zudem ist die Antriebskraft bei Dampfturbinenantrieb besonders billig, sofern der Abdampf zu Heizzwecken (z. B. zur Luft- oder Wassererwärmung) ausgenutzt werden kann.

Viel gesprochen und geschrieben wurde, namentlich im zweiten Jahrzehnt des jetzigen Jahrhunderts, über die Luftführung in den Räumen, beispielsweise in Theatern, Konzertsälen usw. Den Verfechtern der Lüftung von oben nach unten standen solche gegenüber, die von unten nach oben, andere, die von oben nach oben lüften wollten usw. In der Zwischenzeit sind auch in dieser Hinsicht ausgiebige Erfahrungen gesammelt worden[1].

Die Aufgabe der gewöhnlichen Lüftungsanlagen besteht darin, die Luftverhältnisse in den Räumen zu verbessern und außerdem den Luftdruck in den Gebäuden so zu regeln, daß keine unzweckmäßigen Luftströmungen zwischen den einzelnen Räumen und keine bzw. weniger Zugerscheinungen von außen her auftreten. Natürlich können solche Anlagen an heißen Sommertagen oder bei starker Wärmeentwicklung in den Räumen, z. B. infolge des Aufenthaltes einer großen Zahl von Menschen, bis zu einem gewissen Grade auch zur Beseitigung der überschüssigen Wärme benutzt werden, insbesondere bei kühlen Außentemperaturen, wenn die Luft mit Temperaturen in die Räume eingeblasen wird, die unter derjenigen der Raumtemperatur liegen. Für den Sommer sind zur Kühlung der Luft allerdings besondere Einrichtungen erforderlich. Sieht man außerdem noch Luftfilter sowie Ent- und Befeuchtungsmöglichkeit der Luft vor, so entstehen dadurch die eigentlichen „Klimaanlagen“, wie sie beispielsweise von CARRIER in Amerika schon vor mehr als 30 Jahren gebaut wurden. Auch v. LINDE hat in einem im Jahr 1908 auf dem 1. Internationalen Kälte-

[1] In bezug auf die Entwicklung der Lüftungstechnik vgl. u. a. MARX, A.: Die Lüftungstechnik der letzten 50 Jahre. Heizg. u. Lüftg. Bd. 4 (1930) Heft 11 S. 211/222.

kongreß in Paris über Kälteanlagen für bewohnte Räume gehaltenen Vortrag schon auf die Wichtigkeit solcher Anlagen zur Herabsetzung der Temperatur und des Feuchtegrades der Luft in bezug auf die Erhaltung der menschlichen Gesundheit unter besonderen klimatischen Verhältnissen hingewiesen. Er führte aus, daß die Kältetechnik für die Einhaltung der Temperaturen mindestens dieselbe Gewähr zu leisten vermöge wie die Heizung auf ihrem Gebiet. An Beispielen erwähnte er ein Familienhaus bei Frankfurt a. M., dessen Besitzer seit 15 Jahren seine Kühlanlage für 4 Zimmer während den heißen Tagen mit gleichbleibender Befriedigung in Gang setze. Ferner konnte er hinweisen auf gekühlte Zimmer in amerikanischen Wohnhäusern, gekühlte Laboratorien im National Bureau of Standards in Washington, auf die Büros der Hannover Nationalbank in New York, auf Säle für 1400 Angestellte im Kaiserlichen Fernsprechamt Hamburg, in denen die Kühlanlage nicht nur in Hinsicht auf die Gesundheit der Angestellten erstellt worden war, sondern auch, um die Geräte vor Schaden zu bewahren. Weiter führte er die Versammlungsräume der Cooling Public Halls, den Speisesaal des Hotels Astor in New York, einige Säle im Auditorium-Annex-Hotel in Chicago und das Stadttheater in Köln a. Rh. an[1].

Wenn die Verwendung von Kältemaschinen zur Kühlung von Aufenthaltsräumen bei uns der im Verhältnis zu den kurzen Benützungszeiten sehr hohen Anschaffungskosten wegen auch nicht die Verbreitung erlangt hat, die LINDE damals vielleicht erwartet hat, sondern hierzu nach Möglichkeit einfach kaltes Brunnenwasser verwendet wird, so haben die Kältemaschinen doch für eigentliche Kühlräume und an Orten, wo kaltes Wasser nicht in genügender Menge zur Verfügung steht, auch bei den Klimaanlagen für Aufenthaltsräume, Verwendung gefunden. Bemerkenswert ist jedenfalls, daß man sich schon vor über 30 Jahren ernstlich mit den Fragen der Raumklimatisierung beschäftigt hat. Und sehr erfreulich ist, daß sich in neuerer Zeit nicht nur die Techniker, sondern auch die Hygieniker und Biologen in immer steigendem Maße damit befassen. In bezug auf Arbeitsräume, Warenlager usw. ist dies von seiten der Industrie und des Gewerbes schon länger der Fall [hierüber vgl. Abschnitt VI 1a)].

Heute ist es bei rechtzeitiger Zusammenarbeit von Architekt und Lüftungsfachmann und Zurverfügungstellung der erforderlichen Mittel durch die Bauherren durchaus möglich, in jeder Hinsicht befriedigende Lüftungs- und Klimaanlagen zu erstellen. Leider mußte man jedoch und muß auch heute noch die Erfahrung machen, daß es vielfach an der Bedienung fehlt, weshalb die Anlagen in steigendem Maße vollselbsttätig ausgeführt werden. Auch ist zu erwähnen, daß bisweilen übertriebene Sparsamkeit der Anlagebesitzer zu Anständen führt. Wenn z. B. in Gaststätten hohe Elektrizitätsrechnungen herabzumindern sind, so wird meist in erster Linie die Lüftung abgestellt, obschon sie, auch bei ausreichendem Betrieb, in der Regel nur geringe Betriebsauslagen verursacht. Es wäre der Lüftungsindustrie zweifellos förderlich, wenn die Lieferanten ihre Abnehmer über die Betriebskosten der Anlagen mehr aufklären wollten, als dies z. Z. der Fall ist. Die genannte Erfahrung hat an einzelnen Orten dazu Veranlassung gegeben, daß zur Überwachung der Betriebsstunden, z. T. freiwillig, z. T. auf Veranlassung der Behörden, Betriebsstundenzähler eingebaut oder

---

[1] Vgl. Gesundh.-Ing. Bd. 31 (1908) Heft 50 S. 797.

Maßnahmen verlangt werden, die die Ausführung gewisser Arbeitsvorgänge *nur* ermöglicht, wenn die Lüftung im Betrieb steht (vgl. z. B. Abschnitt VII 7).

Weiter ist in bezug auf die Absatzmöglichkeit von Lüftungs- und Klimaanlagen zu erwähnen, daß die Anlagekosten nicht nur in ihrem Verhältnis zu den allgemeinen Baukosten der Gebäude, sondern auch in Hinsicht auf die dadurch erzielbare Erhöhung der Wohnbehaglichkeit, der Hebung der Gesundheit, der Steigerung der Arbeitsfreudigkeit und Leistungsfähigkeit und bei Arbeitsräumen, Lagern, Museen usw. in bezug auf die Erleichterung der Arbeitsvorgänge und die bessere Lagermöglichkeit der Waren, einzuschätzen sind.

Beim Überblicken des Entwicklungsganges der Lüftungs- und Klimatechnik erkennt man, daß sie von den einfachen, als Rauchabzug dienenden Öffnungen in den Hüttendächern bis zu den heutigen, vollselbsttätig geregelten Anlagen, mit denen es möglich ist, die gewünschte Reinheit, Temperatur, Feuchte und Bewegung der Luft in den Räumen mühelos und vollständig sicher zu erreichen, einen weiten Weg zurückgelegt hat. Die Verbreitung dieser Anlagen setzte ein, sobald die Vorbedingungen für den einfachen Antrieb der Lüfter gegeben waren und hat inzwischen ein Ausmaß angenommen, das, wenn auch nicht in allen Ländern im gleichen Maß, so doch vielerorts erhebliche Absatzmöglichkeiten bietet.

Stellt man die verschiedenen Arten der Raumlüftung und -klimatisierung zusammen, so gelangt man etwa zu folgender Übersicht:

I. Ohne Lüftung.

Genügende Bemessung des Luftinhaltes hermetisch abgeschlossener Räume, z. B. von Luftschutzräumen ohne Lufterneuerung.

II. Natürliche oder Selbstlüftung.

Lüftung durch die natürlichen Undichtigkeiten der Umfassungswände ohne Öffnen der Fenster.

III. Freie Lüftung[1].

1. Nach II, aber unterstützt durch Fensterlüftung.
2. Wie III 1, aber außerdem unterstützt durch Abluftschächte, Dachreiter usw., nötigenfalls unter Anbringen von Zuluftöffnungen bzw. -kanälen und Vorwärmung der zuströmenden Ersatzluft.
3. Wie III 2, aber unter Anwendung von Mitteln zur Erhöhung des Auftriebes in den Abluftschächten, wie Erwärmung der Abluft, Aufsetzen von Saugern usw.

IV. Erzwungene Lüftung[1].

1. Lüftung mittels Lüftern,

a) Sauglüftung,

b) Drucklüftung,

c) Verbundlüftung (Druck + Sauglüftung)

---

[1] Die Bezeichnungen *freie* und *erzwungene* Lüftung entsprechen dem Vorschlag des Fachausschusses für Lüftungstechnik des VDI [9]. Sie sind den Begriffen „*Wärmeübertragung bei freier Strömung*“ und „*Wärmeübertragung bei aufgezwungener Strömung*“ nachgebildet.

2. Klimaanlagen

a) zur Regelung der Reinheit, Temperatur, Feuchte und Bewegung der Luft

α) in bezug auf Behaglichkeit in Versammlungsräumen, Theatern, Lichtspieltheatern usw.,

β) in bezug auf die Verarbeitung oder Aufbewahrung von Gegenständen in Werkräumen, Lagern, Museen usw.

b) Anlagen zur Lösung von Teilaufgaben, z. B. Luftheizungen zur Regelung der Temperatur, Befeuchtungsanlagen und -geräte zur Befeuchtung der Raumluft, Entnebelungsanlagen zur Entnebelung der Räume, Trockenanlagen zur Trocknung von Waren, Klimageräte zur Kühlung der Räume usw.

c) Sonderausführungen zum Schutze der Arbeiter in Werkräumen gegen die schädlichen Einwirkungen von Gasen, Dämpfen, Staub, großer Hitze usw. [Vgl. außerdem Abschnitt IV 2d).]

II. Die Luft.

1. Zusammensetzung der Luft.

Die Luft ist ein zur Hauptsache aus Stickstoff, Sauerstoff und Wasserdampf bestehendes Gasgemisch, das je nach den örtlichen Verhältnissen verschieden große Beimengungen von Kohlensäure, Argon, Ammoniak, Wasserstoffsuperoxyd, Salpetersäure, schwefliger Säure, Ozon, Staub, Ruß usw. enthält. Nach Raumteilen gemessen umfaßt die normalerweise eingeatmete Luft durchschnittlich 78,5 vH Stickstoff, 20,8 vH Sauerstoff und 0,03 vH Kohlensäure, die ausgeatmete etwa 79,3 vH Stickstoff, 15,8 vH Sauerstoff und 4,4 vH Kohlensäure. Wenn geraucht wird, enthält sie auch Kohlenoxyd usw. [vgl. Abschnitt IV 1a)]. In gewissen industriellen und gewerblichen Betrieben (z. B. in Wagenlackierereien, Malereien mit Anwendung des Farbspritzverfahrens, in den Wagenwäschereien von Kraftwageneinstellräumen, in denen mit Petrol gespritzt wird usw.) sind manchmal auch giftige Beimengungen in gefährlicher Anreicherung vorhanden. An solchen Orten ist den Lüftungseinrichtungen daher besondere Aufmerksamkeit zu schenken (vgl. die Abschnitte VII 7 und VII 8).

In bezug auf die Behaglichkeit ist außer der Reinheit und Temperatur der Luft auch ihr Wasserdampfgehalt, insbesondere bei hohen Temperaturen [vgl. Abschnitt VI 1 c) α)], von erheblichem Einfluß, und möglicherweise spielen auch ihre elektrische Ladung und ihr Ionengehalt eine Rolle[1]. Die neueren Anschau-

---

[1] Vgl. z. B. Kunow: Zur Kenntnis der Beziehungen zwischen Luftelektrizität und Wohlbefinden des Menschen. Z. Hyg. Bd. 80 (1915) S. 485/503. — Korff-Petersen, A.: Untersuchungen über den Einfluß luftelektrischer Faktoren, insbesondere der Ionisation, auf das Wohlbefinden des Menschen. Z. Hyg. Bd. 80 (1915) S. 505/548. — Missenard, A. [1] Abschnitt 6: Einfluß des Erdkraftfeldes und der Ionisation der Luft, S. 100/114. — Brezina und Schmidt [2] Abschnitt: Ionisierung, S. 73/75. — Witz, H. E.: Die Frage der Klimatisierung. Gesundh.-Ing. Bd. 60 (1937) Heft 40 S. 611. — Meixner, H. A.: Der Einfluß der Luftelektrizität bei Lüftungs- und Klimaanlagen. Gesundh.-Ing. Bd. 60 (1937) Heft 52 S. 782/785. — Brezina, E.: Das Klima im geschlossenen Raum. Gesundh.-Ing. Bd. 61 (1938) Heft 39 S. 536. — Liese, W.: Die heutigen Anschauungen über die Frage der Luftelektrizität im Raum. Gesundh.-Ing. Bd. 61 (1938) Heft 36 S. 495/499 und Ge-

ungen in bezug auf den Einfluß der Ionisation der Luft gehen allerdings dahin, daß von den Kleinionen ihrer geringen Zahl und deren großen natürlichen Schwankungen wegen keine biologischen Wirkungen zu erwarten sind. Und bei den Großionen gilt nach LIESE, JUSATZ und LOSNITZER, daß nicht ihre Ladung, sondern ihre Natur (d. h. ihre chemische Zusammensetzung) für ihre biologische Wirkung verantwortlich zu machen ist. Sie wirken demzufolge wie Kondensationskerne. Ihre Ladung ist Nebensache. Künstlich entionisierte Luft hat keinen Einfluß auf den menschlichen Körper, so daß es kaum statthaft erscheint, den normalen Schwankungen der Luftionisation einen biologischen Einfluß zuzuschreiben (BRANDT, FERVERS[1]). Auch in Berichten über ungewöhnlich große Luftionisationen sind keine Angaben über eingetretene oder beobachtete Gesundheitsschädigungen enthalten[2]. Desgleichen ist die heutige Gesundheitslehre der Ansicht, daß die früher angenommene Beeinträchtigung des Wohlbefindens durch ein sog. Menschengift oder Kenotoxin (nicht zu verwechseln mit den Riech- und Ekelstoffen) außer Betracht fällt. Der bekannte Zürcher Hygieniker v. GONZENBACH schreibt diesbezüglich z. B.[3]:

„Sie (die Lüftung) war demnach bestrebt, und gewiß mit Recht, eine möglichst reine, d. h. geruchfreie und vor allem staubfreie Luft in die geschlossenen Räume einzuführen, hatte man doch jahrelang vermutet, daß das Unbehagen, das wir Menschen in sogenannter ‚verbrauchter Luft' empfinden, auf ganz bestimmten Stoffen beruhe, die vom menschlichen Körper, namentlich dem arbeitenden, abgegeben werden, und deren Einatmung dieses bis zum Krankheitsgefühl gesteigerte Unbehagen bewirke. Man sprach von Ermüdungsstoffen, ja Ermüdungsgiften, Kenotoxinen, die aber kein Mensch jemals mit Sicherheit nachgewiesen hat — bis dann durch FLÜGGE und seine Schule der Beweis erbracht wurde, daß es nicht Atemgifte bzw. die Luft als Atmungsstoff ist, die dieses bekannte Unbehagen in überfüllten Räumen auslöst, sondern daß dasselbe zusammenhängt mit einem behinderten Wärmeaustausch mit der Umgebung.

Versuchspersonen, die in einem engen, abgeschlossenen Raume arbeiteten, aber die zu ihrer Atmung notwendige Luft aus dem Freien durch eine besondere Schlauchleitung zugeführt bekamen, erfuhren nach kurzer Zeit dieses Unbehagen, währenddem die zweite Gruppe von Versuchspersonen, die in einem gut gelüfteten Raum arbeiteten, ihre Atmungsluft aber aus der engen Kammer der ersten Gruppe bezogen, also deren ‚Kenotoxine' einzuatmen gezwungen waren, keinerlei Beschwerden verspürten.

Damit wurde mit einemmal das Problem der Lüftung zu einem Problem des körperlichen Wärmehaushaltes oder besser gesagt, des Temperaturausgleichs von Körper- und Umgebungsluft im geschlossenen Raum, also aus dem Atmungs- wurde ein Problem des Innenklimas."

---

sundh.-Ing. Bd. 61 (1938) Heft 52 S. 751. — BĚHOUNEK, F.: Der Gehalt der Luft an Ionen und Staub bei Klimaanlagen. Gesundh.-Ing. Bd. 62 (1939) Heft 18 S. 249/253. — BREZINA, E., Über das Klima in Krankenanstalten. Gesundh.-Ing. Bd. 62 (1939) Heft 32 S. 453. — MEIXNER, H. A.: Die elektrischen Eigenschaften des Raumklimas und ihre Bedeutung für den Menschen. Heizg. u. Lüftg. Bd. 13 (1939) Heft 10 S. 145/148. — FUNDER, L.: Ermittlung, Ursachen und Bedeutung des Ionengehaltes der Grubenwetter. Gerlands Beitr. Geophys. Bd. 54 (1939) Heft 4 S. 370/448, Kurzbericht in Wärme- u. Kältetechn. Bd. 41 (1939) Heft 10 S. 155.

[1] Vgl. FORSTER, H.: Studien über Kondensationskerne; ihre physikalische und biologische Bedeutung im Außen- und Innenklima [32].

[2] TCHIJEVSKY, A. L.: Action novice de l'ionisation de l'air dans certains ateliers, Arch. Med. soc. et Hyg. etc. Bd. 2 (1939) Heft 1 S. 56/72, Kurzbericht in Wärme- u. Kältetechn. Bd. 42 (1940) Heft 2 S. 31.

[3] v. GONZENBACH, W.: Die physiologischen Grundlagen der Lüftung und Heizung. Schweiz. Bl. f. Heizg. u. Lüftg. Bd. 6 (1939) LA-Sondernummer S. 20/32.

Das gilt selbstverständlich nur für Räume mit genügender natürlicher oder künstlicher Lüftung, während in Sonderfällen, z. B. in fensterlosen Räumen oder gar in luftdicht abgeschlossenen Luftschutzräumen ohne Frischluftzufuhr, in unter Wasser fahrenden U-Booten usw. das Atmungsproblem allerdings besteht. Die Luftverschlechterung zufolge Zunahme des Kohlensäuregehaltes sowie der Riech- und Ekelstoffe, anderseits die Abnahme des Sauerstoffgehaltes und außerdem das Ansteigen der Temperatur und Luftfeuchte, dürfen gewisse Grenzen nicht übersteigen.

Der Sauerstoffverbrauch eines Erwachsenen beträgt bei Ruhe etwa 22 l/h, bei schwerer Arbeit dagegen bis zu 152 l/h, die entsprechende Kohlensäureabgabe 16 bzw. bis zu 144 l/h. Der Kohlensäuregehalt der Einatmungsluft darf 2,5 vH, d. h. 25 l/m^3, keinesfalls übersteigen, und da nach dem eben Gesagten ein Erwachsener bei Ruhe diese Menge etwa in einer Stunde abgibt, so muß ihm je Stunde mindestens 1 m^3 Luftraum zur Verfügung stehen. Soll er es in einem Luftschutzraum ohne Lufterneuerung z. B. 4 Stunden lang aushalten, so ist demnach ein Luftraum von mindestens 4 m^3 je Person erforderlich. Bei körperlicher Arbeit steigt der Luftbedarf jedoch auf ein Mehrfaches an, und ebenso muß er größer sein, wenn konzentrierte geistige Arbeit zu leisten ist, weil sonst zu rasch Ermüdung eintritt. Daß dabei die Luft nicht durch Rauchen, brennende Kerzen, Öllampen usw. verdorben werden darf, ist selbstverständlich. In bezug auf den höchstzulässigen Kohlensäuregehalt in solchen Räumen schreibt beispielsweise SCHWARZ[1]:

„Verhältnismäßig große Kohlensäuremengen, und zwar 2 vH müssen die Besatzungen in U-Booten viele Stunden lang ertragen. Dabei treten häufig Kopfschmerzen auf. Dieser Kohlensäuregehalt von 2 vH bildet etwa die Grenze des Zulässigen, zumal wenn in einer solchen Luft Arbeit geleistet werden muß."

Wird die Kohlensäure durch geeignete Vorkehrungen fortlaufend absorbiert[2], ist somit nur die Abnahme des Sauerstoffgehaltes infolge der Atmung für die Raumbemessung maßgebend, so genügt unter den vorgenannten Bedingungen ein Luftraum von 1 m^3 für einen *zweistündigen* Aufenthalt, da eine Abnahme des Sauerstoffgehaltes von 21 auf 17 vH noch unschädlich ist (eine Kerze erlischt bei 16,2 vH). Der vorstehend genannte Luftschutzraum von 4 m^3 Rauminhalt je Person genügt in dem Fall also für einen achtstündigen Aufenthalt.

Allerdings muß dabei die Entwärmung des Körpers in genügendem Maße vor sich gehen können. Das bedingt, daß Temperatur und Feuchte der Luft nicht allzu hoch ansteigen. Die Erfüllung dieser Forderung hängt, sofern keine Durchlüftung oder Kühlung des Raumes stattfindet, davon ab, wieviel Wärme durch die Wände abströmt. Findet Kühlung der Luft, z. B. infolge Umwälzung durch einen Kühler, statt, so wird sie bei Unterschreitung des Taupunktes zufolge von Wasserniederschlag gleichzeitig getrocknet [Abschnitte II 6 und VI 2 b)]. Statt dessen können zur Entfeuchtung auch chemische Trockenmittel zur Anwendung gebracht werden [Abschnitt VI 2 c) β)], womit jedoch nicht nur keine

---

[1] SCHWARZ, C. L.: Zur Hygiene des Luftschutzraumes. Gesundh.-Ing. Bd. 62 (1939) Heft 38 S. 569/571.

[2] Vgl. z. B. BECHTLER, H. C.: Die maschinelle Ausrüstung von Luftschutzräumen. Schweiz. Bauztg. Bd. 114 (1939) Heft 10 S. 113/117.

Kühlung der Luft verbunden, sondern zur Beseitigung der entstehenden Wärme im Gegenteil eine solche erforderlich ist.

Werden derart luftdicht abgeschlossene Räume künstlich gelüftet, so genügt vorübergehend (bei Luftschutzräumen z. B. für die Dauer der Luftvergasung) das Einblasen von 1 bis 2 m^3/h gefilterter Frischluft je Person. Bei längerer Dauer des Aufenthaltes ist es jedoch in Hinsicht auf die Entwärmung und Entfeuchtung der Luft sowie auch sonst zur Erlangung angenehmerer Luftzustände angezeigt, mindestens 6 m^3/h Frischluft je Kopf zuzuführen[1]. Die Höhe sowohl der nicht als der künstlich gelüfteten Schutzräume soll mindestens 2 m betragen. Über die Mindestbemessung und die Größe der Selbstlüftung bei gewöhnlichen Räumen gibt Abschnitt III 1, über die Mindestbemessung sowie die einzuführenden Frischluftmengen bei Räumen mit künstlicher Lüftung Abschnitt IV 3 a) Aufschluß.

2. Das Boyle (Mariotte) und Gay-Lussacsche Gesetz.

Als Gasgemisch befolgt die Luft die Gesetze der Gase. Hiervon sind für die Lüftungstechnik diejenigen von Boyle (Mariotte) und Gay-Lussac von besonderer Wichtigkeit. Das erstere besagt, daß bei gleichbleibender Temperatur die Rauminhalte im umgekehrten Verhältnis zu den Drücken $\frac{L_1}{L_2} = \frac{p_2}{p_1}$ bzw. die Raumgewichte im gleichen Verhältnis zu den Drücken $\frac{\gamma_1}{\gamma_2} = \frac{p_1}{p_2}$ stehen.

Und nach dem zweiten der genannten Gesetze ändert sich bei gleichbleibendem Druck der Rauminhalt der Gase im gleichen Verhältnis wie die absolute Temperatur $\frac{L_1}{L_2} = \frac{T_1}{T_2}$ bzw. das Raumgewicht im umgekehrten Verhältnis zur absoluten Temperatur $\frac{\gamma_1}{\gamma_2} = \frac{T_2}{T_1}$. Die absolute Temperatur T^0 ist $= 273 + t^0$.

Bei der Erwärmung um 1^0 C dehnen sich die Gase um $\alpha = \frac{1}{273}$ ihres Rauminhaltes aus (α = Ausdehnungszahl). Setzt man das Raumgewicht des Gases bei 0^0 $\gamma_0 = 1$, so ist es bei t^0 $\gamma_t = \frac{1}{(1+\alpha_t)}$. Darin ist $\alpha_t = \frac{t}{273}$.

Erwärmt man L m^3 Luft von 0 auf t bzw. t_1^0, so sind bei gleichbleibendem Druck die neuen Rauminhalte somit

$$L_t = L\,(1 + \alpha_t)\,m^3$$
$$L_{t_1} = L\,(1 + \alpha_{t_1})\,m^3 .$$

Es besteht also die Beziehung $L_{t_1} = L_t \frac{(1+\alpha_{t_1})}{(1+\alpha_t)}\,m^3$.

In lufttechnischen Anlagen ändert sich die Temperatur der Luft auf ihrem Wege häufig, sei es durch unmittelbare Erwärmung oder Kühlung oder Wärmeentzug zufolge von Wasserverdunstung usw. Das ist bei der Berechnung der Anlagen, z. B. bei der Wahl der Lüfter, deren Kraftbedarf mit zunehmender Fördermenge steigt [vgl. Abschnitt IV 3 f) γ)], zu beachten. In manchen Fällen

---

[1] Vgl. Hottinger, M.: Die Belüftung, Entwärmung und Entfeuchtung von Luftschutzräumen. Schweiz. Bauztg. Bd. 114 (1939) Heft 17 S. 191/196.

(insbesondere bei Trocken-, Entnebelungs- und ähnlichen Anlagen) wird daher statt mit dem Rauminhalt besser mit dem bei den Temperaturänderungen gleichbleibenden Gewicht der Trocken- oder Reinluft gerechnet [vgl. Abschnitt VI 2 d) γ)].

3. Das Luftgewicht.

a) Von trockener Luft.

Das Gewicht eines m³ trockener Luft von 0° ist bei 760 mm Barometerstand nach Regnault $\gamma_0 = 1{,}293$ kg, nach dem unter Abschnitt II 2 Gesagten bei t^0 somit $\gamma_t = \frac{1{,}293}{(1+\alpha_t)}$ und bei S mm QS $= \frac{1{,}293 \cdot S}{(1+\alpha_t)\cdot 760}$ kg/m³. Zahlentafel 1 gibt eine Übersicht über die Gewichte je m³ trockener Luft bei Normalbarometerstand in Höhenlagen von 0 bis 3000 m ü. M. und Temperaturen von — 20° bis 300° C.

Zahlentafel 1. Das Gewicht je m³ trockener Luft in Höhenlagen von 0 bis 3000 m ü. M. bei Normalbarometerstand und Temperaturen von — 20° bis 300°.

Temperatur	Höhenlage m ü. M.				
	0	500	1000	2000	3000
	Durchschnittlicher Barometerstand mm QS				
	760	716	674	598	530
°C	Raumgewicht der Luft kg/m³				
— 20	1,396	1,310	1,238	1,095	0,971
0	1,293	1,218	1,146	1,017	0,902
20	1,205	1,135	1,069	0,946	0,840
50	1,093	1,028	0,969	0,859	0,761
100	0,947	0,890	0,839	0,744	0,660
200	0,746	0,702	0,661	0,587	0,520
300	0,616	0,580	0,545	0,484	0,429

b) Von feuchter Luft.

Nach dem Daltonschen Gesetz ist der Gesamtdruck p eines Gemisches von Gasen und Dämpfen gleich der Summe der Teildrücke der einzelnen Bestandteile. Handelt es sich um ein Gemisch von Luft und Wasserdampf, so ist p somit $= p_L + p_D$, wenn p_L den Teildruck der Luft und p_D denjenigen des Wasserdampfes darstellt.

Verdampft in trockene Luft Wasserdampf hinein, so steigt demnach bei gleichbleibendem Rauminhalt der Druck bzw. vergrößert sich bei gleichbleibendem Druck der Rauminhalt, indem Luft verdrängt wird. Und da das Gewicht der Luft größer als das des Wasserdampfes ist, so muß das Raumgewicht feuchter Luft kleiner als dasjenige trockener sein. Es läßt sich bestimmen nach der Gleichung

$$\gamma = \frac{1{,}293\,(S - 0{,}377 \cdot \varphi \cdot p_s)}{(1+\alpha_t)\cdot 760}\,\text{kg/m}^3 .$$

Darin ist:

S wieder der Barometerstand in mm QS,

φ die relative Feuchte der Luft in vH,

p_s der Sättigungsdruck des Wasserdampfes bei der Temperatur t der Luft in mm QS.

Über den Gewichtsunterschied trockener und vollgesättigter Luft bei einem Druck von 760 mm QS und verschiedenen Temperaturen gibt Zahlentafel 2 Aufschluß.

Zahlentafel 2. Zahlenwerte bezogen auf einen Barometerstand von 760 mm QS.

1.	2.	3.	4.	5.	6.	7.	8.	9.	10.
−20	0,927	1,396	1,395	0,77	0,63	1,1	0,9	−4,43	—
−10	0,963	1,342	1,341	1,95	1,60	2,3	1,7	−1,45	—
± 0	1,000	1,293	1,290	4,58	3,78	4,9	3,8	2,25	597,0
10	1,037	1,248	1,242	9,21	7,63	9,4	7,5	6,97	591,3
18	1,066	1,213	1,204	15,48	12,9	15	13	12,1	586,8
20	1,073	1,205	1,195	17,53	14,7	17	14	14,8	585,6
30	1,110	1,165	1,146	31,82	27,2	30	27	23,8	580,0
40	1,147	1,128	1,097	55,32	48,8	51	46	39,6	574,3
50	1,183	1,093	1,043	92,51	86,2	82	79	65,3	568,7
60	1,220	1,060	0,981	149,4	152	130	132	109	562,9
70	1,257	1,029	0,909	233,7	276	198	217	190	557,1
80	1,293	1,000	0,823	355,1	545	293	355	363	551,3
90	1,330	0,973	0,718	525,8	1400	424	586	912	545,3
100	1,367	0,947	0,589	760,0	—	599	1000	—	539,2
150	1,550	0,835							
200	1,733	0,746							
250	1,916	0,675							
300	2,100	0,616							
350	2,283	0,567							
400	2,466	0,524							

1. t^0 C Temperatur in ^{0} C.
2. $(1+\alpha_t)$ Rauminhalt von 1 m³ trockener Luft nach der Erwärmung von 0 auf t^0 in m³.
3. γ Gewicht von 1 m³ trockener Luft in kg.
4. γ_s Gewicht von 1 m³ gesättigter Luft in kg.
5. p_s Spannung des Wasserdampfes (Sättigungsdruck) in mm QS.
6. x_s Wasserdampfgewicht bezogen auf 1 kg trockene Luft in gesättigtem Zustand in g/kg.
7. x_s' Wasserdampfgewicht von 1 m³ Dampfluftgemisch in g/m³.
8. x_s'' Wasserdampfgewicht von 1 kg Dampfluftgemisch in g/kg.
9. i_s Wärmeinhalt gesättigter feuchter Luft bezogen auf 1 kg trockene Luft in kcal/kg.
10. r Verdampfungswärme in kcal/kg.

Der eben genannte Teildruck p_D des in der Luft enthaltenen Wasserdampfes läßt sich an Hand der Feststellungen mit dem Aßmannschen Aspirationspsychrometer berechnen zu:

$$p_D = p_s - \frac{(t-t^1)}{2} \cdot \frac{S}{755} \text{ mm QS}.$$

Darin haben S und p_s die gleiche Bedeutung wie vorhin (p_s bezieht sich auf t^1)

t ist die Temperatur des trockenen Thermometers in ^{0} C,

t^1 die Temperatur des feuchten Thermometers in ^{0} C, und

$(t - t^1)$ der psychrometrische Unterschied in ^{0} C.

4. Die Luftfeuchte.

a) Die relative Feuchte φ.

Teilt man den Teildruck p_D des in der Luft enthaltenen Wasserdampfes durch den Sättigungsdruck p_s, so erhält man die relative Feuchte φ der Luft. In Vonhundertteilen ausgedrückt ist

$$\varphi = \frac{100 \cdot p_D}{p_s} \text{ vH}.$$

Zur gleichen Zahl gelangt man durch Bildung des Verhältnisses zwischen der in 1 m³ Luft wirklich enthaltenen Wassermenge zu derjenigen, die bei voller Sättigung darin enthalten sein könnte.

Wenn Luft von 20° nach der Messung mit dem Psychrometer einen Teildruck p_D von z. B. 8,77 mm QS, d. h. einen absoluten Feuchtegehalt von 8,6 g/m³ aufweist, so ergibt sich nach Zahlentafel 2 eine relative Feuchte von

$$\frac{100 \cdot 8{,}77}{17{,}53} = 50\,\text{vH} \quad \text{oder} \quad \frac{100 \cdot 8{,}6}{17{,}2} = 50\,\text{vH}\,.$$

b) Die physiologische Feuchte φ_p.

In der Bioklimatologie wird der Dampfdruck p_D nicht mit dem Sättigungsdruck p_s bei der betreffenden Lufttemperatur in Vergleich gesetzt, sondern, entsprechend der in der Lunge herrschenden Temperatur, mit dem Sättigungsdruck bei 37° = 47,07 mm QS. Es ist also

$$\varphi_p = \frac{100 \cdot p_D}{47{,}07}\,\text{vH}\,,$$

entsprechend obigem Beispiel

$$= \frac{100 \cdot 8{,}77}{47{,}07} = 18{,}6\,\text{vH}\,.$$

c) Die absolute Feuchte.

Die in g gemessene, in 1 m³ enthaltene Wassermenge bezeichnet man als absolute Feuchte. Die höchstmöglichen, d. h. bei 100 vH relativer Sättigung je m³ enthaltenen absoluten Feuchtegehalte sind in Zahlentafel 2 unter Kolonne 7 angegeben. Dabei zeigt sich, daß bei den in der Lüftungs- und Klimatechnik meistvorkommenden Lufttemperaturen von etwa − 10 bis + 30° die absolute Feuchte in g/m³ und die Sättigungsdrücke in mm QS (Kolonne 5) nur wenig voneinander abweichen.

d) Der Sättigungsfehlbetrag.

Unter Sättigungsfehlbetrag versteht man den Unterschied zwischen dem Sättigungsdruck p_s und dem bestehenden Dampfdruck p_D.

Nach obigem Beispiel ist der Sättigungsfehlbetrag der in Frage stehenden Luft $(p_s - p_D) = (17{,}53 - 8{,}77) = 8{,}76$ mm QS.

e) Der physiologische Sättigungsfehlbetrag.

Dabei wird, wie bei der physiologischen Feuchte, der Sättigungsdruck p_s wieder auf 37° bezogen, also gleich 47,07 gesetzt, d. h. der physiologische Sättigungsfehlbetrag ist $(47{,}07 - p_D)$ mm QS, im vorstehenden Fall somit $= (47{,}07 - 8{,}77) = 38{,}30$ mm QS.

Zur Beurteilung des Austrocknungsvermögens der Luft in bezug auf die toten Gegenstände, wie Möbel, Täfelung, Parkett usw., sowie in Hinsicht auf die Zimmerpflanzen, die alle ungefähr Lufttemperatur aufweisen, ist der Sättigungsfehlbetrag, in Hinsicht auf den menschlichen Organismus, insbesondere auf den Wasserentzug aus den Luftwegen und der Lunge, dagegen der physiologische Sättigungsfehlbetrag maßgebend.

5. Das Gewicht des in der Luft enthaltenen Wasserdampfes.

Es ist üblich, das Wasserdampfgewicht x entweder auf 1 kg trockene Luft oder auf 1 m³ bzw. 1 kg Dampfluftgemisch zu beziehen. Bezogen auf 1 kg trokkene Luft läßt es sich in Kilogrammen berechnen nach der Formel

$$x = 0{,}622 \cdot \frac{\varphi \cdot p_s}{p - \varphi \cdot p_s}.$$

Bei Sättigung der Luft wird $\varphi = 1$.

In Abb. 3 sind die so festgestellten Wassergehalte in g je kg Trockenluft für verschiedene Temperaturen, Sättigungsgrade und einen Gesamtdruck $p = 760$ mm QS (den mittleren Barometerstand auf Meereshöhe) aufgetragen.

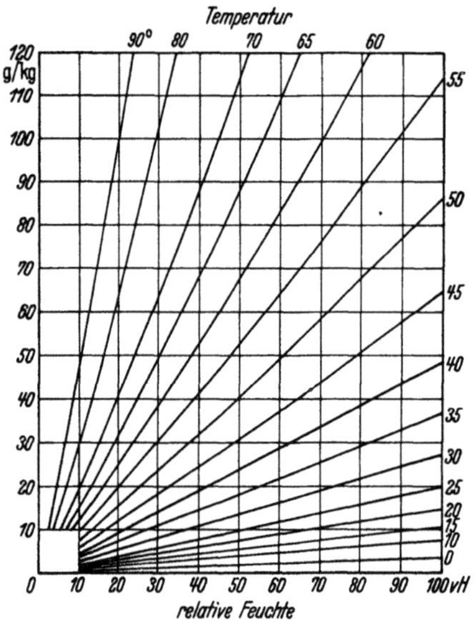

Abb. 3. Wasserdampfgehalt in g je kg Trockenluft bei einer Gesamtspannung des Gemisches von 760 mm QS, sowie verschiedenen Temperaturen und Sättigungsgraden der Luft.

Da der Zusammenhang zwischen einem kg trockener Luft und einem m³ bzw. einem kg Dampfluftgemisch bekannt ist, ist die Umrechnung auf diese Bezugsgrößen leicht vorzunehmen (vgl. Zahlentafel 2).

6. Der Wärmeinhalt trockener und feuchter Luft.

Der Wärmeinhalt eines Gemisches von 1 kg trockener Luft und x kg Wasserdampf ist bei t^0, bezogen auf 0^0 in kcal,

$$i_{1+x} = 0{,}241 \cdot t + x \cdot (0{,}443 \cdot t + 595{,}5).$$

0,241 ist die spezifische Wärme der trokkenen Luft, 0,443 diejenige des Wasserdampfes und 595,5 die Verdampfungswärme (plus einem kleinen Zuschlag in Hinsicht darauf, daß Wasserdampf den Gesetzen der vollkommenen Gase dadurch besser entspricht) des Wassers bei 0^0.

Trägt man die so berechneten Wärmeinhalte in Abhängigkeit von der Temperatur t auf, so ergibt sich für einen Barometerstand von 760 mm QS Abb. 4. An Hand der vorstehenden Formeln fällt es nicht schwer, die gleiche Kurventafel auch für andere Barometerstände und damit Höhenlagen ü. M. aufzuzeichnen. In größeren Höhen ü. M. verlaufen die Wärmewertkurven der feuchten Luft etwas höher, während die Gerade in bezug auf vollkommen trockene Luft die gleiche ist[1].

Handelt es sich beispielsweise um Luft von 20⁰ mit 50 vH relativer Feuchte, so ist, bezogen auf 1 kg Trockenluft, der Wärmeinhalt der trockenen Luft $= 0{,}241 \cdot 20 = 4{,}8$ kcal, derjenige des darin enthaltenen Wasserdampfes $= 4{,}4$ kcal, der Gesamtwärmeinhalt somit $= 9{,}2$ kcal. Aus Abb. 3 bzw. Zahlentafel 2 und obiger Gleichung für x ergibt sich außerdem, daß in dieser Luft je kg Trockenluft 7,3 g Wasser enthalten sind.

[1] Vgl. Hottinger, M.: Der Wärme- und Wasserdampfgehalt feuchter Luft in verschiedenen Höhenlagen ü. M. Gesundh.-Ing. Bd. 63 (1940).

Abb. 4 leistet auch gute Dienste zur Bestimmung der Zustandsänderungen der Luft bei der Erwärmung, Kühlung, Wasserdampfaufnahme (z. B. beim Trocknen von Waren), zur Ermittelung des Taupunktes usw. Durch dicke Linien ist die Zustandsänderung der Luft beispielsweise angegeben, wenn sie von anfänglich 0⁰ und 80 vH relativer Feuchte auf 50⁰ erwärmt wird (Teilstrecke $A - B$), dann über Trockengut streicht (Teilstrecke $B - C$). Der Wärmeinhalt bleibt dabei der gleiche, da weder Wärme zu- noch abgeführt wird. Die der Trockenluft zur Verdunstung des Wassers entzogene Wärme erscheint im Punkt C als Dampfwärme wieder. Wird die Luft daraufhin abgekühlt, so verläuft die Zustandsänderung nach Teilstrecke $C - D$, bis der Taupunkt, im vorliegenden Fall bei 15,6⁰ C, erreicht ist und nach $D - E$, wenn die Abkühlung bis auf 10⁰ C weiter getrieben wird. Dabei scheidet sich Wasser aus. Findet daraufhin abermals eine Erwärmung der Luft auf 50⁰ statt, so vollzieht sich die Zustandsänderung nach der Teilstrecke $E - F$. Während Temperatur, relative Feuchte und Wärmeinhalt aus Abb. 4 unmittelbar abgelesen werden können, ergeben sich die entsprechenden Wasserdampfgehalte aus Abb. 3.

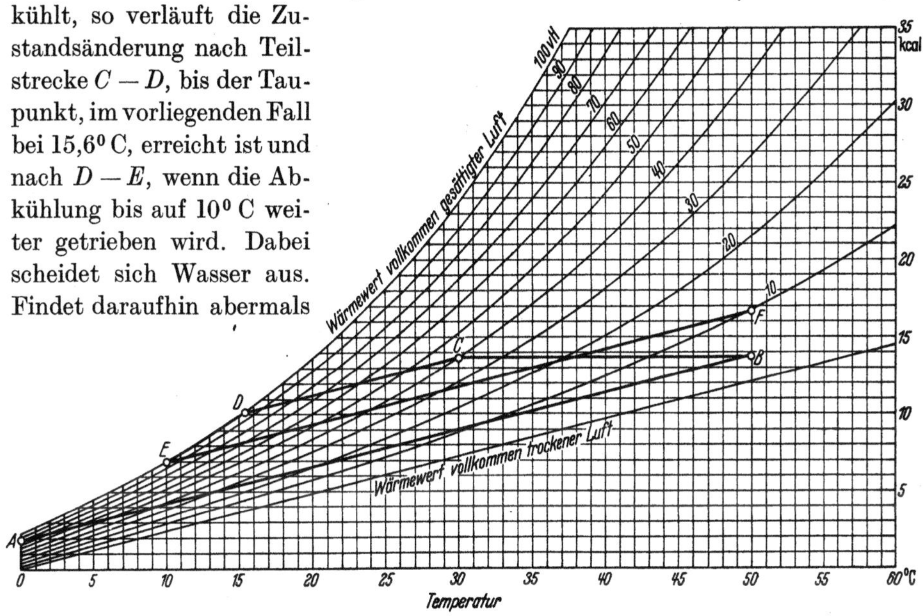

Abb. 4. Wärmeinhalt in kcal verschieden hoch gesättigter Luft, je kg Trockenluft, bei einer Gesamtspannung des Gemisches von 760 mm QS und verschiedenen Temperaturen.

Natürlich lassen sich die beiden Abb. 3 und 4 in einer vereinigen, wodurch das sog. $i - x$-Schaubild entsteht[1]. Wertvoll sind auch die im Jahre 1937 vom Verlag Julius Springer, Berlin, herausgegebenen *Fluchtentafeln für feuchte Luft* von H. Jahnke [24], aus denen sich sowohl die Zustandsgrößen als die Zustandsänderungen der feuchten Luft mit kleinstem Zeitaufwand und großer Genauigkeit zeichnerisch ermitteln lassen. Außer über Temperatur, Wasserdampfgehalt, Wärmeinhalt, Kühlgrenze, Taupunkt usw. geben sie auch über

[1] Vgl. Mollier, R.: Das $i - x$-Diagramm für Dampf-Luft-Gemische. Z. VDI Bd. 73 (1929) S. 1009/1013. — Grubenmann, M.: J_x-Tafeln feuchter Luft. Berlin: Julius Springer 1936. — Bošnjaković, F.: Technische Thermodynamik II S. 75. Dresden und Leipzig 1937. — Koch, B.: Ein erweitertes $i - x$-Diagramm feuchter Luft für verschiedene Drucke. Wärme- u. Kältetechn. Bd. 41 (1939) Heft 4/5 S. 52/56. — Tamm, W.: Die Grundlagen der Raumkühlung [26].

die Rauminhalte der Wasserdampf-Luftgemische, den spezifischen Rauminhalt und das Raumgewicht Aufschluß. Zweckmäßig ist ferner, daß sie nicht nur für 760 mm QS, sondern auch für andere Luftdrücke, d. h. beliebige Höhenlagen der Orte, mit gleicher Zuverlässigkeit benutzbar sind.

In Zahlentafel 3 sind an Hand dieser Tafeln z. B. die Luftzustände der in Abb. 4 mit *A*—*F* bezeichneten Punkte für einen Luftdruck von 760 mm QS angegeben.

Zahlentafel 3. Luftzustände in den Punkten *A* bis *F* in Abb. 4.

Punkt	Temperatur	Relative Feuchte	Wasserdampfgehalt x je kg Trockenluft	Wärmeinhalt i_{1+x} je kg Trockenluft	Raumgewicht	Spezifische Wärme
	°C	vH	g/kg	kcal/kg	kg/m³	kcal/m³
A	0	80	3,03	1,8	1,291	2,3
B	50	4	3,03	13,9	1,091	15,2
C	30	41	11,0	13,9	1,157	16,1
D	15,6	100	11,0	10,3	1,215	12,6
E	10	100	7,63	7,0	1,242	8,7
F	50	10	7,63	16,7	1,088	18,2

7. Die zur Lufterwärmung zu-, bzw. bei der Luftkühlung abzuführende Wärmemenge.

Die spezifische Wärme je kg Luft wurde vorstehend bereits zu 0,241 kcal angegeben, und da 1 m³ bei 0° und 760 mm QS 1,293 kg wiegt, ist die spezifische Wärme je m³ dieser Luft = 0,31 kcal.

Die zur Erwärmung von G kg bzw. L m³ Luft von t_1^0 auf t_2^0 zuzuführende, bzw. bei der Kühlung von t_2^0 auf t_1^0 abzuführende Wärme ist somit

$$Q = 0{,}241 \cdot G \cdot (t_2 - t_1) = \frac{0{,}31 \cdot L_{t_1} \cdot (t_2 - t_1)}{(1 + \alpha_{t_1})} \text{ kcal}.$$

Dabei ist vorausgesetzt, daß die Luftmenge L sich, wie angedeutet, auf die Temperatur t_1 beziehe.

Während die Gleichung unter Benutzung des Luftgewichtes G für beliebige Höhenlagen ü. M. Gültigkeit hat, ist dies bei der Gleichung unter Benutzung des Rauminhaltes L nicht der Fall, weil sich nach dem vorstehend Gesagten die spezifische Wärme je m³ mit dem Barometerstand ändert. Wie groß die Fehler bei Vernachlässigung dieses Umstandes werden können, geht aus Zahlentafel 4 hervor.

Zahlentafel 4. Zur Erwärmung bzw. Kühlung von 1000 m³ trockener Luft (bezogen auf 0°) zu- bzw. abzuführende Wärmemengen in verschiedenen Höhenlagen ü. M.

	Höhenlagen m ü. M.				
	0	500	1000	2000	3000
Raumgewicht von 1 m³ trockener Luft von 0° kg/m³	1,293	1,218	1,146	1,017	0,902
Zur Erwärmung bzw. Kühlung von 1000 m³ um 1° zu-, bzw. abzuführende Wärmemengen. . kcal	312	249	276	245	217
Fehler bei Vernachlässigung der Höhenlage . . vH	0	6	12	22	30

Weiter ist zu beachten, daß bei der Abkühlung der Luft nur bis zur Erreichung des Taupunktes in der angegebenen Weise gerechnet werden darf.

Bei weiterer Abkühlung, der sog. *Unterkühlung* der Luft, ist auch die Niederschlagswärme des sich bildenden Niederschlagswassers abzuführen. Die Größe der zu beseitigenden Gesamtwärme kann nach dem vorstehend Gesagten leicht rechnerisch ermittelt oder an Hand von Abb. 4 bzw. der eigentlichen $i - x$-Schaubilder festgestellt werden.

Beispiel. Es werden 1000 kg/h Luft von dem in Abb. 4 durch Punkt C gegebenen auf den durch Punkt E dargestellten Zustand abgekühlt. In Punkt C ist der Wärmeinhalt je kg Trockenluft nach Zahlentafel 3 rd. 13,9 kcal, in Punkt E rd. 7 kcal. Es sind also insgesamt $1000 \cdot 6{,}9 = 6900$ kcal/h abzuführen. Davon macht die Kühlung der trockenen Luft rd. $0{,}24 \cdot (30 - 10) \cdot 1000 = 4800$ kcal/h aus, so daß auf das Niederschlagen des Wasserdampfes und die Abkühlung des Niederschlagswassers von 30^0 auf 10^0 noch rd. 2100 kcal/h entfallen müssen.

III. Natürliche oder Selbstlüftung sowie freie Lüftung der Räume.

1. Grundsätzliches.

In der freien Natur treten stets Luftströmungen (Winde) auf, die eine ausgiebige Lüftung und damit Reinigung der Luft zur Folge haben. Selbst die im Freien als ruhend empfundene Luft weist in der Regel stärkere Bewegungen auf, als wie sie in den Räumen innerhalb des Behaglichkeitsbereiches zulässig sind. Allerdings bestehen hinsichtlich der Stärke und der Häufigkeit der an verschiedenen Orten der Erdoberfläche auftretenden Luftströmungen beträchtliche Unterschiede. Über weiten Ebenen, dem Meer und im Gebirge sind sie größer als in den Straßen und Gassen der Städte, wo sie durch die Mauern der Häuser gehemmt werden. Das ist besonders nachteilig, weil die Güte der Luft gerade dort durch den stets wachsenden Autoverkehr und andere Einflüsse immer stärker verdorben wird. Gegenmaßnahmen sind: Gute Pflasterung der Straßen, viel Grünflächen, das Ausblasen verdorbener Abluft über die Dächer statt unmittelbar in die Gassen usw.

Aber nicht nur im Freien, sondern auch innerhalb der Gebäude kommt zufolge der durch den Wind und die herrschenden Temperaturungleichheiten bedingten Druckunterschiede eine gewisse Selbstlüftung zustande. Ihre Größe ist durch die unter Abschnitt III 2 aufgeführten Umstände bedingt und, je nach den herrschenden Umständen, sehr ungleich[1]. Zum sichern Ausschluß allzu ungünstiger Luftzustände in bewohnten Räumen ist es daher zu begrüßen, daß in den Baugesetzen Mindestraumhöhen und Mindestflächen — bzw. Mindestrauminhalte vorgeschrieben sind.

Vom Standpunkt des Hygienikers aus vertritt BREZINA[2] die Ansicht, daß an Stelle des Luftkubus als Bemessungsgrundlage für Wohn- und Arbeitsräume besser deren Grundfläche zu treten hat, weil große Zimmerhöhen gesundheitlich

[1] Zur Feststellung der Größe des natürlichen Luftwechsels kann bei besetzten Räumen von der Zunahme des Kohlensäuregehaltes ausgegangen werden. Über drei weitere Verfahren vgl. H. J. HAMAKER: Lüftung, Abkühlung und Aufheizung von Gebäuden oder Räumen. Gesundh.-Ing. Bd. 62 (1939) Heft 33 S. 497/501.

[2] BREZINA, A.: Die Größe von Wohn- und Arbeitsräumen. Gesundh.-Ing. Bd. 60 (1937) Heft 29 S. 455/457.

wertlos und insbesondere die oberhalb der Fenster gelegenen Räume für den Luftwechsel verloren sind. Der gesundheitliche Wert entsprechend großer Bodenflächen ist aus mehreren Gründen hoch anzuschlagen. In lüftungstechnischer Beziehung sind gewisse Mindesthöhen jedoch ebenfalls wichtig; bei natürlicher Lüftung, weil der Luftwechsel mit zunehmender Höhe steigt, und bei künstlicher, weil es dadurch leichter fällt, die Lüftungsanlagen zugfrei zu erstellen [vgl. Abschnitt IV 3 i)]. Daher ist es durchaus angebracht, wenn sowohl eine Mindestgrundfläche, als eine Mindestraumhöhe verlangt wird, wodurch auch der zulässige Mindestrauminhalt gewährleistet ist. Die Mindestraumhöhe ist von der Bodenfläche abhängig zu machen und mit dieser steigen zu lassen, was ja schon der Raumgestaltung wegen erforderlich ist.

Die im Jahr 1939 in Kraft getretene Vollziehungsverordnung zum Gesetz des Kantons Zürich über das Gastwirtschaftsgewerbe und den Klein- und Mittelverkauf von alkoholischen Getränken enthält unter § 42 z. B. folgende Bestimmung:

„Räume, die zur Bewirtung von Gästen bestimmt sind, sollen eine Mindestgrundfläche von 25 m^2 und eine Mindesthöhe von 2,6 m besitzen.

Übersteigt die Grundfläche

50 m^2,	so steigt die Mindesthöhe um	je	8 mm	für jeden weitern	m^2,
125 m^2,	„ „ „ „	„ „	7 mm	„ „ „	m^2,
175 m^2,	„ „ „ „	„ „	6 mm	„ „ „	m^2,
250 m^2,	„ „ „ „	„ „	5 mm	„ „ „	m^2.

Die Mindesthöhe beträgt somit bei

125 m^2	Grundfläche	3,20 m
175 m^2	„	3,55 m
250 m^2	„	4,00 m.

Bilden nebeneinanderliegende Wirtschaftslokalitäten räumlich eine Einheit, so wird die Mindesthöhe des Lokales nach Maßgabe der gesamten Grundfläche berechnet.

Abweichungen von den vorgeschriebenen Mindestmaßen sind zulässig für kleine Pensionen und Kostgebereien mit weniger als 10 Kostgängern.

Ebenso kann die Finanzdirektion im Einzelfall bei Vorliegen besonderer Verhältnisse Abweichungen gestatten, vor allem, wo es sich um größere Räume handelt."

In Gaststätten hat man durchschnittlich mit ungefähr 0,8 m^2 Bodenfläche je Sitzplatz zu rechnen, so daß sich bei z. B. 125 m^2 Grundfläche rd. 156 Sitzplätze ergeben. Das führt bei den vorstehend angegebenen 3,2 m Raumhöhe zu $\frac{125 \cdot 3,2}{156}$ = rd. 2,6 m^3 Luftraum je Person.

Bei bestehenden Räumen, die einem bestimmten Zweck dienlich gemacht, beispielsweise als Gaststätten verwendet werden sollen, sind die bei Neubauten zu verlangenden Mindesthöhen allerdings nicht immer vorhanden. In solchen Fällen ist es angezeigt, die Baubewilligung davon abhängig zu machen, daß sachgemäße Lüftungsanlagen erstellt werden, die imstande sind, die fehlende Raumhöhe zu ersetzen.

Nachstehend sei noch auf einige weitere gesetzliche Bestimmungen und ähnliche Grundlagen hingewiesen:

Das zürcherische Baugesetz für Ortschaften mit städtischen Verhältnissen vom 23. April 1893 verfügt in § 74 beispielsweise:

„Alle zum Aufenthalt von Menschen dienenden Räume müssen wenigstens 2,5 m lichte Höhe haben", und § 71 lautet: „Wohn- und Schlafzimmer von weniger als 15 m^3 Inhalt und 6 m^2 Bodenfläche sind nicht gestattet."

Für Arbeitsräume verlangen amerikanische Gewerbehygieniker[1] auf Grund praktischer Untersuchungen u. a.:

„Die für die Einzelperson zur Verfügung stehende Raumgrundfläche soll mindestens 2,5 m², der Mindestluftraum etwa 6 m³ betragen."

Ferner sind in Deutschland nach HATLAPA[2] und LIESE[3] z. B. für Zigarrenmachereien 10 m³, für Buchdruckereien und Schriftgießereien 12 bis 15 m³, für Bäckereien 15 m³ Mindestraum je Person vorgeschrieben, und die im Jahr 1937 herausgekommenen VDI-Lüftungsgrundsätze [7] verlangen für kleine Büroräume mit nur wenig Arbeitsplätzen und Fensterlüftung, von der jedoch bei niedrigen Außentemperaturen während der Arbeitszeit meist kein Gebrauch gemacht werden kann, als Mindestmaß 20 m³ je Person. Weiter sind nach einem Erlaß des Reichs- und Preußischen Arbeitsministers vom 3. Mai 1937[4] als untere Grenze für Werkstätten 12 m³ Luftraum bei Einfach- und 15 m³ bei Doppelfenstern, und für Büroräume 15 oder 20 m³ je Kopf anzunehmen. Es wird in diesem Erlaß auch darauf hingewiesen, daß der benötigte Luftraum in der warmen Jahreszeit größer als in der kalten ist, weil der natürliche Luftwechsel im Sommer träger als im Winter vor sich geht.

Für Wohnräume kommt SÜPFLE[5] zu dem Ergebnis, daß der Kohlensäuremaßstab für diese Räume nicht als wissenschaftliche Grundlage für die Bemessung des Luftkubus benutzt werden kann. Auch für Wohnräume seien die hygienischen Anforderungen durch Mindestzahlen für die Zimmerfläche je Kopf und für die Grundfläche sowie die Höhe der Zimmer auszudrücken. SÜPFLE hält die im Sächsischen Baugesetz von 1932 genannte Höhe von 2,60 m, im Dachgeschoß und bei zweigeschossigen Gebäuden mit nicht mehr als vier Wohnungen bedingt zugelassene Höhe von 2,40 m, für eine Grenze, die nicht unterschritten werden sollte. Und hinsichtlich der Mindestbemessung der Grundflächen bemerkt er:

„Die Forderung einer Mehrzahl selbständiger Räume innerhalb der Familienwohnung ist so wichtig, daß man ihr zuliebe, wenn gespart werden muß, die Größe der einzelnen Räume so klein halten darf, wie es hygienisch noch duldbar ist. Unter solchen Voraussetzungen könnte man sich im äußersten Falle dazu verstehen, 4 bis 5 m² je Kopf im Wohnzimmer und Schlafzimmer zu rechnen, wobei kein Wohnraum eine kleinere Grundfläche als 8 m² haben darf."

Zweckmäßig, nicht nur in Hinsicht auf die Belichtung, sondern auch auf die Lüftung der Räume ist, daß die Baugesetze auch Vorschriften über die Mindestabmessung der Fensterflächen enthalten. In dem bereits erwähnten zürcherischen Baugesetz wird z. B. verlangt, daß alle Wohn- und Schlafzimmer, Küchen, Arbeitsräume, Büros, Verkaufsläden und Wirtschaftsräume mit seitlichen Fenstern versehen sein müssen, die unmittelbar ins Freie führen und ge-

[1] Amer. Publ. Heath Assoc. Year Book Bd. 26 (1935/36) Heft 3. Vgl. Gesundh.-Ing. Bd. 60 (1937) Heft 24 S. 375.

[2] HATLAPA, W.: Grundsätzliches zur Frischluftversorgung der Räume, die zum dauernden Aufenthalt von Menschen dienen. Gesundh.-Ing. Bd. 58 (1935) Heft 21 S. 309/312.

[3] LIESE, W.: „Gute Luft" als raumhygienische Forderung in Arbeitsräumen. Gesundh.-Ing. Bd. 60 (1937) Heft 24 S. 374/380.

[4] 12 Lüftungsregeln. Gesundh.-Ing. Bd. 60 (1937) Heft 24 S. 396.

[5] SÜPFLE, K.: Ist die Lehre vom Luftkubus für Wohnräume wissenschaftlich noch vertretbar? Gesundh.-Ing. Bd. 60 (1937) Heft 1 S. 1/3.

öffnet werden können. Ausnahmen von der Vorschrift werden unter besondern Umständen gestattet, jedoch nicht für Wohn- und Schlafzimmer und Küchen. Ferner sieht das Gesetz vor, daß die Fensterfläche eines jeden solchen Raumes mindestens $^1/_{10}$ der Bodenfläche betragen muß, nur in Dachkammern, die als Schlafräume für höchstens zwei Personen bestimmt sind, darf die Fensterfläche bis auf $^1/_{15}$ der Bodenfläche, jedoch nicht unter 0,8 m^2, herabgesetzt werden. Gänge im Innern der Gebäude sollen hell sein und gut gelüftet werden können, und eine weitere Bestimmung besagt, daß Räume, die in den Erdboden hinabreichen, nicht als Wohn- und Schlafräume benutzt werden dürfen. Wenn solche Räume dauernd zu gewerblichen Zwecken dienen sollen, welche den längern Aufenthalt von Menschen erfordern, wie Küchen oder Werkstätten, so wird vorgeschrieben, daß sie gegen das Eindringen von Feuchtigkeit gehörig geschützt und gut gelüftet werden müssen.

In bezug auf Lichthöfe, die zur Belichtung und Lüftung von Treppen, Korridoren usw. dienen, wird verlangt, daß die Grundfläche mindestens dem Quadrat des Viertels der Schachthöhe entspreche und ihre geringste Breite mindestens 2 m und bei Bauten mit mehr als drei Stockwerken für jedes weitere Stockwerk 0,5 m mehr messen müsse. Handelt es sich also beispielsweise um ein 20 m hohes Gebäude mit 7 Stockwerken, so hat die Grundfläche des Lichtschachtes $\left(\frac{20}{4}\right)^2 = 25\ m^2$ zu betragen, und die Schmalseite des rechteckig ausgeführten Schachtes darf nicht weniger als $2 + (7 - 3)\cdot 0,5 = 4$ m messen.

Es gibt auch Räume, die durch weitgehende Beseitigung der Seitenwände (Schiebefenster) oder ausfahrbare Dächer in Halbfreiluft-Schulen, -Lichtspieltheater usw. umgewandelt werden können[1]. Derart läßt sich selbstverständlich eine außerordentlich wirksame natürliche Lüftung erzielen, jedoch nur bei günstiger Witterung. Es ist schon wiederholt auch die Ansicht vertreten worden, daß bei Deckenheizung die Fenster selbst im Winter in ausgiebiger Weise offen gehalten werden können, ohne daß man unter Kälte zu leiden habe. Nach verschiedenen Feststellungen[2] ist dies jedoch nur bei milder Witterung, womöglich mit Sonnenschein, zutreffend und gilt dann auch für die andern Heizarten. Auf alle Fälle ist davon abzuraten, die z. Z. bestehenden gesetzlichen Mindestforderungen in Hinsicht auf derartige Vorkehrungen herabsetzen zu wollen. Solche Einschränkungen sollten, wie schon erwähnt, nur gestattet werden, wenn zum Ersatz des fehlenden Rauminhaltes bzw. der fehlenden Raumhöhe künstliche Lüftung herangezogen wird, die für genügende Erneuerung der Raumluft sorgt. Dann ist allerdings z. B. eine nicht zu reichliche Fensterfläche manchmal sogar vorzuziehen. So bemerken die VDI-Richtlinien [9] in bezug auf große Küchen u. a. ganz richtig:

„Die Fenster sollen nicht größer gewählt werden, als im Hinblick auf eine ausreichende Helligkeit unerläßlich ist, da übermäßig große Fenster die Gefahr von Zugbelästigungen

---

[1] Beispiel: Roxy-Lichtspieltheater in Zürich. Vgl. ferner: Trebesius, E.: Gaststätten mit rollenden Dächern und verschiebbaren Wänden zur Lüftung im Sommer. Haustechn. Rdsch. Bd. 35 (1930) Heft 24 S. 372/373.

[2] Vgl. z. B. Hottinger, M.: Vergleichsversuch zwischen Decken- und Heizkörperheizung. Schweiz. Bl. f. Heizg. u. Lüftg. Bd. 6 (1939) Heft 2 S. 34/44 und Heft 3 S. 55/67.

und Schwitzwasserschäden zur Folge haben. Doppelfenster, mindestens Doppelverglasung sind stets zu empfehlen."

Große Fenster steigern zudem die Gefahr der Übererwärmung solcher an und für sich schon warmer Räume durch übermäßige Sonneneinstrahlung [vgl. Abschnitt IV 1b) δ)].

2. Die die Größe der Selbstlüftung beeinflussenden Umstände.

a) Lage der Gebäude und Räume.

Bekanntlich ist die Durchlüftung, und damit im Winter auch die Auskühlung, von dem Wind stark ausgesetzten Gebäuden erheblich größer als diejenige von geschützt gelegenen. Deshalb werden beim Berechnen des Wärmebedarfes je nach der Lage der Gebäude ungleich große Zuschläge auf die zuschlagfreien Wärmebedarfe gemacht. Dabei spielen auch die Lage der Räume innerhalb der Gebäude und die Verteilung der Fenster eine Rolle. Nach den

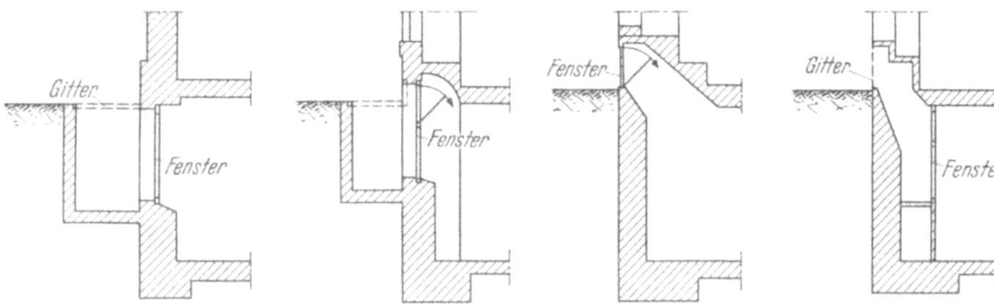

Abb. 5. Abb. 6. Abb. 7. Abb. 8.

Abb. 5—8. Verschiedene Fensterbauarten bei Kellerräumen. Die Bilder lassen erkennen, daß solche Räume, namentlich wenn sie an belebten Straßen liegen, durch die Fenster nur ungenügend lüftbar sind.

Regeln für die Berechnung des Wärmebedarfes von Gebäuden DIN 4701 (Ausgabe 1929) sind z. B. bei Räumen mit mehreren Außenflächen oder mit Erkerausbauten auf die Wärmeverluste der Wände 5 vH, auf diejenigen der Fenster und Türen, je nachdem, ob sie sich nur in einer oder in mehreren Außenflächen befinden, 10 bzw. 25 vH zuzuschlagen. Diese Vorschrift ist damit begründet, daß die zufolge des Windanfalles auftretende Querlüftung größer ist, je weniger Widerstand der Luftstrom bei der Durchquerung der Gebäude findet.

Schlecht kommen hinsichtlich der Querlüftung natürlich Wohnungen weg, die auf der Rückseite in Berghänge eingebaut sind und ganz, oder wenigstens nahezu ganz, im Boden liegende Kellerräume. Die Abb. 5 bis 8 lassen erkennen, daß solche Räume, selbst durch die vorgesehenen Fenster, nur ungenügend lüftbar sind, und beim Öffnen der dicht am Erdboden liegenden Fenster an belebten Straßen mit einem unerwünschten Eindringen von Staub, Kraftwagen-Auspuffgasen usw. gerechnet werden muß.

Auch bei vollständig eingebauten Bädern, Aborten, Kochnischen usw. ist die Querlüftung sehr gering, wenn nicht überhaupt gleich Null. Hier sind daher zum mindesten Abluftschächte und nötigenfalls Lüfter vorzusehen (vgl. die Abschnitte III 3 und IV).

b) Art, Größe und Lage der durch die Bauweise, die Sorgfalt der Bauausführung und die Instandhaltung der Gebäude bedingten Undichtigkeiten.

Früher nahm man an, daß die Selbstlüftung der Räume zur Hauptsache durch die Poren der Außenmauern erfolge. Der Luftdurchgang durch Ziegelsteinmauern von 1 bis 2 Stein Stärke, die womöglich noch beiderseits verputzt und mit Belägen, wie Tapeten, Farbanstrichen oder Täfelung versehen sind, kann jedoch, selbst bei starkem Winddruck, nicht groß sein. Durch zahlreiche Untersuchungen stellte man denn auch fest, daß die bei geschlossenen Fenstern und Türen auftretende Selbstlüftung der Räume hauptsächlich durch die Fugen und Ritzen undichter Fensterrahmen und Fälze, schlecht abschließende Fensterstöcke und Rolladenkasten, ungenügend ausgefüllte Mörtelfugen, verzogene Fenster, Türen und Oberlichter, ferner zufolge schlecht wirkender Schließvorrichtungen an Fenstern und Türen usw. zustande kommt. Da die Lage, Form und Größe dieser Undichtigkeiten unbekannt ist, kann selbst bei der Annahme bestimmter Windrichtungen und Windstärken unmöglich angegeben werden, wieviel Luft durch sie hindurchgeht, d. h. mit einer wievielfachen stündlichen Lufterneuerung zufolge des natürlichen Luftwechsels zu rechnen ist. Eine alte Faustregel besagt zwar, daß sich in beheizten Zimmern die Luft durch Selbstlüftung im Winter etwa einmal in der Stunde erneuere, aus dem Gesagten geht jedoch hervor, daß große Abweichungen hiervon möglich sind.

Versuche von Ilzhöfer am Hygienischen Institut der Universität München[1] an zwei verschieden großen Wohnräumen mit je einem Doppelfenster haben ergeben, daß der natürliche Luftwechsel 0,52- bzw. 0,32fach war. Unter sonst gleichen Verhältnissen war die Selbstlüftung eines getünchten Zimmers durchschnittlich um 17 vH größer als bei einem tapezierten. Das Auf- und Zumachen der Zimmertür in halbstündigen Pausen machte 10 vH, das Offenhalten der Ofentür 20 vH, das Offenhalten einer am Fensteroberteil angebrachten Scheibe mit 4 Löchern zu 5 cm lichter Weite 74 vH, das Offenhalten eines an der Zimmerdecke über dem Ofen angebrachten Blechrohres von 30 × 30 cm, das 25 cm über den Speicherboden ragte, 171 vH aus; bei gleichzeitigem Offenhalten der Ofentür, der Löcher im Fensteroberteil und der Abzugsöffnung über dem Ofen ergab sich sogar eine Steigerung um 391 vH.

Daß so große und größere Zunahmen der natürlichen Lüftung insbesondere bei Windanfall vorkommen, ist den Heizungsfachleuten zur Genüge bekannt. Die dadurch hervorgerufenen Einflüsse auf den Wärme- und damit Brennstoffbedarf sowie auf die Wärmeverteilung innerhalb der Gebäude können recht beträchtlich sein. Dabei wird trotz geschlossener Fenster oft über Zugerscheinungen in Fensternähe geklagt; bisweilen ist es bei starkem Windanfall sogar unmöglich, die Räume auf der Luvseite genügend zu erwärmen, während diejenigen auf der Leeseite vielfach überheizt sind. In solchen Fällen sucht man sich gewöhnlich durch Fensterabdichtungen zu helfen; manchmal müssen aber auch die Heizkörper nachträglich vergrößert werden, obschon die Wärmebe-

---

[1] Ilzhöfer, H.: Untersuchungen über natürliche und künstliche Lüftung von Wohnräumen. Arch. Hyg. u. Bakteriol. Bd. 105 (1931) S. 322/333.

darfsrechnung genau nach den „Regeln" durchgeführt und die Heizkörpergrößen danach bestimmt worden sind.

Es wird etwa versucht, die Größe der durch die Undichtigkeiten der Wände zustande kommende Selbstlüftung zu berechnen[1]. Aus den angegebenen Gründen ist es jedoch ausgeschlossen, derart zu allgemein gültigen Ergebnissen zu gelangen, weil dazu bestimmte Annahmen getroffen werden müssen, von denen die wirklichen Verhältnisse erheblich abweichen können.

Wertvoller sind vergleichende Untersuchungen, die zeigen, wie sich verschiedene Bauweisen in bezug auf die Luftdurchlässigkeit zueinander verhalten[2].

K. SIEGWART (vgl. Fußnote 2) teilt z. B. die Meßergebnisse der Luftdurchlässigkeit von 11 in die Außenwand eines bewohnten Gebäudes eingebauten Fenstern mit, die bereits 1½ Jahre im Gebrauch und den Einflüssen des Wetters ausgesetzt waren. Die Versuchsergebnisse zeigen je nach der Bauart der Fenster Unterschiede im Verhältnis 1 : 30. Selbst bei der gleichen Bauart treten aber so große Verschiedenheiten auf, daß sich die Sorgfalt der Fensterherstellung als ebenso wichtig wie eine gute Konstruktion erweist. Die Messungen haben ergeben, daß die Luftmenge, die zwei Fenster der gleichen Bauart bei demselben Druckunterschied hindurchlassen, sich wie 1 : 2 verhalten können, ohne daß man einen besonderen Grund dafür angeben kann. Im ganzen erwiesen sich Stahlfenster als weniger luftdurchlässig als Holzfenster.

Diesen Umständen versucht man bei der Wärmebedarfsberechnung bekanntlich dadurch Rücksicht zu tragen, daß für Fenster mit normal durchlässigen Fugen größere Wärmedurchgangszahlen eingesetzt werden als für solche mit vollständig abgedichteten, also beispielsweise für eingemauerte Fabrikfenster. Die erstern sind, wie die in Zahlentafel 5 wiedergegebene Übersicht erkennen

Zahlentafel 5. Wärmedurchgangszahlen k für Fenster und Oberlichte. (Nach den „Regeln" DIN 4701.)

Art des Fensters	Wärmedurchgangszahl k bei	
	vollständig abgedichteten Fugen	normal durchlässigen Fugen
Einfachfenster, Eisenrahmen od. Bleifassung	6,0	8,0
„ Holzrahmen	5,0	7,0
Doppelverglasung, Eisenrahmen	3,5	5,5
„ Holzrahmen	2,5	4,5
Doppelfenster, Eisenrahmen	2,8	3,8
„ Holzrahmen	2,5	3,5
Oberlicht, einfach	5,0	8,0
„ doppelt	2,5	4,5
Schaufenster	4,0	6,0

[1] Vgl. z. B. GRETENER, M.: Wärmeverluste durch Fenster und Türen und ihre Berechnung. Schweiz. Bl. Heizg. u. Lüftg. Bd. 6 (1939) Heft 3 S. 50/54 und Heft 4 S. 76/82.

[2] Vgl. z. B. RAISCH, E.: Die Wärme- und Luftdurchlässigkeit von Fenstern verschiedener Konstruktion. Gesundh.-Ing. Bd. 45 (1922) S. 99/105. — EBERLE, CHR.: Versuche über die Luftdurchlässigkeit und den Wärmeschutz von Fenstern. Mitt. aus dem wärmetechnischen Institut der Technischen Hochschule Darmstadt. Gesundh.-Ing. Bd. 51 (1928) S. 566/570. — RAISCH, E.: Die Luftdurchlässigkeit von Baustoffen und Baukonstruktionen. Gesundh.-Ing. Bd. 51 (1928) S. 481/489. — CAMMERER, I. S.: Wärmeschutz im Bauwesen. Mitt. Nr. 26 der Reichs-Forschungs-Gesellschaft für Wirtschaftlichkeit im Bau- und Wohnungswesen e. V. Bd. 21 (1929) Nr. 4. — SIEGWART, K.: Luftdurchlässigkeit von Holz- und Stahlfenstern. Mitt. aus dem Maschinen-Laboratorium der Techn. Hochschule Danzig.

läßt, je nach Art der Fenster um rd. 30 bis 80 vH höher. Dabei ist jedoch immer noch eine äußerst gute Fensterausführung angenommen. Im Gesundh.-Ing. Bd. 52 (1929) S. 300 rechnet GRÖBER an Hand eines Beispiels aus, daß dem genannten Unterschied in den k-Werten eine nicht einmal ½fache Lufterneuerung entspricht und macht darauf aufmerksam,

„daß der Luftwechsel bei schlechter Ausführung der Fenster auf das Drei- bis Vierfache steigen kann, wodurch sich dann jene Fälle ergeben, bei welchen die Heizung zwar bei Frost und Windstille ausreicht, bei mäßiger Kälte und Windanfall aber völlig versagt.“

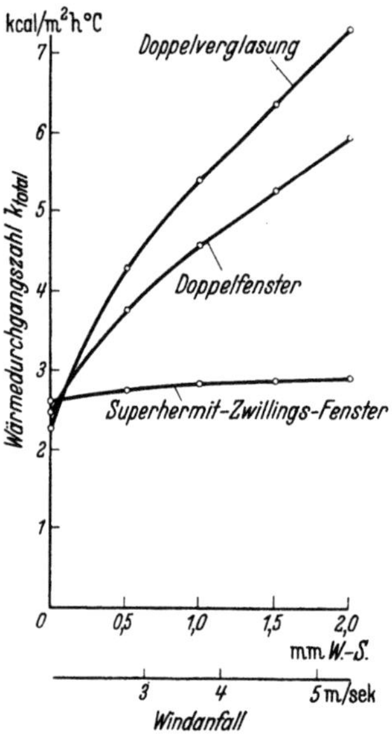

Abb. 9. Mittlere Wärmedurchgangszahlen k eines Fensters mit Doppelverglasung, eines Doppelfensters und eines mit Superhermit abgedichteten Zwillingsfensters bei verschiedenen Winddrucken. (Mitgeteilt vom Institut für Schall- und Wärmeforschung an der Technischen Hochschule Stuttgart.)

Gute Erfahrungen hinsichtlich Verminderung des Luftdurchganges und damit der Wärmedurchgangszahlen bei Türen und Fenstern hat man durch das bereits erwähnte Anbringen von Abdichtungen gemacht[1]. Abb. 9 zeigt beispielsweise vom Institut für Schall- und Wärmeforschung an der Techn. Hochschule Stuttgart veröffentlichte Versuchsergebnisse hinsichtlich der mittleren Wärmedurchgangszahlen eines Fensters mit Doppelverglasung, eines Doppelfensters und eines Zwillingsfensters mit Superhermiteinlage. (Vgl. die unten in der Fußnote angegebene Arbeit von REIHER, FRAASS und SETTELE.) Die Abdichtung der Fugen sollte jedoch nicht so weit getrieben werden, daß dadurch der natürliche Luftwechsel allzustark unterbunden wird, da ausreichende natürliche Lüftung eine Grundbedingung für die anzustrebende Behaglichkeit und Zuträglichkeit des Innenklimas ist.

Beiläufig sei bemerkt, daß die Luftdurchlässigkeit mit dem sog. „Atmen“ der Wände nichts zu tun hat, indem dieses, wie CAMMERER ausführt, ausschließlich auf der Möglichkeit des dauernden Feuchtigkeitsaustausches durch die Wände beruht[2].

Von ebenso großem Einfluß auf die Selbstlüftung wie die Bauweise und die Sorgfalt der Bauausführung ist natürlich auch die Instandhaltung der Gebäude. Durchlöcherte oder ganz fehlende Scheiben, z. B. in Werkstätten, undicht gewordene Türen oder gewöhnliche sowie Sägedach- und Oberlichtfenster können selbstverständlich die Veranlassung zu einer starken Steigerung des natürlichen Luftwechsels bilden.

Gesundh.-Ing. Bd. 55 (1932) S. 515/517. — REIHER, H., FRAASS, K., und E. SETTELE: Über die Luft- und Wärmedurchlässigkeit von Fenstern. Wärmew. Nachr. Bd. 6 (1932/33) S. 42/52 und 55/59. — SETTELE, E.: Über die Frage der Luft- und Wärmedurchlässigkeit von Fenstern. Wärmew. Nachr. Bd. 7 (1933) S. 111/118. — RAISCH, E., und H. STEGER: Die Luftdurchlässigkeit von Bau- und Wärmeschutzstoffen. Mitt. aus dem Forschungsheim für Wärmeschutz e. V., München. Gesundh.-Ing. Bd. 57 (1934) S. 553/556. — CAMMERER, J. S., und F. X. HIRSCHBOLD: Der Einfluß der Fensterbauart auf den Luftdurchgang. Gesundh.-Ing. Bd. 61 (1938) S. 393/399.

[1] Vgl. z. B.: Fugendichte Fensterbauarten. Heizg. u. Lüftg. Bd. 14 (1940) Heft 1 S. 10.

[2] CAMMERER, J. S.: Über die Feuchtigkeitswanderungen in den Wänden von Wohnräumen und Ställen. Gesundh.-Ing. Bd. 62 (1939) S. 306/309.

c) Windrichtung und Windstärke.

Befindet sich ein Hindernis, im vorliegenden Fall ein Haus, innerhalb einer Luftströmung, so übt diese auf die von ihr getroffenen Fläche (die Luvseite) einen Druck aus, der bei senkrechtem Auftreffen bis zur Höhe des dynamischen Druckes $p = \frac{w^2}{2 \cdot g} \cdot \gamma$ mm WS anwachsen kann. Darin bedeutet w die Luftgeschwindigkeit, g die Beschleunigung der Schwere $= 9{,}81$ und γ das Raumgewicht der Luft. Setzt man $\gamma = 1{,}2$ kg/m³, so ergeben sich die in Zahlentafel 6 für verschiedene Windstärken angegebenen dynamischen Drücke p_d. Gleichzeitig entstehen auf der Rück-, der Leeseite solcher Flächen oder Gebäude Unterdrücke bis zu etwa einem Drittel der auf den Anfallseiten erzeugten Überdrücke. Auch diese Werte p_u sind in Zahlentafel 6 angegeben, sowie die durch

Zahlentafel 6. Der Über- und Unterdruck auf der Luv- und Leeseite bei senkrechtem Auftreffen des Windes auf große Flächen.

Windstärke nach Beaufort	Windgeschwindigkeit m/s	Entsprechender dynamischer Druck p_d mm WS	⅓ des dynamischen Druckes $= p_u$ mm WS	Gesamtdruckunterschied $(p_d + p_u)$ mm WS
0	0,0– 0,5	0,0 – 0,015	0,0 – 0,005	0,0 – 0,02
1	0,6– 1,7	0,02– 0,18	0,01– 0,06	0,03– 0,24
2	1,8– 3,3	0,20– 0,62	0,07– 0,20	0,27– 0,82
3	3,4– 5,2	0,7 – 1,6	0,2 – 0,6	0,9 – 2,2
4	5,3– 7,4	1,7 – 3,3	0,6 – 1,1	2,3 – 4,4
5	7,5– 9,8	3,4 – 5,8	1,1 – 1,9	4,5 – 7,7
6	9,9–12,4	6,0 – 9,4	2,0 – 3,1	8,0 –12,5
7	12,5–15,3	9,5 –14,3	3,2 – 4,8	12,7 –19,1
8	15,4–18,2	14,4 –20,2	4,8 – 6,7	19,2 –26,9
9	18,3–21,5	20,4 –28,2	6,8 – 9,4	27,2 –37,6
10	21,6–25,1	28,5 –38,5	9,5 –12,8	38,0 –51,3
11	25,2–29,0	38,8 –51,2	12,9 –17,1	51,7 –68,3

die Druck- und Saugwirkung zusammen hervorgerufenen Gesamtdruckunterschiede $(p_d + p_u)$. Diese Höchstwerte werden allerdings nur ausnahmsweise und vorübergehend erreicht, weil Richtung und Stärke des Windes beständig wechseln, wodurch die Gebäude in einer Weise umblasen werden, die mit dem senkrechten Auftreffen einer gleichmäßigen Luftströmung auf die Wände meist wenig zu tun hat. Schon deshalb ist die Durchführung zuverlässiger Berechnungen über die Größe der Selbstlüftung unmöglich.

d) Temperaturunterschied zwischen innen und außen, sowie Raumhöhe.

Handelt es sich um Räume mit gleichartigen Wänden und gegenüber der Umgebung höheren Lufttemperaturen, so herrscht in denselben zufolge des Luftauftriebes nach Abb. 10 *oberhalb* der in mittlerer Höhe gelegenen Ausgleichsebene Überdruck, *unterhalb* derselben Unterdruck und *in* der Ausgleichsebene Gleichgewicht. Die Druckverhältnisse kehren sich nach Abb. 11 um, wenn die Raumluft kühler als diejenige der Umgebung ist.

Der an einer bestimmten Stelle des Raumes herrschende Druckunterschied zwischen innen und außen berechnet sich nach der Gleichung $p = h \cdot (\gamma_2 - \gamma_1)$ mm WS. Darin bedeuten h den Abstand von der Ausgleichsebene in m und γ_1

bzw. γ_2 die Raumgewichte der Luft auf der wärmeren bzw. kälteren Seite in kg/m³.

Handelt es sich beispielsweise um einen 6 m hohen Saal, eine Innentemperatur von 20° und eine Außentemperatur von —20°, so ist, bezogen auf Meereshöhe, der größte auftretende Druckunterschied entsprechend Zahlentafel 1 somit

$$p = 6 \cdot (1{,}396 - 1{,}205) = 1{,}15 \text{ mm WS}$$

und bezogen auf 2000 m ü. M.

$$p = 6 \cdot (1{,}095 - 0{,}946) = 0{,}9 \text{ mm WS.}$$

Es ist einleuchtend, daß bei hohen Räumen, wie Kirchen, Theatern mit hohen Bühnenhäusern, Warenhäusern mit durchgehenden Lichtschächten usw. der auf diese Weise zustande kommende Luftwechsel beträchtlich ausfallen kann, namentlich wenn die Decken undicht sind und unten Türen offenstehen. Das ist der Grund, warum an solchen Orten vielfach Windfänge und manchmal auch besondere Windfang-Heizvorrichtungen in Form von Heizkörpern oder Warmluftzuführung[1] vorgesehen werden, die die Insassen gegen lästige Zugerscheinungen schützen sollen.

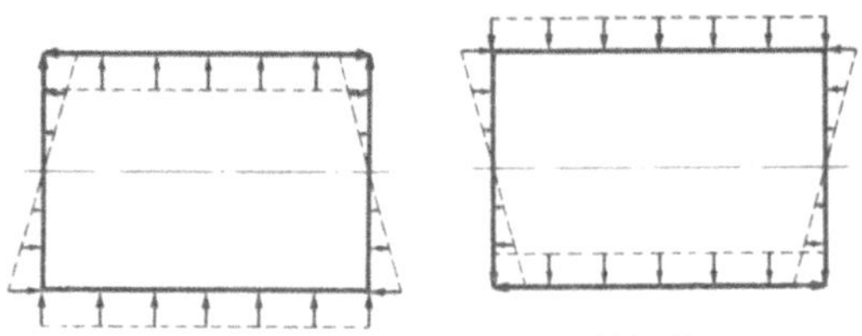

Abb. 10. Abb. 11.

Abb. 10 und 11. Druckverteilung in Räumen mit gleichartigen Wänden, links, wenn die Raumtemperatur wärmer, rechts, wenn sie kühler als diejenige der Umgebung ist.

In den Regeln DIN 4701 kommt der Einfluß hoher Räume auf die Selbstlüftung und den dadurch bedingten größern Wärmebedarf dadurch zum Ausdruck, daß auf den für den Wärmedurchgang durch die Wände einschließlich den Zuschlägen errechneten Wärmebedarf für Räume mit über 4 m Höhe noch Zuschläge von 1 vH für je 0,5 m Überhöhe, jedoch nicht über 20 vH, vorgesehen sind.

Selbstverständlich gehören auch durchgehende Treppenhäuser, Fahrstuhl- und Warenaufzugsschächte zu den erwähnten hohen Räumen. In ihnen herrscht im Winter oft starker Auftrieb und kann daher die im untern Teil der Gebäude dadurch bewirkte Lufteinströmung ebenso stark sein wie bei kräftigem Windanfall, während bei Räumen gewöhnlicher Höhe die Wirkung des Temperaturunterschiedes in der Regel stark hinter diejenige des Windes zurücktritt. Das Gesagte macht verständlich, warum bei hohen Gebäuden die Hauptzuschläge auf die berechneten zuschlagfreien Wärmeverluste nicht auf die obern, dem Wind und Wetter besonders ausgesetzten, sondern auf die untern Gebäudeteile zu machen sind. In der Metropolitan Lebensversicherungsanstalt in New York, die 48 Ober- und 2 Untergeschosse besitzt, wurden in den untern Stockwerken z. B. Zuschläge bis zu 65 vH, in den obern dagegen nur bis zu 30 vH gemacht. Diese Verteilung soll sich als richtig erwiesen haben. Auf dicht schließende Fenster und Türen wurde, wie das in solchen Fällen unbedingt erforderlich ist, ganz besondere Sorgfalt verwendet.

---

[1] Vgl. z. B. Hottinger, M.: Die Heizanlage in der neuen katholischen Herz-Jesu-Kirche, in Winterthur. Gesundh.-Ing. Bd. 59 (1936) Heft 37 S. 540/543; ferner: Strahlungsheizung Lüftung und Kühlung eines großen Warenhauses. Gesundh.-Ing. Bd. 61 (1938) Heft 9 S. 117/121 und Heft 10 S. 129/134.

Auch zwischen den einzelnen Räumen der Gebäude können zufolge der Temperaturunterschiede erhebliche und manchmal unerwünschte Luftströmungen entstehen, denen erforderlichenfalls durch den Betrieb von Lüftungsanlagen mit Lüfterbetrieb entgegenzuwirken ist [vgl. Abschnitt IV 1 c)].

3. Absichtlich angebrachte Undichtigkeiten und andere einfache Mittel zur Steigerung der Selbstlüftung der Räume.

Sind in den Umfassungswänden eines Raumes genügend große Öffnungen, beispielsweise geöffnete Fensterflügel, vorhanden, so gleicht sich der Druck zwischen dem Raum und dem Freien daselbst aus, d. h. die Ausgleichsebene verschiebt sich entsprechend Abb. 12 in die Höhe dieser Öffnungen. Liegen sie oben, so nimmt der Unterdruck im Raum dadurch zu.

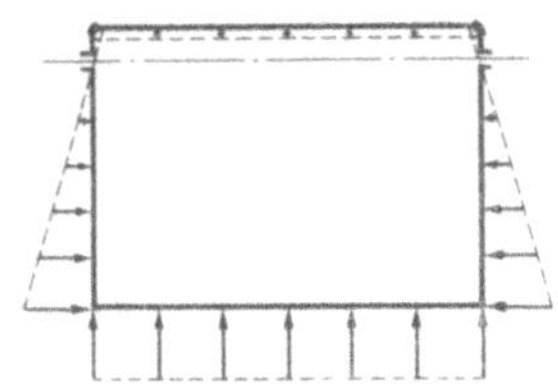

Abb. 12. Druckverteilung in einem gegenüber der Umgebung wärmeren Raum mit Öffnungen in den Umfassungswänden, z. B. geöffneten Fensterflügeln.

Die Vorschläge, die Selbstlüftung der Räume durch derartige, unmittelbar ins Freie führende Verbindungen zu steigern und gleichzeitig den dabei leicht auftretenden Zugerscheinungen zu begegnen, sind zahlreich. Außer einfachen, durch Klappen verschließbaren Öffnungen (wie sie z. B. in Finnland gebräuchlich sind) kommen Klappflügel, in die Fenster eingesetzte Glasjalousien usw. zur Anwendung, wobei auf die verschiedenste Weise versucht wird, zu erreichen, daß die Rauminsassen von der einströmenden Luft nicht unmittelbar getroffen werden.

Solche Ausführungen sind beispielsweise in Abb. 13 wiedergegeben. Sie zeichnen sich dadurch aus, daß beim Öffnen der obern Abluftöffnungen gleichzeitig Frischluft von außen her hinter die Heizkörper und durch diese angewärmt in den Raum gelangt. Natürlich ist darauf zu achten, daß die Luftwege solcher Einrichtungen leicht gereinigt werden können. Ferner bemerken die VDI-Lüftungsgrundsätze [7]:

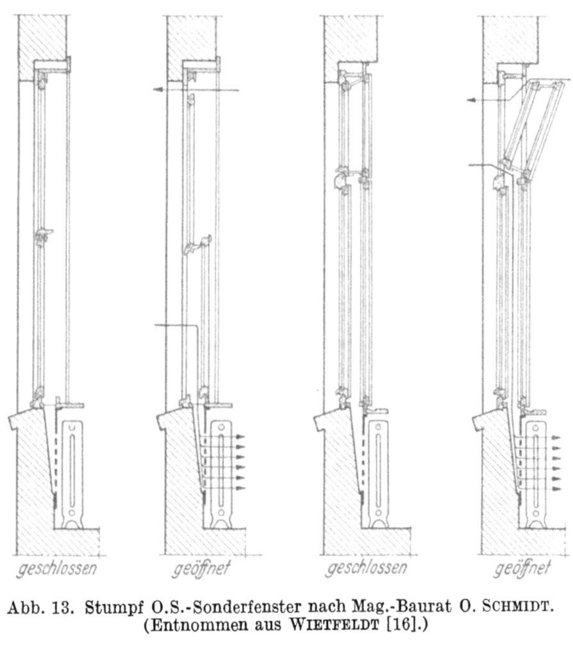

Abb. 13. Stumpf O.S.-Sonderfenster nach Mag.-Baurat O. SCHMIDT. (Entnommen aus WIETFELDT [16].)

„Die Verwendung derartiger Fenster setzt voraus:

1. daß sie nicht an 2 gegenüberliegenden Wänden eingebaut werden, da sonst bei Windanfall ein übermäßig großer Luftwechsel eintreten würde. Ein gleiches gilt für Räume mit häufig sich öffnenden Türen;

2. daß der Heizungsfirma die Verwendung solcher Fenster mitgeteilt wird, da sie entsprechend größere Heizkörper einbauen muß;

3. daß eine Erhöhung der Brennstoffkosten, wie bei jeder wirksamen Lüftung, in Kauf genommen wird"[1].

In Wohnungen ist wichtig, daß die zur Lüftung dienenden Fenster geöffnet werden können, ohne daß Gegenstände weggenommen oder gar Möbel weggestellt werden müssen. Außerdem sind, z. B. in Küchen, bis an die Decke reichende obere Fensterflügel (Klappflügel) anzubringen. Auch Vorratskammer- und Speiseschränke sind mit Entlüftungsmöglichkeiten nach außen zu versehen.

In *Fabriken* wird die Selbstlüftung manchmal durch die Anwendung von Dachhüten, Dachreitern, Dachfirstklappen, aufklappbaren Giebelwänden bzw. Giebelflügeln gesteigert. Diese Anordnungen sind so zu treffen, daß der Winddruck sich nicht störend auswirken kann. Aufklappbare Giebelwände in den Sägedächern von Fabriken z. B. sind beiderseits anzubringen, so daß der von einer Seite kommende Wind eine im obersten Teil des Raumes durchgehende Luftströmung erzeugt und nicht in die Werkstatt hinunter abgelenkt wird (vgl. z. B. WIETFELDT [16].

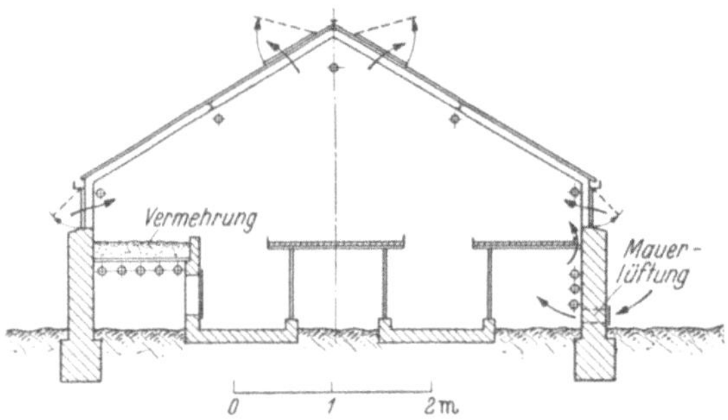

Abb. 14. Blumenhaus mit Boden- und Deckenlüftung. (Entnommen aus KÄMPER-HOTTINGER-v. GONZENBACH [18].)

Sonderfälle stellen die *Gewächshäuser* dar. Sie verlangen gute Lüftung, die bei Kulturhäusern mit auflegbaren Fenstern, den sog. Fensterhäusern, ferner bei Treibkästen und Frühbeeten dadurch bewirkt wird, daß die aufgelegten Fenster gehoben oder, wenn die Witterung es erlaubt, vorübergehend ganz weggenommen werden. Bei einseitigem Heben der Fenster strömt unten Luft ein, oben aus, während bei beidseitigem Heben und Luftbewegung im Freien Querlüftung entsteht. Blumenhäuser erhalten entsprechend Abb. 14 meist Boden- und Deckenlüftung. Zur Bodenlüftung werden in den Mauersockeln durch Klappen oder Schieber leicht verschließbare und zudem mit Gittern oder Drahtgeflecht versehene Öffnungen angebracht. Die Deckenlüftung erfolgt durch an den Giebeln vorgesehene Klappfenster. Bei der Anordnung und Größenbestimmung dieser Öffnungen ist darauf zu achten, daß die durchströmende Luftmenge reichlich ausfällt und allen Teilen des Gewächshauses zugute kommt, die Pflanzen dem Zug jedoch nicht ausgesetzt sind. In Abb. 14 sind auch über den Blumentischen Klappflügel vorgesehen. Ferner ist rechts durch einen Pfeil angedeutet, wie die durch die Maueröffnung einströmende und sich an den Heizrohren erwärmende Luft zum Teil durch eine Öffnung zwischen Pflanzentisch und Außenwand hochsteigt. Dadurch kommt auch daselbst eine gute Lüftung zustande, ohne daß die seitlichen Fensterflügel geöffnet werden müssen. Außerdem wird den Pflanzentischen dadurch

[1] Diese O.S.-Fenster werden u. a. auch für Krankenhäuser empfohlen. Vgl. z. B. SCHMIDT, O.: Eine neue Fensterlüftung für Krankenräume. Z. Krankenhauswes. (1935) S. 582, Kurzbericht im Gesundh.-Ing. Bd. 59 (1936) Heft 8 S. 112. In etwas einfacherer Ausführung sind sie schon lange bekannt, vgl. SCHMIDT, O.: Lüftung der Städtischen Schulhäuser in Berlin-Charlottenburg. Gesundh.-Ing. Bd. 52 (1929) Heft 33 S. 582. Nach WIETFELDT [16] ist ihr Preis etwa 25 vH höher als derjenige gewöhnlicher Fenster.

vorgewärmte Luft zugeführt, was bei empfindlichen Pflanzen und kalten Außentemperaturen, die ein Öffnen der seitlichen Klappfenster nicht gestatten, von Wichtigkeit ist. Die Klappflügel sollen bei den Gewächshäusern so aufgehen, daß es nicht hereinregnen kann. Schieber in den oberen Teilen der Gewächshauswände und -decken anzubringen ist aus diesem Grunde nicht zweckmäßig. Ferner soll die Bedienung der aufschließbaren Fenster, wie auch diejenige der Bodenluftschieber oder -klappen, mühelos erfolgen können, womöglich derart, daß sich sämtliche Stellvorrichtungen einer Seite auf mechanischem Wege gleichzeitig betätigen lassen.

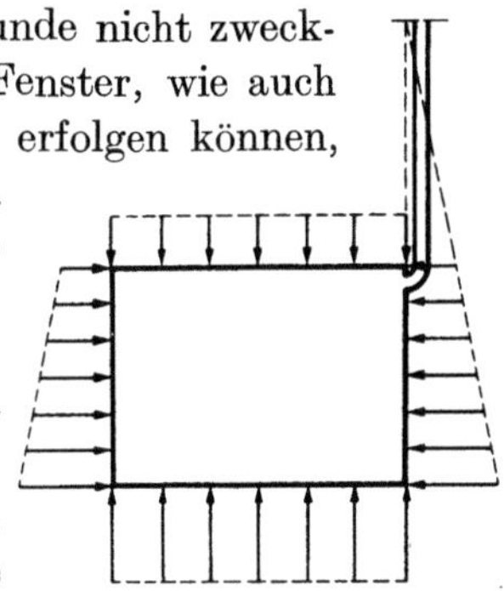

Abb. 15. Druckverteilung in einem gegenüber der Umgebung wärmeren Raum mit Abluftschacht.

Hierüber, sowie auch über die Lüftung von Gemüse- und Gurkenhäusern, Blumenfenstern usw. vgl. KÄMPER-HOTTINGER-v. GONZENBACH [18] S. 99 u. f.

Ein wirksameres Mittel zur Steigerung der Lüftung, als nur durch die Schaffung von unmittelbar ins Freie führenden Öffnungen in den Umfassungswänden, ist die Erstellung von *Abluftschächten*, wodurch die Ausgleichsebene entsprechend Abb. 15 über den Raum hinauf verlegt und damit im Winter der Unterdruck, also auch die Frischlufteinströmung in den Raum, gesteigert wird. Die Wirkung solcher Schächte ist aber naturgemäß ebenfalls ungleich, weil sie nicht nur von der Höhe, dem freien Querschnitt und dem durch den Temperaturunterschied zwischen innen und außen bedingten Auftrieb sowie der Höhenlage des Ortes ü. M., sondern auch von den auf das obere Schachtende wirkenden Luftströmungen, den Widerständen im Schacht und der Einströmmöglichkeit der Ersatzluft in den zu lüftenden Raum abhängt. Immerhin ist es eher möglich, die Wirkung solcher Schächte anzugeben als diejenige der gewöhnlichen Undichtigkeiten in den Umfassungswänden, weil sich dabei für bestimmte Innen- und Außentemperaturen der Auftrieb und damit die theoretische Auftriebsgeschwindigkeit berechnen läßt.

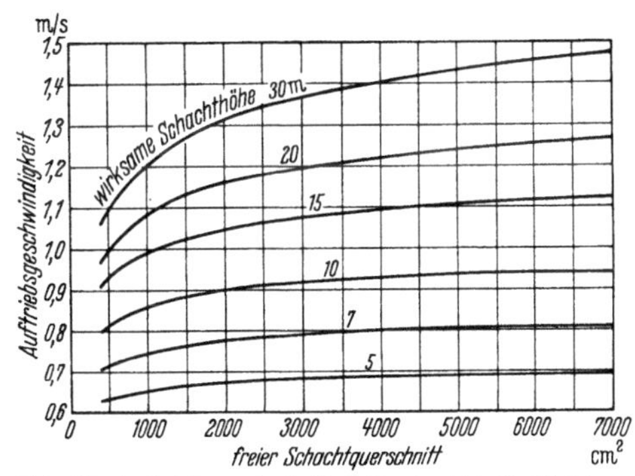

Abb. 16. Auftriebsgeschwindigkeiten in Abluftschächten bei 4° Temperaturunterschied zwischen innen und außen, Schachthöhen von 5 bis 30 m und freien Schachtquerschnitten bis zu 7000 cm².

Bei Temperaturunterschieden von . . °C	1	2	3	4	6	10	20
sind die Geschwindigkeiten zu multiplizieren mit	0,50	0,71	0,87	1,00	1,22	1,58	2,24

(Nach GRÖBER, H.: Rietschels Heiz- und Lüftungstechnik XI. Auflage 1938, S. 196).

Abb. 16 gibt, bezogen auf Meereshöhe, Aufschluß über die zu erwartenden Geschwindigkeiten unter der Annahme, daß die Einströmung der Luft aus dem Freien in den Raum und ebenso die Abströmung aus dem Raum in den Abluftschacht durch Öffnungen von mindestens der Größe des Schachtquerschnittes ohne Gitter oder andere Hindernisse erfolgen könne, ferner daß der Abluftschacht ohne jeden Knick bis über Dach führe und der Temperaturunterschied zwischen innen und außen 4° betrage. Bei andern Temperaturunterschieden sind die der Kurventafel entnommenen Geschwindigkeiten mit den unter der Abbildung angegebenen Beiwerten zu multiplizieren. Weisen die Schächte größere Strömungswiderstände auf, so können die auftretenden Geschwindigkeiten nicht mehr einfach Abb. 16 entnommen werden, sondern sind zu berechnen [6] S. 195. Ferner ist, entsprechend dem unter Abschnitt III 2d) Gesagten, zu beachten, daß der wirksame Druck und damit auch die Auftriebsgeschwindigkeit mit zunehmender Höhe ü. M. abnimmt.

Da die Wirkung solcher Abluftschächte unmittelbar vom Temperaturunterschied zwischen innen und außen abhängt, so ist klar, daß ihre Wirkung aufhört, wenn es innen und außen gleich warm ist und daß Rückströmungen von oben nach unten eintreten müssen, wenn die Luft im Sommer im Freien wärmer als im Innern der Gebäude ist. Daher strömt durch nicht gut verschlossene Öfen, Kamine usw. alsdann oft übelriechende Schornsteinluft in die Räume aus.

Zur Lüftung von Versammlungsräumen, Schul-, Krankenzimmern usw. eignen sich solche Abluftschächte nicht, dagegen können sie z. B. zur Lüftung von sonst übermäßig warm werdenden *Heizkellern,* in denen die Luft zudem durch das Abschlacken verdorben wird, dienlich sein, ferner zum Lüften nicht allzu großer *Waschküchen* (während für Groß-, Koch- und Waschküchen Lüfterbetrieb erforderlich ist), zur Lüftung von *Ställen* usw.

Der Auftrieb läßt sich erhöhen und bis zu einem gewissen Grade auch in der warmen Jahreszeit durchführen, wenn die Abluft künstlich erwärmt wird. Früher hat man zu dem Zweck in den Abzugsschächten der sog. Kapellen chemischer Laboratorien Gasflammen entzündet, ferner wurden etwa Heizkörper in die Schächte eingebaut, oder man führte die Schornsteine von dauernd in Betrieb stehenden Feuerstellen durch sie bzw. neben ihnen hoch. Das letztere ist heute noch üblich, z. B. unter Verwendung von Formstein-Batterieschornsteinen. Dabei ist jedoch darauf zu achten, daß die Abkühlung der Rauchgase nicht zu weit getrieben wird, weil der Schornsteinzug sonst leidet. Das ist namentlich zu befürchten, wenn die Mantelkanäle solcher Formstein-Schornsteine als Luftkanäle benutzt werden. Dadurch kommt außerdem eine Erhöhung der Glanzrußbildung zustande. Frischwärme zur Erwärmung der Abluft zu verwenden ist heute wenig mehr üblich. Statt dessen werden erforderlichenfalls meist kleine Lüfter eingebaut.

Selbstverständlich tragen auch Herde, Öfen, Kamine, Gasbadeöfen usw., zufolge der Entnahme der Verbrennungsluft, zur Lüftung der Räume bei. Die z. B. in Rauchzimmern durch im Betrieb stehende Kamine erzielbare Luftverbesserung ist auffallend. Bisweilen wird die Ansicht vertreten, daß dadurch auch eine Befeuchtung der Raumluft zustande komme. Diese Annahme ist jedoch irrig, indem die Erwärmung der hereingesaugten Außenluft auf Raumtemperatur eine Abnahme der relativen Feuchte bewirkt (vgl. Abb. 4), so daß durch die Lüftung sogar eine Trocknung der Raumluft bewirkt wird.

Bei großen Verhältnissen kann es angezeigt sein, über Herden *Dunstfänge* anzubringen, die mit wasserdichten, über Dach führenden Abzugsschächten in Verbindung stehen. Bei Küchenherden können die Abzugskanäle auch unter den Rost der Feuerung geleitet werden, wodurch die abgesaugte, mit Wasserdämpfen und Gerüchen geschwängerte Luft durch den Schornstein entweicht. Anderseits ist zu beachten, daß sich solche Dunsthauben stark erwärmen und die von ihnen ausstrahlende Wärme lästig fällt. Ferner wird der obere Teil der Küche ungenügend entlüftet, wenn die Luft nur aus den Dunstfängen abströmt. Bei Lüftung mit Lüfterbetrieb begnügt man sich daher meist mit gewöhnlichen, womöglich bis über oder in die Nähe der Herde geführten Abluftkanälen.

Die Selbstlüftung der Räume kann weiter dadurch gesteigert werden, daß bei der Erstellung von Abluftschächten auch dafür gesorgt wird, daß die Ersatzluft leicht in die Räume einströmt. Bei Ofenheizung werden hierzu bisweilen mit Kanälen versehene sog. *Lüftungsöfen* aufgestellt, denen von außen her Frischluft zugeleitet wird. Sie erwärmt sich in den Öfen und tritt oben in die Räume aus. Dies ist allerdings eine wenig vollkommene Einrichtung, schon deswegen, weil die Luftwege in der Regel nicht richtig gereinigt werden können und die Frischluft in den Öfen zudem mit sehr heißen Flächen in Berührung tritt. Auch ist nicht ausgeschlossen, daß beim Schadhaftwerden des Ofeninnern Gase in die Luftwege und damit in die Räume übertreten.

Besser sind in dieser Hinsicht *mit Frischluftzuführung versehene Fensternischenheizkörper* (Abb. 26). Die unmittelbar ins Freie führenden Maueröffnungen sind mit Gittern und Klappen zu versehen. Auch diese Lösung eignet sich jedoch nur für untergeordnete Räume, wie Koch- und Waschküchen, dagegen nicht für Schulzimmer usw., weil dadurch das Eindringen von Staub, Schall, Insekten usw. begünstigt wird. Auch hat man die Beobachtung gemacht, daß dabei durch geöffnete Fensterflügel Luft ins Freie aus- und durch die unmittelbar darüberliegenden Zuluftöffnungen in die obern Räume wieder eintrat. Dazu kommt, daß derartige Heizkörper, wenn es sich um Warmwasserheizung handelt, der Einfriergefahr in hohem Maße ausgesetzt sind. Ferner erwärmt sich die Luft, namentlich bei Windanfall, beim raschen Durchströmen der Heizkörper ungenügend, so daß trotzdem Zugerscheinungen auftreten können und sich die Raumluft über Boden stark abkühlt. Um dem zu begegnen, lassen sich zwar Heizkörperverkleidungen anbringen, die die Luft nötigen, an den Heizkörpern hochzusteigen. Sie werden, wie Abb. 26 zeigt, oben am besten mit schief liegenden Gittern abgedeckt, so daß es unmöglich ist, sie, z. B. in Küchen, durch Teller, Schüsseln und andere Gegenstände zu verstellen und dadurch den Lufteintritt zu hindern.

Manchmal werden auch besondere *Zuluftkanäle mit eingebauten Heizkörpern* erstellt. Keinesfalls darf beim Absaugen von Luft durch Abluftschächte oder gar Lüfter die Zuluft im Winter in Wohn-, Arbeits- und sonstige Aufenthaltsräume aber ungewärmt eintreten gelassen werden, weil sonst Zugerscheinungen und in Küchen sowie andern Räumen mit starker Wasserdampfentwicklung Nebelbildungen entstehen. Zudem läßt sich dadurch nicht, wie das bisweilen als Vorteil hingestellt wird, Brennstoff sparen, weil die eintretende Luft sowieso auf Raumtemperatur erwärmt werden muß. Geschieht dies nicht durch besondere Heizkörper oder Lufterhitzer *vor* ihrem Eintritt, so erfolgt die Anwärmung nachträglich im Raum selber, und zwar oft erst, nachdem bereits belästigende Zugerscheinungen aufgetreten sind. Auch an Anlagekosten kann dadurch nicht wesentlich gespart werden, weil die Raumheizkörper in diesen Fällen zur Deckung des Mehrwärmebedarfes größer auszuführen sind.

In Abweichung davon wird den *Ställen*, die zur Lüftung am besten ebenfalls Abluftschächte erhalten, ungewärmte Frischluft zugeführt, weil die Anforderungen hier geringere sind und in der Regel zur Erstellung von Lüftungsanlagen mit Lüfterbetrieb und Frischluftvorwärmung die Mittel fehlen (mit Ausnahme etwa von Luxusställen, Tierhäusern in zoologischen Gärten usw.). Jedoch werden besondere Maßnahmen getroffen, indem man die Außenluft im Winter nicht einfach durch die Fenster und Türen oder unmittelbar ins Freie führende Maueröffnungen, sondern am besten in feiner Verteilung von den Decken her einströmen läßt. Dazu werden entweder nach Abb. 17 mit feinen Schlitzen versehene Deckenkanäle oder nach Abb. 18 Doppeldecken (Rieseldecken) erstellt, die jedoch zur Vermeidung von Schwitzwasserbildung gut abzudämmen sind. Reichen die Mittel hierfür nicht aus oder stehen bauliche Hindernisse im Weg, so werden allerdings bisweilen auch Öffnungen in den Seitenwänden angeordnet, denen die Luft von außen her aber durch mindestens 1 bis 1½ m lange lotrechte Mauerkanäle oder Rohre aus Steinzeug, Eternit usw. zuströmen soll. Die lotrechten Kanalstücke verhindern wenigstens das unmittelbare Hereinblasen des Windes in die Ställe, und wenn sie in den Mauern oder im Innern der Ställe liegen, so findet in ihnen auch eine gewisse Vorwärmung der Luft auf natürlichem Wege statt. Läßt man die Luft unter den Fenstern lotrecht nach oben ausströmen,

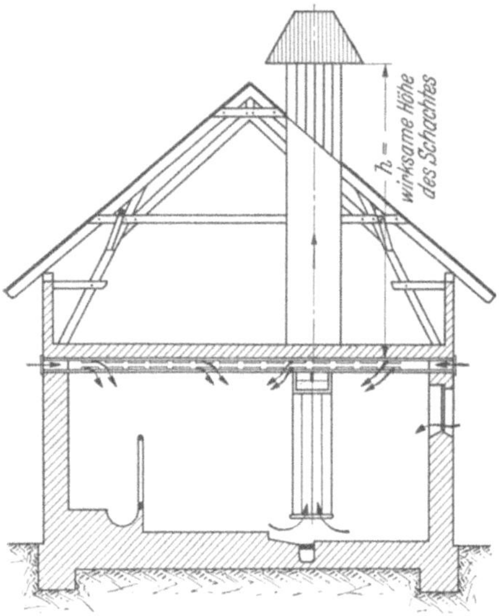

Abb. 17. Stallüftung. (Entnommen aus OBER, J., und R. WEISE: [20].)

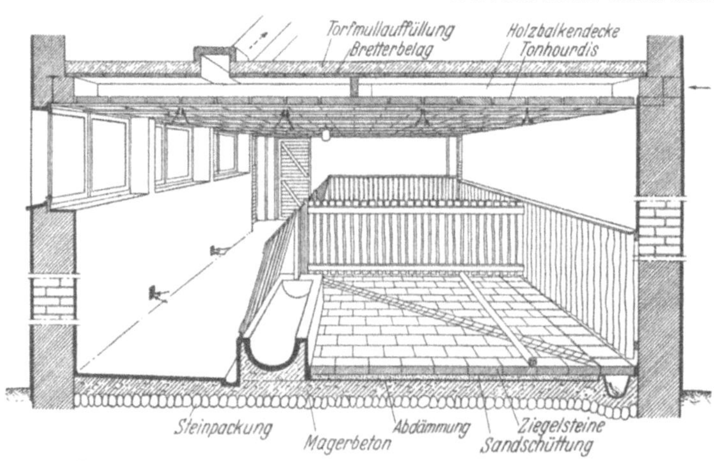

Abb. 18. Schweinestall mit Luftzu- und -abströmung durch die Decke (nach J. BELLER, Zürich).

so kann dadurch auch der Schwitzwasserbildung an den Scheiben entgegengewirkt werden. Wiederholt ist auch schon vorgeschlagen worden, die Zuluft aus der Futtertenne zu entnehmen, weil sie dabei im Winter wärmer, im Sommer kühler und bei Nebelwetter trockener ist. Diesen Vorteilen stehen jedoch die Nachteile gegenüber, daß die Luft in den Futtertennen oft stark durch Heustaub verunreinigt ist und außerdem bei dieser Lösung im Winter eine stärkere Auskühlung der Tennen stattfindet, weil an Stelle der nach dem Stall abgesaugten Luft kalte Außenluft einströmt. Gut bewährt sich die erwähnte Zuführung von den Decken her. Dabei treten keine konzentrierten, scharfen Kaltluftströmungen auf, weil die Luft in guter Verteilung eintritt und sich bei ihrem Niedersinken rasch mit der von den Tieren aufsteigenden warmen Luft mischt[1].

Man hat derartige Rieseldecken unter Zuführung ungewärmter Luft auch schon für menschliche Aufenthaltsräume zur Anwendung gebracht, jedoch, wie unter Abschnitt IV 3i) ausgeführt, nicht mit gutem Erfolg. Dagegen empfiehlt es sich manchmal (z. B. bei eingebauten Bädern und WC, Küchen usw.), die Ersatzluft entsprechend Abb. 28 durch in den Türen angebrachte Schlitze oder Gitter von beheizten Nebenräumen her zuzuführen.

Schließlich ist hinsichtlich der Steigerung der natürlichen Lüftung durch einfache Mittel auch noch auf die *Sauger (Deflektoren)* zu verweisen, die zur Erhöhung des Luftauftriebes manchmal auf die obern Enden der Abluftschächte gesetzt werden. Ihre Aufgabe besteht darin, den Wind so abzulenken, daß er das Aufsteigen und Ausströmen der Abluft nicht nur nicht hemmt, sondern im Gegenteil begünstigt. Da diese Sauger bei Windstille wirkungslos sind, soll ihre Bauart möglichst so sein, daß sie der Luftabströmung aus den Schächten wenigstens keinen nennenswerten Widerstand entgegensetzen. Zur Beurteilung ihrer Wirkung sind schon vielfach Versuche durchgeführt worden[2]. In windreichen Gegenden und an Orten mit besonders ungünstigen Windverhältnissen können solche Sauger gute Dienste leisten; in windarmen Gegenden und bei stark wechselnden Windverhältnissen werden dagegen, wenn Abluftschächte mit gewöhnlichen Windschutzhauben nicht genügen, sondern künstliche Saugwirkung erforderlich ist, besser Lüfter eingebaut.

IV. Raumlüftung mit Lüfterbetrieb.

1. Aufgaben der Lüftungsanlagen.

Wenn die Selbstlüftung der Räume, unterstützt durch Fensterlüftung, Abluftschächte und die übrigen im letzten Abschnitt besprochenen Maßnahmen zur ausreichenden Reinhaltung der Raumluft oder zur genügenden Entwärmung der Räume im Sommer, bzw. bei starker Wärmeentwicklung, nicht genügen, so sind Lüftungsanlagen mit Lüfterbetrieb erforderlich. Werden bezüglich Temperatur und Feuchte bestimmte Gewährleistungen verlangt, so genügen

[1] Näheres hierüber siehe in J. Ober und E. Weise [20]. Ferner Hottinger, M.: Stalllüftungen. Gesundh.-Ing. Bd. 63 (1940) Monat Juni. Vgl. auch die Schrifttumhinweise am Schluß des Buches unter Abschnitt VIII. 2.

[2] Vgl. z. B.: Rietschel, H.: Versuche über die Wirkung von Saugern. Gesundh.-Ing. Bd. 29 (1906) S. 473/481. — Back, O.: Die Ermittlung der relativen Wertigkeit windbetätigter Saughauben. Gesundh.-Ing. Bd. 55 (1932) S. 607/610. — de Voogd, J. G., und F. C. Wirtz: Betrachtungen über das Verhalten von Schornsteinaufsätzen bei Wind und Regen. Gesundh.-Ing. Bd. 59 (1936) Heft 42 S. 605/613 und Heft 43 S. 621/628. — ter Linden, A. J.: Schornstein- und Lüftungsaufsätze. Gesundh.-Ing. Bd. 62 (1939) S. 221/225.

jedoch auch diese nicht, sondern sind eigentliche, am besten vollselbsttätig geregelte Klimaanlagen zu erstellen (vgl. Abschnitt VI).

Nachstehend werden zuerst die von den einfachen Lüftungsanlagen zu erfüllenden Aufgaben kurz besprochen:

a) Beseitigung von Riech- und Ekelstoffen, Tabakrauch usw.

Bekanntlich wird in Aufenthaltsräumen, sofern die Zahl der anwesenden Personen im Verhältnis zum Rauminhalt groß ist, die Reinheit der Luft mit der Zeit beeinträchtigt. Dies fällt allerdings mehr nur den nachträglich von außen Kommenden auf; und auch diese gewöhnen sich in kurzer Zeit, wie die übrigen Insassen, derart an die neuen Luftverhältnisse, daß sie ihnen nicht als ungewöhnlich erscheinen, sofern sich nicht gleichzeitig übermäßig hohe Temperaturen und Feuchtegrade dazugesellen. Allerdings verflachen sich beim Einatmen verdorbener Luft unwillkürlich die Atemzüge, was auf die Dauer, z. B. in Arbeitsräumen, in denen sich die Arbeiter täglich während vielen Stunden aufzuhalten haben, die Gesundheit beeinträchtigt; für kurze Zeit, etwa während der Dauer eines Vortrages, jedoch unschädlich ist. Immerhin ist bekannt, wie befreit man beim Verlassen solcher Lokale oft aufatmet, und auch wie verschieden die Atemtätigkeit in solchen Räumen gegenüber derjenigen in der freien Natur, z. B. an der Meeresküste oder im Gebirge, wo tiefes Atmen zu einem ausgesprochenen Genuß wird, verläuft. Beachtlich ist auch, daß bei Untersuchungen an Schulkindern die ungünstigen Wirkungen eines schlechten Luftzustandes schon klar zutage traten, wenn von körperlichen Störungen noch keine Rede war (SCHWARZ)[1].

Die sich in überfüllten Räumen bildenden Riech- und Ekelstoffe chemisch zu definieren, ist bis jetzt nicht gelungen. Auch lassen sie sich nicht in einfacher Weise messen. Meines Wissens liegt bis jetzt nur *ein* dahingehender Vorschlag vor, über dessen Bewährung mir jedoch nichts bekannt ist. Die Besprechung des betreffenden Aufsatzes von GANT und SHAW[2] im Gesundh.-Ing. äußert sich dazu wie folgt:

„Das hierzu von den Verf. vorgeschlagene Gerät besteht aus einem gut abgedichteten, mit Kork ausgelegten Kasten, in dem ein 50 cm langes Glasrohr mit Spiraldraht in Kohlensäureschnee eingebettet ist. Die Raumluft wird mittels eines kleinen, mit einem Manometer ausgerüsteten Verdichters mit bekannter Geschwindigkeit durch das Rohr geleitet, in dem ihre Feuchtigkeit zusammen mit den Geruchsbestandteilen als Eisklumpen zurückbleibt. Letzterer wird sodann in einem verschlossenen Gefäß aufgetaut und die Luft darin durch Schütteln an Geruchsbestandteilen gesättigt. Beim Verbinden des Untersuchungsgefäßes mit einem Wasserosmoskop von FAIR wird eine mengenmäßige Bestimmung des Geruches möglich gemacht, der u. U. noch eine chemische Untersuchung folgen kann.

Dagegen ist eine ungefähre Beurteilung der Abnahme des Gütegrades der Luft in stark besetzten Räumen auf folgender Grundlage möglich: Gleichzeitig mit den Riech- und Ekelstoffen wird infolge der Atmung auch Kohlensäure frei (vgl. Abschnitt II), und diese festzustellen ist leicht möglich. Das hat

---

[1] BRADTKE und LIESE: [27].

[2] GANT, V. A. u. SHAW, H. D.: Die Geruchsmessung in bewetterten Räumen. Heat. & Vent. Bd. 34 (1937) Heft 4 S. 40/41. Kurzbericht im Gesundh.-Ing. Bd. 60 (1937) Heft 36 S. 563.

schon PETTENKOFER dazu veranlaßt, in seinen im Jahre 1857 erschienenen grundlegenden Forschungsberichten den Gütegrad der Luft von Versammlungssälen, Schulzimmern, Büros usw. nach dem sog. Kohlensäuremaßstab zu beurteilen. Danach kann man annehmen, daß die Grenze der zulässigen Luftverschlechterung in solchen Räumen erreicht ist, wenn der Kohlensäuregehalt auf etwa 1,5‰ gestiegen ist.

Außer durch die Lungen- und Hauttätigkeit[1], und manchmal auch durch die Ausdünstung übelriechender Kleider der anwesenden Personen, wird die Luft oft auch durch die Entstehung von Dämpfen, Gasen, Stauben usw. verdorben. Außerdem wird eine große Zahl von Lüftungsanlagen insbesondere zur Beseitigung des in Gaststätten, Vereinszimmern, Theatern ohne Rauchverbot usw. entstehenden Tabakrauches erstellt. Nach PONTAG und LEHMANN[2] entstehen aus 100 g Tabak durchschnittlich:

2 g Nikotin	0,004 bis 0,01 g Blausäure
0,36 g Ammoniak	4124 cm³ Kohlenoxyd
0,15 g Pyridin	

Den Mengen nach handelt es sich demnach hauptsächlich um Nikotin und Kohlenoxyd. Das letztere wirkt auf die Dauer besonders nachteilig, weil es die roten Blutkörperchen schädigt. In erheblichen Mengen eingeatmet kann es aber auch schon bei einmaliger Einwirkung starke Kopfschmerzen und Magenverstimmungen hervorrufen. Als weiterer Nachteil des Tabakrauches ist der üble Geruch zu nennen, den er nach dem Erkalten hinterläßt. Es hat sich gezeigt, daß zur Beseitigung dieser Mißstände in Räumen, in denen stark geraucht wird, eine fünfmalige Lufterneuerung in der Stunde, wenn es sich nicht um abnormal hohe Räume handelt, nicht ausreicht. Sie erfahren dadurch nur eine Herabminderung, die in Hinsicht auf die Giftwirkung allerdings bereits belangreich ist. Gewöhnlich erstellt man derartige Lüftungsanlagen daher für einen 5- bis 10fachen stündlichen Luftwechsel[3] bzw. für 30 bis 50 m^3/h Frischluft je Kopf, während man sich bei Versammlungsräumen, in denen die Luft weder durch starkes Rauchen noch sonstwie in besonderem Maße verdorben wird, wie Sälen, Theatern und Lichtspieltheatern mit Rauchverbot, Erfrischungsräumen von Feinbäckereien usw. meist mit einem 3- bis 5fachen stündlichen Luftwechsel, bzw. mit 20 bis 30 m^3 je Kopf begnügt (vgl. Zahlentafel 11). Beachtlich ist, daß es auch bei Frischluftmengen von 30 bis 50 m^3/h je Person in der Regel nicht möglich ist, den Tabakrauch, wenn z. B. nach Festmahlen die Großzahl der Anwesenden gleichzeitig zu rauchen anfängt, restlos zu beseitigen. Der reinigende Einfluß der Lüftung macht sich in solchen Fällen erst mit der Zeit, wenn allmählich weniger geraucht wird, bemerkbar. Dabei ist auch die Art der Luftführung im Raum von Wichtigkeit [vgl. Abschnitt IV 3 i)].

---

[1] Über Ursprung und Stärke des Körpergeruches sind durch C. P. YAGLOU, E. C. RILEY und D. I. COGGINS von der Harvard-Universität Untersuchungen angestellt worden. Vgl. Heat. & Vent. Bd. 33 (1936) S. 31. Kurzbericht im Gesundh.-Ing. Bd. 60 (1937) Heft 8 S. 125.

[2] Gesundh.-Ing. Bd. 38 (1915) S. 294.

[3] Sofern nichts anderes beigefügt ist, bezieht sich der Ausdruck Luftwechsel durchwegs auf die Zuführung von Frischluft, d. h. auf die Lufterneuerung und nicht auch auf die Umwälzung von Umluft [vgl. das hierüber unter Abschnitt IV 3 a Gesagte].

b) Bekämpfung zu hoher Raumtemperaturen.

Wie angedeutet, besteht eine weitere, manchmal sogar die Hauptaufgabe der Lüftungsanlagen darin, die Raumtemperaturen nicht zu hoch ansteigen zu lassen. Es sei daher zuerst auf die hauptsächlichsten für die Erwärmung der Räume in Betracht kommenden Wärmequellen und ihre Ergiebigkeit eingetreten.

α) **Wärmeabgabe der Menschen.** Ein in üblicher Weise bekleideter erwachsener Mann gibt bei leichter, sitzender Beschäftigung und verschiedenen Raumtemperaturen stündlich etwa die in Zahlentafel 7 angegebenen Mengen an fühlbarer oder trockener Wärme ab.

Zahlentafel 7. Wärme- und Wasserdampfabgabe des normal bekleideten Mannes bei leichter, sitzender Beschäftigung, ruhender Luft und verschiedenen Raumtemperaturen. (Nach BERESTNEFF, auf Grund von im Forschungsinstitut der amerikanischen Heizungs- und Lüftungsingenieure durchgeführten Versuchen[1] [27].)

Raumtemperatur	Wärmeabgabe durch		Wasserdampfabgabe bei einer relat. Feuchte der Raumluft von 30—70 vH
	Strömung, Leitung und Strahlung (fühlbare oder trockene Wärme)	Wasserverdunstung (feuchte Wärme)	
°C	kcal/h	kcal/h	g/h
10	117	18	31
12	108	18	31
14	99	18	31
16	91	18	31
18	84	20	34
20	79	23	40
22	73	28	48
24	66	35	60
26	59	42	73
28	50	51	88
30	40	59	102

Die Zahlentafel enthält außerdem Angaben über den durchschnittlichen Aufwand an Verdunstungswärme zur Wasserverdunstung (die sog. feuchte Wärme), die jedoch in Hinsicht auf die Erhöhung der Raumtemperaturen außer Betracht fällt, sowie über die Wasserdampfabgabe, die bei der Bemessung der Klimaanlagen eine Rolle spielt, sofern bestimmte relative Feuchtegrade in den Räumen nicht überschritten werden sollen. Bei der Verwendung von Zahlentafel 7 ist zu beachten, daß die zwischen etwa 18° und 30° rd. 100 kcal/h betragende Gesamtwärmeabgabe (trockene + feuchte Wärme) bei mäßiger körperlicher Arbeitsleistung auf rd. das 2- bis 2,5fache, bei starker sogar auf das 4- bis 5fache ansteigt.

Nach SÜPFLE[2] beträgt die durch Strömung, Leitung und Strahlung abgegebene Wärmemenge etwa 74 vH der Gesamtwärmeabgabe des menschlichen Körpers. Der Rest entfällt auf andere Wege des Wärmeverlustes, z. B. die Erwärmung der Kost. Von diesen 74 vH werden etwa 44 vH durch Strahlung, 30 vH durch Strömung und Leitung abgegeben. Bei starker Durchblutung

[1] Vgl. auch RIETSCHEL: Heiz- und Lüftungstechnik, 11. Aufl. (1938) S. 251, ferner die VDI-Regeln zur Lüftung von Versammlungsräumen (1937).

[2] SÜPFLE, K.: Der Einfluß des künstlichen Klimas auf den Menschen. Bericht über den XV. Kongreß für Heizung und Lüftung S. 49/56. München und Berlin 1939.

der Haut steigt der Strömungs-, Leitungs- und Strahlungsanteil sogar auf 80 und 90 vH. SÜPFLE weist weiter darauf hin, daß Schweißabsonderung nicht nur durch Verdunstung, sondern auch deshalb zu einer höheren Entwärmung des Körpers führt, weil die Haut infolge der Durchfeuchtung gegenüber dem trockenen Zustand eine um mehrere 100 vH verbesserte Wärmeleitfähigkeit annimmt (vgl. diesbezüglich auch BREZINA und SCHMIDT [2]).

Die gegenseitigen Größenanteile der durch Strömung und Leitung einerseits und durch Strahlung anderseits abgegebenen Wärmemengen weisen allerdings nicht immer das vorstehend angegebene Verhältnis auf, sondern sind von verschiedenen Umständen, u. a. auch von den Wandtemperaturen der Räume abhängig. Messungen, die von Ingenieuren der Firma Gebrüder Sulzer A.-G., Winterthur, unter Zuhilfenahme von zwei Davoser Frigorimetern, einem verchromten, hochglanzpolierten einerseits und einem matt-schwarzen anderseits zum Vergleich der durch Strahlung bei Heizkörper- und Decken-Strahlungsheizung abgegebenen Wärme durchgeführt worden sind, haben ergeben, daß bei Heizkörperheizung der Strahlungsanteil 1,3 bis 1,7, bei Deckenheizung dagegen nur 0,3 bis 0,7 mal so groß ist wie derjenige durch Strömung und Leitung[1]. Es fragt sich allerdings, ob diese an Frigorimetern gewonnenen Ergebnisse ohne weiteres auf den menschlichen Körper übertragen werden dürfen, da bei diesem die Regelverhältnisse der Wärmeabgabe erheblich andere sind als bei den Frigorimetern[2].

Beachtlich ist ferner, daß die Wärmeerzeugung des menschlichen Körpers bei verschiedenen Betätigungszuständen sowie in verschiedenen Zeitabständen

Zahlentafel 8. Wärmeabgabe des menschlichen Körpers bei verschiedenen Zuständen. (Nach BENEDICT, Carnegie-Institution[3].)

Zustand	Gesamtwärmeabgabe (trockene + feuchte)	
	Neue Werte kcal/h	Alte Werte kcal/h
im Bett liegend	60	—
sitzend	63	94
stehend	66	109
lebhaft gehend	180	436
bei höchster körperlicher Anstrengung	660	644

nach der Nahrungsaufnahme sehr ungleich ist. Zahlentafel 8 gibt hierüber Anhaltspunkte. LIESE[4] bemerkt dazu:

„Die neuen, von BENEDICT (Carnegie-Institution) mitgeteilten Werte sind niedriger, als sie früher von anderen Untersuchern gefunden wurden. Der Unterschied erklärt sich dadurch, daß die neuen Messungen stets 12 Stunden nach der letzten Nahrungsaufnahme gemacht

[1] WIRTH, P. E.: Der gegenwärtige Stand der Heiz- und Lüftungstechnik in der Schweiz, unter besonderer Berücksichtigung der Strahlungsheizung und der Klimaanlagen. LA-Sondernummer der Schweiz. Bl. Heizg. u. Lüftg. Bd. 6 (1939), 30. Juni, S. 33/56.

[2] WIRTH, P. E.: Die wahren Eigenschaften der Strahlungsheizung. Gesundh.-Ing. Bd. 62 (1939) Heft 3 S. 30/35; ferner: Aus der Physik der Raumheizung. Veska-Zeitschrift 1938 Heft 6; ferner: Quelles sont les charactéristiques du chauffage par rayonnement? Rev. techn. Sulzer 1939 Heft 2 S. 4/13.

[3] Heat. a. Vent. Bd. 31 (1934) Heft 19. Vgl. auch BRADTKE und LIESE: [27].

[4] LIESE, W.: Fußnote 3 S. 19 und BRADTKE und LIESE: [27].

und alle dadurch bedingten Änderungen mit Sicherheit ausgeschlossen worden sind. Unmittelbar nach Mahlzeiten kann die Wärmeabgabe bis zu 40 vH erhöht sein."

Das ist in gewissen Fällen zu berücksichtigen.

Ferner ist beachtlich, daß die Wärme- und Wasserdampfabgabe der Menschen je nach ihrem Körpergewicht verschieden ist; für Kinder von etwa 8 bis 12 Jahren wird in der Heiz- und Lüftungstechnik meist mit den halben Werten gerechnet. BÜRGERS macht in der 9. Auflage (1930) des Rietschelschen Leitfadens der Heiz- und Lüftungstechnik auf S. 147 über die Wärme- und Wasserdampfabgabe verschiedener Personen z. B. die in Zahlentafel 9 enthaltenen Angaben.

Zahlentafel 9. Durchschnittliche stündliche Wärme- und Wasserdampfabgabe verschiedener Personen. (Nach BÜRGERS.)

	Wärmeabgabe kcal/h	Wasserdampfabgabe g/h
Säugling	26	15
Knabe	52	20
Jüngling	90	40
Mann, ruhend	130	60
Mann, arbeitend	200	130

β) Wärmeerzeugung durch Umsetzung von elektrischer Energie, Verbrennen von Gas usw. Bei der Umsetzung von einer kWh in Wärme werden 860 kcal frei. Die Umsetzung kann erfolgen durch die Beleuchtung oder die Einführung elektrischer Energie zu motorischen Zwecken, wobei Induktions- und Reibungswärme entsteht. In letzterem Fall rechnet man häufig mit Pferdestärken. Eine in Wärme umgesetzte PS entspricht $\frac{75 \cdot 3600}{427} = 632$ kcal (1 PS = 75 mkg/s, 427 = mech. Wärmeäquivalent).

Die durch wenige elektrische Glühlampen erzeugte Wärmemenge ist zwar sehr gering, in Sälen, Theatern, Warenhäusern mit großem Lichtaufwand kann die Wärmeabgabe der Leuchtkörper indessen doch recht beträchtlich ausfallen. Nach Angaben von LEWIS werden in einem amerikanischen Warenhaus im Sommer 46 vH der durch die Lüftungsanlage abzuführenden Wärme von den Lichtquellen erzeugt[1].

Die beim Verbrennen von 1 m³ Gas entstehende Verbrennungswärme ist je nach dem Heizwert des Gases verschieden groß. Durchschnittlich kann mit etwa 3500 bis 4000 kcal/m³ unter gleichzeitigem Freiwerden von ¾ bis 1 kg Verbrennungswasser in Form von Wasserdampf gerechnet werden. Gasbeleuchtung ist heute selten mehr anzutreffen, dagegen sind Gasherde weit verbreitet. Bei offenen Herdbauarten treten die Verbrennungsgase in die Küchen aus, bei geschlossenen können sie unmittelbar ins Freie oder zum mindesten bis in die Nähe der in den betreffenden Küchen angebrachten Abluftkanäle geleitet werden.

Auch die Abgase von Gasheizöfen, Gaskaminen usw. sind durch besondere Abzüge ins Freie abzuführen, was bisweilen baulichen Schwierigkeiten begegnet. Handelt es sich um lange, viel Widerstand ergebende Abzugsrohre, so werden zur Absaugung der Gase bisweilen Lüfter angewendet[2]. BRÜMMER-

[1] LEWIS, S. R.: Modern illumination presents problems for air conditioning design to solve. Heat. Pip. Air. Condit. Bd. 11 (1939) Heft 3 S. 145/148, kurze Inhaltsangabe in Wärme- u. Kältetechn. Bd. 41 (1939) Heft 4/5 S. 73.

[2] Vgl. z. B. KAISER, F.: Die Gasheizungsanlage der Stadtpfarrkirche in Rothenburg o. d. Tbr. Gesundh.-Ing. Bd. 60 (1937) Heft 22 S. 345/348.

HOFF[1] macht diesbezüglich auf folgende Punkte aufmerksam: Handelt es sich um ausgedehnte Absaugnetze, so ist darauf zu achten, daß auch die Abgase der weitest abliegenden Heizkörper vollständig abgeführt werden. Zur Ausregelung der Saugwirkung empfiehlt sich der Einbau einer Drosselklappe in die Abgasleitung jeder Feuerstelle. Ihre Verstellung soll nur mit Sonderschlüssel möglich sein. Erfahrungsgemäß ist der Absauglüfter für das 20fache Volumen der Gaszufuhr zu bemessen. Es ist aber auch dafür zu sorgen, daß beim Ausfallen des Sauglüfters die Gaszufuhr sofort unterbrochen wird. Ob man bei Anlagen, die ständig überwacht werden, mit einem einfachen Alarmgerät auskommt, scheint zweifelhaft. Richtiger ist eine selbsttätig wirkende Absperrsicherung, die bei Unterschreiten eines bestimmten Unterdruckes in der Absaugleitung die Gaszufuhr sperrt. Erforderlichenfalls ist noch eine Gasmangelsicherung zur gefahrlosen Wiedereinschaltung des Sauglüfters vorzusehen. BRÜMMERHOFF weist darauf hin, daß die Herausgabe einheitlicher Richtlinien für derartige Anlagen nur eine Frage der Zeit sein dürfte.

Zu beachten ist, daß das Verbrennungswasser bei hohen Temperaturen in Dampfform in den Verbrennungsgasen enthalten ist, der Taupunkt bei 1,5fachem Luftüberschuß aber bei 54° liegt, somit bei starker Abkühlung Wasserausscheidung in den Abluftkanälen auftritt, weshalb sie wasserdicht und mit Wasserabflußmöglichkeit am untern Ende zu erstellen sind.

γ) Wärmeabgabe warmer Wände, Kochherde, industrieller Öfen usw. Die Wärmeabgabe warmer Raumwände ist willkommen oder unangenehm, je nachdem im Raum Heiz- oder Kühlbedürfnis besteht. Bei Strahlungsheizung kann es sich um in den Zwischenböden und Wänden gespeicherte Wärme handeln, die, trotz abgestellter Heizung, den Raum weiter erwärmt oder zufolge Wärmeübersättigung der Raumbegrenzungswände verhindert, daß Wärme von ihnen aufgenommen wird, wie das bei kälteren Wänden möglich ist. Bei Versammlungssälen, Schulzimmern usw., in denen sich plötzlich eine große Zahl von Menschen ansammelt, kann das lästig werden. Die Wärmeabgabe beheizter Decken, Wände und Böden nimmt bei steigender Raumtemperatur zwar ab. Beträgt bei Deckenheizung die Deckenoberflächentemperatur z. B. 30°, so ist die Wärmeabgabe bei 20° Raumtemperatur etwa 70, bei 25° dagegen nur noch 34 kcal/m²h *. Diese Senkung allein genügt aber nicht immer, um dem weiteren Ansteigen der Raumtemperatur wirksam zu begegnen. Zwar wird man raschmöglichst auch die Temperatur des Heizwassers absenken, wodurch nicht nur weniger Wärme zugeführt, sondern bei starker Abnahme der Wassertemperatur die Decke sogar gekühlt wird. Bei dem großen Speichervermögen der heute üblichen Deckenheizungsbauweise ist die Wirkung dieses Einflusses allerdings nur langsam spürbar, wie ja auch das Aufwärmen derart beheizter Räume längere Zeit erfordert als bei Heizkörperheizung. Ist außer der Heizung auch eine Lüftungs- oder Klimaanlage vorhanden, so kann diese jedoch zur raschen Regelung der Lufttemperatur dienen. Aus dem genannten Grunde empfiehlt es sich, Versammlungssäle und ähnliche Räume, in denen das plötzliche Freiwerden großer Wärmemengen zu erwarten ist, mit Heizkörperheizung für z. B. nur 5

[1] BRÜMMERHOFF, R.: Mechanische Absaugung von Abgasen bei Gasheizungsanlagen. Wärmew. Bd. 12 (1939) S. 45/47. Kurzbericht in Heizg. u. Lüftg. Bd. 13 (1939) Heft 8 S. 124.

* HOTTINGER, M.: Beitrag zur Berechnung und Beurteilung der Strahlungsheizung. Gesundh.-Ing. Bd. 61 (1938) Heft 33 S. 449/454 und Heft 34 S. 465/472.

oder 8⁰ Raumtemperatur zu versehen und sie im übrigen nach Bedarf durch eine Luftheizung, die gleichzeitig zur Lüftung dienen kann, nachzuheizen, sofern man nicht vorzieht, überhaupt nur eine Luftheiz- und Lüftungsanlage zu erstellen (vgl. die Abschnitte V und VI).

Bekannt ist ferner die in der kalten Jahreszeit erwünschte, im Frühjahr, Herbst und Sommer manchmal lästig fallende Wärmeabgabe der in den Raumwänden hochsteigenden Schornsteine von Heiz- und Warmwasserbereitungskesseln, Kohleherden usw. Ferner werden Küchen durch in ihnen stehende Herde und Stockwerksheizkessel, ferner Arbeitsräume durch industrielle Öfen usw. oft übermäßig erwärmt. In manchen dieser Fälle gelingt es, die Wärme irgendwie nutzbar zu machen[1], vielfach muß man sich jedoch damit begnügen, die Arbeiter durch geeignete Maßnahmen gegen allzu starke Belästigung zu schützen (möglichst unmittelbare Abführung der Wärme, Zuführung gekühlter Luft usw.).

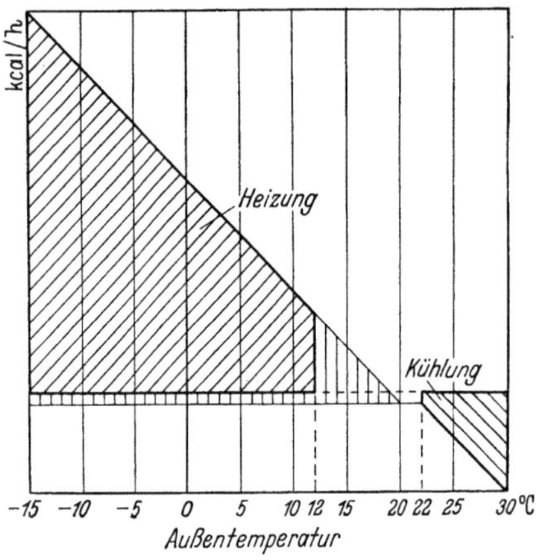

Abb. 19. Schematische Darstellung der erforderlichen Heiz- und Kühlleistung in Gebäuden, die im Winter auf 20° geheizt, im Sommer auf 22° gekühlt werden sollen.

Es bezeichnet: Die von links unten nach rechts oben geschraffte Fläche: den durch die Heizung zu deckenden Wärmebedarf. Die lotrecht geschraffte Fläche: den durch die Wärmespeicherung der Gebäudemauern, die Wärmeabgabe der anwesenden Personen und durch die Wärmeabgabe beim Kochen, Waschen und andern mit Wärmeerzeugung verbundene Verrichtungen gedeckten Wärmebedarf. Die von links oben nach rechts unten geschraffte Fläche: den durch die künstliche Kühlung mittels Klimaanlagen oder Deckenkühlung abzuführende, von außen einströmende und im Gebäude erzeugte Wärme.

Ferner nehmen die Außenmauern und Dächer zufolge hoher Außentemperaturen und unmittelbarer Sonnenbestrahlung bisweilen unerwünscht hohe Temperaturen an, was namentlich in Dachräumen im Sommer lästig werden kann. Mittel zur Abhilfe sind gute Abdämmung der Mauern gegen das Eindringen der Wärme[2], Kaltwasserberieselung der Dächer und in besonderen Fällen Zuführung gekühlter Luft, d. h. Klimatisierung der Räume[3].

Sofern man vom Einfluß unmittelbarer Sonneneinstrahlung durch die Fenster absieht, läßt sich der Heizwärmebedarf im Winter und die erforderliche Kühlleistung im Sommer zeichnerisch etwa durch Abb. 19 wiedergeben. Es ist bekannt, daß zur Innehaltung einer Raumtemperatur von 20⁰ im Winter, zufolge der Wärmespeicherung und Wärmeerzeugung in den benutzten Räumen, erst von etwa 12⁰ mittlerer Tagestemperatur (der Heizgrenze) an geheizt werden muß, und daß der Heizwärmebedarf von da an mit abnehmender Außentemperatur linear ansteigt. Läßt man anderseits im Sommer eine Innentemperatur von 22⁰ zu, so darf angenommen werden, daß die im Haus erzeugte überschüssige Wärme zufolge der Kältespeicherung der Mauern, der Fensterlüftung und

[1] Hottinger, M.: Abwärmeverwertung. Zürich 1922.

[2] Cammerer, J. S.: [29] u. [30].

[3] Hinsichtlich Berechnung der durch die Sonnenbestrahlung der Wände in die Räume gelangenden Wärme vgl. Cammerer, J. S., und W. Christian: Die Wärmewirkung der Sonnenstrahlung auf Bauten. Wärmew. Nachr. Hausbau 1934 S. 116 u. f.; ferner Technische Blätter. Beilage zu Wärme- u. Kältetechn. Bd. 40 (1938) Heft 6.

vielleicht auch der Inbetriebsetzung von Lüftern während den kühlen Nachtstunden entfernt und allein dadurch die gewünschte Raumtemperatur innegehalten werden kann. Das hört in unserm Klima bei in massivem Mauerwerk erstellten Gebäuden aber von etwa 22^0 mittlerer Tagestemperatur, bei zur Hauptsache aus Glas und Eisen erbauten sogar schon von vielleicht 20^0 mittlerer Tagestemperatur an aufwärts jedoch auf[1], weil alsdann die Lüftung Wärme in die Räume hineinbringen, statt aus denselben entfernen würde. Von da an hat somit, wenn die verlangte Innentemperatur nicht überschritten werden soll, die künstliche Kühlung durch Klimaanlagen oder Deckenkühlung (sofern Deckenheizung für den Winter vorgesehen ist) einzusetzen. Aus Abb. 19 ist zu erkennen, daß die alsdann abzuführende Wärme sofort verhältnismäßig groß ausfällt, weil nicht nur die von außen durch die Mauern einströmende, sondern auch die in den benutzten Räumen erzeugte Wärme beseitigt werden muß. Die Verhältnisse liegen diesbezüglich anders als im Winter, indem die im Gebäude erzeugte Wärme im Winter als Nutzwärme dient, im Sommer dagegen die erforderliche Kühlleistung erhöht. Besonders auffällig tritt dieser Unterschied in Erscheinung, wenn es sich nicht nur um den Wärmedurchgang zufolge des Unterschiedes zwischen der Lufttemperatur im Freien und in den Gebäuden handelt, sondern die Wände und Dächer durch die Sonne erwärmt werden oder gar Sonneneinstrahlung durch die Fenster und Oberlichter in Frage kommt. Dabei kann die je Kühlgradtag bzw. Kühlgradstunde abzuführende Wärmemenge sehr beträchtlich ausfallen.

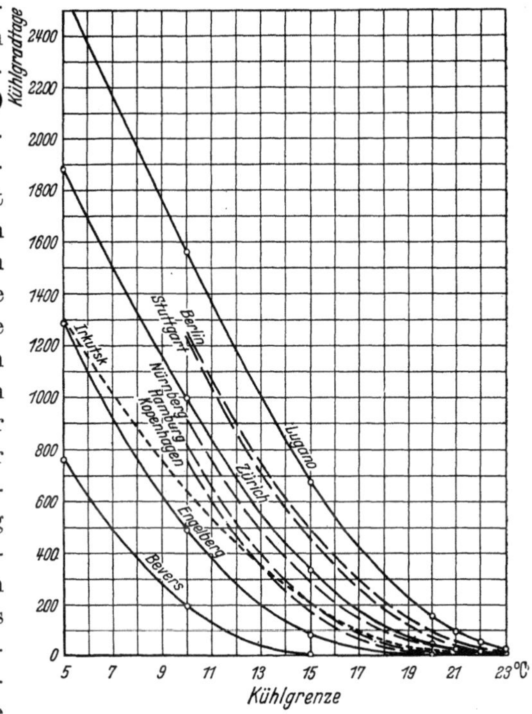

Abb. 20. Die durchschnittlichen jährlichen Kühlgradtage einiger Orte bei verschiedenen Kühlgrenzen.

Wie man das Heizbedürfnis an Hand der *Heizgradtage*[2] feststellen kann, so ist es möglich, die erforderliche Kühlleistung auf Grund der *Kühlgradtage*[3], oder für genauere Untersuchungen der Kühlgradstunden, zu ermitteln, es ist nur erforderlich, daß außerdem bekannt ist, wieviel Wärme je Kühlgradtag bzw. Kühlgradstunde abzuführen ist.

In Abb. 20 sind beispielsweise die durchschnittlichen jährlichen Kühlgradtage

---

[1] Nach Marston, A. D.: Die Verwendung der Gradtagrechnung zur Bestimmung der Belastung infolge einer Sommerluftbewetterung. Heat. & Vent. Bd. 34 (1937) Heft 8 S. 61/65. Kurzbericht im Gesundh.-Ing. Bd. 61 (1938) Heft 11 S. 152 werden in *Kansas City* als Kühlgrenze sogar etwa 18,5° C (65° F) angenommen.

[2] Hottinger, M.: Klima und Gradtage [5].

[3] Hottinger, M.: Die Kühlgradtage. Wärme- u. Kältetechn. Bd. 41 (1939) Heft 1/3 S. 26/30.

einiger Orte angegeben. Die auf der Abszisse aufgetragenen Kühlgrenzen beziehen sich auf die mittleren Außentemperaturen, von denen an aufwärts die Räume gekühlt werden sollen. Man erkennt, daß bei 22° Kühlgrenze das Kühlbedürfnis durchwegs gering ist, während bei z. B. 10° Kühlgrenze (Kühllager und Kühlräume) die Zahl der Kühlgradtage und damit die erforderliche Kühlleistung z. T. recht beträchtlich ausfällt. In Abb. 21 habe ich zur Übersicht die durchschnittlichen Kühl- den Heizgradtagen gegenübergestellt, und zwar in bezug auf die mittleren Jahrestemperaturen der Orte und in Zahlentafel 10

Zahlentafel 10. Kühltage und Kühlgradtage in Zürich und Lugano festgestellt für den Zeitabschnitt 1869/70 bis 1928/29.

Ort	Kühl-grenze	Mittelwert		Höchstwert		Tiefstwert	
		Kühltage	Kühlgrad-tage	Kühltage	Kühlgrad-tage	Kühltage	Kühlgrad-tage
Zürich	20	24,7	47	61	149	5	4
	21	16,5	26	50	94	2	1
	22	9,6	13	33	52	0	0
	23	4,9	10	21	25	0	0
Lugano	20	65,5	154	91	301	46	71
	21	49,3	96	74	219	28	33
	22	33,3	55	57	153	15	11
	23	20,1	28	42	104	4	2

schließlich für *Zürich* und *Lugano* (berechnet für die Zeit von 1869 bis 1929) außer den Mittelwerten der Kühltage und der Kühlgradtage auch die Höchst- und Tiefstwerte angegeben[1]. Die Beobachtungsstelle *Zürich* liegt auf 493 m ü. M., und die mittlere Jahrestemperatur ist 8,6°; für *Lugano* sind die betreffenden Zahlen 276 m und 11,4°. Man erkennt, wie ungleich das Kühlbedürfnis in den einzelnen Jahren ist, schwankt doch die Zahl der Kühltage in Zürich bei z. B. 22° Kühlgrenze zwischen 0 und 33, in *Lugano* bei 23° Kühlgrenze zwischen 4 und 42. Wenn ich dabei für *Lugano* die Kühlgrenze etwas höher angesetzt habe, so geschah es, weil man sich dort an wärmere Temperaturen gewöhnt ist und die Luft geringere Feuchtigkeit aufweist. Die Zahl der Kühlgradtage schwankt dabei in *Zürich* zwischen 0 und 52, in *Lugano* zwischen 2 und 104. Auf Grund dieser Zahlen ist es verständlich, daß das Bedürfnis nach Kühlung in *Zürich* und Orten mit ähnlichem Klima gering, in manchen Jahren überhaupt nicht vorhanden ist.

Zu einem ähnlichen Ergebnis gelangt Vick[2] für Berlin. Er schreibt:

„Die Untersuchung bestätigt die allgemeine Anschauung, daß das Berliner Klima auch im Sommer durchweg erträglich ist. Wie es auch die Praxis beweist, lassen sich in vielen Fällen mit einfacher, sachgemäßer Lüftung ohne jede Luftbehandlung durchaus befriedigende Luftverhältnisse in den Räumen schaffen, wenn man sich damit abfindet, daß im Sommer durchschnittlich während dreier Stunden am Tag die Temperatur der Zuluft im Mittel um etwa 3° höher liegt, als man es an sich wünschen würde. Legt man jedoch Wert darauf, daß die Raumtemperatur stets im Bereich der Behaglichkeit bleibt, so ist zeitweise eine Kühlung der Luft notwendig. Für den Fall einer Grenzwertregelung, d. h. bei Innehaltung

[1] Entnommen aus Hottinger, M.: Das heiztechnische Klima der Schweiz im Winter 1938/39. Schweiz. Bl. Heizg. u. Lüftg. Bd. 6 (1939) Heft 4 S. 82/88.

[2] Vick, F.: Das Berliner Sommerklima vom Standpunkt der Lüftungstechnik. Wärme- u. Kältetechn. Bd. 41 (1939) Heft 6 S. 77/80. Vgl. ferner: Vick, F.: Das Sommerklima vom Standpunkt der Lüftungstechnik. Heizg. u. Lüftg. Bd. 14 (1940) Heft 2 S. 17/19.

einer Zulufttemperatur von $+22^0$ C, läßt sich der mittlere Kühlbedarf für den Sommer je m³ Frischluft aus den Kühlgradstunden errechnen. Aus den Untersuchungen folgt, daß insgesamt während 438 Stunden die Luft von $+24{,}95^0$ C auf $+22^0$ C zu kühlen wäre. Dies entspricht einer Kühlleistung von

$$Q = \gamma \cdot c_p \cdot (t_1 - t_2) \cdot z$$
$$= 1{,}18 \cdot 0{,}24 \cdot (24{,}95 - 22{,}0) \cdot 438 = 365{,}4 \text{ kcal/m}^3 \text{ Frischluft.}$$

Rechnet man ferner je Kopf der Rauminsassen mit 50 m³/h Frischluft, so ergibt sich eine Gesamtkühlleistung von $Q_k = 365{,}4 \cdot 50 = 18270$ kcal/Kopf."

Diese zur Erlangung einer Übersicht angestellte Rechnung ist natürlich nur zutreffend, wenn je Kopf mit einer Zuluftmenge von 50 m³/h von 22⁰ ausgekommen wird und es sich um einen Durchschnittssommer handelt. Entstehen infolge Sonneneinstrahlung durch Fenster und Oberlichter oder aus andern Ursachen beträchtliche Wärmemengen in den Räumen, so fällt die erforderliche Kühlleistung entsprechend größer aus, sofern man sich nicht vorübergehend mit höheren Raumtemperaturen begnügen will oder es gelingt, die Wärmezufuhr durch geeignete Maßnahmen herabzumindern. Günstig liegen die Fälle, wenn es sich um Lichtspieltheater oder ähnliche Räume handelt, die nur abends stark besucht werden, weil alsdann zur Lüftung und gleichzeitig Kühlung die in unsern Gegenden meist kühle Abend- und Nachtluft zur Verfügung steht.

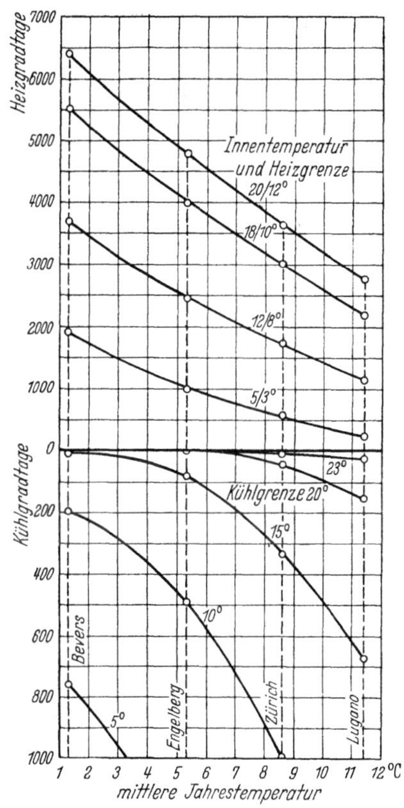

Abb. 21. Übersicht über die nach den Temperaturhäufigkeiten (1869/1929) bestimmten durchschnittlichen jährlichen Heiz- und Kühlgradtage für Tal- und Hanglagen der Schweiz und einen Teil Deutschlands, bezogen auf die mittleren Jahrestemperaturen der Orte.

δ) Sonneneinstrahlung durch die Fenster. Bei der Sonneneinstrahlung durch Fenster, Oberlichter, Glaswände usw. handelt es sich gegenüber dem Wärmedurchgang durch undurchsichtige Außenwände und Dächer insofern um einen andern Vorgang, als das Glas für Strahlen kleiner Wellenlänge, also auch die Sonnenstrahlen, nahezu vollständig durchlässig ist, während es Strahlen großer Wellenlänge absorbiert und z. T. reflektiert. Das hat zur Folge, daß die leuchtenden Sonnenstrahlen leicht durch das Glas eindringen können, worauf sie sich bei ihrem Auftreffen auf feste Gegenstände in Wärme umsetzen. Die erwärmten Oberflächen senden zwar auch wieder Wärmestrahlen aus, jedoch eben solche großer Wellenlänge, die den Raum nicht mehr auf die gleiche einfache Weise, wie die kurzwelligen hereingekommen sind, verlassen können. Außerdem erwärmt sich an den warmen Gegenständen die Raumluft, gerät dadurch in Bewegung und heizt so allmählich den ganzen Raum auf. Besonders groß können die Belästigungen in solchen Räumen werden, wenn der menschliche Körper durch die eindringenden Sonnenstrahlen unmittelbar getroffen wird. Berieselung der Glasflächen mit kaltem Wasser hilft in solchen Fällen wenig, da die leuchtenden Sonnenstrahlen den Wasserschleier mit fast unverminderter Leichtigkeit durchdringen. Zweckmäßiger sind Farbanstriche (bestehend aus Wasserglas, Kreidepulver und Wasser, gewünschtenfalls unter Beimischung von etwas Ultramarinblau zur Erzielung einer blauen, den Augen wohltuenden Färbung oder fertige Anstrichmittel: Indurin usw.), wie sie etwa bei Sägedachbauten und Gewächshäusern, Ausstellungsgebäuden usw. angewendet werden. Im Haus der Deutschen Kunst in München soll es z. B. möglich geworden sein, derart die Oberlichttemperatur von bis zu $+65^0$ auf ungefähr $+40^0$ herabzumindern[1]. Diese Anstriche müssen so beschaffen sein, daß die Räume nicht zu stark verdunkelt werden und man sie im Herbst, wenn das Lichtbedürfnis steigt, leicht wieder entfernen kann. Werden auf diese Weise gestrichene Fenster außerdem mit kaltem Wasser berieselt, so ist die Wirkung natürlich noch größer, indem dabei nicht nur die Wärmeeinstrahlung stark gemäßigt und das Eindringen von Wärme durch Leitung überhaupt verhindert wird, sondern weil die gekühlten Scheiben gleichzeitig als Kühlflächen dienen.

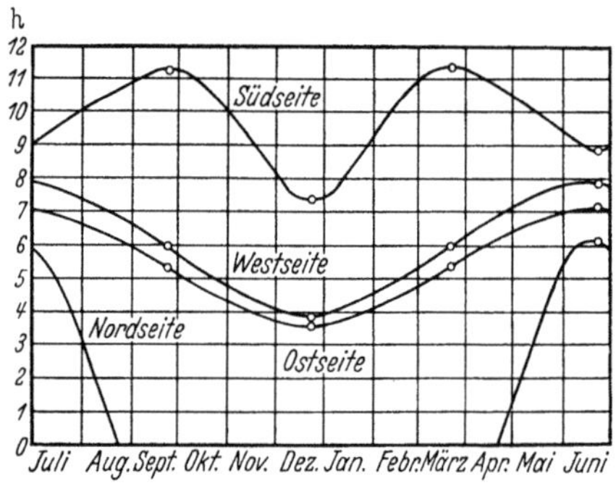

Abb. 22. Mögliche tägliche Dauer der Sonnenbestrahlung der nach den vier Haupthimmelsrichtungen gelegenen Gebäudeseiten in Zürich.

Statt durch solche Anstriche werden die Scheiben von Gewächshäusern manchmal auch durch rollbare Decken aus Holzlättchen, Schilf-, Stroh-, Kokosmatten oder andere Schattenvorrichtungen abgedeckt.

Bei Gebäuden ohne Fensterläden ist es angezeigt, Sonnenvorhänge vorzusehen. Damit die Sonnenstrahlen am Eindringen durch die Scheiben verhindert werden, sind dieselben aber auf der Außen-, nicht auf der Innenseite der Fenster anzubringen. Helle Sonnenvordächer vor den Fenstern sollen die Wärmewirkung der Sonnenstrahlung um bis zu 70 vH herabmindern. Die Fensterflächen von Ateliers usw. werden dagegen mit Vorliebe nach Norden gerichtet, wodurch im Sommer nur morgens und abends mit einer gewissen Besonnung zu rechnen ist. Abb. 22 gibt beispielsweise für *Zürich* darüber Aufschluß, an wieviel Stunden am Tag die nach den Haupthimmelsrichtungen gelegenen Außenflächen eines Gebäudes in den verschiedenen Jahreszeiten bei wolkenlosem Himmel von der Sonne getroffen werden. Wie ersichtlich, ist die Bestrahlungszeit der Südseite im Hochsommer bedeutend kleiner als im Herbst und im Frühjahr, und zudem steht dann die Sonne so hoch am Himmel, daß sie nur wenig, bei vorspringenden Dächern manchmal überhaupt nicht, durch die Fenster hereinscheint.

In die Oberlichter von Kunstmuseen usw. sind zwischen Glasdach und Staubdecke auch schon gemauerte Rippen nach Abb. 23 eingebaut worden. Ihre Abstände sind dabei so bemessen, daß die Belichtung der Räume nicht zu stark leidet und anderseits die schief einfallenden Sonnenstrahlen nicht un-

[1] Vgl. Heizg. u. Lüftg. Bd. 12 (1938) Heft 12 S. 176.

mittelbar in die Räume hinuntergelangen können. Wird außerdem nachts in der durch Pfeile angedeuteten Weise kühle Nachtluft zwischen den Hohlräumen hindurchgesaugt, so werden die Rippen gekühlt und können am Tage bis zu einem gewissen Grad als Kältespeicher dienen und dadurch temperaturausgleichend wirken. Steigt die Temperatur trotzdem zu hoch, so wird auch am Tage Luft hindurchgesaugt, die dann am besten den darunterliegenden Räumen selber entnommen wird.

Die durch die Sonnenbestrahlung auf 1 m² Fläche treffenden Wärmemengen hängen von der geographischen Lage des Ortes, der Jahres- und Tageszeit, dem Zustand der Atmosphäre (vor allem der Bewölkung) und dem Einfallswinkel der Sonnenstrahlen auf die Fläche ab. Für die Erwärmung der Räume kommt natürlich in erster Linie die Einstrahlung durch die Fenster in Frage. Die genaue Prüfung dieser Verhältnisse schon bei der Planung der Gebäude kann, z. B. in bezug auf Krankenhäuser, Unterrichtsgebäude, gewisse industrielle und gewerbliche Betriebe usw., manchmal von erheblicher Wichtigkeit sein. Die Größe der zu erwartenden Wärmeeinströmung läßt sich unter Berücksichtigung der Fenstergrößen, ihrer Lage und der übrigen mitsprechenden Umstände angenähert schätzen[1].

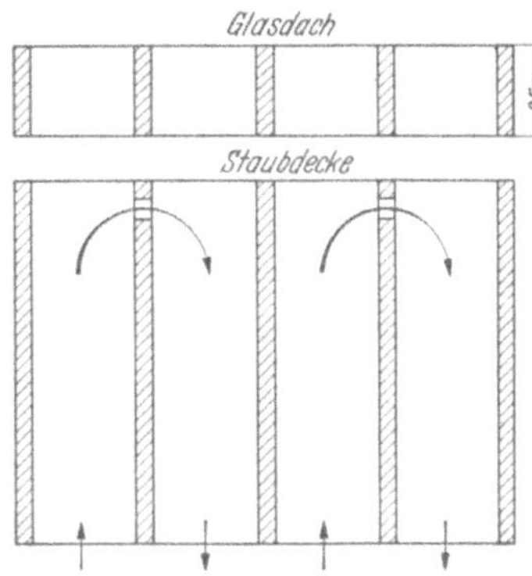

Abb. 23. Einbau gemauerter Rippen in ein Glasoberlicht nebst Anwendung von Durchlüftung, zur Verhinderung allzu starker Erwärmung der Räume durch die Sonne.

Bei der Berechnung von Klimaanlagen sind in Mitteleuropa zur Berücksichtigung der Erwärmung durch Wärmeeinstrahlung von Sonne und Himmel folgende Angaben zugrunde zu legen: An einem wolkenlosen Hochsommertag steigt in den Mittagsstunden die Einstrahlung auf waagerechte Flächen bis auf über 800 kcal/m² h. Unter klaren doppelten Oberlichtfenstern dürfte sich diese Wärmemenge auf vielleicht etwa 60 vH = rd. 500 kcal/m² h, unter gestrichenen wohl auf nochmals etwa 60 vH hiervon, d. h. auf etwa 300 kcal/m² h vermindern. Die durch die Doppel-

[1] Es sei diesbezüglich auf folgende Arbeiten verwiesen: Hottinger, M.: Vom Wärmedurchgang durch Glasscheiben. Gesundh.-Ing. Bd. 52 (1929) Heft 41 S. 705/708. — Linden, P.: Die Sonnenstrahlungsintensität und ihre Bedeutung für den Wohn- und Städtebau unter besonderer Berücksichtigung der Bewölkung. Diss. Techn. Hochschule Aachen 1933. — Sprenger, E.: Der Einfluß der Sonnenstrahlung auf die Innentemperatur von Räumen. Gesundh.-Ing. Bd. 57 (1934) Heft 2 S. 13/16. — Hottinger, M.: Vom Einfluß der Sonne auf die Erwärmung der Räume. Gesundh.-Ing. Bd. 58 (1935) Heft 52 S. 779/784. — Cammerer, J. S.: [29]. — Hottinger, M.: Durchführung und bisherige Ergebnisse der Zürcher Gradtagversuche, sowie: Weitere Ergebnisse der Zürcher Gradtagversuche. Schweiz. Bl. Heizg. u. Lüftg. Bd. 3 bis 5 (1936 bis 1938). — Hottinger, M.: Klima und Gradtage [5]. — Brezina, E., und W. Schmidt: [2]. — Bradtke, F.: Grundlagen für Planung und Entwurf von Klimaanlagen. Z. VDI Bd. 82 (1938) Heft 52 S. 1473/1480. Kurzbericht im Gesundh.-Ing. Bd. 62 (1939) Heft 10 S. 147. — Kamm, H.: Beitrag zur Wärmebedarfsberechnung. Schweiz. Bl. Heizg. u. Lüftg. Bd. 6 (1939) Heft 4 S. 71/76. — Außerdem sind eine Menge von Arbeiten, z. B. von Korff-Petersen, Schmitt u. a. erschienen, die sich mit den Besonnungsverhältnissen z. B. von Reihenhäusern, Blockbauten usw. bei verschiedenen Straßenrichtungen befassen. Vgl. diesbezüglich z. B. Neumann, E.: Der Einfluß der Besonnung auf Richtung und Breite der Wohnstraßen. Gesundh.-Ing. Bd. 56 (1933) Heft 8 S. 85/88.

scheiben lotrechter Südfenster im Hochsommer in den Mittagsstunden bei schönem Wetter eindringende Strahlungswärme kann zu etwa 200 kcal/m² h angenommen werden; im Winter steigt sie wegen des günstigeren Strahlungseinfalles nahezu auf den doppelten Betrag, während dann die von oben einfallende Strahlung stark abnimmt. Diese Angaben stellen jedoch nur rohe Schätzungen dar, von denen die wirklichen Werte in den einzelnen Fällen je nach den örtlichen Verhältnissen erhebliche Abweichungen aufweisen können.

c) Regelung der Druckverhältnisse innerhalb der Gebäude.

Schließlich besteht eine Hauptaufgabe der Lüftungsanlagen manchmal auch darin, die Druckverhältnisse innerhalb der Gebäude zu regeln.

Unter Abschnitt III wurde bereits darauf hingewiesen, daß infolge von Windanfall (Querlüftung) und Temperaturunterschieden (Auftrieb) Luftströmungen in den Gebäuden entstehen, die je nachdem zweckdienlich, manchmal aber auch unerwünscht sind. Befindet sich im untern Teil eines Gebäudes beispielsweise eine Gaststätte mit Küche, so ist vorauszusehen, daß im Winter durch das Treppenhaus, die Speiseaufzüge, Fahrstuhlschächte usw. verdorbene Luft aufsteigen und in die Räume der obern Stockwerke eindringen wird, sofern aus Gaststätte und Küche nicht Luft abgesaugt, d. h. ein ausreichender Unterdruck erzeugt wird. An andern Stellen der Gebäude ist dagegen Überdruck erwünscht, damit aus den umliegenden Räumen keine Luft einströmt oder um dem Eindringen von Zugluft aus dem Freien entgegenzuwirken. Und manchmal soll weder Unter- noch Überdruck herbeigeführt werden.

Alle diese Forderungen lassen sich durch entsprechende Ausbildung der Lüftungsanlagen befriedigen.

2. Lüftungsarten.

a) Sauglüftung.

Reine Sauglüftungen nach Abb. 24 kommen z. B. in Schmieden, Gießereien und andern Arbeitsräumen mit starker Wärmeentwicklung zur Anwendung, wobei aber dafür zu sorgen ist, daß die Arbeiter von der hereingesaugten Luft nicht unmittelbar getroffen werden. Die gleiche Anordnung findet auch Anwendung zur Durchlüftung von nur im Sommer benutzten Ausstellungs- und Messehallen, für die eigentliche Kühlanlagen der hohen Anlage- und Betriebskosten wegen nicht in Frage kommen, weshalb man sich mit ausgiebiger Lufterneuerung, verbunden mit einer gewissen Luftbewegung, die in solchen Fällen zur Erhöhung der Behaglichkeit wesentlich ist [vgl. Abschnitt VI 1 c) α)], begnügt. Hierbei wird allerdings oft auch Luft eingeblasen statt abgesaugt, bzw. die Anlage so ausgebildet, daß die Lüfter sowohl saugend als, bei Umkehr der Drehrichtung, drückend wirken können.

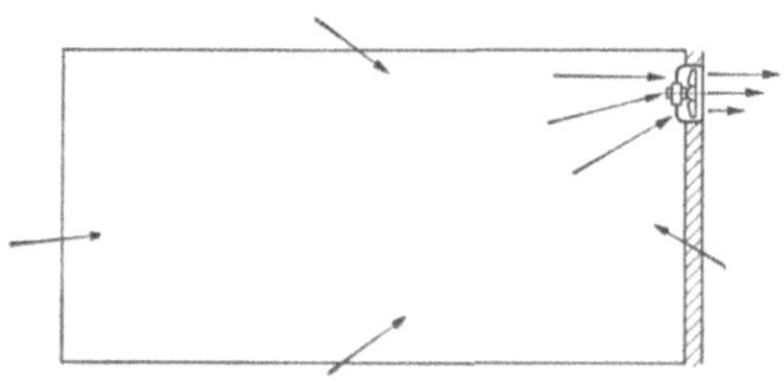

Abb. 24. Einfache Sauglüftung, bestehend aus einem in die Außenwand eingesetzten Schraubenlüfter.

Auch in Küchen und ähnliche Räume werden bisweilen Lüfter zum Absaugen von Luft eingebaut. Bei freien Gebäudelagen können einfache Wand-

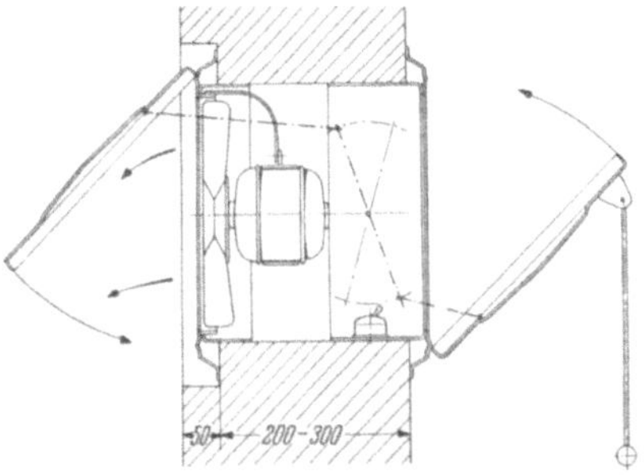

Abb. 25. Wandlüfter mit Abschlußklappen und selbsttätiger Ein- und Ausschaltung des Lüfters beim Öffnen und Schließen der Klappen.

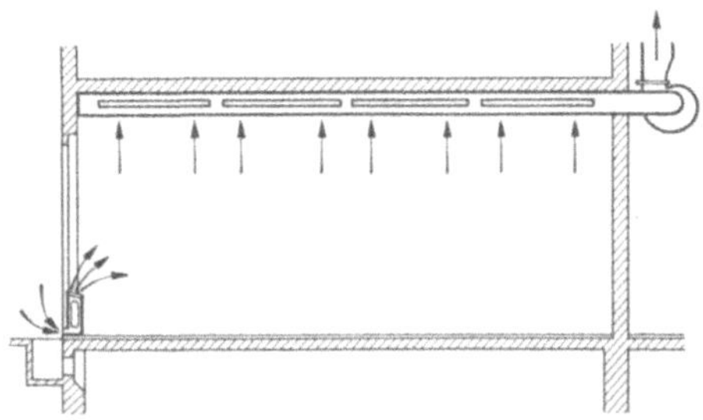

Abb. 26. Sauglüftung, bestehend aus Sammelkanal, Kreisellüfter mit Spiralgehäuse und über Dach führendem Abluftkanal. Ferner ist für die Einströmmöglichkeit vorgewärmter Frischluft gesorgt.

lüfter verwendet werden, die die Luft unmittelbar ins Freie ausblasen. Bei dichter Bebauung ist dies jedoch nicht ratsam und in manchen Städten sogar behördlich untersagt. In diesen Fällen sind über Dach führende Abluftkanäle vorzusehen, in die die Lüfter je nach den örtlichen Verhältnissen unten oder oben eingebaut werden.

Eine gute Bauart eines Wandlüfters zeigt Abb. 25. Wird die innere Klappe durch Ziehen an dem herunterhängenden Griff geöffnet, so geht gleichzeitig der äußere Deckel auf und schaltet das sich bewegende Gestänge den Motor des Lüfters ein.

Wird nur Luft aus dem Raum abgesaugt, der Ersatzluft jedoch kein bestimmter Weg gewiesen, so strömt sie durch alle Undichtigkeiten der Umfassungswände ein, zur Hauptsache natürlich da, wo augenblicklich der kleinste Widerstand besteht, beispielsweise durch offenstehende Fenster und Türen. Dabei können leicht Zugerscheinungen auftreten, und manchmal wird auf diese Weise auch verdorbene Luft aus Küchen, Kleiderablagen, Aborten usw. angesaugt.

Eine in verschiedener Hinsicht schon bessere Lösung ist in Abb. 26 wiedergegeben, indem daselbst die Abluft nicht mehr nur an einem Punkt, sondern über die ganze Breite des Raumes abgesaugt und durch einen Kanal einem Kreisellüfter mit Spiralgehäuse zugeführt wird, der sie durch einen Abluftkanal über Dach bläst. Außerdem strömt über die Fensternischenheizkörper vorgewärmte Frischluft in den Raum ein. Diese Ausführungsart ist u. a. für mittelgroße Küchen zu empfehlen. Abb. 27 zeigt eine derartige Frischlufteinströmung in eine Küche. Die Luft gelangt dabei durch den Wetterschutz *W* und die Heizkörper *H* in den Raum hinein. Zwischen *W* und *H* ist eine Motorklappe eingebaut, die sich beim Inbetriebsetzen des Sauglüfters selbsttätig öffnet, beim Abstellen

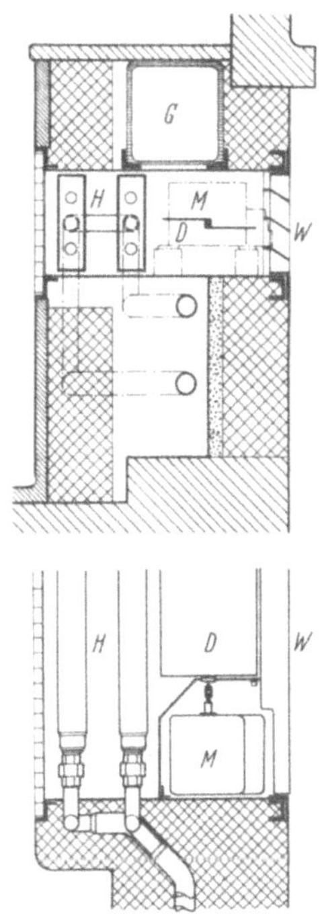

Abb. 27. Frischluftzuführung in eine mit Sauglüftung versehene Küche. *W* Wetterschutz, *D* Motorklappe, *M* Elektromotor, *G* Gasabzug des Herdes, *H* Heizkörper zur Anwärmung der einströmenden Luft.

wieder schließt. Ist zu befürchten, daß durch das waagerechte Eintreten der Luft in die Küche das Personal belästigt wird, so empfiehlt es sich, die Luft lotrecht nach oben austreten zu lassen, wodurch zudem dem Schwitzen der Fensterscheiben entgegengewirkt werden kann.

Im vorliegenden Fall war lotrechtes Ausblasen mit Rücksicht auf den über der Lufteinführung durchgehenden Gasabzug *G* des Herdes jedoch nicht möglich, während der waagerechten Zuführung nichts im Wege stand, weil sich die Eintrittsöffnung der Luft hinter einem Kochkessel befindet, das Personal von der einströmenden Luft also nicht belästigt wird. Sie erwärmt sich an dem Kochkessel weiter und saugt zudem die von ihm aufsteigenden Dämpfe unmittelbar auf, so daß auf diese Weise gleichzeitig eine einfache Entnebelungsanlage geschaffen werden konnte.

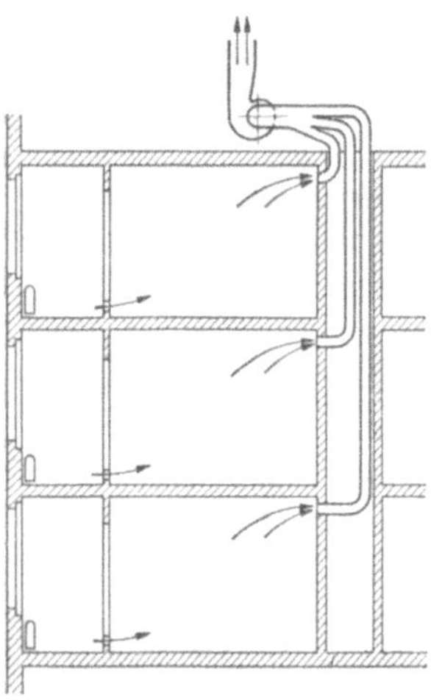

Abb. 28. Sauglüftung zur Lüftung eingebauter Bäder und Aborte. Die Zuluft strömt durch im untern Teil der Türen angebrachte Öffnungen von den beheizten Korridoren her zu.

Vorstehend wurde bereits erwähnt, daß solche Fensternischenheizkörper mit Frischluftzuführung dadurch gegen Einfrieren geschützt werden müssen, daß sie nicht ganz abstellbar sind. Zufolge dem größern Temperaturunterschied zwischen Heizwasser und Luft und der Luftbewegung findet eine Steigerung der Wärmeabgabe statt. Bisweilen werden Sonderbauarten verwendet[1].

Abb. 28 veranschaulicht ein drittes Beispiel einer reinen Sauglüftung, indem hier aus übereinanderliegenden Baderäumen Luft durch einen gemeinsamen Lüfter abgesaugt wird. Die lotrechten Kanäle sind von den Räumen bis in den Dachstock hinauf getrennt geführt, weil dadurch Schallübertragungen von einem Stockwerk ins andere verhindert werden. Die Ersatzluft strömt den Räumen in dem Fall von den Korridoren her zu. Als Einströmöffnungen eignen sich über die ganze Breite unten an den Türen angebrachte Schlitze von 1 bis 3 cm Höhe oder in die untern Türfüllungen eingesetzte Gitter. Die in den Korridoren untergebrachte Heizfläche ist entsprechend groß zu bemessen, damit sie die von außen einströmende Luft zu erwärmen vermag. Im Sommer läßt sich auf diese Weise gleichzeitig eine gewisse Kühlung sonst sehr warm werdender Räume, z. B. von Küchen, erzielen, weil die hereingesaugte Wohnungsluft alsdann verhältnismäßig kühl ist.

Als weitere Beispiele von Räumen, die meist nur Sauglüftung erhalten, seien genannt: Kleiderablagen, Röntgenräume, Dunkelkammern, die Bildwerferräume von Lichtspieltheatern. Im letztgenannten Fall wird die Luft unmittelbar an den Bildwerfern abgesaugt und auf diese Weise die entstehende Wärme auf kürzestem Wege abgeführt.

Handelt es sich um das Absaugen von Staub, Spänen, Dämpfen usw., so

[1] Vgl. z. B. Watzinger, A.: Frischluftzufuhr hinter geschlossenen Heizkörpern. Gesundh.-Ing. Bd. 60 (1937) Heft 32 S. 493/498 und Heft 33 S. 513/516. Ferner: Grönningsaeter, J.: Die Steigerung der Wärmeabgabe von Radiatoren durch direkte Frischlufteinlässe. Gesundh.-Ing. Bd. 51 (1928) Heft 43 S. 685/691.

muß in Hinsicht auf die großen erforderlichen Luftmengen im Winter auch vorgewärmte Luft in die betreffenden Räume eingeblasen werden. Die genannten Verunreinigungen sind durch Anbringen von Hauben an den Entstehungsorten, Gittern in den Werktischen, z. B. von Gußputzereien usw., möglichst unmittelbar zu fassen.

In allen diesen Fällen ist wichtig, daß die beim Absaugen von Luft zu erwartenden Begleiterscheinungen stets *vor* der Erstellung der Anlagen geprüft werden. Handelt es sich z. B. um chemische Laboratorien mit eingebauten „Kapellen", so ist die Luft aus den letztern abzusaugen, damit beim Öffnen der Schiebefenster nicht verunreinigte Luft in die Laboratorien ausströmt. Ganz verkehrt wäre es, die Kapellen nur mit Abzugsschächten zu versehen und in den Laboratorien durch Absaugen von Luft erheblichen Unterdruck zu erzeugen

Ein ebenfalls hierher gehörendes Beispiel sind die Operationssäle von Krankenanstalten mit Abluftlüftern, die während den Operationen abgestellt bleiben, jedoch kräftige Durchlüftung in den Zwischenpausen gestatten. Die Zuluft wird dabei meist den Vorräumen entnommen, so daß auch diese gleichzeitig durchlüftet werden. Bisweilen versieht man die Operationssäle allerdings auch mit eigentlichen Klimaanlagen[1].

Die Erstellung von Abluftanlagen allein ist selbstverständlich billiger, als wenn eine Zuluftanlage hinzukommt. Das verleitet bisweilen dazu, von der Einführung vorgewärmter Zuluft auch in Fällen abzusehen, in denen mit Bestimmtheit vorausgesagt werden kann, daß dadurch im Winter lästige Zugerscheinungen, u. U. auch Nebelbildungen, auftreten werden, was dann meist dazu führt, daß man die Anlagen gerade dann, wenn sie am nötigsten wären, außer Betrieb setzt. Daß durch derartige Vorkommnisse das Ansehen der Lüftungstechnik nicht gefördert wird, ist klar.

Aber noch andere Gründe sprechen manchmal gegen die Erstellung reiner Sauglüftungen, beispielsweise das Vorhandensein von Öfen, Heizkesseln, Gasheizöfen bzw. Gasheizkörpern, Kohle- oder Gasherden in den betreffenden Räumen, weil zufolge des Unterdruckes in den Schornsteinen Rückströmungen entstehen können, die bewirken, daß die Verbrennungsgase, statt richtig abzuziehen, in die Räume hereingesaugt werden. In allen diesen Fällen muß durch genügend große Einströmöffnungen oder nötigenfalls Zuluftanlagen, die durch Kupplung stets gleichzeitig mit den Abluftanlagen laufen, dafür gesorgt werden, daß derart gefahrbringende Unterdrücke nicht entstehen können.

Anderseits ist es aber auch nicht angebracht, Zuluftanlagen einbauen zu wollen, wenn Sauglüftungen allein genügen. Handelt es sich beispielsweise um einen mit dem Treppenhaus oder andern beheizten Räumen in Verbindung stehenden Kellerraum, in dem bei besondern Anlässen, angenommen etwa 6mal im Jahr, gewirtet wird, so genügt eine Abluftanlage vollkommen, indem bei deren Betätigung vorgewärmte Luft aus dem Treppenhaus bzw. den Nebenräumen einströmt. Die gleichzeitige Erstellung einer Zuluftanlage würde die

[1] Schum, H.: Die neue „Klimaanlage" im Operationssaal des Staatskrankenhauses der Landespolizei. Der Chirurg Bd. 7 (1935) Heft 4. — Milster, E.: Neue Operationsabteilung der Chirurgischen Klinik des Charité-Krankenhauses in Berlin. Zbl. Bauverw. Bd. 59 (1939) Heft 27 S. 731/734. Kurzbericht in Wärme- u. Kältetechn. Bd. 42 (1940) Heft 1 S. 13. Vgl. auch die Schrifttumshinweise am Schluß des Buches unter Abschnitt VIII. 2. b).

Anlagekosten in dem Fall viel zu stark erhöhen. Bei einer derartigen Ausführung stellten sich die Aufwendungen für eine Abluftanlage allein beispielsweise auf 1500 Fr., hätten für eine Ab- und Zuluftanlage dagegen 6000 Fr. betragen. Rechnet man für Verzinsung und Abschreibung 10 vH, so entstehen allein hierfür, d. h. ohne die Aufwendungen für elektrische Energie und Brennstoff, im ersten Fall Jahresauslagen in der Höhe von 150 Fr., im zweitgenannten von 600 Fr. oder je Benutzungstag von 25 bzw. 100 Fr. Es ist klar, daß die Auslagen bei Miterstellung der Zuluftanlage für den Wirt untragbar sind. Derartige Angebote sollten daher im Interesse der gesunden Weiterentwicklung des Lüftungsfaches nicht gemacht werden, wenn vorauszusehen ist, daß eine Abluftanlage allein vollständig ausreicht.

b) Drucklüftung.

Bei reiner Drucklüftung wird nur Frischluft in die Räume eingeblasen, dagegen keine Abluft abgesaugt. Sie kommen für große Hallen (Arbeits-, Ausstellungs-, Schalter-, Schwimmhallen usw.), ferner für Warenhäuser und andere Großräume mit vielen Undichtigkeiten in den Umfassungswänden, oft aufgehenden Türen usw. in Betracht, und zwar, wie schon erwähnt, insbesondere wenn durch die Erzielung von Überdruck dem Einströmen von Luft aus den Nebenräumen oder dem Freien entgegengewirkt werden soll. Der abströmenden Luft ist es dabei meist überlassen, sich ihren Weg selber zu suchen. Bisweilen werden jedoch auch besondere Öffnungen, manchmal in Verbindung mit Abluftkanälen, angebracht. Der Querschnitt derselben soll dem in den Räumen innezuhaltenden Überdruck angepaßt und daher am besten durch Klappen oder Schieber regelbar sein. Manchmal ist es zweckmäßig, die Abluftkanäle mit motorisierten Klappen zu versehen, die sich beim Einschalten der Lüfter selbsttätig öffnen, beim Abstellen wieder schließen, weil dadurch das Abströmen warmer Raumluft und damit unnötige Auskühlung der Räume bei abgestellter Lüftung vermieden werden kann.

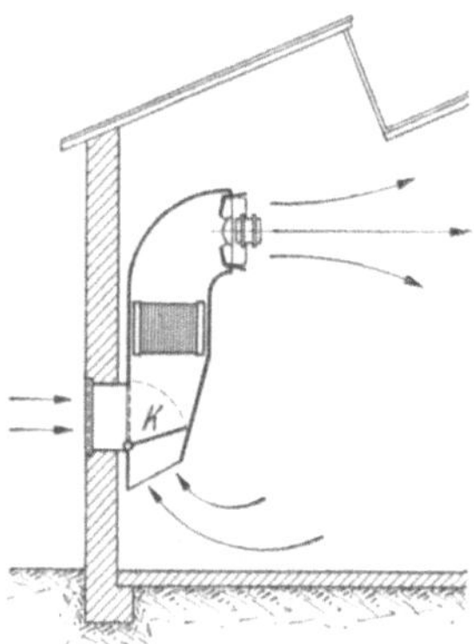

Abb. 29. Drucklüftung unter Verwendung eines Einzellüfters, der sowohl gestattet, Frischluft einzublasen als den Raum, nach Umstellen der Klappe *K*, mit Umluft zu heizen.

In Abb. 29 ist beispielsweise gezeigt, wie das Luftheizgerät in einer Werkstatt auch zur Lüftung benutzt werden kann. Es ist dies dadurch möglich, daß die Klappe *K* in der gezeichneten Weise nach unten gelegt und dadurch Frischluft von außen angesaugt und in den Raum eingeblasen wird.

Wertvoll sind Drucklüftungen (bzw. Druckluftheizungen) auch für die Beheizung der Windfänge von Warenhäusern, Saalbauten und ähnlichen Gebäuden, deren Außentüren häufig aufgehen oder zeitweise überhaupt offenstehen. Das gilt namentlich, wenn sich in der Nähe der Türen Personen (wie z. B. in Warenhäusern Verkäufer und Käufer) aufzuhalten haben und innerhalb der Gebäude infolge hoher Lichthöfe, Treppenaufgänge usw. starker Auftrieb herrscht, wodurch in besonderem Maße kalte Außenluft einströmt. Früher hat man solche Windfänge mit möglichst viel Heizfläche versehen. In neuer Zeit werden meist große Mengen warmer Luft eingeblasen, die dem Einströmen kalter Außenluft entgegenwirken und den einströmenden Rest durch Beimischung anwärmen. Im Neubau eines Warenhauses in Zürich[1] ist der Haupteingang z. B. mit einer Drucklüftung versehen worden, die gestattet, bis zu 20000 m^3/h vorgewärmte Luft einzublasen. Für einen Nebeneingang sind bis zu 3000 m^3/h vorgesehen. Diese Mengen wurden einerseits nach dem Rauminhalt der Windfänge, anderseits nach der Türgröße bestimmt. Die größere der beiden Anlagen ist aus wirtschaftlichen Gründen in 3 Stufen (100, 75 und 50 vH) regelbar. Ferner sind die Lufterhitzer mit Rücksicht auf die erforderliche Heizwirkung für eine Erwärmung der Luft von -10 auf $+20^0$ vorgesehen, während, wie unter Abschnitt IV 3 a) bemerkt, die Lüftungsanlagen an Orten, die wie Zürich eine mittlere Tiefsttemperatur von -15^0 aufweisen, sonst nur bis zu -5^0 für volle Leistung berechnet werden.

Man hat auch schon versucht, Schulzimmer mit reiner Überdrucklüftung zu versehen, jedoch festgestellt, daß die damit erzielbare Lüftung nicht genügt, sofern nicht während den Pausen die Fenster geöffnet werden, was bei einer vollwertigen Lüftungsanlage nicht erforderlich sein sollte. Anderseits weist diese Lüftungsart größere Wirtschaftlichkeit auf, als wenn die Abluft durch Kanäle unmittelbar ins Freie geleitet wird, weil die Wärme der Abluft dabei zur Hauptsache den Korridoren und den Räumen zwischen den innern und äußern Fenstern zugute kommt. Das hat jedoch wieder den Nachteil, daß die Korridore verdorbene Luft erhalten und sich der Schulzimmergeruch auch in stärkerem Maße in den Mauern, durch deren Poren ebenfalls Raumluft hinausgedrückt wird, festsetzt. Eine Verbesserung des Lüftungsergebnisses ließ sich herbeiführen, indem aus den Zimmern S-förmige Maueröffnungen nach den Korridoren erstellt wurden, wobei sich die Luftverhältnisse in den letztern allerdings noch mehr verschlechterten und zudem der Schallübertragung Tür und Tor geöffnet wurde. Wenn schon eine künstliche Lüftung eingebaut werden soll, so ist es bei verhältnismäßig kleinen, gut abgedichteten Räumen daher angezeigt, neben der Zuluftanlage zum mindesten auch genügend bemessene Abluftkanäle vorzusehen.

c) Verbundlüftung (vereinigte Druck- und Sauglüftung).

Die Fälle, in denen sowohl eine Druck- als eine Sauglüftung erforderlich ist, sind zahlreich. Es handelt sich dabei insbesondere um Räume, die reichliche Lüftung erfordern, weil die Luft durch die Anwesenheit vieler Personen, Rauchen, die Entstehung von Gasen, Gerüchen, Wasserdampf usw. verdorben wird, und in denen nicht nur an die Reinheit der Luft, sondern auch an Zugfreiheit hohe Anforderungen gestellt werden. Es seien beispielsweise genannt: Gaststätten, Vereinszimmer, Klublokale, Speise-, Konzert-, Vortrags-, Börsen- und andere Säle z. B. in Volks- und Kirchgemeindehäusern, Theater, Lichtspieltheater, außerdem aber auch Laboratorien, große Wasch- und Kochküchen, Großkraftwagenräume, Wagenwäschereien, Wagenlackierereien, Malereien mit Spritzverfahren sowie andere industrielle und gewerbliche Räume mit starkem Lüftungsbedürfnis.

Dabei hat man es dennoch in der Hand, die Druckverhältnisse in den Räumen nach Wunsch zu regeln, indem bei größerer Zuluftmenge Über-, bei größerer

[1] Hottinger, M.: Strahlungsheizung, Lüftung und Kühlung eines großen Warenhauses. Gesundh.-Ing. Bd. 61 (1938) Heft 9 S. 117/121 und Heft 10 S. 129/134.

Abluftmenge Unterdruck entsteht, bei gleichgroßen Zu- und Abluftmengen der Druck dagegen unverändert bleibt. Wird das angestrebt, so kann es, wie schon erwähnt, zweckmäßig sein, die Zu- und Abluftlüfter miteinander zu kuppeln. Aus Gaststätten z. B. wird oft weniger Luft abgesaugt als eingeblasen, also Überdruck erzeugt, um dem Einströmen kalter Zuluft durch Türen und Fenster entgegenzuwirken. Das ist aber nur zulässig, wenn keine Nebenräume vorhanden sind, in die Luftübertritt aus der Gaststätte vermieden werden soll. In Küchen z. B. ist aus diesem Grunde stets Unterdruck innezuhalten, auch wenn eine Zuluftanlage besteht. Manchmal ist es erforderlich, auf demselben Stockwerk einzelne Räume mit Über-, andere mit Unterdruck zu versehen. In Gasthäusern z. B. sollen Küche, Speisesaal, Rauchzimmer, Bäder, Aborte usw. Unter-, die Aufenthaltsräume, Vorhallen usw. dagegen Überdruck aufweisen.

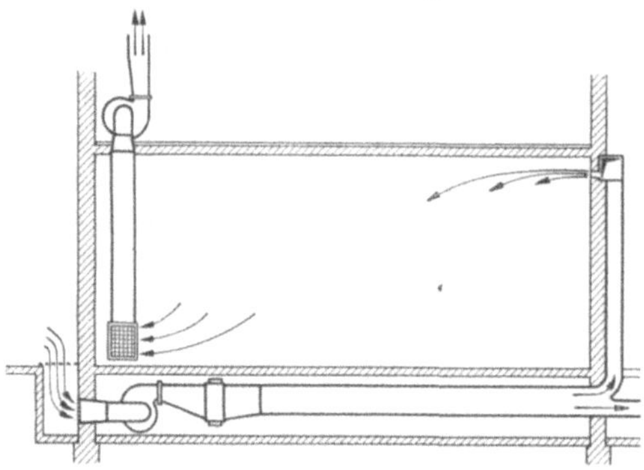

Abb. 30. Einfaches Beispiel einer Verbundlüftung mit oberem Luftein- und unterem Luftaustritt im Raum.

In Abb. 30 ist ein einfaches Ausführungsbeispiel einer Verbundlüftung gezeigt.

d) Übersicht.

Versucht man die Raumarten in Hinsicht darauf zu ordnen, ob Selbstlüftung, nötigenfalls unter Erstellung von Abluftschächten usw. genügt, bzw. Saug-, Druck- oder Verbundlüftung oder gar Klimatisierung am Platze ist, so ergibt sich etwa folgende Übersicht:

Selbstlüftung, unterstützt durch Fensterlüftung. In Wohn- und Schlafzimmern, kleineren Büros, Normalarbeits- und ähnlichen Räumen, deren Inhalt im Verhältnis zur Zahl der anwesenden Personen groß ist, ferner in Wohnungsküchen, -badezimmern und -aborten mit entsprechend großen, nach dem Freien führenden Fenstern, genügt Selbstlüftung.

Desgleichen ist in Einzelkranken- und Schulzimmern, ferner in Versammlungsräumen, in denen nicht geraucht wird und die im Verhältnis zu ihrem Inhalt keine übermäßig große Besetzung aufweisen, natürliche Lüftung, unterstützt durch Fensterlüftung, in der Regel ausreichend. Auch Gewächshäuser werden so gelüftet.

Selbstlüftung unter Verwendung von Abluftschächten. In gewissen Fällen ist zur besseren Lüftung, z. B. von Koch- und Waschküchen, Aborten, eingebauten Kesselräumen usw. die Erstellung von Abluftschächten angezeigt. Dabei ist darauf zu achten, daß genügend Ersatzluft in die Räume einströmen kann, sei es von den Nebenräumen her oder unmittelbar aus dem Freien, nötigenfalls unter Vorwärmung. Desgleichen werden Ställe vorteilhaft unter Verwendung von Abluftschächten gelüftet. Da hierbei künstliche Erwärmung der Ersatzluft nicht in Frage kommt, ist ihrer sachgemäßen Einführung besondere Aufmerksamkeit zu schenken.

Sauglüftung. Sauglüftung erzeugt Unterdruck und eignet sich daher für

Räume, in die aus der Umgebung wohl Luft einströmen darf, während umgekehrt ein Abströmen von Luft nach den Nebenräumen nicht erwünscht ist, also z. B. für Rauch- und Badezimmer, Aborte, Kleiderablagen, kleinere Küchen, Kegelbahnen usw. Auch zur Durchlüftung von Dunkelkammern, Röntgenräumen usw. wird oft nur Luft abgesaugt. Dabei ist dafür zu sorgen, daß genügend Ersatzluft von den Nebenräumen her zuströmen kann, was bei der Bemessung der dortigen Heizflächen zu berücksichtigen ist.

Das gilt manchmal auch für andere Räume, z. B. Operationssäle, die nur während den Pausen zwischen zwei Operationen kräftig durchgelüftet werden. Wird die Ersatzluft zur Hauptsache aus dem Freien angesaugt, so ist im Winter für genügende Vorwärmung derselben zu sorgen.

Weiter wird etwa auch aus Schmieden, Gießereien, den Bildwerferräumen von Lichtspieltheatern und anderen Räumen mit starker Wärmeentwicklung nur Luft abgesaugt, wobei aber dafür zu sorgen ist, daß die Arbeiter durch die einströmende Außenluft nicht belästigt werden.

Auch aus nur im Sommer benutzten Ausstellungs- und Messehallen sowie anderen Großräumen, die starker Erwärmung durch die Sonne oder infolge großer Menschenansammlungen usw. ausgesetzt sind, wird manchmal nur Luft abgesaugt. Bisweilen bläst man in diesen Fällen allerdings auch Luft ein oder bildet die Lüfter so aus, daß sie sowohl saugend als, bei Umkehr der Drehrichtung, drückend wirken können.

Drucklüftung. Reine Drucklüftung kommt zur Anwendung für große, auch im Winter benutzte Hallen, wie Arbeits-, Ausstellungs-, Schalter-, Schwimmhallen usw., ferner für Warenhäuser und andere Großräume mit vielen Undichtigkeiten in den Umfassungswänden.

Weiter wird Drucklüftung bzw. Druckluftheizung für die Beheizung von Windfängen in Warenhäusern, Saalbauten und ähnlichen Gebäuden zur Anwendung gebracht.

Auch Säle erhalten manchmal Drucklüftung unter gleichzeitiger Anbringung von Abluftöffnungen oder Abluftkanälen, ferner Räume, in die aus der Umgebung keine Luft einströmen soll.

Verbundlüftung. Verbundlüftung ist die geeignetste Lüftungsart für Versammlungssäle aller Art, beispielsweise für Vortrags-, Hör-, Konzert-, Lese-, Speise- und Festsäle, ferner für Theater, Lichtspieltheater usw., besonders auch für Räume, in denen stark geraucht wird, wie Gaststätten, Sitzungszimmer, Vereins- und Klublokale, Kabaretts, ferner für große Büros, Büchereien, Radio-Studios, Museen, Ausstellungsräume, Stahlkammern in Banken und andere fensterlose Räume bzw. solche, deren Fenster nicht geöffnet werden können oder sollen. Desgleichen für Laboratorien, gewisse Arbeits-, Betriebs- und Verkaufsräume, große Koch- und Waschküchen usw. (z. B. Wagenwäschereien in Großkraftwagenräumen, Wagenlackierereien, Farbspritzereien).

Dabei hat man es in der Hand, in den zu lüftenden Räumen Über- oder Unterdruck zu erzeugen bzw. den Druck unverändert zu lassen, je nachdem die Zuluftmenge größer, kleiner oder gleich der Abluftmenge gehalten wird.

Klimaanlagen. Müssen für Arbeitsräume, Warenlager, Museen, Archive, Ausstellungs- und Versammlungsräume, Theater usw. hinsichtlich Temperatur (z. B. Kühlung im Sommer) und Feuchte der Luft bestimmte Gewährleistungen übernommen werden, so sind eigentliche, am besten vollselbsttätig geregelte Klimaanlagen zu erstellen. Solche Anlagen sind selbstverständlich stets am Platz, wenn es sich um fensterlose Räume[1] bzw. solche handelt, deren Fenster während den Benutzungszeiten nicht offen gehalten werden können.

Luftheizung verbunden mit Lüftung. Werden zur Beheizung von Theatern, Konzertsälen usw. Luftheizungen mit Lüfterbetrieb vorgesehen, so können diese gleichzeitig zur Lüftung dienen. Auch in Kirchen wird von der Möglichkeit, mittels der Luftheizung Frischluft einblasen zu können, manchmal Gebrauch gemacht, weil dadurch im Winter Überdruck erzeugt und auf diese Weise den sonst leicht auftretenden Zugerscheinungen entgegengewirkt, ferner im Sommer die Kirchen durch Einschaltung der Lüfter durchlüftet, im Frühjahr, wenn es draußen wärmer als im Innern ist, auch aufgewärmt werden können.

Sonderfälle. Ist die Raumluft, z. B. in Spinnereien, Webereien usw., vor allem zu befeuchten, so spricht man meist nicht von Klima-, sondern von *Befeuchtungsanlagen*; ist sie in Koch- und Waschküchen, Schlachthöfen usw. gegen allzustarke Nebelbildung zu schützen, von *Entnebelungsanlagen.*

Einen weitern Sonderfall stellen die Luftschutzräume dar, in denen es nur darauf ankommt, die Luft für einige Stunden atembar und die Aufenthaltsbedingungen auch sonst erträglich zu gestalten. Abgesehen vom einfachsten Fall: Der im Verhältnis zu der aufzunehmenden Personenzahl genügend großen Bemessung des Rauminhaltes, kommen hierfür Luftumwälzung im Raum unter Kohlensäureabscheidung und manchmal auch Sauerstoffzusatz oder das Einblasen gefilterter Außenluft und die Beseitigung des Wasserdampfüberschusses durch Unterkühlung bzw. chemische Verfahren in Frage.

In diesem Buche nicht zu behandelnde Sonderfälle sind die industriellen Kühl-, Trocken-, Entstaubungs- und ähnliche Anlagen. Dagegen ist in dem am Schluß des Buches beigefügten Schrifttumsverzeichnis auf neuere Arbeiten verwiesen, die sich mit der Lüftung bzw. Klimatisierung von Fahrzeugen, Tunnels, Bergwerken, Gebäuden in den Tropen usw. beschäftigen.

3. Ausführung der Lüftungsanlagen.

a) Mindestraumhöhen und -inhalte, Luftwechsel und Lufterneuerung (Frischluftzufuhr).

Unter Abschnitt II 1 wurde bereits darauf hingewiesen, daß luftdicht abgeschlossene Aufenthaltsräume (z. B. Luftschutzräume), auch wenn sie künstlich belüftet werden, gewisse Mindestabmessungen aufweisen müssen. Ferner wurde auf den gleichen Punkt unter Abschnitt III 1 in bezug auf die durch Selbst- bzw. freie Lüftung gelüfteten Räume eingetreten und auch erwähnt, daß Ausnahmen von den gesetzlichen Vorschriften u. U. zugestanden werden, wenn der fehlende Luftraum durch die Erstellung einwandfreier Lüftungsanlagen wettgemacht wird. Immerhin sollten auch in diesen Fällen gewisse Mindestrauminhalte, und vor allem Mindestraumhöhen, nicht unterschritten werden, weil

[1] Als Beispiel hierfür sei der große Hörsaal im Physikgebäude der Eidgen. Techn. Hochschule in Zürich genannt, siehe [18] S. 169; vgl. ferner den Aufsatz: Ein fensterloses Fabrikgebäude mit selbsttätig überwachter Luftbewetterung. Heat. & Vent. Bd. 36 (1939) Heft 8 S. 26/29. Kurzbericht im Gesundh.-Ing. Bd. 63 (1940) Heft 12 S. 143.

es sonst schwierig, wenn nicht unmöglich ist, die Lüftungsaufgaben einwandfrei zu lösen. Die *VDI-Regeln zur Lüftung von Versammlungsräumen* [8] empfehlen für die unter der Bezeichnung Versammlungsräume zusammengefaßten Theater, Lichtspieltheater, öffentlichen Versammlungsräume, Vortrags- und Festsäle, Gaststätten und ähnliche Räumlichkeiten folgende Richtlinien innezuhalten:

„1. Als Mindestraumhöhe gilt 4 m; bei Umbauten kann in Ausnahmefällen die Grenze bis auf 3,5 m herabgesetzt werden. Bei Räumen mit ansteigendem Boden ist die mittlere Raumhöhe maßgebend. Für eingebaute Ränge und Galerien bis zu 4 m Tiefe ist eine mittlere lichte Höhe von mindestens 2,5 m erforderlich. Für je 1 m mehr Tiefe ist die Höhe um 0,15 m zu erhöhen. Allgemein gilt bei Rängen mit ansteigendem Boden, daß in der hintersten Stuhlreihe noch eine Deckenhöhe von 2,3 m vorhanden sein muß.

2. Als Mindestluftraum je Person gilt 2,5 m^3. Dieser Luftraum kann nur in Ausnahmefällen als ausreichend angesehen werden. Er ergibt bei einer Luftrate von 20 m^3 einen 8fachen, bei 30 m^3 einen 12fachen stündlichen Luftwechsel. Solche Luftwechselzahlen stellen — wenn Zugerscheinungen mit Sicherheit vermieden werden sollen — eine beträchtliche Erschwernis beim Bau der Anlage dar. Einfacher und zweckmäßiger dürfte es im allgemeinen sein, den Raum größer oder die Besetzung geringer zu wählen.“

Diese Forderungen sind zu begrüßen, ebenso die beigefügte Bemerkung, daß die Lüftungsfachleute nur dann Gewähr für einwandfreie Anlagen zu übernehmen vermögen, wenn sie ihren Einfluß auf die Bauausführung rechtzeitig geltend zu machen in der Lage sind. Beachtlich ist, daß sich diese Angaben auf Räume von einer gewissen Größe beziehen. Bei ganz kleinen Verhältnissen sind niedrigere Höhen als 4 m bei Neu- und 3,5 m bei Umbauten zuzulassen, insbesondere wenn die Inhaber verpflichtet werden können, einwandfreie Lüftungsanlagen zu erstellen. Dabei ist jedoch zu beachten, daß es bei 3 und mehr Meter Raumhöhe verhältnismäßig leicht ist, Zugfreiheit der Anlagen zu gewährleisten und auch sonst befriedigende Luftverhältnisse zu schaffen, daß die Schwierigkeiten in dieser Hinsicht dagegen um so größer werden, je mehr die Raumhöhe 3 m unterschreitet, weil es dabei schwer hält, die Rauminsassen gegen Zug zu schützen. Keinesfalls sollten die untern Kanten der Luftaustrittsöffnungen weniger als 2,5 m über Boden liegen, und außerdem muß die Luft in dieser Höhe waagerecht ausgeblasen werden können, ohne daß sie durch vorhandene Unterzüge oder andere Hindernisse, wie Leuchter usw. nach unten abgelenkt wird. Und da außerdem zwischen Oberkant der Luftschlitze und der Decke noch ein gewisser Abstand erforderlich ist, so ergibt sich eine Mindestraumhöhe bis Raumdecke bzw. Unterkante der Unterzüge von etwa 2,6 m, die auch bei den kleinsten derart zu lüftenden Räumen nicht unterschritten werden sollte. Sind in Ausnahmefällen noch weitergehende Zugeständnisse zu machen, so bedingt das besondere Vorsichtsmaßnahmen für die zugfreie Einführung der Luft, was die Anlagen weiter verteuert. Außerdem gestaltet sich der Einbau solcher Anlagen in bestehende Gebäude schwierig, weshalb die Hausbesitzer oder Mieter die Kosten und sonstigen Unzukömmlichkeiten meist nicht übernehmen wollen und wirtschaftlich auch nicht übernehmen können, wenn die Häuser bzw. Räume gewinnbringend sein sollen. Es zeigt sich daher immer wieder, daß der Einbau erstklassiger Lüftungsanlagen in niedrige Räume eine für alle Teile unerfreuliche Angelegenheit darstellt, weshalb dringend zu raten ist, diese Fälle gesetzlich nicht zu begünstigen, sondern bei Neubauten die zulässige Mindesthöhe auch kleiner Räume auf 2,6 m anzusetzen, während für Räume ohne künstliche Lüftung 2,5 m Höhe genügen. Daß in Abweichung davon bei Luftschutzräumen ohne und mit künstlicher Lüftung nur 2 m Höhe gefordert werden, ist in Hinsicht auf die Sonderbestimmung dieser Räume durchaus verständlich, und zudem ist es bei den geringen zuzuführenden Luftmengen, sachgemäße Ausführung der Anlagen und Vorwärmung der Luft im Winter vorausgesetzt, ohne weiteres möglich, trotzdem Zugfreiheit zu erreichen.

Einen weitern Sonderfall stellen die Küchen in Gast- und Krankenhäusern, Kasernen, Werksbetrieben, Kasinos usw. dar. Hierzu bemerken die *VDI-Richtlinien zur Lüftung von großen Küchen* [9].

„Das Mindestmaß an erforderlicher Bodenfläche ist durch die unterzubringenden Kochgeräte gegeben. Die lichte Höhe soll mindestens 3 m betragen, braucht aber 5 m nicht zu überschreiten. Allzugroße Höhen können wegen der Möglichkeit des Herabfallens von Kaltluft und wegen der Schwitzwasserbildung sogar schädlich sein.“

Beachtlich ist, daß man bei künstlicher Lüftung der Räume zu unterscheiden hat zwischen *Luftwechsel* und *Lufterneuerung*, d. h. Frischluftzufuhr. Werden die Anlagen z. B. nach den Abb. 102 und 105 ohne Umluftkanal ausgeführt, so entspricht der Luftwechsel in den Räumen der eingeblasenen Frischluftmenge. Sind dagegen entsprechend den Abb. 99 bis 101 usw. Umluftkanäle vorhanden, so ist es möglich, der Frischluft beliebige Mengen Umluft beizumischen und dadurch die durch die Räume beförderten Luftmengen zu steigern. Diese Lösung ist gebräuchlich, wenn ein möglichst gleichmäßiger Luftzustand in den Räumen angestrebt wird oder durch Mischen von Frisch- und Umluft Temperatur und Feuchte der Zuluft bzw. der Raumluft geregelt werden sollen [vgl. Abschnitt VI 2 a)]. Wird bei zunehmender Umluftmenge die Frischluft in gleichem Maße eingeschränkt, so nimmt der Lüftungseffekt ab und wird beim Arbeiten ausschließlich mit Umluft gleich Null. Dieser Betriebszustand kann trotzdem am Platz sein, sofern es sich ausschließlich um Heizung, Kühlung oder Regelung der Feuchte, nicht aber um Lüftung handelt.

Zahlentafel 11 gibt Anhaltspunkte über die zur einwandfreien Lüftung verschiedener Raumarten etwa benötigten stündlichen Frischluftmengen. Dabei ist für Räume, deren Besucherzahl bekannt ist, in erster Linie von den je Kopf angegebenen Mengen auszugehen. Unterschreitet die so berechnete stündliche Frischluftmenge die sich nach dem Vielfachen des Rauminhaltes ergebende, so ist jedoch diese maßgebend. Desgleichen hat man nach dem Vielfachen des Rauminhaltes zu rechnen, wenn die Besucherzahl starken Wechseln unterliegt oder überhaupt nicht angebbar ist; ferner wenn es sich um Anlagen handelt, die zur Beseitigung von Gerüchen erstellt werden, während die erforderliche Luftmenge bei Entnebelungsanlagen entsprechend der zu beseitigenden, bei Befeuchtungsanlagen auf Grund der zuzuführenden Wasserdampfmenge zu bestimmen ist [vgl. die Abschnitte VI 2 d) und e)]. In gewissen Fällen, beispielsweise bei besonders niedern Räumen, ist mit den obern Werten der Zahlentafel 11 zu rechnen, u. U. sogar noch höher zu gehen. Anderseits ist zu beachten, daß es mit Rücksicht auf die Betriebskosten üblich ist, die Lüftungsanlagen an Orten mit -15^0 mittlerer Tiefsttemperatur nur bis zu etwa -5^0 Außentemperatur mit der vollen, von da an abwärts dagegen mit eingeschränkter Luftmenge zu betreiben. Sind die mittleren Tiefsttemperaturen -5, -20 und -25^0, so ist die betreffende Grenze auf 0, -10 bzw. -15^0 anzusetzen. Auch wenn es sich um Sonderaufgaben, wie z. B. Windfangheizung

Zahlentafel 11. Bei Lüftungs- und Klimaanlagen mindestens zugrunde zu legende Frischluftmengen.

	Je Kopf m^3/h	Vielfaches des Rauminhaltes
Räume, in denen die Luft weder durch starkes Rauchen noch sonstwie in besonderem Maße verdorben wird: Säle, Theater, Lichtspieltheater, Sitzungsräume, Erfrischungsräume von Feinbäckereien usw.	20—30	3—5
Räume, in denen stark geraucht wird: Gaststätten, Speisewirtschaften, Vereins- und Gesellschaftszimmer, Theater, in denen das Rauchen gestattet ist	30—50	5—10
Speisesäle in Gasthäusern		5
Kegelbahnen		3
Schalterhallen, Vorräume in Banken, Verkehrsgebäuden usw.		2—3
Stahlkammern von Banken		3—5
Krankensäle	20—30	2
Operationsräume		3—5
Zellen von Tobsüchtigen und Unreinlichen		3—5
Alle Räume, die zu den Röntgenabteilungen von Krankenanstalten gehören		3—5
Schulzimmer für Schüler im Alter bis zu 12 Jahren	15	2
Schulzimmer für Schüler im Alter von über 12 Jahren, Hörsäle usw.	20	3
Büros und Werkräume bei starker Besetzung, sonst aber ohne besondere Verunreinigung der Luft	20—30	3—5
Laboratorien je nach Art		bis 10 und mehr
Kochküchen in Gasthäusern, Speisewirtschaften, Krankenanstalten, Schulen, Kasernen, Fabriken usw., sowie Waschküchen in Wasch-, Krankenanstalten usw. und andere zu entnebelnde Räume: im Sommer		25 u. mehr (u. U. bis 80)*
im Winter bei Erwärmung der Frischluft		15—20 u. mehr*
Aborte, Waschräume		5—10
Dusche- und Umkleideräume in Schulen, Kasernen, Fabriken		10
Wannenbäder in Krankenanstalten usw.		2½
Wannenbäder in öffentlichen Badeanstalten		5
Schwimmhallen		2
Großkraftwagenräume		bei Normalbetrieb 3 bei Spitzenbetrieb 6**
Strafanstalten und Gefängnisse:		
Einzelzellen	15—20	
Schlafzellen und Räume für gemeinsame Haft	10	

handelt [vgl. Abschnitt IV 2 b)], sind die Grenzen, bis zu denen die Anlagen voll benützbar sein müssen, manchmal andere.

Die Maßnahme der Einschränkung der Lüftung bei kalten Außentemperaturen ist, abgesehen von der Brennstoffersparnis, auch deswegen am Platz, weil es dadurch meist möglich ist, mit den in Hinsicht auf die Anforderungen der Heizung allein bemessenen Heizkesseln auszukommen, indem sie bei z. B. -5^0 Außentemperatur für Heizung und Lüftung zusammen in der Regel nicht mehr zu leisten haben als bei -15^0 Außentemperatur für die Heizung allein.

Die in den VDI-Lüftungsregeln betreffend der zugrunde zu legenden Frischluftmengen enthaltenen Angaben sind in bezug auf Versammlungsräume [8]

* Je nach Rauminhalt, Lage und Belastung der Küche, Feuerungsart des Herdes, Lüftungsmöglichkeit im Sommer durch die Fenster usw. (Vgl. auch das nachstehend Gesagte.)

** Keinesfalls darf die stündlich abgesaugte Luftmenge bei Normalbetrieb der Anlagen aber weniger als 8 m^3 je m^2 Grundfläche betragen.

in guter Übereinstimmung mit den Vorschlägen der Zahlentafel 11, indem sie verlangen:

„Die je Kopf und Stunde in den Saal einzuführende Zuluftmenge — genannt Luftrate — muß betragen: Bei Räumen mit Rauchverbot 20 m³, bei Räumen, in denen geraucht wird, 30 m³. Diese Werte gelten als untere Grenze. In fast allen Fällen ist es zweckmäßig, die Luftraten noch um 10 m³ zu erhöhen."

Hinsichtlich der Küchen [9] gehen sie jedoch nicht vom Vielfachen des Rauminhaltes, sondern von folgenden Grundlagen aus:

„Die notwendige stündliche Zuluftmenge ist durch die Art, Größe und Zahl der für die Küche vorgesehenen Kochgeräte festgelegt und wird nach den folgenden Richtzahlen errechnet:

Herde:	Je 1 m²	Herdplatte, kohlebeheizt	3000 m³/h
	„ 1 m²	„ gasbeheizt	1500 m³/h
	„ 1 m²	„ elektr. beheizt	1000 m³/h
Kochkessel:	Bei 100 l	Inhalt	300 m³/h
	„ 200 l	„	600 m³/h
	„ 500 l	„	1000 m³/h
	„ 1000 l	„	1500 m³/h
Kippbratpfannen	60/80 cm		500 m³/h

Zur Ermittlung der Luftmenge für eine gegebene Küche werden die Luftmengen für Herde, Kochkessel und Kippbratpfannen getrennt errechnet und dann addiert. Weitere Geräte, wie Backöfen, Wärmetische usw., werden durch einen Zuschlag berücksichtigt.

Die Richtzahlen sind bei den Herden im Hinblick auf die Temperatur in der Küche, bei den Kochkesseln im Hinblick auf die Wrasenbeseitigung festgelegt. Sie stellen Mindestwerte dar, die nur gelten, wenn die Zuluft- und Abluftöffnungen in zweckmäßiger Weise angeordnet werden können."

Aus dem Gesagten geht hervor, daß es verfehlt wäre, starre Vorschriften in bezug auf die Größe der zuzuführenden Frischluftmengen aufzustellen. Ihre richtige Bemessung hängt nicht nur von der in Frage kommenden Raumart, sondern von mancherlei Nebenumständen ab. Auf die großen Unterschiede, die hinsichtlich Küchen bestehen, wurde eben hingewiesen, aber auch z. B. für Lichtspieltheater liegen die Verhältnisse verschieden, je nachdem ob Rauchverbot besteht oder, wie z. B. in England, geraucht werden darf. Außerdem ist es möglich, daß bestimmte Luftmengen während der Hauptzeit des Jahres genügen, nicht aber im Hochsommer zur Abführung der von den Besuchern abgegebenen Wärme. Ferner sind die Anforderungen an die Lüftung der Räume von Land zu Land verschieden. HENTON[1] weist z. B. darauf hin, daß man für Lichtspieltheater in Amerika eine Luftrate von 70 m³/h je Kopf für nötig hält, während die Vorschriften des *London Country Council* als Mindestluftrate in Versammlungssälen 28 m³/h verlangen. Nach der Ansicht HENTONS reicht diese Luftmenge nur für 10 Monate im Jahr aus, während sie für die heißesten Tage zur Abführung der in vollbesetzten Häusern von den Besuchern abgegebenen Wärme zu gering ist. Trotzdem sollen die meisten Lichtspieltheater in England auf dieser Grundlage oder noch knapper berechnet sein.

Wenn eine gewöhnliche Lüftungsanlage bestellt wird, so kann hinterher natürlich nicht verlangt werden, daß sie die Aufgaben einer Klimaanlage erfülle, d. h. die Räume im Sommer auch kühle und die Luftfeuchte regle. Bestehen solche Erwartungen, so sind sie rechtzeitig bekanntzugeben und die nötigen

[1] HENTON, W. J.: Klimatechnik in englischen Lichtspielhäusern. J. Instn. heat. a. vent. Engrs. Dez. 1938. Kurzbericht in Heizg. u. Lüftg. Bd. 13 (1939) Heft 4 S. 56/57.

Mittel zur Verfügung zu stellen. Aber selbst wenn es sich nur um gewöhnliche Lüftungsanlagen handelt, empfiehlt es sich, sie reichlich zu bemessen. Nachträgliche Einschränkung der Luftmengen ist leicht möglich, Erhöhung dagegen meist schwierig, wenn nicht undurchführbar, sofern nicht unwillkommene Begleiterscheinungen, wie störende Geräusche, Zugerscheinungen usw., oder große Abänderungskosten in Kauf genommen werden sollen.

b) Frischluftentnahme und Abluftbeseitigung.

Die *Frischluft* ist an Orten aus dem Freien zu entnehmen, wo sie möglichst rein ist. Ungeeignet dazu sind verkehrsreiche Straßen, aber auch enge, unsaubere Gassen. Besser eignen sich breite Straßen und Plätze mit nicht allzuviel Verkehr, Grünflächen usw. In manchen Fällen empfiehlt es sich, die Luft von oben herunterzuholen, sei es vom Dach oder durch ein dafür verwendbares Fenster. Bei der Entnahme vom Dach ist darauf zu achten, daß sich in der Nähe keine Kamine und Abluftschächte befinden. Liegt die Entnahme tiefer als die Bodenoberfläche, so sind entsprechend Abb. 30 leicht rein zu haltende Betonschächte zu erstellen und diese oben mit Gittern oder Geländern zu schützen. Abb. 31 zeigt den nachträglichen Einbau einer Luftentnahmestelle in den Treppenaufgang eines bestehenden Gebäudes. Die Lösung ist insofern nicht vollkommen, als die Stelle zu ebener Erde liegt, was sich jedoch nicht umgehen ließ und sich in dem Fall auch nicht nachteilig auswirkt, weil das Gebäude von einem Garten umgeben ist und die Ansaugstelle zudem durch ein Beet mit Grünbepflanzung geschützt werden konnte.

Abb. 31. In ein bestehendes Gebäude nachträglich eingebaute Frischluftentnahme.

Trotz solcher Maßnahmen ist vielfach noch eine Reinigung der angesaugten Luft durch Filter oder Waschung erforderlich [vgl. Abschnitt IV 3 c)]. Um das Eindringen von Regen, Schnee, dürren Blättern, Vögeln usw. auszuschließen, werden die Frischluftentnahmeöffnungen gewöhnlich mit Wetterschutz und Drahtgeflecht versehen. Außerdem sind Klappen oder Schieber anzubringen, damit der Frischluftkanal bei Nichtbenutzung der Anlagen gegen außen abgeschlossen werden kann. Die Betätigung dieser Klappen erfolgt durch Hebel, Seilzüge oder auf pneumatischem bzw. elektrischem Wege unter Benutzung von Elektromotoren. Derartige Motorklappen werden vielfach so angeordnet, daß sie sich beim Inbetriebsetzen der Lüfter selbsttätig öffnen, beim Abstellen wieder schließen (Abb. 27).

Bisweilen wird außer den genannten Schutzvorrichtungen auch noch eine Staubkammer vorgesehen, in der die Geschwindigkeit der Luft nahezu gleich

Null wird, so daß schwerere Beimengungen zu Boden sinken. Läßt man die Umluft ebenfalls in diese Kammern einströmen und will ein bestimmtes Mischungsverhältnis zwischen Frisch- und Umluft aufrechterhalten, so kann die Frischlufteinströmung statt des erwähnten Drahtgeflechtes mit einem Widerstandsgitter versehen werden, dessen Widerstand demjenigen der Umluftkanäle entspricht[1].

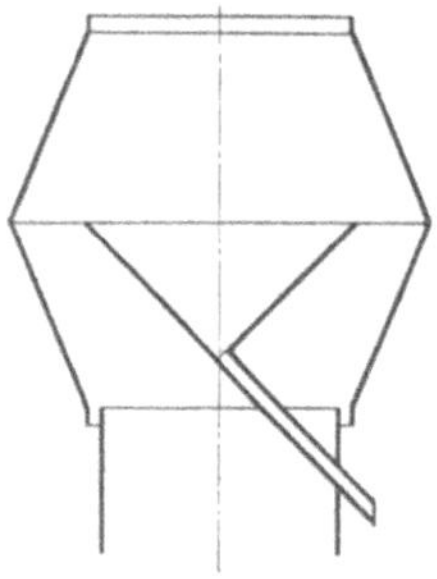

Abb. 32. Regenhut.

Die *Abluft* ist so ins Freie zu befördern, daß nicht nur die Bewohner der betreffenden Gebäude, sondern auch diejenigen der Nachbarschaft dadurch nicht belästigt werden. Das Ausblasen auf Straßen und Gassen, in Lichtschächte, Höfe, sowie über Terrassen und Dächer, die von anstoßenden Gebäudeteilen oder Nachbarhäusern überragt werden, ist unzweckmäßig, da dies leicht zu Beschwerden führt. In einzelnen Städten (z. B. Zürich) ist es deshalb ohne besondere behördliche Bewilligung überhaupt nicht gestattet.

Die Abluftaustritte ins Freie sind, wie die Frischluftentnahmestellen, gegen das Eindringen von Regen, Schnee usw. zu schützen und außerdem so anzuordnen, daß kein Rückstau der Luft durch den Wind möglich ist. Gut bewährt haben sich Regenhüte nach Abb. 32, weil sie den eben gestellten Forderungen Rechnung tragen, ferner der sie durchströmenden Luft keinen nennenswerten Widerstand entgegensetzen, und die Abluft zudem mit erheblicher Geschwindigkeit lotrecht nach oben ausgeblasen, wodurch sie vom Wind erfaßt und beseitigt wird. Eine andere, ebenfalls oft ausgeführte Lösung ist in Abb. 33 gezeigt. Die Luft muß die Jalousien dabei allerdings von oben nach unten durchströmen, was infolge der Ablenkung Widerstand verursacht; auch wird sie nicht wie beim Regenhut nach oben in den freien Luftraum hinaufgeblasen. Dagegen kann der Wind, zufolge der allseits angeordneten Öffnungen, wenigstens keinen störenden Einfluß ausüben, und ist auch sonst der Schutz gegen die Witterungseinflüsse ein guter.

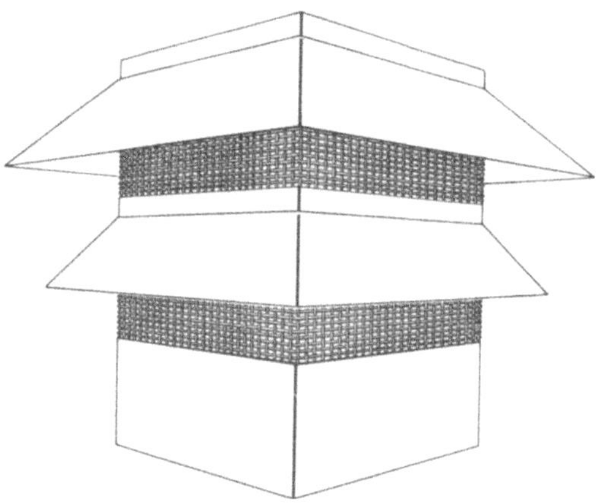

Abb. 33. Abluftaufsatz mit rings herumlaufenden Jalousien.

c) Luftreinigung.

Die Luft enthält sowohl im Freien als in den Räumen eine außerordentlich große Zahl von Schwebestoffen verschiedenster Größe von grobem Staub bis zu feinsten Rauch- und Rußteilchen sowie Tröpfchen angereicherter Lösungen chemischer Stoffe und Ionen. Mit Ausnahme des groben Staubes lassen sich diese Teilchen als Kondensationskerne des in der Luft enthaltenen Wasser-

[1] Vgl. z. B. Hottinger, M.: Die Klimaanlage des Bundesarchivs. Schweiz. Bauztg. Bd. 108 (1936) Heft 23 S. 258/259.

dampfes mittels des Aitkenschen Staubzählers feststellen. Dabei ergeben sich, insbesondere in den Großstädten, ungeheure Zahlen je cm^3. Diese Werte sind für den von uns anzustrebenden Reinheitsgrad der Luft allerdings nicht maßgebend, weil in bezug auf die Lüftungs- und Klimaanlagen zur Hauptsache nur der grobe Staub wichtig ist, während feinste Wassertröpfchen und Luftionen in diesem Zusammenhang ausscheiden [32].

Die bei den Lüftungs- und Klimaanlagen vorgesehenen Luftfilter haben somit nur die Aufgabe zu erfüllen, den Hauptanteil des von der Frisch- und Umluft mitgeführten groben Staubes zurückzuhalten. Dabei ist meist wichtiger, daß er die Luftwege, insbesondere die Lamellenlufterhitzer, nicht verunreinigt, als daß er von den Räumen ferngehalten wird. Die meist ziemlich engmaschigen Lufterhitzer setzen sich sonst manchmal in kurzer Zeit derart mit Staub und Schmutz zu, daß die geförderte Luftmenge stark zurückgeht. Allerdings können sie durch Ausblasen gereinigt werden, was jedoch mühsamer und weniger vollständig durchführbar ist als die Reinigung neuzeitlicher Filter. Wo die Filter am besten in die Anlagen eingeschaltet werden und ob für Frisch- und Umluft getrennte Filter angeordnet werden sollen, richtet sich nach den örtlichen Verhältnissen. Jedenfalls ist dafür zu sorgen, daß die Luft möglichst unter einem Winkel von 90^0 und in gleichmäßiger Verteilung auf die Filter trifft. Bei Einschaltung hinter dem Lüfter wird gleichzeitig eine gewisse Schalldämpfung erzielt, trotzdem ist diese Ausführungsart weniger gebräuchlich. Zur Wartung ist wichtig, daß die Filter beiderseits gut zugänglich sind und die Breite der freien Zwischenräume nicht unter 0,6 m beträgt[1].

Bei den üblichen Betriebsverhältnissen müssen die für Aufenthaltsräume eingebauten Filter einen Reststaubgehalt von höchstens 0,5 mg/m^3 gewährleisten[2]. Diese anerkannte Forderung geht über diejenige der Gesundheitslehre, hinsichtlich des in guter Luft zulässigen Staubgehaltes, sogar noch hinaus. Für gewisse industrielle und gewerbliche Lüftungsanlagen ist bisweilen jedoch ein Reinheitsgrad bis zu 0,1 mg/m^3 herunter erforderlich, und manchmal spielt der bakterielle Wirkungsgrad eine besondere Rolle[3].

In der neuzeitlichen Lüftungs- und Klimatechnik werden fast ausschließlich ölbenetzte *Metallfilter* verwendet, während die früher oft benutzten Stoffilter für diese Zwecke, ihres großen Platzbedarfes und anderer Übelstände, z. B. des Zusetzens und Faulens beim Feuchtwerden sowie der umständlichen Reinigung wegen, außer Kurs gekommen sind. Die Metallflächen (Raschigringe oder Blechstreifen) sind gewöhnlich in Rahmen von etwa 500/500 mm untergebracht. Diese können leicht herausgenommen und ins Ölbad gelegt werden, wobei sich die Oberflächen der Ringe mit einer dünnen Ölschicht überziehen, an welcher

---

[1] Vgl. u. a. Murphy, C.: Voraussetzungen für eine gute Luftreinigung. Heat. & Vent. Bd. 35 (1938) S. 32/34. Kurzbericht im Gesundh.-Ing. Bd. 62 (1939) Heft 27 S. 385/386.

[2] Vgl. Gesundh.-Ing. Bd. 59 (1936) Heft 13 S. 184, ferner die VDI-Regeln zur Lüftung von Versammlungsräumen [8].

[3] Vgl. z. B. Schum, H.: Fußnote 1 S. 49. Ferner: Dalla Valle, J. M., und A. Hollaender: Der bakterielle Wirkungsgrad handelsüblicher Filter. Publ. Health Rep. Bd. 54 (1939) Heft 17 S. 695/699, Kurzbericht in Wärme- u. Kältetechn. Bd. 41 (1939) Heft 11 S. 172, sowie Carswell, T. S., Doubly, J. A., und H. K. Nason: Verringerung des Luftbakteriengehaltes bei der Luftbewetterung. Heat. & Vent. Bd. 34 (1937) Heft 3 S. 40/42. Kurzbericht im Gesundh.-Ing. Bd. 60 (1937) Heft 45 S. 691.

der Staub anklebt. Abb. 34 zeigt beispielsweise ein solches Filter mit 35 Zellen und links davon das Ölbad. Die Reinigung erfolgt, indem die Zellen in das Bad hineingelegt und mittels des in Abb. 34 ebenfalls sichtbaren Hebels auf und ab bewegt werden.

Abb. 34. Metallfilter mit Reinigungskasten.

Entsprechend Abb. 35 sind auch selbstreinigende Filter erhältlich. Sie bestehen aus einem endlosen, lotrecht in den Luftkanal eingebauten Band aus Filterblechen, das über Rollen läuft, durch motorischen Antrieb ständig in Umlauf gehalten wird und unten in ein Ölbad eintaucht.

Ferner gibt es *Naßfilter*, wobei entsprechend Abb. 36 mittels Streudüsen Wasserschleier erzeugt werden, in denen der Staub beim langsamen Hindurchstreichen der Luft ausgewaschen wird. Allerdings soll das in bezug auf Staubteilchen mit fettiger und daher nicht benetzbarer Oberfläche nicht der Fall sein. Hingegen werden dabei auch im Wasser lösliche Gase (Chlor, Schwefelwasserstoff, schweflige Säure, Ammoniak usw.), sofern sie nur in Spuren vorhanden sind, ferner von der Umluft mitgebrachter Tabakrauch, beseitigt.

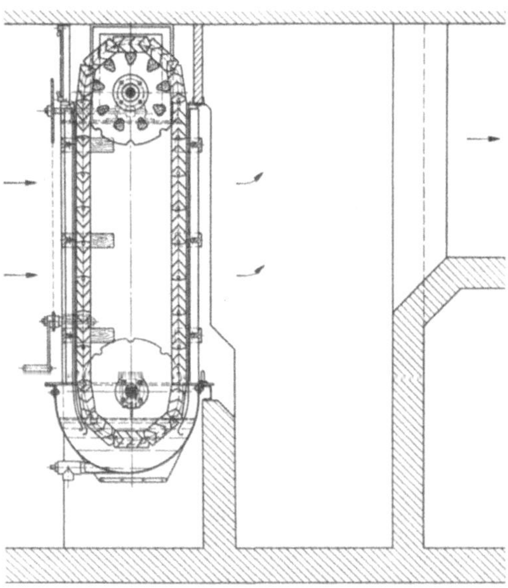

Abb. 35. Umlauffilter mit Selbstreinigung.

In großen Industriestädten Amerikas hat man die Beobachtung gemacht, daß sowohl das Leinen- als auch das Sulfitzellulosepapier der Bücher in Büchereien zufolge des starken Verbrennens von schwefelkieshaltiger Kohle und der daher in der Luft enthaltenen Schwefelsäure zerstört wird[1]. Ähnliche Erscheinungen sind auch in England an gelagerten Seidenstoffen festgestellt worden. Zur Abhilfe wird Waschen der durch die Klimaanlagen eingeführten Luft mittels Ätzkali- oder Ätznatronversprühung empfohlen. So soll z. B. im Frick-Museum in New York der schädliche Schwefel-

[1] Génie civ. Bd. 103 (1933) Heft 26 S. 622/624. Kurzbericht im Gesundh.-Ing. Bd. 57 (1934) Heft 20 S. 255.

säuregehalt der Straßenluft durch schwachen alkalischen Zusatz im Luftwascher neutralisiert werden[1].

Als ähnlicher Sonderfall ist die Filtrierung der Luft für Luftschutzräume zum Schutz gegen Gaskampfstoffe zu nennen. Allerdings handelt es sich dabei nicht um Naß-, sondern um Trockenfilter, die in der Regel aus einem Vorfilter zur Zurückhaltung von staub-, nebel- und rauchförmigen Stoffen und dem eigentlichen Gasfilter bestehen[2]. Es ist auch schon vorgeschlagen worden, die Erde als Filter zu benutzen. Dazu werden unter den Luftschutzräumen nach oben luftdicht abgeschlossene Bodengruben mit durchbrochenen Wandungen erstellt, denen beim Absaugen von Luft Bodenluft zuströmt. Inwiefern der Erdboden als Kampfgasfilter dienen kann, ist meines Wissens jedoch noch nicht genügend abgeklärt; auf alle Fälle ist der Erfolg je nach der Bodenart, seinem Feuchtigkeitsgehalt usw. sehr verschieden. So ist zu beachten, daß nasser Lehmboden für Luft so gut wie undurchlässig ist, während bei normalem Kiesboden die Saugwirkung allerdings bis auf 30 und sogar 50 m im Umkreis geht. Natürlich sind auch dichte Pflasterungen und Asphaltbeläge der Luftansaugung hinderlich. Beachtlich ist ferner, daß es bei Beschädigung von im Boden liegenden Gasleitungen durch Bombeneinschläge oder herabfallende Trümmer gefährlich werden kann, Erdluft anzusaugen. Wenn Sicherheit im Gasschutzraum herrschen soll, so darf die Erdluftabsaugung daher nur als Vorfiltration betrachtet werden, und müssen trotzdem noch Schwebestoff- und Gasfilter zur Anwendung gelangen[3].

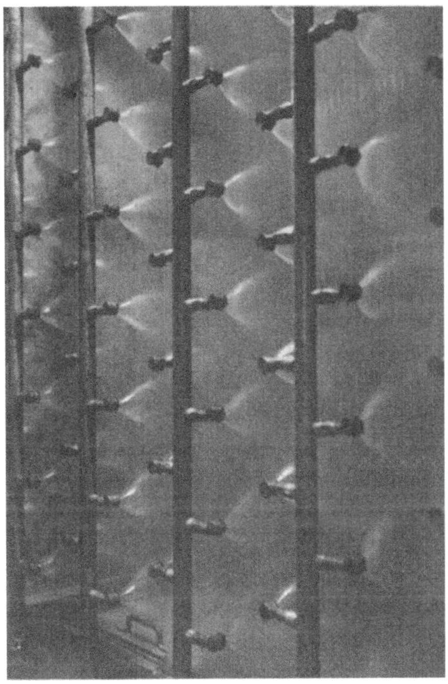

Abb. 36. Streudüsenkammer zur Waschung und gewünschtenfalls Befeuchtung der Luft.

Auch die *Berieselungsfilter* sind Naßfilter. Dabei wird der Zwischenraum zwischen zwei über den Luftweg gespannten Drahtgeflechten mit Koks oder, der Sauberkeit wegen, besser mit Tonkörpern lose aufgefüllt und das Ganze von oben her mit Wasser berieselt.

Ob die Luft beim Hindurchstreichen durch Naßfilter einen höhern Sättigungsgrad annimmt, hängt von dem der Wassertemperatur entsprechenden Sättigungsdruck p_s und dem Teildruck p_D des in der Luft enthaltenen Wasserdampfes ab. Wasserverdunstung, d. h. Höhersättigung der Luft, tritt nur ein, wenn $(p_s - p_D)$ positiv ist [vgl. Abschnitt VI 2 b) β)].

Weiter ist die heute in der Lüftungs- und Klimatechnik der hohen Anlage-

[1] Heizg. u. Lüftg. Bd. 13 (1939) Heft 7 S. 111.

[2] BECHTLER, H. C.: Fußnote 2 S. 9.

[3] HOTTINGER, M.: Fußnote 1 S. 10.

kosten wegen zwar noch selten, für industrielle Zwecke, ihres hohen Wirkungsgrades und der kleinen Betriebskosten wegen dagegen schon seit rd. 35 Jahren gebräuchliche *Entstaubung der Luft auf elektrischem Wege* zu erwähnen. Sie wird insbesondere zur Zurückgewinnung wertvoller Staube, wie Arsen, Antimon, Kupfer, Blei usw. in Hüttenwerken sowie zur Ausscheidung von Säuren, Dämpfen, Teer und lästig fallendem Staub aus der Abluft industrieller Betriebe benutzt. Sie beruht auf der Anwendung eines starken elektrostatischen Feldes, dessen Kraftlinien senkrecht zur Strömungsrichtung der hindurchstreichenden Luft gerichtet sind. Diese wird dazu durch an den positiven Pol der Stromquelle angeschlossene Metallzylinder bzw. zwischen Metallplatten hindurchgeleitet. Ein im Luftstrom liegender Draht, der sog. Sprühdraht, bildet den negativen Pol. Unter dem Einfluß der hervorgerufenen Ionisierung erhalten die in der Luft schwebenden festen und flüssigen Teilchen eine starke elektrische Ladung und bewegen sich gegen die positiv geladenen Wandungen, wo sie durch geeignete Vorrichtungen aufgefangen werden. Über die Anwendung (seit 1937) solcher elektrostatischer Staubabscheider in einer großen Klimaanlage in Chicago berichtet z. B. VOLLMAN[1]. Die Abscheider sollen einen kleinen, mit der Verschmutzung nur wenig zunehmenden Luftwiderstand aufweisen, der verwickelten elektrischen Einrichtung wegen aber fachmännische Überwachung erfordern.

Handelt es sich darum, ins Freie ausströmende Abluft von grobem Staub ansehnlichen Gewichtes oder gar Spänen zu befreien, so kommen auch Fliehkraft-Staubabscheider (Zyklone) zur Anwendung (beispielsweise in Schleifereien, Poliereréien, Schreinereien usw.). Dabei wird die Luft tangential in einen Blechzylinder eingeführt, wobei Staub und Späne an die Wandungen hinausfliegen und durch eingebaute Spiralbleche nach unten abgeführt werden.

Als weitere Filterart sind die *Holzwollfilter* zu nennen, wie sie in Farbspritzereien zur Zurückhaltung der mit der Abluft abgesaugten Farbnebel angewendet werden (vgl. Abschnitt VII 8). Nach der Verschmutzung wird die Holzwolle einfach weggeworfen und durch neue ersetzt.

In ähnlicher Weise werden auch *Glaswollfilter* erstellt[2]. Die zur Aufnahme der Glaswolle dienenden Filterzellen bestehen aus widerstandsfähigen Kartongittern, die in gleicher Weise wie die Metallfilterzellen in eiserne Rahmen eingesetzt, nach der Verschmutzung aber nicht wie diese gereinigt, sondern weggeworfen und durch neue ersetzt werden. Diese in Amerika verbreitete Filterart hat sich bei uns, trotz ihrer Einfachheit, jedoch nicht einzubürgern vermocht, weil die Gefahr besteht, daß Glaswollstaub von der Luft mitgerissen wird und sich auch die Unterhaltungskosten verhältnismäßig hoch stellen. Im Gegensatz dazu hat Glaswatte und Glaswolle als Abdämmstoff auch in Europa Verbreitung erlangt[3].

---

[1] VOLLMAN, T. J.: Arbeitsverfahren in Klimaanlagen. Ice a. Refrig. Bd. 96 (1939) Heft 2 S. 114/116. Kurzbericht in Wärme- u. Kältetechn. Bd. 41 (1939) Heft 1/3 S. 38/39.

[2] Vgl. z. B. OSSIPOW, E. T.: Filter aus Glaswolle. Otoplenije i Ventiljazija. Heizg. u. Lüftg. Bd. 8 (1937) Heft 5/6 S. 12/14. Kurzbericht im Gesundh.-Ing. Bd. 61 (1938) Heft 3 S. 41. Ferner: GROSSMANN, E.: Neuartige amerikanische Luftfilter aus Glaswolle. Heizg. u. Lüftg. Bd. 10 (1936) Heft 2 S. 19/22. Kurzbericht im Gesundh.-Ing. Bd. 59 (1936) Heft 28 S. 434/435.

[3] OELLERICH, W.: Die Glasfaser. Glaswatte und Glaswolle in Haus, Gewerbe und Industrie. Glasfaser-G. m. b. H. Düsseldorf (1939) 48 S. mit 52 Abb. Kurzbericht in Heizg. u. Lüftg. Bd. 13 (1939) Heft 3 S. 46.

Beachtliche Angaben in bezug auf Luftfilter enthält ein Aufsatz von SEVERNS und MOHN[1]. Es wird darin erwähnt, daß mit den elektrischen Filtern außer Staub auch Tabak- und Kohlenrauch aus der Luft ausgeschieden werden können, nicht aber schädliche Gase und Dämpfe. Hierfür sind Filter mit aktivem Kohlenstoff (hergestellt aus Schalen der Kokosnuß) zu verwenden, mit denen der Luft auch geruchführende Substanzen entzogen werden können. Die Verfasser bestätigen ferner, daß sich fettige und ölige Staubteilchen durch Luftwaschung nicht mit Sicherheit ausscheiden lassen.

Schließlich sei noch erwähnt, daß die Lufteintrittsöffnungen im Operationssaal der Chirurgischen Klinik des Charité-Krankenhauses in Berlin mit Bakterienfiltern versehen sind, so daß mit Sicherheit keimfreie Luft einströmt (vgl. Fußnote 1 S. 49). Für solche Zwecke kommen Papierfilter in Frage.

d) Ozonisierung.

Zur Beseitigung oxydierbarer Riech- und Ekelstoffe, ferner zur Vernichtung von Schimmel-, Fäulnis- und andern Bakterien, besonders in feuchter Luft, ist Ozonisierung am Platz[2]. Sie kann sich z. B. eignen für Schulen, Hörsäle, Büros, Versammlungs-, Konzert- und Speisesäle, Theater, Wartezimmer von Polikliniken und Armenbehörden, Krankenzimmer, Zwischendecke von Schiffen, Hallenschwimmbäder, Markthallen (insbesondere für die Fleisch- und Fischhallen), Schlachthöfe, Käsereien, Kühlräume, Lager- und Verkaufsräume von Lebensmittelgeschäften, die Entlüftung von Pferde-, Kuh- und Schweineställen in bewohnten Gegenden, wo sich die Nachbarschaft sonst vielfach über Geruchbelästigung beklagt usw.

Die Erfahrung lehrt, daß schon 0,1 bis 0,5 mg Ozon je m^3 Luft genügen, um ihr auch in geschlossenen, mit Menschen stark angefüllten Räumen eine merkliche Frische zu verleihen. Stärkere Anreicherung ist dagegen nicht ratsam, weil Ozon (O_3) bekanntlich sehr unangenehm riecht und empfindliche Leute dadurch leicht Kopfschmerzen bekommen. Nach Rauminhalt gemessen sind WITHERIDGE und YAGLOU anhand einer individuell festgelegten Geruchskala dazu gelangt, 0,015 Volumenteile Ozon auf 1 Mio Volumenteile Luft als gesundheitlich zulässigen Grenzwert festzulegen[3]. Die Erfahrung mit der Luftozonisierung in den Londoner Untergrundbahnen haben gezeigt, daß dieser Wert auf die Dauer erlaubt ist. Die technische Schwierigkeit liegt, besonders bei zentralen Anlagen, in der Innehaltung der gewünschten Ozonkonzentration, wobei erschwerend mitwirkt, daß die gleiche Ozonkonzentration mit abnehmender Luftfeuchte zunehmend stärker, d. h. belästigender, empfunden wird (LIESE).

Die Ozonisierung erfolgt in Gitter- oder Plattengeräten durch Glimmentladung hochgespannter Wechselströme. Hierzu dienen z. B. kleine, in den Räumen selber aufzustellende Tisch- oder Wandozonlüfter, ferner Ozonisatoren, die ge-

[1] SEVERNS, W. H., und P. E. MOHN: Klimaanlagen für ganzjährigen Betrieb. Univ. Illinois Bull. Bd. 36 (1939) Heft 76, Zirkular Nr. 37 S. 7/28. Kurzbericht in Wärme- u. Kältetechn. Bd. 42 (1940) Heft 2 S. 27.

[2] Vgl. z. B. JOSEPH, E. L.: Luftreinigung. Heat. a. Vent. Bd. 11 (1938) Heft 132 S. 594 bis 601, Kurzbericht im Gesundh.-Ing. Bd. 61 (1938) Heft 47 S. 685/686.

[3] WITHERIDGE, W. N., und C. P. YAGLOU: Zur Anwendung des Ozons in der Lüftungstechnik. Heat. Pip Air Condit. Bd. 11 (1939) Heft 10 S. 648/653. Kurzbericht in Wärme- u. Kältetechn. Bd. 42 (1940) Heft 3 S. 45.

statten, großen Lüftungsanlagen geringe Mengen hochkonzentrierter Ozonluft zuzuführen[1] oder gitterartige Ozonisatoren zum Hindurchleiten der Gesamtluft kleinerer zentraler Lüftungsanlagen.

Ferner wird bei großen Räumen ohne zentrale Lüftungsanlagen (z. B. Kühlhallen) manchmal auch den Räumen selbst hochkonzentrierte Ozonluft zugeführt und durch Diffusion oder kleine an den Austrittsstellen aufgestellte Verteillüfter der Raumluft beigemischt.

e) Lufterhitzer.

Zur Lufterwärmung dienen in der Regel Lamellen- oder schmiedeiserne Rippenrohrheizkörper, die wenig Platz erfordern und verhältnismäßig leicht sind. Zur Reinigung können sie, wie unter Abschnitt IV 3c) erwähnt, ausgeblasen werden, sofern dies, zufolge Fehlens von Luftfiltern, erforderlich ist.

Abb. 37. Wärmeaustauscher auf dem Dach eines Fabrikgebäudes zur Rückgewinnung von Wärme aus der Abluft einer Entnebelungsanlage.

Die Wärmeleistung dieser Lufterhitzer ist, der großen in ihnen herrschenden Luftgeschwindigkeit wegen, beträchtlich[2]. Die betreffenden Angaben sind von den Lieferfirmen erhältlich. Ob die Lufterhitzer aus Eisen oder Kupfer bestehen, ist ohne Bedeutung, solange keine Rippen von erheblicher Länge vorhanden sind. Ist dies der Fall, so ist Kupfer, seiner bessern Leitfähigkeit wegen, allerdings günstiger, weil die äußern Enden der Rippen dadurch wärmer werden.

Zahlentafel 12. Die an Orten mit verschiedenen mittleren Tiefsttemperaturen für die Volleistung der Lüftungsanlagen anzunehmenden Außentemperaturen und die dabei theoretisch erforderlichen, in Wirklichkeit aber meist genügenden Heizwasservorlauftemperaturen.

Mittlere Tiefst-temperatur des Ortes	Außentemp., bis zu der die Lüftung voll betrieben werden soll	Dabei ist die Vorlauftemperatur des Heizwassers ungefähr bei:					
		Heizkörperheizung		Deckenheizung		Fußbodenheizung	
		theoretisch	praktisch meist genügend	theoretisch	praktisch meist genügend	theoretisch	praktisch meist genügend
°C	°C	°C	°C	°C	°C	°C	°C
−10	± 0	71	57	46	34	31	26
−15	− 5	73	59	48	35	32	27
−20	−10	75	61	49	36	33	27
−25	−15	77	62	50	37	33	27

[1] Vgl. z. B. Koschnieder, H.: Die Ozonanlage zur Unterstützung der Belüftungsanlage im Landtagsgebäude zu Dresden. Gesundh.-Ing. Bd. 53 (1930) Heft 32 S. 499/500.

[2] Vgl. z. B. Margolis: Die Bewertung von Lufterhitzern unter besonderer Berücksichtigung des Rhombicus-Lufterhitzers, Gesundh.-Ing. Bd. 39 (1916) Heft 19 S. 213/224 und Z. VDI Bd. 60 (1916) Heft 45 S. 913/917.

Gewöhnlich schließt man die Lufterhitzer an die Warmwassersammelheizungen an, wodurch sich ihre Wärmeabgabe, zufolge der den Außentemperaturen angepaßten Heizwasservorlauftemperaturen, weitgehend von selber regelt. Ihre Heizflächen sind so groß zu bemessen, daß nicht mit höheren als den für die Beheizung der Räume erforderlichen Heizwasservorlauftemperaturen geheizt werden muß. Dabei ist zu berücksichtigen, daß die praktisch erforderlichen Heizwassertemperaturen die theoretisch ermittelten entsprechend Zahlentafel 12 meist erheblich unterschreiten. Das kommt daher, weil in die Wärmebedarfsberechnungen sämtliche ungünstigen Einflüsse, die in Wirklichkeit nie alle zusammenfallen, eingeschlossen sind[1].

Abb. 38. Propellerlüfter aus Leichtmetallguß mit profilierter Schaufelung und angebautem Elektromotor.

Wenn die Lüftungsanlagen auch an kühlen Tagen des Sommers und der Übergangszeiten, an denen die Sammelheizungen nicht im Betrieb stehen, verfügbar sein müssen, so werden die Lufterhitzer manchmal auch an die während des ganzen Jahres benutzten Warmwasserbereitungsanlagen angeschlossen. Da die Heizwassertemperatur dabei nahezu gleich bleibt, ist zur richtigen Erwärmung der Luft in diesen Fällen selbsttätige Regelung [vgl. Abschnitt VI 2 a)] erforderlich. Statt dessen werden manchmal auch elektrische Heizkörper in den Luftweg eingebaut, die imstande sind, die Luft beispielsweise um 5 oder 10° zu erwärmen. Diese Heizkörper sind nicht teuer und verursachen, weil sie nur selten gebraucht werden, auch keine großen Betriebsauslagen. Um die Wärmeerzeugung dem Bedarf anpassen zu können, sollen sie in mindestens zwei, besser drei Stufen regelbar sein.

Abb. 39. Niederdruck-Kreisellüfter mit Keilriemenantrieb.

Ausnahmsweise kommen auch mit Gas oder festen Brennstoffen befeuerte, unmittelbar wirkende Luftheizöfen zur Anwendung (Kori, Jajag, Junkers usw., vgl. Abschnitt V).

---

[1] Vgl. HOTTINGER, M.: Heizwassertemperaturen und Heizwärmebedarf bei verschiedenen Außentemperaturen und Heizarten. Gesundh.-Ing. Bd. 62 (1939) Heft 20 S. 277/283; ferner: Heizwasser-, Belastungs-, Häufigkeits- und Wärmebedarfskurven an 4 Orten der Schweiz mit ungleichen Klimaverhältnissen. Gesundh.-Ing. Bd. 62 (1939) S. 350/354; ferner: Die Heizwassertemperaturen an Orten mit verschiedenen mittleren Tiefsttemperaturen. Gesundh.-Ing. Bd. 63 (1940) Heft 20.

Eine Sonderausführung zeigt Abb. **37**. Sie befindet sich auf dem Dach eines Fabrikgebäudes und dient dazu, die sonst mit der Abluft verlorengehende Wärme einer Entnebelungsanlage teilweise zurückzugewinnen. Die Außenluft wird durch

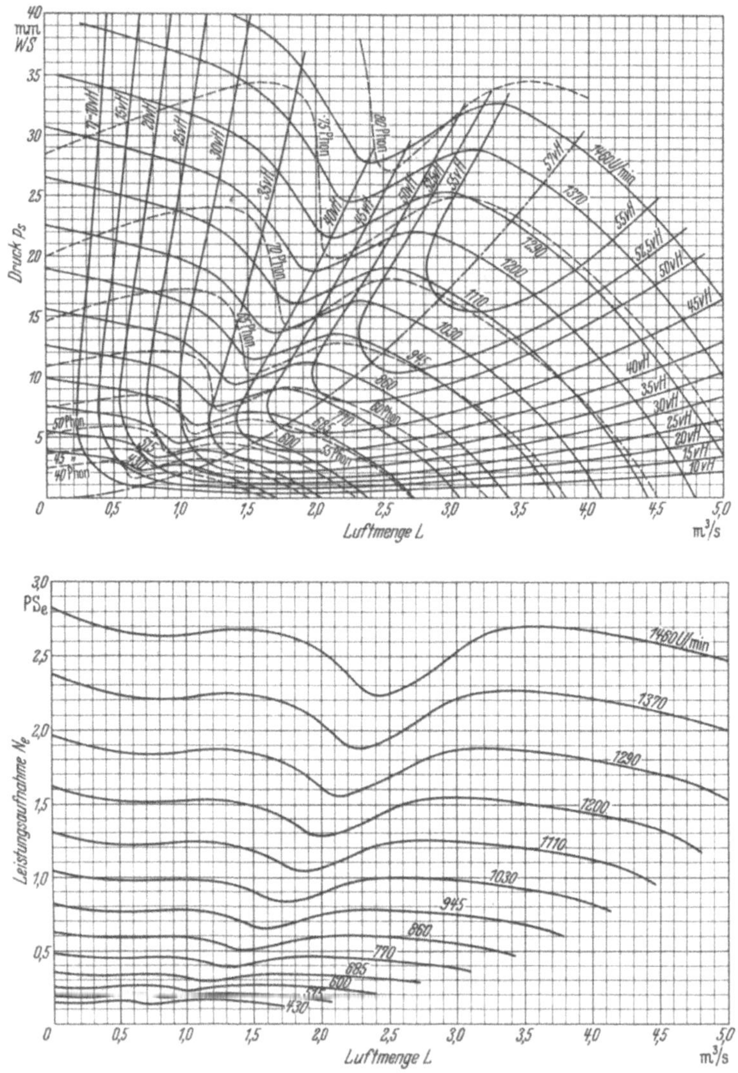

Abb. 40. Leistungskurven eines Sulzer-Propellerlüfters nach Abb. 38 mit 70 mm Flügelraddurchmesser bei einem Raumgewicht der Luft von $\gamma = 1{,}15$ kg/m³.

Oben: Liefermenge L m³/s, statischer Druck p_s mm WS in einer mittels Diffusor an den Lüfter angeschlossenen Druckkammer gemessen, Umlaufzahl U/min, Wirkungsgrad η vH und Lautheit in Phon in mittelgroßen Räumen, rd. 3 m von der Saugöffnung entfernt.

Unten: Liefermenge L m³/s und Leistungsaufnahme N_e in PSe.

die auf der Abbildung rechts zu sehenden Jalousien angesaugt und durchströmt den daneben stehenden Wärmeaustauscher, durch den anderseits die aus den Werkräumen kommende Abluft ins Freie abzieht. Dabei kühlt sie sich ab, und wird auch die beim Niederschlagen des Wasserdampfes frei werdende Niederschlagswärme ausgenutzt. Diese Rückgewinnung sonst verlorengehender Abwärme zeitigt in manchen Fällen beachtliche wirtschaftliche Erfolge, die ermöglichen, die dadurch entstehenden Mehranlagekosten in kurzer Zeit abzuschreiben.

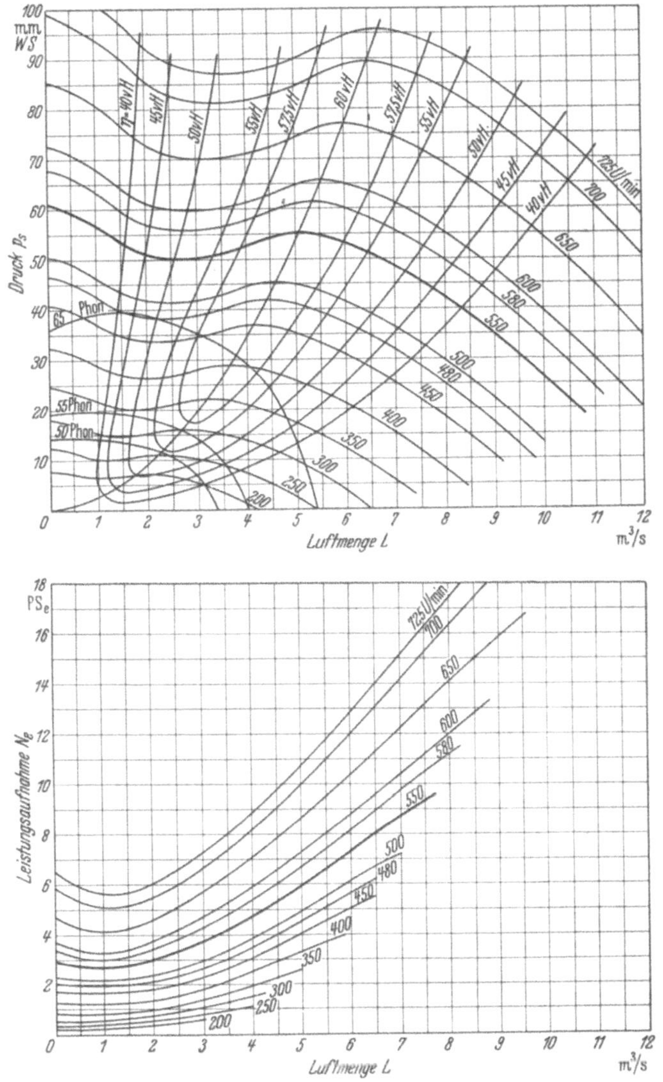

Abb. 41. Leistungskurven eines Sulzer Kreisellüfters nach Abb. 39 mit 75 mm Flügelraddurchmesser bei einem Raumgewicht der Luft von $\gamma = 1{,}15$ kg/m³.

Oben: Liefermenge L m³/s, statischer Druck p_s mm WS in einer mittels Diffusor an den Lüfter angeschlossenen Druckkammer gemessen, Umlaufzahl U/min, Wirkungsgrad η vH und Lautheit in Phon in mittelgroßen Räumen, rd. 3 m von der Saugöffnung entfernt.

Unten: Liefermenge L m³/s und Leistungsaufnahme N_e in PSe.

f) Lüfter.

α) **Allgemeines.** Als Lüfter für axiales Ausblasen durch Maueröffnungen oder geradlinig verlaufende Kanäle sind Schrauben- oder Propellerlüfter, Abb. **38**, am Platz. Sie eignen sich besonders zur Förderung von Luft bei kleinen Widerständen. In den übrigen Fällen sind Kreisellüfter, auch Schleuder- oder Fliehkraftlüfter genannt, Abb. 39, mit Spiralgehäuse und manchmal, trotz geringerer Wirkungsgrade, auch gehäuselose Luftturbinen besser geeignet. Die Abb. 40 und 41 zeigen die Leistungskurven je einer mittleren Größe der in den Abb. 38 und 39 dargestellten Lüfter. Man erkennt, daß die Wirkungsgrade hoch sind, wenn die Lüfter innerhalb eines gewissen Bereiches verwendet werden, daß sie außerhalb desselben aber erheblich sinken[1].

Abb. 42. Propellerlüfter mit geschlossenem Antriebsmotor, geeignet zum Aufsetzen auf Abluftschächte im Freien, bei säurefester Ausführung auch verwendbar zum Absaugen säurehaltiger Luft, von Rauchgasen usw.

Zur Lösung von Sonderaufgaben werden auch Sonderbauarten ausgeführt. Es sei auf Abb. 25 verwiesen. Ferner zeigt Abb. 42 einen Propellerabluftlüfter mit geschlossenem Motor. Er kann im Freien, z. B. auf das obere Ende von Abluftschächten, aufgesetzt werden und eignet sich bei säurefester Ausführung auch zum Absaugen säurehaltiger Luft, etwa aus den Kapellen chemischer Laboratorien und zur Erzeugung künstlichen Kaminzuges[2].

Weiter veranschaulicht Abb. 43 einen mit Elektromotor angetriebenen, zur Lüftung von Luftschutzräumen dienenden Kreisellüfter, der bei versagender Energiezufuhr auch durch einen Tretkurbelantrieb betätigt werden kann. Die durch solche Velo- oder auch Handkurbelantriebe erreichbaren Leistungen sind allerdings gering. Bei Handkurbelantrieb kann mit etwa 60 Watt, bei Fußbetrieb mit rd. 100 Watt je Person gerechnet werden. Diese Einrichtungen werden bisweilen auch so vorgesehen, daß zu ihrer Betätigung gleichzeitig mehrere Personen herangezogen werden können. Handelt es sich um große Sammelluftschutzräume, so

Abb. 43. Lüfter mit Elektromotor und eingekapseltem Tretkurbelantrieb für Luftschutzräume.

[1] Vgl. auch Brabbée, K., und M. Berlowitz: Untersuchungen an Ventilatoren für Lüftungsanlagen. Z. VDI Bd. 54 (1910) S. 1261 u. f.

[2] Vgl. auch Mensing, P.: Ein neuer Kleinlüfter. Gesundh.-Ing. Bd. 61 (1938) Heft 8 S. 109/110.

kommen zum Notantrieb der Lüfter auch Benzin- und Dieselmotoren, Gasturbinen usw. in Frage.

Auf die Einzelheiten der verschiedenen Lüfterbauarten, beispielsweise die zur Lösung verschiedener Aufgaben zweckentsprechendste Beschaufelung der Laufräder, ferner auf die Prüfung der Lüfter usw. will ich hier nicht eintreten, da hierüber bereits gute Bücher bestehen[1]. Dagegen muß auf einige weitere mit den Lüftern und ihrem Antrieb im Zusammenhang stehende Umstände, die das befriedigende Arbeiten der Lüftungsanlagen in hohem Maße mitbedingen, hingewiesen werden. Dazu gehört vor allem, daß störende Geräusche vermieden werden.

β) **Vermeidung störender Geräusche.** Bei der Auftragserteilung auf Lüftungs-, Klima- und Luftheizungsanlagen ist die Forderung, daß sie keine störenden Geräusche verursachen dürfen, ausdrücklich geltend zu machen. Gewährleistungen wie „*praktisch* oder *technisch* geräuschloser Gang" sind zu ungenau, um in Streitfällen genügende Anhaltspunkte zu bieten. Auch die gesetzlichen Bestimmungen enthalten in dieser Beziehung meist nur ganz allgemeine und sehr dehnbare Vorschriften, wie z. B. daß ungerechtfertigte Belästigungen der Nachbarschaft durch Lärm verboten und, sofern sie dennoch auftreten, die Besitzer der Anlagen verpflichtet seien, diejenigen Vorkehrungen zu treffen, die nach dem jeweiligen Stand der Technik geeignet sind, die Belästigungen auf das geringste Maß zurückzuführen[2]. Es ist klar, daß die Forderung nach Vermeidung störender Geräusche sich nicht nur auf die gelüfteten, sondern auf sämtliche Räume der betreffenden Gebäude und außerdem auf die Nachbarschaft zu beziehen hat. Lüftungsanlagen zu erstellen, die zufolge von unerwünschten Nebenerscheinungen, wie Zug- und Geräuschbelästigungen, nicht oder nur stark eingeschränkt laufen gelassen werden können, ist widersinnig. Nichtstörend sind Geräusche nur dann, wenn zufolge ihres Hinzutretens zu den bereits vorhandenen keine merkliche Geräuschvermehrung entsteht.

In Zahlentafel 13 sind für einige Raumarten die in benutztem Zustand üblicherweise sowieso zu erwartenden und außerdem die durch die Lüftung nicht zu überschreitenden Lautheiten in Phon angegeben. Die durch die Lüftung hervorgerufenen Geräusche können vom Lüfter und seinem Antriebsmotor sowie von den Strömungsgeräuschen in den Luftwegen oder den Luftein- bzw. -austritten usw. herrühren. Aus dem vorstehend genannten Grunde sind in Zahlentafel 13 die der Lüftung zugebilligten Lautheiten kleiner angesetzt als die in den Räumen sowieso auftretenden. Für laute Werkstätten und ähnliche Räume sind die Unterschiede erheblich, weil die durch die Lüftungen erzeugten Geräusche eine gewisse Höhe überhaupt nicht überschreiten sollen, damit sie sich bei der Inbetriebsetzung der Anlagen außerhalb der Benutzungszeiten der Räume nicht gar zu sehr bemerkbar machen.

Begrüßenswert ist, daß in manchen Lüftungsprospekten und Leistungstafeln außer den üblichen Angaben auch die Lautheiten der Lüfter in Phon angegeben

[1] Vgl. [21] bis [23], ferner: KELLER, C.: Axialgebläse vom Standpunkt der Tragflächentheorie. Mitt. aus dem Institut für Aerodynamik der E. T. H., Zürich 1934. — KARRER, J.: Einfluß der Schaufelwinkel auf die Leistung der Ventilatoren. Z. VDI Bd. 63 (1919) Heft 7 S. 139/142.

[2] Vgl. z. B. Art. 684 des Schweiz. Zivilgesetzbuches und § 96 des kantonalzürcherischen Baugesetzes vom 23. April 1893.

Zahlentafel 13. Lautheiten.

Raumart	Die in den Räumen bei Benutzung üblicherweise auftretenden Lautheiten Phon	Bei unbenutzten Räumen und inbetriebgesetzter Lüftung üblicherweise nicht zu überschreitenden Lautheiten Phon
Rundfunk- oder Tonfilmaufnahmeräume	< 30	< 20
Konzert-, Vortrags- und Lesesäle, Theater, Lichtspieltheater, besonders ruhige Büros, Kirchen u. ähnliche Räume . .	30—40	25—30*
Ruhige Arbeitsräume, Büros, in denen sich mehrere Personen aufhalten, ruhige Gaststätten usw.	40—50	30—40
Werkstätten, Großkraftwagenräume, Wasch- und Kochküchen, Markthallen usw.	50—70	40—50
Laute Werkstätten und ähnliche Räume mit dauernd starkem Lärm	70—100	50—60

sind, wie das beispielsweise in den Abb. 40 und 41 der Fall ist. Durch lange Kanäle werden diese Geräusche natürlich noch vermindert und nötigenfalls kann durch den Einbau von schallschluckenden Stoffen oder eigentlichen Schalldämpfern noch ein übriges erreicht werden. Immerhin ist es zweckmäßiger, die Entstehung störender Geräusche von vornherein nach Möglichkeit zu unterbinden, als zuerst Geräusche zu erzeugen und sie dann durch Schalldämpfer wieder zu beseitigen. Vorbeugen ist auch in dem Fall besser als heilen.

Schalldämpfer haben immer eine Vermehrung des Widerstandes zur Folge, was bei Innehaltung gleicher Luftmengen höhere Lüfterdrehzahlen hervorruft, die wieder gesteigerte Geräuschbildungen verursachen. Wenn sehr hohe Anforderungen an die Vermeidung belästigender Geräusche gestellt werden, beispielsweise weil die Lüfter in bzw. unmittelbar neben oder über den zu lüftenden Räumen aufgestellt werden müssen, so darf man bei Kreisellüftern in der Regel nicht auf über etwa 7 m/s Flügelradumfangsgeschwindigkeit gehen. Steht der Lüfter dagegen im Keller oder im Dachboden, so daß er vom Raum durch lange Kanäle getrennt ist, so sind meist bis zu 12 m/s Umfangsgeschwindigkeit zulässig. Um diese geringen Geschwindigkeiten innehalten zu können, muß der Luftwiderstand in den Anlagen klein sein. Er soll für 7 m/s Umfangsgeschwindigkeit etwa 10 mm WS, für 12 m/s etwa 20 mm WS nicht überschreiten. Weiter ist es zur Vermeidung von Strömungsgeräuschen wichtig, daß die Luftgeschwindigkeit in den Kanälen etwa 6 m/s und in den Ansaugstutzen der Lüfter 7 bis 8 m/s (die genauen Grenzen können an Hand der in den Leistungskurven angegebenen Luftmengen und Phonzahlen ermittelt werden) nicht übersteigt, ferner daß scharfe Kanten, Ecken usw., an denen Luftwirbel entstehen könnten, vermieden werden. Auch bei der Wahl der Antriebsmotoren ist Vorsicht am Platz. Die in ihnen entstehenden Geräusche können mechanischer oder elektromagnetischer Art, aber auch durch die den Motor durchströmende Kühlluft bedingt sein[1]. Ihre

* Festgestellt mit dem vom menschlichen Ohr unabhängigen objektiven Siemensschen Geräuschmesser. Bei Verwendung des subjektiven Geräuschmessers Bauart Barkhausen 15 bis 25 Phon.

[1] Vgl. z. B. LÜBCKE, E., und H. PLATTNER: Wege zur Geräuschminderung an elektrischen Maschinen. Siemens-Z. Bd. 15 (1935) S. 157/164.

Ausschaltung erfolgt vollständig, wenn die Lüfter durch Riemen angetrieben werden, wozu in neuerer Zeit in der Regel Keilriemen nach Abb. 39 aus Gummi mit Stoffeinlagen verwendet werden. Gegenüber den gewöhnlichen Lederriemen haben sie die Vorzüge, daß kleinere Achsabstände zwischen Motor und Lüfter innegehalten werden können und kein Riemengeräusch auftritt, wie es bei gewöhnlichen, sowohl geleimten als insbesondere solchen mit Riemenschloß versehenen (zufolge des Riemenschlages) leicht hörbar ist.

Beispiel. Es seien 8300 m^3/h = rd. 2,3 m^3/s Luft bei einem statischen Druckunterschied von 12 mm WS zu fördern. Aus Abb. 41 ergibt sich, daß der betreffende Lüfter hierfür 255 Umdrehungen je Minute machen muß und, da er einen Flügelraddurchmesser von 0,75 m besitzt, somit eine Flügelradumfangsgeschwindigkeit von rd. 10 m/s und eine Luftgeschwindigkeit im Saugstutzen von 6,0 m aufweist. Der Wirkungsgrad läßt sich zu 60 vH ablesen, die Leistungsaufnahme zu 0,6 PS_e. Die sich unter diesen Verhältnissen aus Abb. 41 ergebende Lautheit von 50 Phon bürgt dafür, daß bei langen Kanälen zwischen Lüfter und Raum die für Vortrags-, Konzert- und ähnliche Säle nach Zahlentafel 13 erlaubte Lautstärke von 25 bis 30 Phon nicht überschritten wird, für Büros, Gaststätten usw. genügt sogar schon ein kürzerer Zwischenkanal, während für Rundfunk- und Tonfilmaufnahmeräume, in denen die Lautheit nach Zahlentafel 13 20 Phon unterschreiten soll, allerdings ein Schalldämpfer einzubauen oder ein noch ruhiger, d. h. langsamer laufender Lüfter zu wählen ist.

Mit der praktisch schon seit langem gemachten Erfahrung, daß das beste Mittel zur Bekämpfung störender Geräusche in Lüftungsanlagen in der Herabminderung der Flügelradumfangsgeschwindigkeit besteht, decken sich auch die Ausführungen von LÜBCKE[1], wenn er schreibt:

„Durch Untersuchungen an einer Vielzahl von Lüftern gleicher und verschiedener Bauart, an Fliehkraftlüftern und Schraubenlüftern wurde festgestellt, daß die Lautstärke mit der Umfangsgeschwindigkeit sehr stark zunimmt. Es befolgt die Lautstärke ein Gesetz

$$L = a \cdot \log u + c\,,$$

worin u die Umfangsgeschwindigkeit der Lüfterspitzen ist, a und c sind Konstanten, die von der Bauart der Lüfter abhängen, und zwar liegt a zwischen 50 und 70. Dies bedeutet, daß der Schalldruck mit der 2,5. bis 3,5. Potenz der Umfangsgeschwindigkeit anwächst. Wir müssen also einen Lüfter wählen, bei dem sowohl a als auch c möglichst klein sind und bei dem die benötigte Luftmenge mit einer möglichst niedrigen Drehzahl gefördert wird.“

In einzelnen Fällen läßt sich der Einbau von Schalldämpfern allerdings nicht umgehen, bisweilen schon deswegen nicht, weil Geräuschübertragungen zwischen den Räumen oder zwischen den Räumen und dem Freien auszuschließen sind. In Radiostudios z. B. werden die zu den Geräuscheräumen führenden Kanäle zur Abschwächung des aus diesen Räumen kommenden Schalles mit schalldämpfenden Stoffen ausgekleidet und in die zu den Studios führenden Kanäle eigentliche Schalldämpfer eingebaut[2]. Über die Wirkung verschieden ausgeführter Schalldämpfer liegen genügend Untersuchungen vor[3]. Die zur Anwendung gebrachten Mittel beruhen zur Hauptsache auf Geschwindigkeitsänderungen und der Ver-

---

[1] Vgl. LÜBCKE, E.: Geräuschminderung in Lüftungsanlagen. Gesundh.-Ing. Bd. 60 (1937) S. 577/581.

[2] Vgl. HOTTINGER, M.: Die Luftkonditionierungsanlage im neuen Radiostudio in Lausanne. Schweiz. Techn. Z. (1935) Heft 49 S. 745/747.

[3] Vgl. z. B. LINDNER, J.: Bekämpfung der Geräuschausbreitung in Lüftungsanlagen. Mitteilung aus dem Institut für Schall- und Wärmeforschung der Techn. Hochschule Stuttgart. Z. techn. Phys. Bd. 13 (1932) Heft 6, ferner: LÜBCKE, E.: Geräuschminderung in Lüftungsanlagen, s. Fußnote 1 S. 73.

wendung geeigneter, schallschluckender Stoffe. Abb. 44 zeigt beispielsweise eine Ausführung, bei der die Luft auf schallschluckende Stoffe aufprallt, während sie bei Abb. 45 auf einem möglichst langen Weg über solche Stoffe geleitet wird. Noch besser ist die Wirkung, wenn die Stoffe in Bogen eingebaut werden.

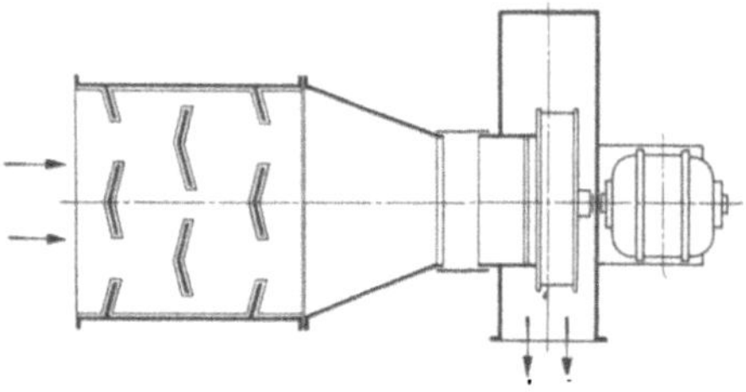

Abb. 44. Mit Lüfter zusammengebauter Schalldämpfer.

Es wurde bereits darauf hingewiesen, daß die Luft auch beim Eintritt in die Räume und beim Abströmen aus denselben kein störendes Geräusch machen darf. Das kann durch geeignete Ausbildung der betreffenden Stellen, z. B. die Anwendung vieler kleiner Öffnungen oder von Düsen (Abb. 75a—d und 76a—c), Anemostaten (Abb. 70) usw., unter möglichster Vermeidung scharfer Ecken und Kanten und Anwendung nicht zu hoher Strömungsgeschwindigkeiten erreicht werden. Beim Austritt in die ruhende Luft des zu lüftenden Raumes sollte die Geschwindigkeit der Zuluft etwa 7 m/s nicht übersteigen.

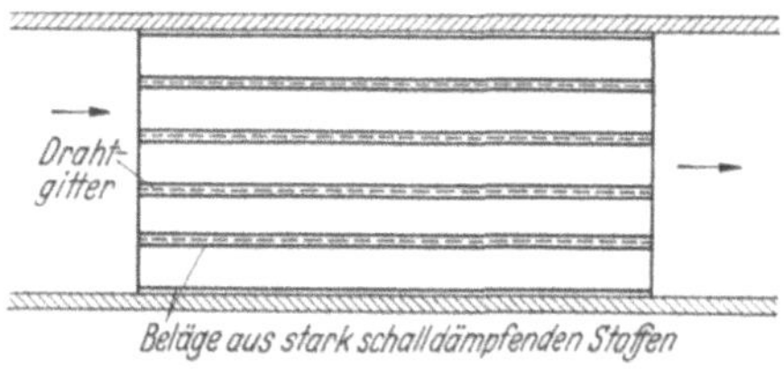

Abb. 45. In Luftkanal eingebauter Schalldämpfer.

Auffallende Geräusche entstehen bisweilen, wenn infolge starken Unterdruckes Luft mit großer Geschwindigkeit durch die Undichtigkeiten der Umfassungswände in einen Raum einströmt. Sie sind vergleichbar mit dem Sausen oder Heulen des Windes beim Umblasen der Häuser. Desgleichen können auch beim Abströmen von Luft durch die natürlichen Undichtigkeiten bei in den Räumen herrschendem Überdruck derartige Geräusche entstehen. Eine in dieser Hinsicht beachtliche Untersuchung hat J. Lindner, Stuttgart, an der Lüftungsanlage eines großen Vortragssaales durchgeführt und darüber in einem in Heft 6 des Jahrganges 1932 der *Zeitschrift für technische Physik* unter der Überschrift „Bekämpfung der Geräuschausbreitung in Lüftungsanlagen“ erschienenen Aufsatz berichtet. Unmittelbar am Lüfter betrug die Lautstärke 36 Phon. Dabei wurden im Vortragssaal gemessen bei:

Dauerlüftung während des Vortrages bei wenig besuchtem Hörsaal (rd. ⅓ der höchsten Motorleistung)	12 Phon
Dauerlüftung während des Vortrages bei voll besetztem Hörsaal (rd. ⅔ der höchsten Motorleistung)	18 „
Vollüftung bei offenen Türen	17 „
Vollüftung bei geschlossenen Türen, aber offenem Abluftkanal	21 „
Vollüftung bei geschlossenen Türen und geschlossenem Abluftkanal	28 „

Es ist anzunehmen, daß diese Lautstärken noch mit dem Geräuschmesser von Barkhausen festgestellt worden sind, während der neuerdings allgemein benutzte objektive Siemenssche Geräuschmesser höhere Werte ergeben hätte (vgl. Zahlentafel 13). Das gegenseitige Verhältnis der festgestellten Lautheiten wäre aber auch dabei dasselbe geblieben.

Lindner fügt den Ergebnissen bei:

„Überraschend ist die zusätzliche Störung infolge des Durchblasens von Luft durch die Fälze der geschlossenen Türen; diese Geräusche können bei teilweise oder ganz geschlossenen Abluftkanälen besonders stark werden. Für den störungsfreien Betrieb einer Lüftungsanlage sind somit auch die Bemessung der Zu- und Abluftkanäle und die richtige Bedienung entscheidend."

Außer durch *Luftschall* können Belästigungen auch durch *Körperschall* auftreten, sofern die an den Lüftern und ihren Motoren entstehenden Schwingungen auf die Luftkanäle und die Gebäudemauern übertragen werden. Deshalb ist es angezeigt, zwischen die Lüfter und die anschließenden Kanäle Stutzen aus Segeltuch, Gummi, Leder oder einem ähnlichen, die Schwingungen abdämmenden Stoff einzuschalten, sowie die Lüfter und ihre Motoren schallsicher zu lagern. Das ist namentlich wichtig, wenn sie über bewohnten Räumen stehen und ganz besonders, wenn es sich um Betonbauten handelt. Abdämmstoffe mit großem Schallwiderstand sind Holz, Kork, Trichopièse, Kautschuk, Sand, Filz usw. Wertvoll zur Vermeidung der Übertragung von Körperschallgeräuschen sind auch schwere Unterlagen, bestehend aus dicken Holzbalken oder großen, gut abgedämmten Betonklötzen. Zur seitlichen Abdämmung eingelassener Fundamente hat sich das Anbringen von Luftschlitzen nach Abb. 46 gut bewährt. Bei festgeschraubten Lüftern ist es zur Vermeidung der Schallübertragung durch die Schrauben angezeigt, die Verbindung z. B. nach den Abb. 47 und 48 herzustellen. In neuerer Zeit werden langsam laufende Lüfter jedoch entsprechend Abb. 49 meist einfach lose auf geeignete Unterlagen (z. B. aus Reingummi ohne Einlagen, Raumgewicht 1,2 kg/dm³) gestellt bzw. mit ihren Antriebsmotoren nach Abb. 50 auf gemeinsame Unterlagen, die auch einfach aus Eisenschienen bestehen können, befestigt und diese dann gegen den Boden zu durch Schwingungsdämpfer abgedämmt[1].

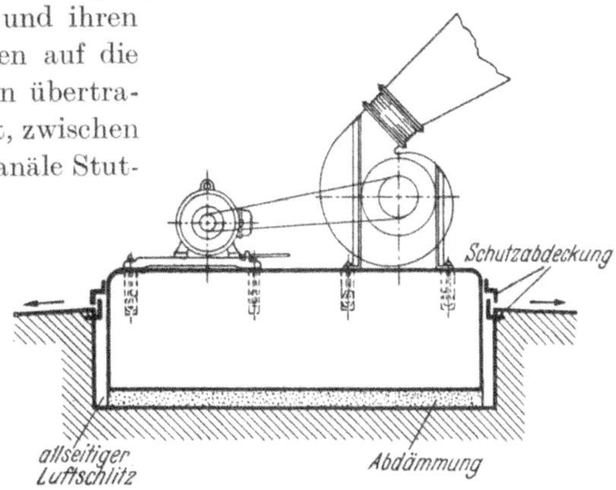

Abb. 46. Lüfter mit Antriebsmotor auf versenkter Grundplatte.

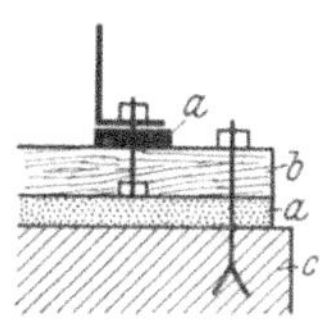

Abb. 47.

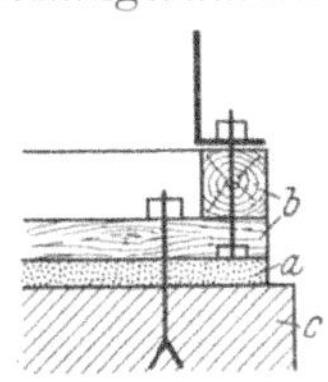

Abb. 48.

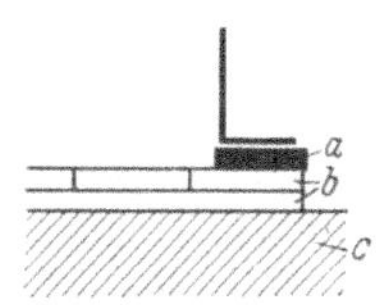

Abb. 49.

Abb. 47—49. Beispiele für die schallsichere Lagerung von Lüftern. *a* Abdämmstoff, *b* Holz, *c* Beton.

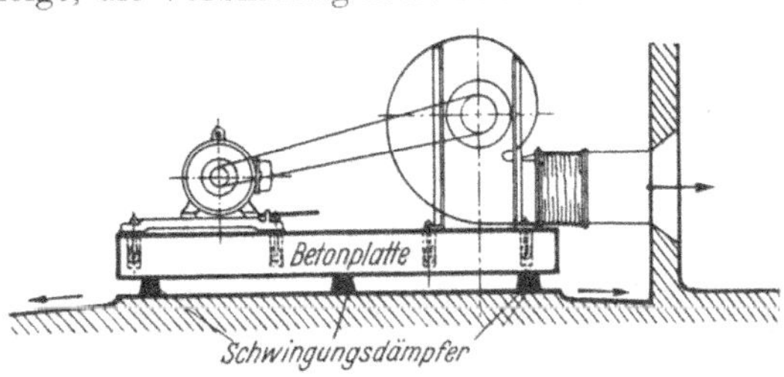

Abb. 50. Lüfter mit Antriebsmotor auf gemeinsamer, gegen den Boden zu abgedämmter Grundplatte.

[1] Die Abb. 46 und 50 sind entnommen aus: HÄUSLER, W.: Die Schallisolierung in der Heiz- und Lüftungstechnik. Schweiz. Bl. Heizg. u. Lüftg. Bd. 3 (1936) Heft 1 S. 9/16.

Von den zahlreich erschienenen Veröffentlichungen über Geräuschbekämpfung sei weiter

Wie schon im Vorwort erwähnt, gehe ich auf die Meßgeräte und Meßverfahren, also auch auf die Geräuschmessung in gelüfteten Räumen, nicht ein. Es sei diesbezüglich verwiesen auf:

Behrens, H.: Der Geräuschmesser, seine Bedeutung für Abnahme und Betrieb von Lüftungsanlagen. Gesundh.-Ing. Bd. 55 (1932) Heft 37 S. 439/441.

Fürnberg, K.: Akustische Messungen in der Technik, Elektrotechnik und Maschinenbau. Z. des Elektrotechn. Vereins in Wien Bd. 53 (1935) Heft 29 und 30 mit ausführlichem Schrifttumsverzeichnis.

γ) Die Elektromotoren zum Antrieb der Lüfter[1]. Ich beschränke mich vorerst auf die meist vorkommenden *Dreiphasenwechselstrom-* (*Drehstrom-*) *Motoren.*

Drehzahl. Die *Drehstrom*-Asynchron-*Motoren* werden für annähernd gleichbleibende und für regelbare Drehzahlen gebaut. Die einfachste Bauart ist der sog. Käfigläufermotor. Je nach der elektrischen Durchbildung wird er als Einfach-Käfig- bzw. als **Kurzschluß-Läufer** (KL), als **Tief-Nut-Läufer** (TNL) oder als **Doppel-Käfig-Läufer** (DKL) bezeichnet. Die *Drehzahl* der Asynchronmotoren ist von der Polzahl und von der Netzfrequenz (Perioden/s oder Hz = Hertz) abhängig. Die höchstmögliche Drehzahl (synchrone Drehzahl) tritt bei vollständig unbelastetem Laufe des Motors auf, sie ist

$$n = \frac{120 \times \text{Periodenzahl (Hz)}}{\text{Polzahl des Motors}} \cdots \text{U/min}$$

Bei Belastung wird sie um den sog. Schlupf kleiner. Dieser beträgt je nach der Nennleistung des Motors bei Vollast rd. 10—6—3,3 vH bei 0,1—1—10 kW Nennleistung. Die heute international genormte Frequenz von 50 Hz* ergibt demnach etwa *die* in Zahlentafel 14 angegebenen *Drehzahlen.*

Zahlentafel 14.

Polzahl	Leerlauf-Drehzahl	Vollastdrehzahl bei einer Motornennleistung von kW 0,1	1	10
2	3000	2700	2820	2900 U/min
4	1500	1350	1410	1450 ,,
6	1000	900	940	965 ,,
8	750	675	705	725 ,,
10	600	540	565	580 ,,
12	500	450	470	485 ,,
14	428	—	400	415 ,,
16	375	—	350	365 ,,

Die Vollastwerte gelten

auf folgende verwiesen: Reiher, H.: Heizung und Schallschutz. Gesundh.-Ing. Bd. 50 (1927) S. 699/701. — Canney, A. W.: Schallschutz in Rundfunkgebäuden. Architect Record Bd. 75 (1034) Heft 1. — Zeller, W.: Erfahrungen bei der Geräuschbekämpfung in Lüftungs- und Klimaanlagen. Gesundh.-Ing. Bd. 61 (1938) Heft 29 S. 399/401. — VDI: Richtlinien für die Lärmabwehr bei Lüftungs- und Klimaanlagen [11]. — Berger, R., Lübcke, E. und W. Zeller: Lärmabwehr in der Lüftungstechnik. Heizg. u. Lüftg. Bd. 11 (1937) S. 17 und S. 49. — Opitz, H.: Geräuschfragen bei lufttechnischen Anlagen. Gesundh.-Ing. Bd. 59 (1936) S. 464/465. — Bentele: Dämpfung in Rohrleitungen. VDI-Verlag 1938. — Pfeiffer, W.: Bericht über Schallkurs SIA. Schweiz. Bauztg. (1938) Heft 17. — Zeller, W.: Literaturzusammenstellungen aus dem Gebiet der technischen Mechanik und Akustik, Heft 6: Lärmabwehr und Raumakustik. Berlin 1938. — Zeller, W.: Geräuschfragen in der Heizungs- und Lüftungstechnik. Heizg. u. Lüftg. Bd. 13 (1939) Heft 8 S. 121/123.

[1] Die Ausführungen über die Elektromotoren sind von Herrn Ing. P. Michaelis, Oerlikon, bearbeitet, dem ich für seine Mitarbeit auch an dieser Stelle den verbindlichsten Dank ausspreche.

* In einzelnen Ländern sind teilweise noch andere Frequenzen üblich, wie 25, 40, 60 Hz, doch wird angestrebt, bei Neuanlagen 50 Hz zu bevorzugen.

für normale Motoren. Bei Sonderbauarten wird der Drehzahlabfall von leer zu voll etwas größer.

Energieaufnahme der Drehstrommotoren und Leistungsbedarf der Lüfter. Bei Verwendung von Drehstrommotoren ist die dem Motor zugeführte Scheinleistung (mit Volt- und Amperemeter meßbar):

$N_s = I \cdot U \cdot \sqrt{3} \ldots$ VA (Voltampere),
I = Stromstärke in Ampere,
U = Klemmenspannung (verkettet) in Volt.

Die zugeführte Wirkleistung (mit Wattmetern meßbar) beträgt:

$$N_z = I \cdot U \cdot \cos\varphi \cdot \sqrt{3} \ldots \mathrm{W}_z \text{ (Watt) bzw.}$$

$$N_z = \frac{I \cdot U \cdot \cos\varphi \cdot \sqrt{3}}{1000} \ldots \mathrm{kW}_z \text{ (Kilowatt)}$$

$$\cos\varphi = \text{Leistungsfaktor} = \frac{\text{Wirkleistung}}{\text{Scheinleistung}} = \frac{N_z}{N_s}.$$

Auf einfache Art ist die zugeführte Wirkleistung in kW_z auch mit dem (Wattstunden) Zähler meßbar, indem man die Zählerscheibenumdrehungen während einer oder mehreren Minuten feststellt. Damit ist die vom Motor aufgenommene Wirkleistung:

$$N = \frac{n \cdot 60}{t \cdot k} \ldots \mathrm{kW}_z$$

n = Anzahl Zählerscheibenumdrehungen (nur auszumessender Motor mit gleichbleibender Last angeschlossen),
t = abgestoppte Minutenzahl,
k { = Zählerkonstante (auf Zählerschild ersichtlich),
= Anzahl Umdrehungen je kWh (Kilowattstunde).

Bei unmittelbarer Kupplung von Lüfter mit Motor werden bei einem Wirkungsgrad η des Motors an die Lüfterwelle abgegeben:

$$N_n = \frac{I \cdot U \cdot \cos\varphi \cdot \sqrt{3}}{1000} \cdot \eta \ldots \mathrm{kW}_n \text{ bzw.}$$

$$N_n = \frac{I \cdot U \cdot \cos\varphi \cdot \sqrt{3}}{736} \cdot \eta \ldots \mathrm{PS}$$

N_n = Nutzleistung = an der Welle verfügbare Leistung.

Bei Riemenantrieb (in neuerer Zeit werden fast ausschließlich Keilriemen verwendet) fällt die an die Lüfterwelle abgegebene Leistung, der Übertragungsverluste wegen, noch etwas geringer aus. Der Übertragungswirkungsgrad η' beträgt bei guter Anordnung etwa 92 bis 98 vH (0,1 bis 10 kW). Er ist unter anderm abhängig vom Übersetzungsverhältnis, den Abmessungen des Vorgeleges, der Lagerung usw. sowie von der Größe der übertragenen Leistung.

Bei Riemenantrieben mit η' ist in obigen Gleichungen $\eta \cdot \eta'$ an Stelle von η zu setzen.

Die Werte von $\cos\varphi$ und η sind von Motorbauart, Polzahl, Nennleistung, Belastungsgrad und Bemessung der Motoren abhängig. Für genaue Berechnungen sind sie vom Motorersteller entsprechend den jeweils vorliegenden Verhältnissen anzufordern. Bei 2- und 4poligen Motoren über etwa 5 kW und 6- und mehrpoligen Motoren über etwa 7 kW Nennleistung genügt es meist, die gemessene Klemmenspannung und die Stromstärke in einer Zuleitung anzugeben; bei Motoren unter 5 bzw. 7 kW ist die Klemmenspannung und Zählermessung, wie oben angegeben, ausreichend, um vom Motorersteller die an der Welle abgegebene Nutzleistung auf einige vH genau zu erhalten. Die Werte von η und $\cos\varphi$ bei Nennlast vonIndustriemotoren sind in den DIN VDE 2650 und 2651 als Richtwerte festgelegt, bei Sonderbauarten und -ausführungen sind sie höchstens gleich, bisweilen aber auch erheblich kleiner (bis zum 0,85fachen der DIN-Werte).

Drehstrommotoren mit annähernd gleichbleibender Drehzahl. Die eigentlichen *Kurzschlußläufer*motoren (KL) werden heute nur noch bis zu Leistungen von etwa 1 kW gebaut. Ihre Anlaufspitzenstromstärke beträgt bei unmittelbarem Einschalten:

$$I_A \leqq 4000 \cdot \frac{\text{kW}_n}{U} \cdots \text{Amp.},$$

kW_n = Nennleistung des Motors,

U = Nenn-(Klemmen-)Spannung in Volt.

Die neuzeitlichen *Tiefnutläufermotoren* (TNL) für Leistungen über 1 kW sind für einen Anlaufspitzenstrom I_A bei unmittelbarem Einschalten entworfen, der sich errechnen läßt nach der Gleichung:

$$I_A \leqq 4600 \cdot \frac{\text{kW}_n}{U} \cdots \text{Amp.}$$

Richtig gebaute *Doppelkäfigläufer*motoren (DKL), die für Leistungen über etwa 3 kW ausführbar sind, weisen kleinere Werte auf, und zwar

$$I_A \leqq 3500 \cdot \frac{\text{kW}_n}{U} \cdots \text{Amp.}$$

Diese verhältnismäßig hohen Anlaufströme können durch Einschalten (Anlassen) der Motoren mit *Sterndreieck*schaltern stark vermindert werden. Erfolgt das Umschalten von Stern auf Dreieck erst, wenn der Motor seine Vollastdrehzahl erreicht hat (diese tritt in Sternschaltung nur dann auf, wenn der Motor stark entlastet anlaufen kann, also z. B. bei Lüfterantrieb mit geschlossenem Luftweg während des Hochlaufens), so ist der Anlaufspitzenstrom wie auch der Umschaltstrom beim Übergang von Stern auf Dreieck kleiner als ⅓ der oben errechneten Werte. Aus diesem Grunde lassen die Elektrizitätswerke den Anschluß von Motoren mit Sterndreieckanlaufschaltung für höhere Nennleistungen zu. Das Sterndreieckschaltgerät ist wohl etwas teurer als ein gewöhnlicher Schalter, anderseits ist der entsprechende Motor wesentlich billiger als ein Motor mit Läufer, dessen Wicklung isoliert ist.

Über einer gewissen Leistung, die von den Anschlußbedingungen des Energie liefernden Elektrizitätswerkes abhängig ist, kommen Motoren mit gewickelten Läufern (Phasenläufern) in Frage, als da sind:

Schleifringläufermotoren (SL). Sie eignen sich für Leistungen, bei denen die verschiedenen Käfigläufermotoren nicht mehr zugelassen werden. Das Anlassen erfolgt durch Abschalten von getrennt aufgestellten Widerständen im Läuferstromkreis von Hand oder zwangsläufig durch Schütze. Die Anlaufspitzenströme sind abhängig vom benötigten Anlaufdrehmoment und von der Stufenzahl des Anlassers; beim Antrieb von Lüftern werden sie etwa

$$I_A \leqq 1200 \div 1500 \cdot \frac{\text{kW}_n}{U} \cdots \text{Amp.}$$

Zentrifugalanlassermotoren (ZA) und in neuester Zeit die insbesondere für unbeaufsichtigte Anlagen geschaffenen „*Combi*"-*Motoren*[1] treten immer mehr an Stelle der Schleifringläufermotoren, wenn keine Drehzahlregelung verlangt ist. Das Anlaufen erfolgt nach Einlegen des Motorschalters zwangsläufig durch eine selbsttätige, im Rotor eingebaute Anlaßvorrichtung. Die Anlaufspitzenströme betragen dabei etwa

$$I_A \leqq 2100 \cdot \frac{\mathrm{kW}_n}{U} \cdots \mathrm{Amp.}$$

Schleifringläufermotoren werden von rd. 1 kW an, Zentrifugalanlassermotoren und Combimotoren von ungefähr 3 kW an für alle vorkommenden Antriebsleistungen gebaut.

Zur raschen Erlangung von Anhaltspunkten über die *Stromaufnahme* in Ampere *der Drehstrom-Industriemotoren bei Nennlast* und der Einheitsspannung *380 Volt* dient Zahlentafel 15.

Zahlentafel 15. Ampere je kW Nennleistung bei $U = 380$ Volt, 50 Hz.

kW Nennleistung	Bauart	2polig	4polig	6polig	8polig	10- u. mehrp.
0,15— 0,6	KL	2,9—2,3	3,0—2,4	3,3—2,7	4,4—3,0	7,6—3,6
0,7 — 2,9	KL—TNL	2,3—2,0	2,4—2,1	2,7—2,3	3,0—2,4	3,5—2,6
1 — 2,9	SL	2,4—2,2	2,5—2,3	2,9—2,4	3,2—2,6	3,6—2,8
3 —10	DKL	2,1—2,0	2,1—2,0	2,3—2,1	2,5—2,2	2,7—2,3
3 —10	SL—ZA Combi	2,2—2,1	2,3—2,1	2,4—2,1	2,6—2,2	2,8—2,3

Bei andern Spannungen ändern sich diese Werte im umgekehrten Verhältnis der Spannung.

Die *Zulässigkeit der einzelnen Motorbauarten* ist durch die Vorschriften der Elektrizitätswerke festgelegt. Sie sind von Ort zu Ort verschieden; beim Entwerfen von Anlagen ist darauf Rücksicht zu nehmen. Im allgemeinen dürfen heute an das Einheitsnetz mit der international genormten Spannung 380/220 Volt (380 Volt ist die verkettete Spannung, 220 Volt die Phasenspannung) und einer Frequenz von 50 Hz folgende Motoren angeschlossen werden:

Zahlentafel 16.

Motorbauart	Anlaßart	Zulässige Nennleistung in kW und PS
KL[2]	unmittelbar	bis 1,1 kW (1,5 PS)
TNL[2]	unmittelbar mit ⅄/△ Schalter	„ 2,2 „ (3 PS) „ 6 „ (8 „)
DKL	unmittelbar mit ⅄/△ Schalter	„ 3 „ (4 „) „ 8 „ (11 „)
SL, ZA, Combi	unmittelbar	praktisch unbegrenzt

Drehstrommotoren mit regelbarer Drehzahl. Bei den lüftungstechnischen Anlagen, gleichgültig ob sie der Lüftung, Luftheizung, Klimatisierung oder industriellen Zwecken dienen, ist leichte Regelung der geförderten Luftmengen vielfach von größter Wichtigkeit. Bei Lüftungsanlagen, die gleichzeitig

[1] Vgl. die Druckschrift Nr. 1128D der Maschinenfabrik Oerlikon, Zürich (Schweiz).

[2] Polumschaltbare Käfigläufermotoren werden meist unmittelbar eingeschaltet.

als Luftheizungen benutzt werden, kann es sich z. B. darum handeln, die Luftmenge beim Umstellen vom Heiz- auf den Lüftungsbetrieb zu verändern. Auch wünscht man manchmal aus wirtschaftlichen Gründen die geförderte Frischluftmenge dem Bedarf anzupassen, sie beispielsweise bei schwachen Saalbesetzungen oder von bestimmten Außentemperaturen an abwärts einzuschränken. Ferner kann es sich empfehlen, die geförderte Luftmenge zwecks Regelung der Raumtemperaturen zu verändern, und in gewissen Fällen (z. B. bei Entnebelungsanlagen) ist es angezeigt, den Räumen im Sommer größere Luftmengen zuzuführen als im Winter. Einzelne dieser Aufgaben werden bisweilen durch Drosseln der Luftwege oder verschieden starkes Mischen von Frisch- und Umluft gelöst; in den meisten Fällen stellt aber die Veränderung der Drehzahl des Lüfters die einfachste und zugleich wirtschaftlichste Lösung dar.

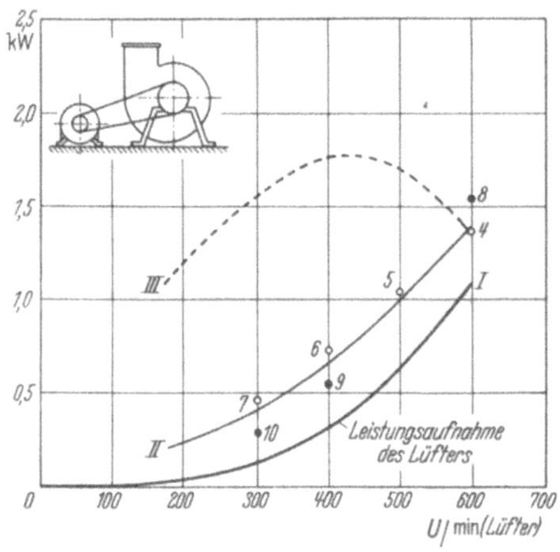

Abb. 51. Abhängigkeit des Leistungsbedarfes der Lüfter und der Leistungsaufnahme der Antriebsmotoren von der Drehzahl.

Dabei ist zu beachten, daß die geförderte Luftmenge unter der Voraussetzung, daß die Widerstandsverhältnisse in den durchströmten Räumen unverändert bleiben, verhältnisgleich der Drehzahl ist. Der Regelbereich des Antriebsmotors ist somit der Fördermenge anzupassen. Nach dessen

Kurve bzw. Punkte	Bedeutung	Anschaffungskosten in Preiseinheiten rd.
I	Leistungsbedarf des Lüfters	
II	Leistungsaufnahme eines Schleifringläufermotors bei vielstufiger Drehzahlregelung durch Vorschalten von Widerstand im Läuferstromkreis	112
III	Leistungsaufnahme eines Tiefnutläufermotors bei vielstufiger Drehzahlregelung durch Vorschalten von Widerstand im Ständerstromkreis	100
4—7	Leistungsaufnahme eines Tiefnutläufermotors bei vierstufiger Drehzahlregelung durch Spannungsminderung mit Spartransformer mit 3 Anzapfungen	103
8—10	Leistungsaufnahme eines Tiefnutläufermotors bei dreistufiger Drehzahlregelung durch Polumschaltung. Punkt 8: 4polig, Punkt 9: 6polig, Punkt 10: 8polig	115

Die Werte für die Leistungsaufnahme der Motoren (Kurve *I*) gelten für praktisch geräuschlos laufende Ausführungen. Bei den normalen Industriebauarten ergeben sich etwas günstigere Werte.

Die Anschaffungskosten in vH gelten ebenfalls für praktisch geräuschlos laufende Motoren, einschließlich den zugehörigen Schalt- bzw. Anlaßgeräten, jedoch ausschließlich den Netzschaltern.

Größe, ferner nach der Nennleistung des Motors und der Anzahl der Drehzahlstufen richtet sich die zu wählende Bauart. Weil sich beim Lüfter die zugeführte Leistung im Gegensatz zu vielen andern Arbeitsmaschinen kubisch mit der Drehzahl ändert, kann bei Drehzahlregelung für kleine Leistungen bis höchstens 2 kW bzw. 2,7 PS auch der Kurzschluß- und Tiefnutläufermotor vorgesehen werden. Er ist jedoch elektrisch besonders zu bemessen. Die handelsüblichen Käfigläufermotoren eignen sich nicht für regelbare Drehzahlen.

Die Aufgabe der Drehzahlregelung läßt sich auch durch andere Motorbauarten lösen. Bei deren Wahl ist jedoch nicht außer acht zu lassen, daß, wie das z. B. aus Abb. 51 und dem dazu gehörenden Text hervorgeht, die in der Anschaffung billigste Ausführung im Betrieb nicht immer am wirtschaftlichsten ist.

Nachstehende *Ausführungsmöglichkeiten* sind auseinanderzuhalten:

a) *Kurzschluß- und Tiefnutläufermotoren* (KL, TNL), deren höchste Nenndrehzahl man dadurch vermindert, daß die dem Motor zugeführte Spannung herabgesetzt wird. Das kann u. a. geschehen durch *Vorschalten von* Ohmschen *Widerständen* im Ständer des Motors, die in einem mehrstufigen Regler untergebracht sind. Die Drehzahlregelung kann je nach dessen Auslegung bis auf etwa ⅓ der Vollastdrehzahl getrieben werden.

b) Motoren gleicher Bauart, wobei die *Regelung* der dem Motor zugeführten Spannung jedoch *durch* einen *Spartransformer* erfolgt, dessen Spannungsanzapfungen die gewünschten Drehzahlstufen des Lüfters ergeben. Drehzahlregelbereich wie unter a).

c) *Polumschaltbare Kurzschluß- und Tiefnutläufermotoren* erhalten im Ständer 2 oder mehrere Wicklungen, deren Polzahl und damit auch die Drehzahl des Läufers verschieden ist. Die einzelnen Leistungen werden dem jeweiligen Leistungsbedarf des Lüfters angepaßt. Diese bereits seit den Anfängen der Elektrotechnik bekannte Motorbauart hat sich neuerdings, ihrer großen Vorteile wegen, in vermehrtem Maße bei Lüftungs- und Klimaanlagen durchgesetzt. Durch die Wahl der Polzahlen lassen sich die verschiedensten Drehzahlstufen erzielen. Einige Ausführungsmöglichkeiten bei 50 Hz sind in Zahlentafel 17 angegeben.

Zahlentafel 17.

Polzahlgruppe	Drehzahlgruppen (unbelastet) U/min	benötigte Luftmenge	benötigte Leistung
4/2, 8/4	1500/3000, 750/1500	1/2:1	1/8:1
12/4	500/1500	1/3:1	1/27:1
8/6/4	750/1000/1500	1/2:2/3:1	1/8:0,3:1
16/8/4	375/750/1500	1/4:1/2:1	1/64:1/8:1
12/8/6/4	500/750/1000/1500	1/3:1/2:2/3:1	1/27:1/8:0,3:1
16/12/8/6	375/500/750/1000	3/8:1/2:3/4:1	0,05:1/8:0,42:1

Zu beachten ist, daß der Anschaffungspreis dieser Motoren um so höher wird, je höher der Drehzahlbereich und je niedriger die kleinste Drehzahl ist. Solche Motoren treiben die Lüfter daher meist nicht unmittelbar, sondern über Keilriemen mit Übersetzung ins Langsame an. Polumschaltbare Motoren können für alle vorkommenden Leistungen gebaut werden.

d) *Regulier-Schleifringläufermotoren.* Das Anlassen und die Drehzahlregelung erfolgt bei dieser Motorart durch Einschalten eines luftgekühlten Reglers mit mehreren Widerstandsstufen in den Läuferstromkreis. Praktisch wird die Regelung der Drehzahl 1:2, seltener 1:2,5 ausgeführt, doch steht einer noch weitergehenden Abstufung bei entsprechender Bemessung des Motors und des Reglers nichts im Weg. Regulier-Schleifringläufermotoren werden für Leistungen von etwa 0,7 kW aufwärts gebaut, wobei für kleine Leistungen die 4- und 6poligen Motoren zu bevorzugen sind.

Ausführung der Regelanlasser für die unter a), b) und d) erwähnten Motoren.

Es ist zu beachten, daß der gewünschte Regelbereich nur dann eingehalten werden kann, wenn die wirkliche Leistungsaufnahme des Lüfters der Vorgesehenen entspricht. Da diese in neuzuschaffenden Lüftungsanlagen verschiedener Umstände halber im voraus nicht bekannt ist, empfiehlt es sich, nach Fertigstellung der Anlage eine Messung der Energieaufnahme des Motors mit Lüfter bei voller Drehzahl (und endgültigem Übersetzungsverhältnis des Riementriebes) vorzunehmen, bevor die Bewicklung des Regelanlassers bzw. Spartransformers in die Wege geleitet wird.

Außer den angegebenen Motorarten können in Drehstrom- bzw. Einphasen-Wechselstromnetzen für kleinere Leistungen bis etwa 0,5 kW auch Einphasen-Asynchronmotoren angeschlossen werden. (In Drehstromnetzen erfolgt dieser Anschluß an die Phasenspannung.) Zum Antrieb von Lüftern werden heute fast durchgängig *Einphasen-Kondensatormotoren* mit Käfiganker für die gleiche Drehzahl wie bei Drehstrom vorgesehen. Die Leistungsabgabe ist hier

$$N_n = \frac{I \cdot U \cdot \cos\varphi \cdot \eta}{1000} \cdots \mathrm{kW}_n .$$

Außer den genannten Motoren eignen sich in Einphasenwechselstrom- und Drehstromnetzen auch *Kollektormotoren mit Serie- oder Nebenschlußverhalten* zum Antrieb von Lüftern. Die Drehzahlregelung erfolgt praktisch verlustlos durch Verschieben der Bürstenbrücke von Hand oder mittels Servomotoren. Diese Motoren haben ihr Anwendungsgebiet bei großen Leistungen, z. B. für Gruben- und Tunnelbewetterungen. Sie sind teuer und erfordern sachgemäßen Unterhalt.

In den *Gleichstromnetzen* werden zum Antrieb von Lüftern für gleichbleibende Drehzahl ausschließlich Nebenschlußmotoren verwendet. Über ⅓ kW erfolgt das Anlaufenlassen mit Anlaßwiderständen, die stufenweise abgeschaltet werden. Die dabei auftretenden Anlaufspitzenströme betragen höchstens das 1,3fache des Vollaststromes. Die an der Motorwelle nützlich verfügbare Leistung ergibt sich aus

$$N_n = \frac{I \cdot U \cdot \eta}{1000} \cdots \mathrm{kW} .$$

Bei allen Einphasen- und Drehstromkäfigläufermotoren treten praktisch keine *Rundfunkstörungen* auf, wohl aber ist dies bei Schleifringläufern, soweit diese nicht mit Kurzschluß- und Bürstenabhebevorrichtung versehen sind, der Fall. Demnach neigen alle drehzahlregelbaren SL-Motoren zu Rundfunkstörungen. Durch Einbau von Störschutzgeräten können jedoch auch diese Motoren einwandfrei geliefert werden. Die gleichen nachteiligen Eigenschaften hinsichtlich Rundfunkstörung besitzen auch alle Kollektormotoren, einschließlich der Gleichstrommaschinen.

Ruhig und praktisch geräuschlos laufende Motoren[1]. Im Laufe des letzten Jahrzehntes ist es gelungen, Motoren in Sonderausführung zu bauen, die den höchsten Anforderungen hinsichtlich Geräuschlosigkeit genügen. Wissenschaftliche Forschung unter Anwendung der Gesetze der Akustik ermöglichten es, die Verhältnisse des magnetischen Kreises der Motoren und die Anordnung der Wicklungen derart auszugestalten, daß das früher als unvermeidlich angesehene Singen und Brummen der Maschinen ausgeschaltet werden konnte. Diese prak-

[1] Vgl. z. B. Krondl, M.: Die parasitären Kräfte in Induktionsmaschinen. Bulletin Oerlikon Nr. 124 bis 126, Oktober/Dezember 1931. — Geräusch elektrischer Maschinen. Bulletin Oerlikon Nr. 144 Juni 1933.

tisch geräuschlos laufenden Motoren weisen etwas größere Abmessungen als die normalen Industriemotoren auf und stellen sich im Preise ebenfalls höher. Um die gewünschte Geräuschlosigkeit zu erhalten, muß die werkstattechnische Ausführung äußerst sorgfältig sein; außerdem sind die Motoren mit Gleitlagern zu versehen, da sich Wälzlager für geräuschlosen Lauf nicht eignen. Im übrigen unterscheiden sich diese Motoren von den normalen Industriemotoren nicht wesentlich. Sie werden in allen Bauarten geliefert, außer als Kollektormotoren.

Einbau von Lüftern und Motoren. Die Anordnung der Lüfter und ihrer Motoren muß so erfolgen, daß sie leicht zugänglich sind. Vom Standpunkt des Hauptschalters nicht überblickbare oder ferngesteuerte Motoren sind außerdem mit in der Nähe der Motoren in die elektrische Zuleitung eingebauten Handschaltern oder mit besondern Abschaltvorrichtungen zu versehen, durch die der Steuerstromkreis des Fern- oder selbsttätigen Schalters abgetrennt werden kann. Dadurch können die Motoren an Ort und Stelle außer Betrieb gesetzt werden, wodurch man bei vorzunehmenden Arbeiten keine Gefahr läuft, daß sie vom Hauptschalter aus von unberufener Seite plötzlich eingeschaltet werden.

In selten betretenen, nicht feuersicheren Räumen untergebrachte Motoren sind mit Sicherheitsvorrichtungen zu versehen, die das Auftreten gefährlicher Überströme in den Wicklungen verhindern. Bei solchen Anlagen empfiehlt es sich, die Handschalter bei den Motoren als Motorschutzschalter auszuführen, d. h. sie mit thermischen Überstromauslösern zu versehen.

Ist sowohl ein Zu- als ein Abluftlüfter vorhanden, so kann in vielen Fällen ihre Kupplung auf mechanischem oder elektrischem Wege zweckmäßig sein, so daß sie von demselben Schalter aus gemeinsam ein- und ausgeschaltet werden. Die *mechanische Kupplung* ist durchführbar, indem die beiden Lüfterflügel auf eine Welle gesetzt oder mittelst Riemen von einem gemeinsamen Motor aus angetrieben werden. Es können jedoch auch 2 Motoren verwendet werden, deren Schalter mechanisch miteinander gekuppelt sind. Bei der *elektrischen Kupplung* läßt sich der gemeinsame Schalter in beliebiger Entfernung von den Motoren anbringen. Für die Schaltung und die elektrische Kupplung der Motoren können Schütze verwendet werden, die sich übersichtlich fernsteuern lassen. Meist werden dazu Druckknopfschalter mit Anzeigelampen verwendet, die erkennen lassen, ob und bei polumschaltbaren Motoren, auf welcher Drehzahl die Motoren laufen. Werden in große Anlagen Amperemeter eingebaut, so lassen natürlich auch diese erkennen, ob und mit welcher Belastung die Motoren im Betriebe stehen.

Die Energieaufnahme der Lüfterwelle ist gleich dem Kraftbedarf. Bei den in der Lüftungs- und Klimatechnik gewöhnlich vorkommenden niedern Drücken ist dieser

$$N = \frac{L \cdot p}{3600 \cdot 75 \cdot \eta''} \text{PS},$$

wenn L die stündlich geförderte Luftmenge in m^3, p den vom Lüfter zu überwindenden Druck in mm WS und η'' den Lüfterwirkungsgrad bedeutet. Als Druck p ist der Gesamtdruckunterschied zwischen der Druck- und der Saugseite, unter Mitberücksichtigung der an den Meßstellen herrschenden dynamischen Drücke, maßgebend. Sind die letzteren, wie z. B. bei der Anordnung nach Abb. 52a gleich Null, so genügt die Messung der statischen oder Wanddrücke. Herrschen auf der Saugseite z. B. 3 mm WS Unterdruck und auf der Druckseite 9 mm WS

Überdruck, so ist der Gesamtdruck $p = 12$ mm WS. Stellt man ferner fest, daß die Stromstärke $I = 4$ Ampere, die Klemmspannung $U = 380$ Volt beträgt und ist nach Angabe der Lieferfirma des Motors bei dieser Stromstärke $\cos\varphi = 0{,}78$, $\eta'' = 81$ vH, so berechnet sich die Energieabgabe an die Lüfterwelle nach dem vorstehend Gesagten zu

$$N = \frac{4 \cdot 380 \cdot 0{,}78 \cdot \sqrt{3} \cdot 81}{736 \cdot 100} = 2{,}2 \text{ PS}.$$

Beträgt weiter die in der Stunde geförderte Luftmenge nach vorgenommenen Messungen 11000 m³/h, so ist der Kraftbedarf des Lüfters

$$N = \frac{11000 \cdot 12}{3600 \cdot 75 \cdot \eta''} \text{PS},$$

und da dieser gleich der Energieabgabe des Motors an die Lüfterwelle, d. h. gleich 2,2 PS sein muß, so ergibt sich der Wirkungsgrad der verwendeten Luftturbine zu

$$\eta'' = \frac{11000 \cdot 12}{3600 \cdot 75 \cdot 2{,}2} = 0{,}20 \text{ oder } 20 \text{ vH}.$$

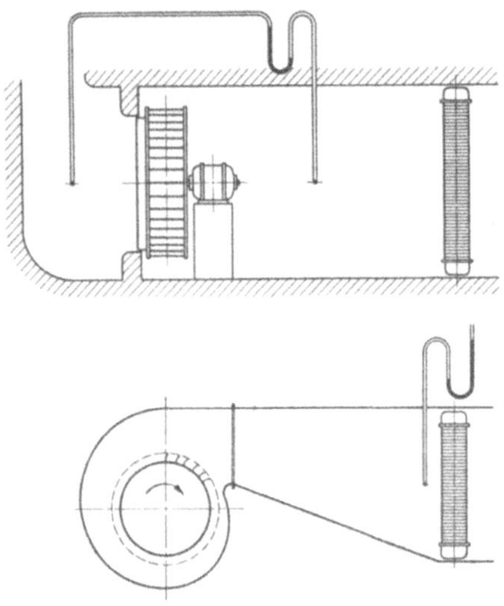
Abb. 52a und b. Lüfter und Lufterhitzer unter Verwendung: Oben einer gehäuselosen Luftturbine, unten eines Kreisellüfters mit Spiralgehäuse und Diffusor.

Die Luftturbine weise bei 1 m Flügelraddurchmesser 260 mm Schaufelbreite auf und müsse mit 415 Umdrehungen in der Minute laufen. Die Flügelradumfangsgeschwindigkeit beträgt demnach 21,7 m/s, was für geräuschlosen Gang entsprechend dem unter Abschnitt IV 3 f β) Gesagten zuviel ist. Die Motorstärke hätte mindestens 2,5 PS zu betragen.

Abb. 52b zeigt die Lösung der Aufgabe unter Verwendung eines Kreisellüfters mit Spiralgehäuse und Diffusor. Der gemessene statische Druck an der angegebenen Stelle vor dem Lufterhitzer sei 10,5 mm WS. Der großen daselbst herrschenden Luftgeschwindigkeit wegen ist außerdem der dynamische Druck zu berücksichtigen. Beträgt die Luftgeschwindigkeit beispielsweise 5 m/s und das Raumgewicht der Luft 1,2 kg/m³, so ist der dynamische Druck $p_D = \frac{5^2}{2 \cdot 9{,}81} \cdot 1{,}2 = 1{,}5$ mm WS. Der Gesamtdruck beträgt also wieder 12 mm WS. Der Flügelraddurchmesser braucht in dem Fall aber nur 75 cm, die Drehzahl nach Abb. 41 nur 270 in der Minute zu sein, wodurch die Umfangsgeschwindigkeit 10,6 m/s wird, und damit störendes Geräusch vermieden werden kann. Hat der Lüfter einen Wirkungsgrad, wieder nach Abb. 41, von 53 vH, so ergibt sich dabei außerdem ein Kraftbedarf von nur rd. 1,0 PS gegenüber 2,2 PS bei der Ausführung nach Abb. 52a.

Bei Benutzung der Lüfterprospekte hat man zu beachten, ob sich die darin enthaltenen Druck- und Wirkungsgradangaben auf den statischen Druck allein oder auf den statischen und dynamischen beziehen. Manchmal sind auch beide getrennt angegeben.

Beiläufig sei erwähnt, daß die Formel $N = \frac{L \cdot p}{3600 \cdot 75 \cdot \eta''}$ PS für die Berechnung des Kraftbedarfes nur in bezug auf kleine Druckunterschiede Gültigkeit hat. Bei der Verwendung von Mittel- oder Hochdrucklüftern ist nach der Formel für adiabatische Verdichtung zu rechnen. Sie ergibt beispielsweise bei einer

Drucksteigerung	um	100 mm WS	eine	Minderleistung	von	rd.	0,5 vH
„	„	500 „	„	„	„	„ „	2 „
„	„	1000 „	„	„	„	„ „	5 „
„	„	2000 „	„	„	„	„ „	7,5 „
„	„	3000 „	„	„	„	„ „	10 „

Ferner ist nicht außer acht zu lassen, daß in die genannte Formel das Luftvolumen einzusetzen ist und sich dieses mit der Temperatur ändert (vgl. Abschnitt II 2). Der Kraftbedarf ist daher kleiner, wenn der Lüfter vor, als wenn er nach dem Lufterhitzer eingeschaltet wird.

Beispiel. Hat der Lüfter einer Luftheizung 30000 m³/h Luft, bezogen auf 10°, zu fördern und einen Druckunterschied von 20 mm WS zu überwinden, wobei sein Wirkungsgrad 50 vH betrage, so ist der Kraftbedarf, sofern der Lüfter entsprechend Abb. 53a vor dem Lufterhitzer eingeschaltet ist, also 10grädige Luft zu fördern hat,

$$N = \frac{30000 \cdot 20}{3600 \cdot 75 \cdot 0,5} = \text{rd. } 4,4 \text{ PS}_e.$$

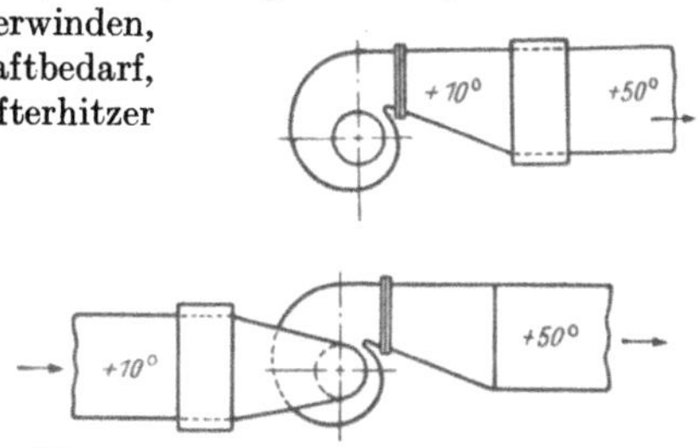

Abb. 53a und b. Verschiedene Anordnungen eines Kreisellüfters und eines Lufterhitzers in einem Luftkanal.

Wird die Luft im Lufterhitzer auf 50° erwärmt, so nimmt sie einen Rauminhalt von $\frac{30000 \cdot 1,183}{1,037}$ = 34400 m³/h an, so daß beim Einschalten des Lüfters nach dem Lufterhitzer, entsprechend Abb. 53b, der Kraftbedarf auf 5,1 PS_e steigt. Während im ersten Fall ein 5-PS_e-Motor reicht, ist ein solcher im zweiten Fall daher zu knapp bemessen.

d) Betriebsstundenzähler, Zeitschalter und zwangsweises Einschalten der Lüfter. Zur Überwachung der Betriebsstundenzahlen der Lüftungsanlagen werden mit Vorteil *Betriebsstundenzähler* vorgesehen, an denen die Zahl der Betriebsstunden unmittelbar abgelesen werden kann. Der Einbau solcher Zähler, die nur eine kleine Mehrauslage bedingen, wird z. B. in *Zürich* von der Baupolizei für sämtliche Lüftungsanlagen, die nach Beschluß der Bausektion II des Stadtrates erstellt werden müssen, verlangt. Durch solche Zähler ist indessen nicht nur der Behörde, sondern auch den Inhabern der Lüftungsanlagen gedient, weil sie dadurch mühelos feststellen können, ob die Angestellten die Anlagen genügend, anderseits aber auch nicht unnötig viel, haben laufen lassen. Ferner sind sie auf diese Art gedeckt, wenn es sich, z. B. infolge Einsprache der Mithausbewohner oder der Nachbarn, darum handelt nachzuweisen, daß die Lüftung während der erforderlichen Zeit im Betrieb gestanden hat. In Zürich sind solche Zähler bereits an vielen Orten eingebaut und werden von Beamten der Baupolizei jeden Monat abgelesen. Dabei ergibt sich mit der Zeit auch, was hinsichtlich Betriebsdauer verlangt werden kann und was nicht. Schon jetzt sind durch dieses Vorgehen bemerkenswerte Ergebnisse erzielt worden. Es kommen beispielsweise in Frage für: Küchen von Gaststätten je nach den Verhältnissen täglich 6 bis 10 Betriebsstunden, für die Gaststätten selber 6 bis 8 Stunden, für eingebaute Aborte und Bäder 12 Stunden usw.

Ist sowohl ein Zu- als ein Abluftlüfter vorhanden, so genügt es meist, wenn nur der Abluftlüfter überwacht wird, weil durch seinen Betrieb die ausreichende Lüftung des Raumes gesichert ist, während man den Zuluftlüfter, wenn bei warmer Witterung die Fenster offen gehalten werden können, nicht laufen zu lassen braucht, sie bei kalten Außentemperaturen zur Vermeidung von Zugerscheinungen dagegen meist von selber in Betrieb setzt.

Noch deutlicher als durch das Anbringen von Betriebsstundenzählern kommt der Wille zur Erreichung genügender Lüftung durch den Einbau von *Zeitschaltern* zum Ausdruck, die auf die gewünschten Betriebsstunden einstellbar sind und die Lüfter zu gegebener Zeit selbsttätig ein- und ausschalten. Solche Zeitschalter werden mit gutem Erfolg beispielsweise zum Lüften eingebauter Bäder und Aborte sowie anderer fensterloser Räume benutzt. Die Einstellung kann so erfolgen, daß die Lüfter täglich während mehreren Stunden hintereinander im Betrieb stehen oder mehrmals am Tag ein- und ausgeschaltet werden[1]. Nach der Einstellung sind sie zu verschließen, so daß von unbefugter Seite nichts daran verstellt werden kann. Zur Lüftung von eingebauten Aborten werden bei ganz einfachen Verhältnissen (z. B. in alten Häusern, in die lt. behördlicher Vorschrift weitere Aborte eingebaut werden müssen) manchmal auch nur Abluftschächte erstellt, bisweilen in Verbindung mit kleinen Lüftern, deren Inbetriebsetzung beim Spülen der Schüsseln durch entsprechende Schalter für kurze Zeit zwangsweise erfolgt (vgl. Abschnitt VII 3).

Eine weitere Maßnahme zur Sicherung genügender Lüftung besteht darin, daß gewisse Arbeitsvorgänge in industriellen und gewerblichen Betrieben erst nach Inbetriebsetzung der betreffenden Lüftungen vorgenommen werden können (vgl. z. B. das unter Abschnitt VII 7 über das Lüften der Wagenwaschplätze von Großkraftwagenräumen Gesagte).

g) Schalttafel.

Wenn nur ein nichtregelbarer Lüfter angetrieben werden muß, so ist eine Schalttafel meist nicht erforderlich, es sei denn, daß außer dem Schalter und den Leitungssicherungen noch verschiedene Regel- oder Meßgeräte an zentraler Stelle untergebracht werden sollen. Handelt es sich um Drehzahlregelung der Lüfter, so ist eine einfache Schalttafel jedoch bereits am Platz, auf der, je nach der in Frage stehenden Motorart, die auf Abb. 54 durch gestrichelte Linien umgrenzten Geräte unterzubringen sind. Über die Bedeutung der aufgezeichneten Schemas gibt der beigedruckte Text Aufschluß. Die Schaltbilder für alle nicht bzw. durch Bürstenverschiebung von Hand regelbaren Motorarten sind sehr einfach und daher in Abb. 54 weggelassen worden. Manchmal werden auf den Schalttafeln noch andere, sich auf die zentrale Bedienung, Regelung und Überwachung der Anlagen beziehende Geräte vorgesehen. Sie sollen übersichtlich angeordnet und durch deutliche Beschriftungsschilder kenntlich gemacht werden. Auch eine kurz aber klar gehaltene Betriebsvorschrift gehört auf solche Schalttafeln. Bei der Anordnung der Geräte ist ferner darauf Bedacht zu nehmen, daß z. B. nicht etwa die Regelanlasser zur Drehzahlregelung der Motoren unmittelbar unterhalb der Motorschutzschalter mit thermischer Wärmepaketauslösung eingebaut werden, weil

[1] Vgl. z. B. Hottinger, M.: Die selbsttätige Regelung in der Heiztechnik unter besonderer Berücksichtigung der elektrischen Verfahren. Gesundh.-Ing. Bd. 63 (1940) Monat Juli.

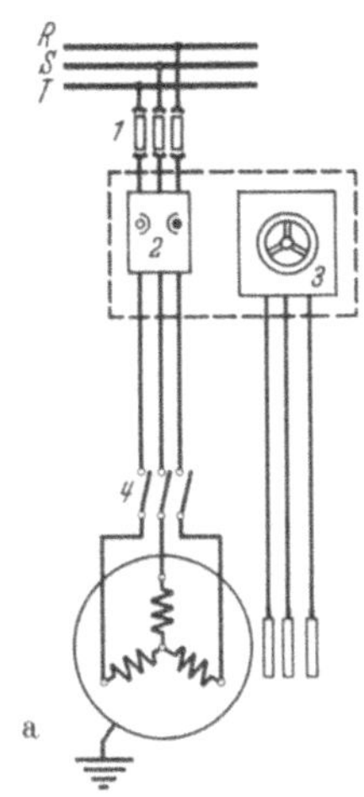

Schleifringläufermotor mit Drehzahlregelung

1 Leitungssicherungen, *2* Motorschutzschalter (mit Wärmepaketauslösung), *3* Schlupfregler, *4* Notschalter.

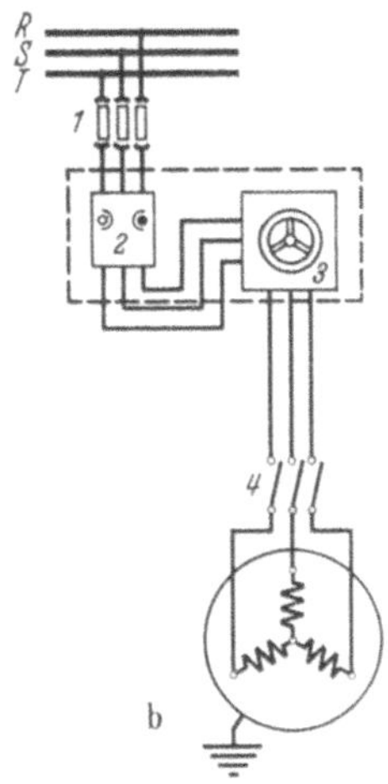

Kurzschluß- oder Tiefnutläufermotor mit Drehzahlregelung durch Vorschalten von Widerstand im Motorständer.

1 Leitungssicherungen, *2* Motorschutzschalter (mit Wärmepaketauslösung), *3* Regelbarer Vorschaltwiderstand, *4* Notschalter.

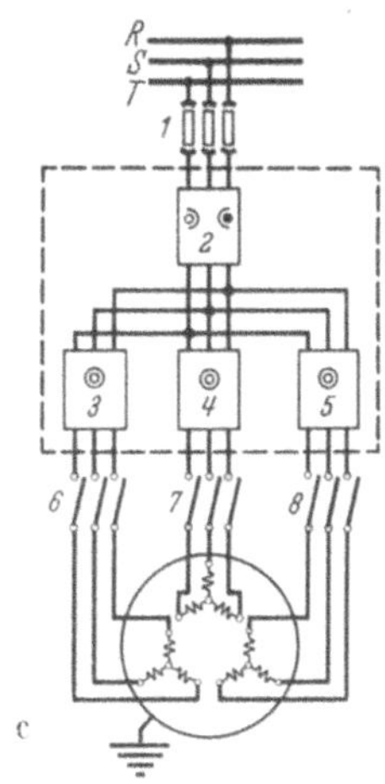

Polumschaltbarer Kurzschluß- oder Tiefnutläufermotor für 3 Polzahlen.

1 Leitungssicherungen, *2* Motorschalter, *3, 4, 5* Steuerschalter (mit Wärmepaketauslösung) untereinander verriegelt, so daß immer nur einer gleichzeitig eingeschaltet werden kann. *6, 7, 8* Notschalter. (Die drei Schalter können gewünschtenfalls auch in einem Walzenschalter zusammengefaßt werden.)

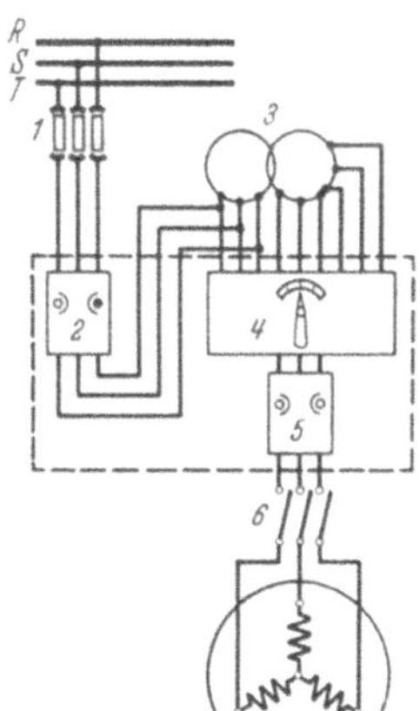

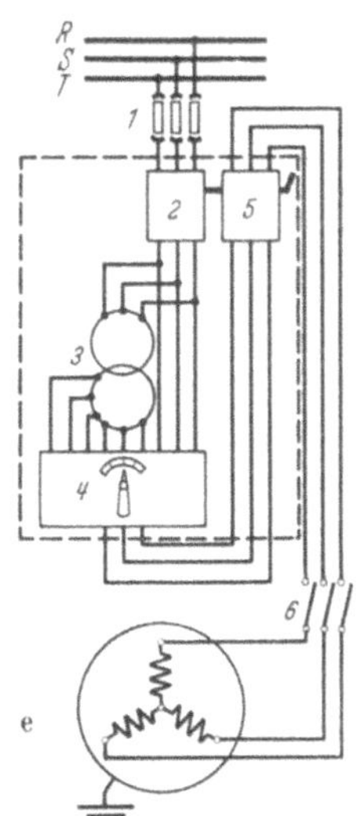

Kurzschluß- oder Tiefnutläufermotor für 3 Drehzahlen mit Drehzahlregelung durch Spartransformer mit 2 Anzapfungen.

1 Leitungssicherungen, *2* Motorschalter, *3* Spartransformer, *4* Umschalter, *5* Motorschutzschalter (mit Wärmepaketauslösung), *6* Notschalter.

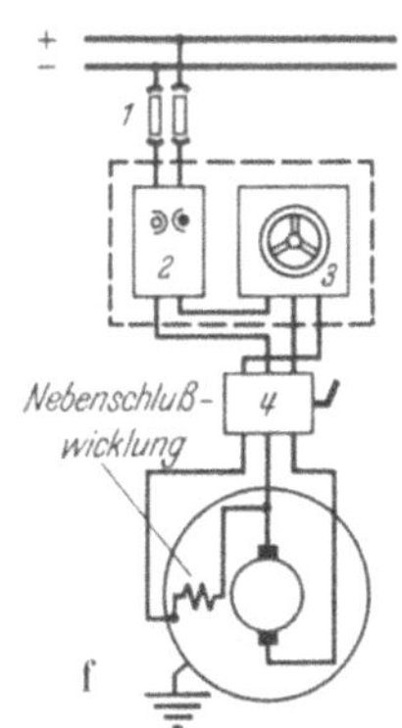

Gleichstrom-Nebenschlußmotor.

1 Leitungssicherungen, *2* Motorschalter (mit Wärmepaketauslösung), *3* Anlasser oder Drehzahlregler, *4* Notschalter.

Anmerkungen: 1. Die Notschalter sind nur erforderlich wenn sie von den in Frage kommenden Elektrizitätswerken verlangt werden. 2. Die auf den Schalttafeln anzubringenden Geräte sind durch gestrichelte Linien umgrenzt. Dazu kommen manchmal auch noch die mit *1* bezeichneten Leitungssicherungen. 3. Die vorstehend nicht erwähnten Motorarten (Kurzschlußläufer-, Tiefnutläufer-, Käfigläufer-, Zentrifugalanlasser-Combimotoren für *unmittelbares* Einschalten, ferner die Einphasen-Kondensatormotoren) erfordern nur je einen Motorschalter mit Wärmepaketauslösung. Diese werden meist einfach an der Wand befestigt, sofern nicht sowieso eine Schalttafel vorhanden ist. Dasselbe gilt für die Drehstrom-Nebenschluß-Kollektor- sowie für die Einphasen-Repulsionsmotoren mit Drehzahlregelung durch Bürstenverschiebung, da diese, wenn sie von Hand betätigt wird, keine zusätzlichen Geräte erfordert. Erfolgt sie durch Servomotor, so genügen 2 Druckknöpfe: „Drehzahl erhöhen" bzw. „Drehzahl senken". Die Endaus- und Umschalter sind am Motor selbst angebracht.

Abb. 54a—f. Motorschaltbilder zum Antrieb von Lüftern.

diese zufolge der entstehenden Wärme sonst in störender Weise beeinflußt werden.

Abb. 55. Schalttafel der Klimaanlage eines Verwaltungsgebäudes.

Bedeutung der Geräte (von oben nach unten):

1. Reihe: 3 elektrische Fallbügelregler zur selbsttätigen Temperaturregelung der nach den Himmelsrichtungen Süd, Ost und Nord unterteilten Heizanlage.
2. ,, Umschalter Heizung — Kühlung, Ein- und Ausschalter.
3. ,, Selbsttätiger Feuchteregler, Betriebsvorschrift, Regler zur selbsttätigen Einstellung von Frisch-, Um- und Abluft.
4. ,, Elektrische Fernklappenstellung mit Rückmeldung sowie Fernthermometer.
5. ,, 5 Amperemeter zur Feststellung des Energieverbrauches der Lüfter und Pumpen.
6. ,, Handräder zur Regelung der Drehzahl der Lüfter.
7. ,, Schalter mit thermischer Wärmepaketauslösung und Nullspannungsspulen für die beiden Lüfter, 2 Brunnenpumpen und die Luftbefeuchterpumpe

Nachfolgend sind die je nach den Umständen und Ansprüchen in kleinerer oder größerer Zahl zur Unterbringung auf den Schalttafeln etwa in Frage kommenden Geräte zusammengestellt:

1. Schaltgeräte zum In- und Außerbetriebsetzen der Lüfter (vgl. Abb. 54).
2. Drehzahlregler zur Einstellung der gewünschten Drehzahlen (vgl. Abb. 54).
3. Fern-Klappensteller; bei elektrischem Betrieb mit Rückmeldung.
4. Fernsteller zur Regelung der Luftmengen, z. B. des Mischungsverhältnisses von Frisch- und Umluft.
5. Handrad zur Regelung des Heizmittels.
6. Handrad zur Regelung des Kühlmittels.
7. Strom- und Spannungsmesser oder Wattmeter.
8. Druckknöpfe und Anzeigegerät der Fernthermometeranlage.
9. Fern-Feuchtemesser.
10. Meßgerät zur Feststellung der gesamten oder einzelnen Räumen zugeführten Luftmenge.
11. Druckmesser zur Feststellung der Luftdrücke vor und hinter dem Lüfter.
12. Fern-Drehzahlmesser.
13. Betriebsstundenzähler.
14. Zeitschalter.
15. Signallampen und -glocken.
16. Betriebsvorschrift.

In den Abb. 55 und 56 sind zwei Ausführungsbeispiele von Schalttafeln wiedergegeben. Diejenige nach Abb. 55 dient zur Regelung und Überwachung der Klimaanlage eines Verwaltungsgebäudes, diejenige nach Abb. 56 bezieht sich auf die Heizung, Lüftung und Klimaanlage eines Bankgebäudes. Die Schaltbilder des elektrischen Teiles solcher Anlagen werden von den betreffenden Lieferfirmen entworfen.

Begreiflich ist, daß weitgehend selbsttätig geregelte Anlagen, wie sie z. B. in den Abb. 99 bis 108 angedeutet sind, manchmal nur kleine Schalttafeln aufweisen, weil dabei die Geräte zur Hauptsache in den Räumen, den Luftkanälen usw. untergebracht sind.

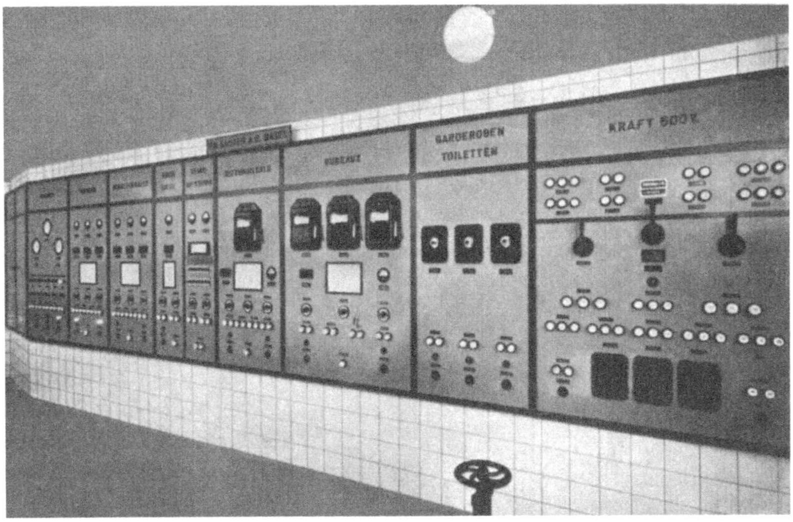

Abb. 56. Schalttafel für Heizung, Lüftung und Klimatisierung in einem neuzeitlichen Bankgebäude.

h) Luftkanäle.

Die Luftkanäle werden meist in feuerverzinktem Eisenblech ausgeführt. Daß sie aus Schwarzblech hergestellt und erst hernach verzinkt werden, kommt selten vor, weil hierbei die im Blech befindlichen Spannungen zur Auswirkung kommen, was leicht zu stellenweisem Abblättern des Zinküberzuges führt. Verzinnte, d. h. aus Weißblech hergestellte Kanäle werden gelegentlich für Entstaubungsanlagen, z. B. in Müllereien und in ähnlichen Fällen, wo die durch die Anlagen abgesaugten Stoffe wieder Verwendung finden sollen, verwendet.

Gegenüber gemauerten oder in Rabitz ausgeführten haben die Eisenblechkanäle die Vorteile, besser, bei Verlötung der Stöße sogar vollkommen, luftdicht zu sein, zufolge der glatten Innenwände geringere Reibungswiderstände aufzuweisen, der Verschmutzung weniger ausgesetzt zu sein und leichter gereinigt werden zu können. Außerdem nehmen sie ihrer dünnen Wandungen wegen weniger Platz in Anspruch und lassen sich den gewünschten Stromlinien leichter anpassen. Dieser Umstand sowie der geringere Reibungswiderstand erlauben kleinere Querschnitte innezuhalten oder mit weniger Kraftaufwand und damit Betriebskosten auszukommen. Trotz dieser Vorteile sind sie bei Verwendung der neuzeitlichen Herstellungsmöglichkeiten nicht teurer, oft sogar billiger als gemauerte.

Werden ausnahmsweise doch gemauerte Kanäle erstellt, so ist auch bei diesen auf möglichst glatte Wandungen zu achten. In gewissen Fällen werden dazu sogar Lack- oder Ölfarbanstriche oder zur Auskleidung Platten, glasierte Ziegelsteine usw. verwendet. Auch Eternitrohre eignen sich gut. Begehbare Kanäle sind sorgfältig zu verfugen, in guten Vermauerungssteinen auszuführen oder mit glattem Zementverputz zu versehen.

Die Formgebung der Kanäle muß in Hinsicht auf Geräuschbildung und Strömungswiderstand so sein, daß keine Luftwirbel in ihnen entstehen, die Strömung möglichst laminar vor sich geht und keine unnötigen Widerstände, wie plötzliche Querschnittsänderungen, scharfe Ablenkungen usw. vorhanden sind. Eine Ausführung in dem Sinn zeigt Abb. 57. Der mittlere Halbmesser der Rohrbogen soll womöglich mindestens gleich der doppelten Kanalbreite sein. Die Widerstandszahl ζ ist dann gleich 0,1, bei scharfen Ecken dagegen gleich 1,5 und bei Ecken mit abgerundeten Kanten gleich 0,5. Ist die Anwendung so großer Bogen der Platzverhältnisse wegen nicht möglich, so empfiehlt sich der Einbau von Leitflächen, entsprechend den Abb. 58a bis c, wofür die Widerstandszahlen 0,2 bis 0,3 betragen. Sind Hindernisse, beispielsweise T-Träger oder Unterzüge an Decken zu umgehen, so kann durch die Ausbildung der Kanäle als Venturidüsen entsprechend den Abb. 59a und b erheblich an Widerstand gespart werden, weil es dabei mit geringen Verlusten möglich ist, Druck in Geschwindigkeit und diese wieder in Druck umzusetzen. Wie bereits im Vorwort erwähnt, trete ich in diesem Buche in Hinsicht auf die anderorts bereits erfolgte ausführliche Behandlung dieses Gebietes jedoch nicht weiter ein[1].

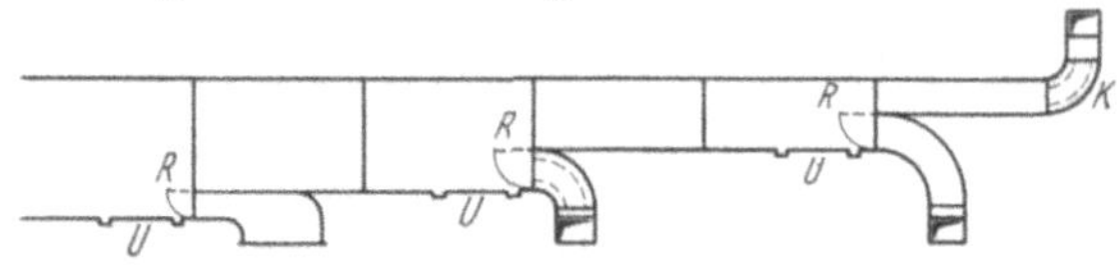

Abb. 57. Aus verzinktem Eisenblech sachgemäß hergestellter Luftverteilkanal. *K* Kniebogen, *R* Regelklappe, *U* Überwachungsdeckel zur Messung und Regelung der Luftmengen.

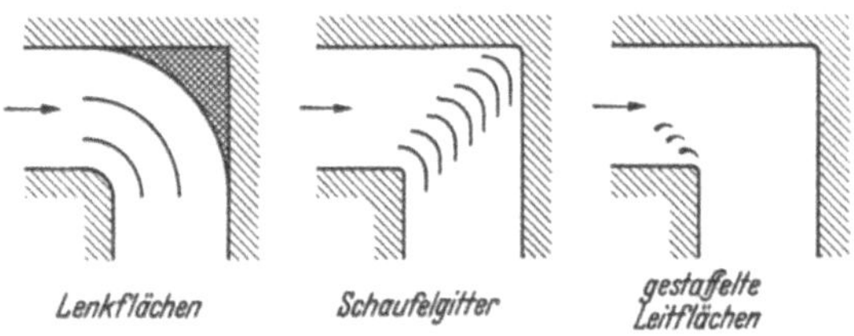

Abb. 58a—c. Verschiedene Leitflächenbauarten zur Verminderung des Luftwiderstandes. (Entnommen aus GRÖBER: [6], XI. Auflage, S. 113.)

Die Wandungen der Blechkanäle sollen so beschaffen sein, daß sie weder zu Schwingungen neigen noch die in der Luft enthaltenen Schallwellen merklich durchlassen. Sie sind daher starr und steif auszuführen, und die Luftgeschwindigkeit in ihnen soll, wenn die Kanäle neben geräuschempfindlichen Räumen vorbeiführen oder gar durch sie hindurchgehen, wie schon im Abschnitt IV 3 f) β) bemerkt, 6 m/s nicht übersteigen. Über 60 cm breite Kanäle erhalten in der Regel Queraussteifungen, nicht nur in Hinsicht auf die eben erwähnten Schwingungen, sondern auch um Ausbuchtungen zu vermeiden. Ob dazu Winkeleisen von z. B. 25×25×3 mm erforderlich sind

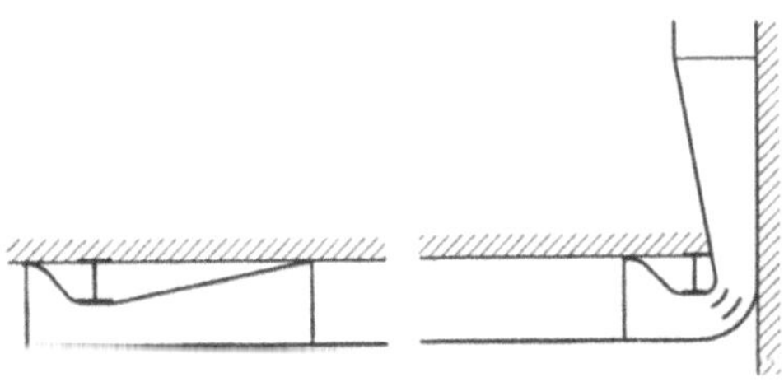

Abb. 59 a und b. Die Verwendung von Venturidüsen zur Verminderung des Strömungswiderstandes.

[1] Vgl. insbesondere GRÖBER, H.: [6] und Sonderarbeiten wie z. B.: ZWICKL, I. R.: The Flow of Air and its Distribution through Ducts. Heat. & Vent. Bd. 36 (1939) S. 15 und Forts. — Ferner: ZIMMERMANN, O.: Die Luftströmung in Kanälen. Heizg. u. Lüftg. Bd. 13 (1939) Heft 6 S. 91/93. — ALDEN, J. L.: Widerstände verschiedener Verbindungsstellen von Haupt- und Nebenluftleitungen. Heat. & Vent. Bd. 35 (1938) Heft 4 S. 40/43. Kurzbericht im Gesundh.-Ing. Bd. 61 (1938) Heft 33 S. 463.

oder während der Herstellung mit der Abkantmaschine angebrachte Versteifungen genügen, indem die Seitenwände übers Kreuz leicht abgekantet werden, ist von Fall zu Fall zu entscheiden. Selbstverständlich sind auch die Wanddicken genügend stark zu halten. Sie sollen betragen: Bis zu 25 cm Kanalbreite 0,5 mm, von 26 bis 155 cm Kanalbreite 0,75 mm und von 156 bis 310 cm Kanalbreite 1,0 mm. Bei im Freien liegenden Kanälen dürfen sie 1,0 mm nicht unterschreiten[1].

Nötigenfalls sind die Kanäle zur Verminderung von Schallaustritt oder Wärmeverlusten auch abzudämmen. Im erstgenannten Fall ist es zweckmäßig, die Wandverkleidungen im Innern anzubringen. Nach LÜBCKE[2] sollen sie dabei, je nach dem Frequenzbereich, in dem die Hauptstörgeräusche liegen, aus porigen oder mitschwingenden Stoffen bestehen. Die Abdämmung gegen Wärmeverluste hat außen zu erfolgen. Es werden dazu meist Korkplatten verwendet.

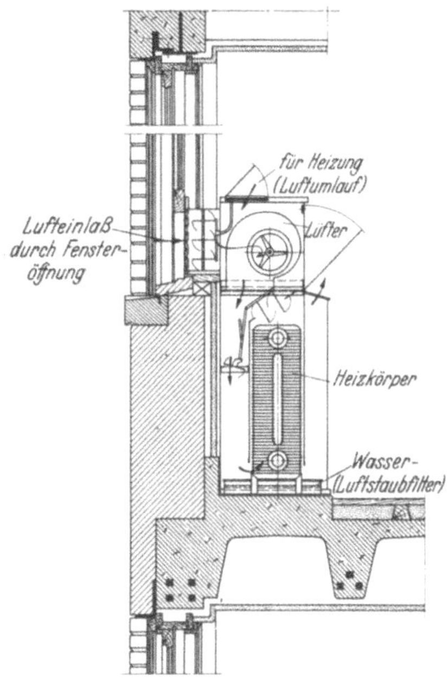

Abb. 60. Einzellüfter „Unit Vent". (Entnommen aus OHMES, A. K.: Über nordamerikanische Heizungs- und Lüftungstechnik. Gesundh.-Ing. Bd. 50 (1927) Heft 37 S. 682/686.)

Wichtig ist, daß sämtliche Luftwege und die in dieselben eingebauten Geräte, wie Luftfilter, Lufterhitzer usw., zur Reinigung und Instandhaltung leicht zugänglich sind. Ganz besonders ist hierauf zu achten, wenn es sich um ungewöhnlich starke Verunreinigung der Luft handelt, wie sie etwa in Küchen auftritt (vgl. Abschnitt VII 2). Die waagerechten Kanalteilstücke solcher Anlagen werden mit Vorteil so ausgeführt und befestigt, daß sie leicht heruntergenommen und im Freien gereinigt werden können. Sonst genügt es, wenn mühelos wegnehmbare Reinigungsdeckel in ausreichender Anzahl vorhanden sind. Enthält die Abluft viel Wasserdampf, so müssen die Kanäle zudem wasserdicht ausgeführt werden. Über ihre Ausmündung ins Freie sei auf Abschnitt IV 3 b) verwiesen.

Um bei Brandausbrüchen die Übertragung des Feuers auszuschließen, werden in die Abluftkanäle von der Feuersgefahr besonders ausgesetzten Räumen manchmal auch Brandschutzklappen eingesetzt und durch Schmelzsicherungen, die beim Ansteigen der Kanaltemperatur auf z. B. 100° schmelzen, offen gehalten[3].

In bereits bestehenden Gebäuden und sehr hohen Neubauten ist es aus baulichen Gründen manchmal schwierig, wenn nicht unmöglich oder zum mindesten

[1] Vgl. hierzu u. a. auch KIENBERGER, M.: Aus der Praxis neuzeitlicher Lüftungstechnik. Die Installation (1937) Heft 2 S. 73/93.

[2] Vgl. Fußnote 1 S. 73.

[3] Hinsichtlich weiterer Maßnahmen siehe: SHERWOOD, N. D.: Feuerschutzmaßnahmen bei Klimaanlagen. Power Bd. 83 (1939) Heft 8 S. 88/90. Kurzbericht in Wärme- u. Kältetechn. Bd. 42 (1940) Heft 1 S. 11. Ferner: LOUGHEAD, R. C.: Feuerschutz bei Klimaanlagen. Heat. Pip Air Condit. Bd. 11 (1939) Heft 9 S. 582/586. Kurzbericht in Wärme- u. Kältetechnik Bd. 42 (1940) Heft 3 S. 43.

sehr teuer, zentrale Lüftungsanlagen mit langen Kanälen zu erstellen. In solchen Fällen werden bisweilen in den Räumen selber, z. B. in Fensternischen, Einzellüfter aufgestellt. Sie kamen zuerst in Amerika in Form der sog. „Unit Vents", Abb. 60, auf[1]. In neuerer Zeit sind ähnliche Ausführungen auch in Europa anzutreffen [vgl. z. B. Gesundh.-Ing. Bd. 62 (1939) Heft 15 S. 208/209]. Immerhin werden sie bei uns als Notbehelfe angesehen, die nur zur Anwendung kommen sollen, wenn der Einbau zentraler Anlagen unmöglich ist.

i) Luftführung durch die Räume sowie Ausbildung der Luftein- und -austrittsstellen.

Die Luftführung durch die Räume ist so zu gestalten, daß die verlangte Durchlüftung erreicht wird, ohne daß Zugerscheinungen auftreten. Man unterscheidet zwischen Lüftung von oben nach oben (Abb. 61 und 62), Lüftung von oben nach unten (Abb. 63 bis 65), aus mittlerer Höhe nach oben und unten (Abb. 66 und 67) und schließlich von unten nach oben (Abb. 68). Die letztgenannte Ausführungsart wird am wenigsten angewendet, weil dabei die größte Gefahr für das Auftreten von Zugerscheinungen besteht. Immerhin kommt auch sie ausnahmsweise vor. Abb. 69 zeigt beispielsweise eine solche Ausführung, bei der die Zuluft durch die Heizkörperverkleidungen eingeblasen wird. Bei im Betrieb befindlicher Heizung wird die Luft dabei durch die Raumheizkörper noch weiter angewärmt und die Wärmeabgabe der Heizfläche zufolge der erhöhten Luftbewegung gleichzeitig gesteigert.

In großen Hörsälen, Theatern, Lichtspieltheatern usw. kann die Luftführung nach Abb. 64 besonders günstig sein. Die Luft wird dabei mit großer Geschwindigkeit unter der Decke von hinten nach der Vorderseite des Raumes geblasen, worauf sie von vorn an den Insassen vorbeistreicht und hinten wieder abströmt. Auf diese Weise mischt sich die eingeblasene Luft im obern Teil des Raumes mit der wärmsten Raumluft und trifft bei ihrem Weiterströmen, wie bemerkt von vorn, auf die Besucher. Gegen Luftströmungen von vorn ist der menschliche Körper aber weit weniger empfindlich als gegen solche von hinten.

Die gezeichneten Luftführungen stellen selbstverständlich nur eine Auswahl der möglichen Lösungen dar. Es gibt auch Versammlungssäle, bei denen die Luft in halber Höhe eingeblasen und vor Anwesenheit der Besucher zum Heizen des Saales unten, bei Anwesenheit der Besucher zum Lüften oben abgesaugt wird. Derart ist beispielsweise die Anlage im Kunst- und Kongreßhaus Luzern[2] ausgebildet. Ferner bestehen Anlagen, bei denen die Luft oben eingeblasen und im Winter unten, im Sommer oben abgesaugt wird. Das hat seine Berechtigung insbesondere, wenn es sich um Klimaanlagen handelt, mit denen die Räume nicht nur gelüftet, sondern im Winter geheizt, im Sommer gekühlt werden sollen[3]. Die im Winter warm eingeblasene Luft bleibt ihres geringeren Raumgewichtes wegen oben und sinkt nur langsam nach unten, während sie bei kühlem Einblasen im Sommer ihres größeren Gewichtes wegen zuerst nach unten sinkt, infolge der

[1] OHMES, A. K.: Über nordamerikanische Heizungs- und Lüftungstechnik. Gesundh.-Ing. Bd. 50 (1927) Heft 37 S. 682/686.

[2] HOTTINGER, M.: Die Heiz- und Lüftungsanlage im neuen Kunst- und Kongreßhaus Luzern. Schweiz. Techn. Z. (1934) Heft 25 S. 373/382.

[3] HOTTINGER, M.: Fußnote 1 S. 60.

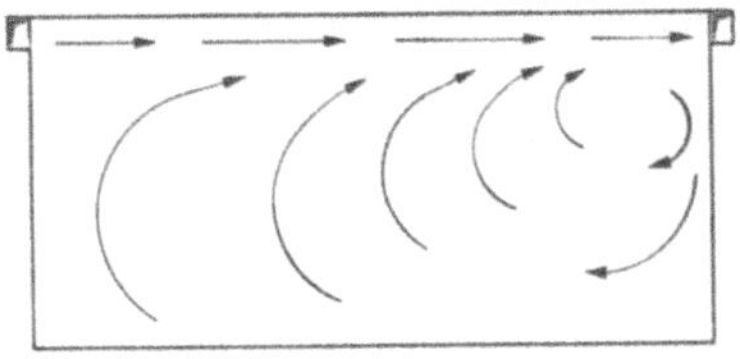

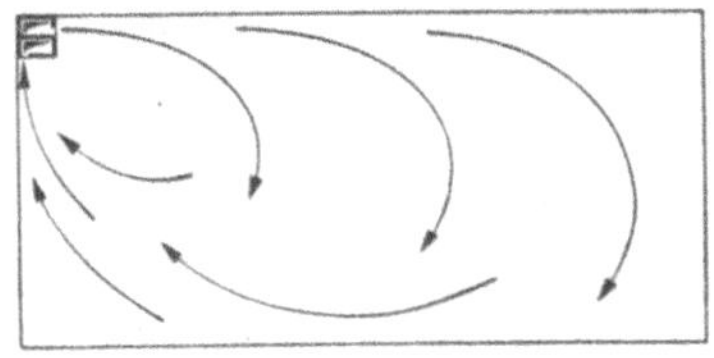

Abb. 61 und 62. Beispiele für Lüftung von oben nach oben.

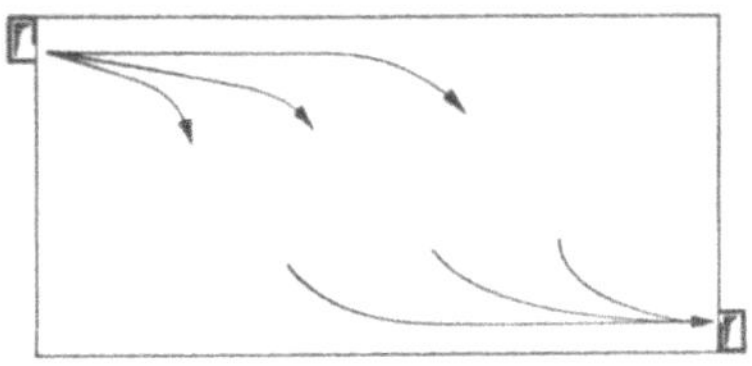

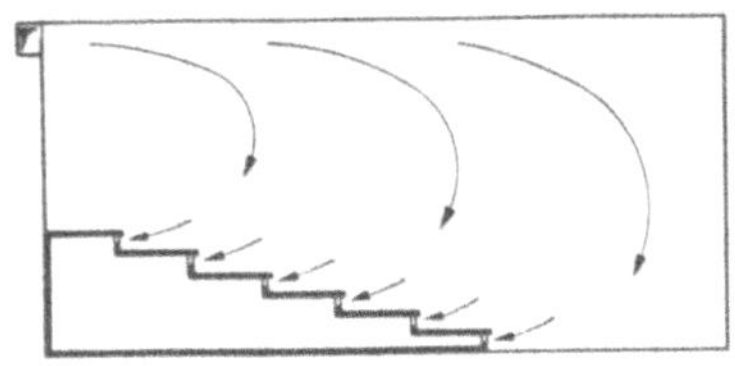

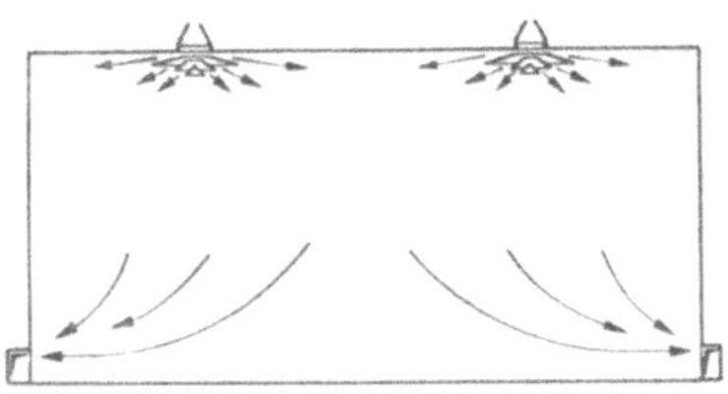

Abb. 63—65. Beispiele für Lüftung von oben nach unten.

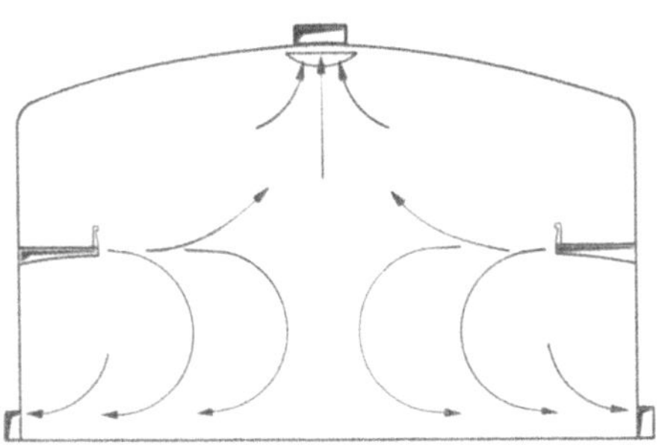

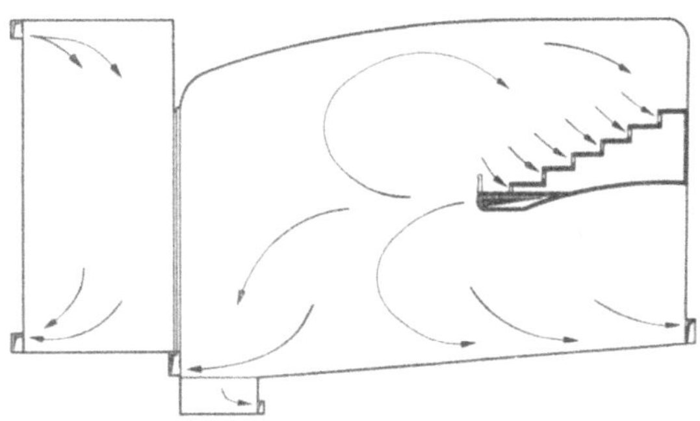

Abb. 66 und 67. Beispiele für Lüftung aus mittlerer Höhe nach oben und unten.

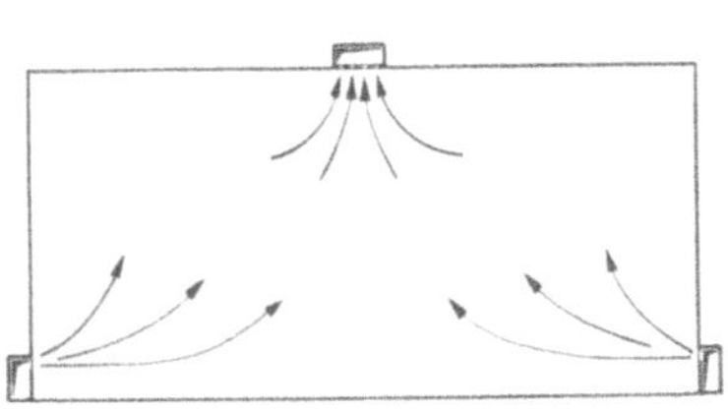

Abb. 68. Beispiel für Lüftung von unten nach oben.

Erwärmung im Raum jedoch aufsteigt, so daß sie schließlich mit hoher Temperatur oben wieder anlangt und daselbst abgesaugt wird.

Auf diese und ähnliche Umstände ist zu achten, wenn voll befriedigende Anlagen erstellt werden sollen. Keinesfalls darf z. B. die Luft von Lüftungsanlagen, die gleichzeitig der Raumheizung dienen, oben abgenommen werden, weil sonst viel Wärme nutzlos verlorengeht. Anderseits wäre es verkehrt, die Luft aus Räumen, in denen geraucht wird, unten absaugen zu wollen, weil ausgeatmeter Tabakrauch das Bestreben hat, aufzusteigen, und daher oben entfernt und nicht durch die erzeugte Luftbewegung wieder in den Bereich der Besucher heruntergeholt werden soll. Interessante Anlagen sind solche, bei denen aus wirtschaftlichen Gründen mehrere Luftkreisläufe vorgesehen werden. Das ist beispielsweise bei stark beleuchteten hohen Räumen der Fall, indem die gekühlte Zuluft eines Kreislaufs ungefähr in halber Raumhöhe eingeführt und die Abluft nur wenig höher abgesaugt wird, während bei einem zweiten Kreislauf, der ausschließlich zur Abführung der von den Beleuchtungskörpern abgegebenen Wärme dient, erheblich wärmere und daher weniger teure Luft dicht unter der Decke eingeblasen und über den Beleuchtungskörpern wieder abgeführt wird[1]. Beispielsweise gelangte diese Lösung auf der Drehgalerie des großen Kugelhauses auf der Weltausstellung *New York* 1939 zur Anwendung[2], indem zur Beseitigung der Beleuchtungskörperwärme eine besondere Lüftungsanlage eingebaut wurde, durch die man Außenluft zu den Lampen führte und sie nach ihrer Erwärmung unmittelbar wieder absaugte. Dadurch gelang es, bei der eigentlichen Klimaanlage mit einer verhältnismäßig kleinen Kühlleistung auszukommen.

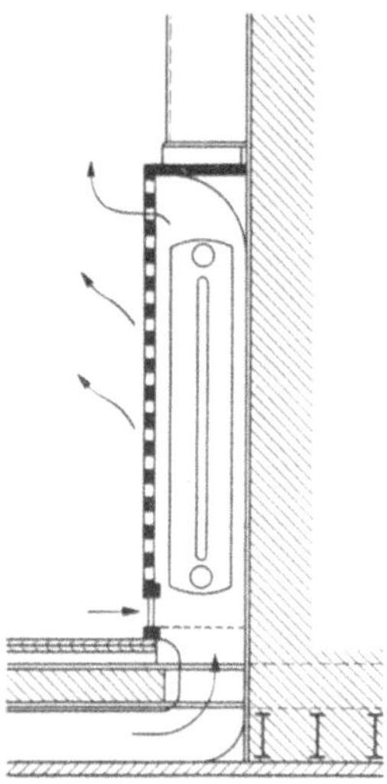

Abb. 69. Zuluftaustritt durch die Heizkörperverkleidung.

Es kommt auch vor, daß die Beleuchtungskörper beispielsweise von Ausstellungsräumen über Glasdecken angebracht werden, die den untern Abschluß der Um- und Abluftkanäle bilden. Das ist z. B. der Fall bei dem fenster- und oberlichtlosen Kunstmuseum in *Kansas City*[3]. Dadurch wird die Lampenwärme bei Luftumwälzung für die Heizung nutzbar gemacht, im Sommer dagegen über Dach befördert.

Bläst man die Luft nach Abb. 61 auf der einen Seite des Raumes ein und saugt sie auf der gegenüberliegenden ab, so soll das Einblasen an der Fenster-, das Absaugen an der Innenwand erfolgen; einmal, weil dabei die Wärme der unter den Fenstern stehenden Heizkörper dem Raum besser zugute kommt, als wenn sie beim Aufsteigen z. T. unmittelbar nach dem Abluftkanal gelangt und zweitens, weil im Sommer bei offen stehenden Fenstern und im Betrieb befind-

[1] Vgl. Lewis, S. R.: Fußnote 1 S. 38.

[2] Sanford, R. A.: Heating, Piping and Air Condit., Febr. 1939 S. 75. Kurzbericht in Heizg. u. Lüftg. Bd. 13 (1939) Heft 8 S. 126.

[3] Gillham, W. E.: Besondere Aufgaben der Heizung und Lüftung beim Bau des Kunstmuseums in Kansas City. Heat. & Vent. Bd. 31 (1934) Heft 1 S. 41. Kurzbericht in Gesundh.-Ing. Bd. 57 (1934) Heft 22 S. 277.

lichem Abluftlüfter der Raum, trotz abgestelltem Zuluftlüfter, gut durchlüftet wird, was nicht der Fall ist, wenn die durch die Fenster einströmende Luft unmittelbar darüber wieder abgesaugt wird.

Wird die Luft durch die Raumdecke eingeführt, so ist besondere Vorsicht in bezug auf die Vermeidung von Zugerscheinungen geboten, insbesondere wenn sich die Einblasestellen nicht hoch über den Köpfen der Besucher befinden und die Luft kühler als mit Raumtemperatur eingeblasen wird. Wie schon unter Abschnitt III 3 erwähnt, läßt man bei Stallüftungen die Frischluft vielfach durch mit feinen Schlitzen versehene Deckenkanäle oder Doppeldecken (sog. Rieseldecken) eintreten. Ihre Eintrittsgeschwindigkeit ist klein, und zudem mischt sie sich mit der warmen, von den Tieren aufsteigenden Luft, so daß keine Zugerscheinungen auftreten. Dieselbe Ausführungsart (sog. *Schreiderlüftung*) versuchte man schon vor rd. 20 Jahren auch für Versammlungsräume anzuwenden, hatte damit jedoch keinen Erfolg. In neuerer Zeit ist man in verbesserter Ausführung wieder darauf zurückgekommen, indem die Luft nun vorgewärmt und mit Lüftern derart eingeblasen wird, daß gleichmäßiger Druck über den fein verteilten Ausblaseöffnungen herrscht. Die damit gemachten Erfahrungen sind nicht schlecht.

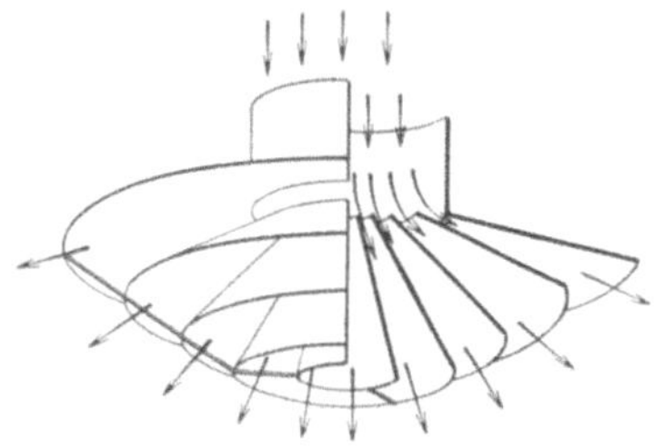

Abb. 70. Anemostat. (Entnommen aus GRÖBER, H: [6] XI. Aufl. 1938 S. 102.)

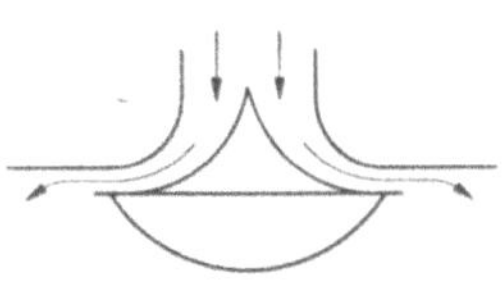

Abb. 71. Luftverteilkegel.

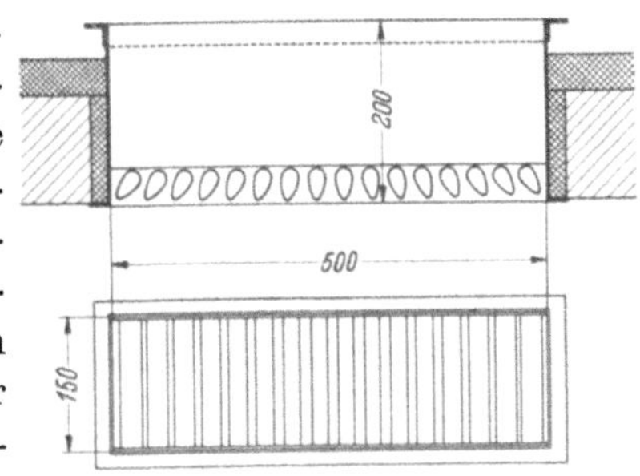

Abb. 72. Luftfächer.

Gut haben sich beim lotrechten Einblasen durch die Decken auch *Anemostaten* (Abb. 70), Luftverteilkegel (Abb. 71), Luftfächer (Abb. 72), durch das Zurücksetzen von Deckenfeldern erzeugte Schlitze (Abb. 73) und ähnliche Anordnungen, die seitliche Ablenkung der Luft nach allen Seiten und ihre sofortige Durchmischung mit der Raumluft zur Folge haben, bewährt. Es gibt auch Ausführungen, bei denen die Zuluft entsprechend Abb. 71 nach den Seiten hin eingeblasen und die Abluft in der Mitte des Verteilkegels, da

Abb. 73. Konzertsaal im Stadthaus Winterthur. Die Zuluft wird mit großer Geschwindigkeit waagerecht durch die rings um die Deckenfelder laufenden Luftschlitze eingeblasen.

wo in Abb. 71 die Lampe eingezeichnet ist, wieder abgesaugt wird. Diese Ausführung leistet insbesondere bei kleinen, wenig hohen Räumen unter Umständen gute Dienste. Zugerscheinungen lassen sich auf diese Weise auch bei erheblich unter den Raumtemperaturen liegenden Zulufttemperaturen vermeiden. Daß die Luftführungen in den Räumen jedoch nicht nur mit Rücksicht hierauf, sondern auch in bezug auf die Wirtschaftlichkeit anzuordnen sind, wurde bereits erwähnt[1].

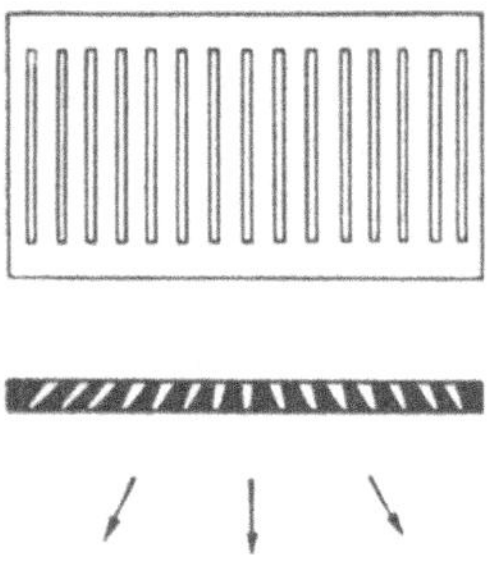

Abb. 74. Lotrechtes Zuluftgitter mit guter Luftverteilung[2].

Weniger gefährlich als das lotrechte ist das waagerechte Einblasen der Luft durch in den Seitenwänden angebrachte Öffnungen, nur muß man dafür sorgen, daß die Luft dabei nicht auf Hindernisse, wie Unterzüge usw., trifft und dadurch nach unten abgelenkt wird. Gewöhnliche, in die Wände eingesetzte Zuluftgitter, wie sie früher angewendet wurden, sind selten geworden, was zu begrüßen ist, weil sie nicht nur keine Zierde darstellten, sondern oft auch Veranlassung zu pfeifenden Geräuschen gaben und die Widerstände vermehrten[3]. Eine neuzeitliche Ausführungsform zeigt Abb. 74 (eine Anwendung Abb. 134). Sie befriedigt sowohl die Wünsche nach neuzeitlicher Raumgestaltung als auch die lufttechnischen Anforderungen, indem die Luft durch düsenartige Schlitze in guter Verteilung ausgeblasen wird[4].

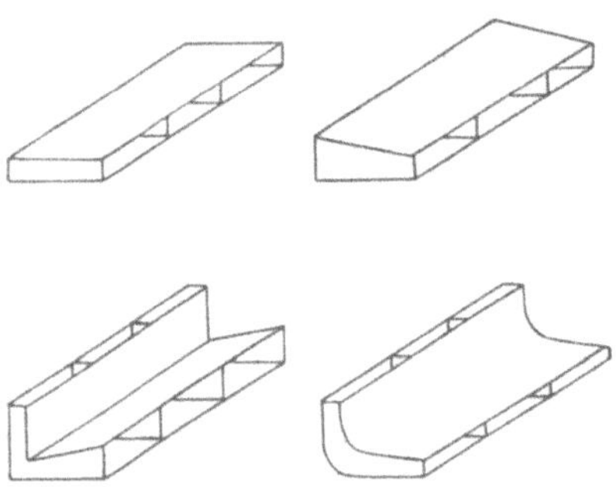

Abb. 75a—d. Luftausströmdüsen[2].

Zweckmäßig, und im allgemeinen auch den Architekten willkommen, sind *Luftkammern*, die sich über eine lange Strecke des zu lüftenden Raumes hinziehen und die Luft mit gleichmäßiger Geschwindigkeit durch niedrige, manchmal nur 1 bis 2 cm hohe Schlitze, austreten lassen. Es ist angezeigt, mit den Luftgeschwindigkeiten in diesen Luftkammern nicht auf über etwa 2,5 m/s zu gehen, während die Austrittsgeschwindigkeiten durch die Schlitze je nach den Raumverhältnissen bis zu 7 m/s betragen können. Zur Erzielung einer gleichmäßigen Luftausströmung über die ganze Kammerlänge ist die Austrittsgeschwindigkeit in den Schlitzen möglichst hoch, jedenfalls mindestens doppelt so groß zu halten wie die Luftgeschwindig-

[1] Vgl. diesbezügl. auch Brandi, O. H.: Neuzeitliche Klimageräte und ihr nachträglicher Einbau in bestehende Gebäude. Heizg. u. Lüftg. Bd. 12 (1938) Heft 11 S. 169/174.

[2] Entnommen aus Kienberger, M.: Aus der Praxis neuzeitlicher Lüftungstechnik. Installation 1937 Heft 2 S. 73/93.

[3] Krüger, W.: Bestimmung der Widerstandszahlen von Lüftungsgittern. Gesundh.-Ing. Bd. 62 (1939) Heft 1 S. 6/8.

[4] In bezug auf Luftgitter vgl. auch: Meixner, A.: Die Verwendung von Wurfgittern bei Lüftungsanlagen. Gesundh.-Ing. Bd. 61 (1938) Heft 50 S. 715/717. — Pryke, J. K. M.: Entwurf einer Luftzerstreuungsanlage. Heat. & Vent. Engr. Bd. 12 (1938) Heft 134 S. 52/56. Kurzbericht im Gesundh.-Ing. Bd. 61 (1938) Heft 51 S. 743. — Geiger, P. H.: Geräusche bei Luftströmung durch Lüftungsgitter. Heat. Pip. Air Condit. Bd. 8 (1936) Heft 11. Kurzbericht im Gesundh.-Ing. Bd. 60 (1937) Heft 19 S. 282. — Stewart, D. J.: Richtige Luftverteilung bei Luftkühlanlagen. Heat. & Vent. Bd. 36 (1939) Heft 10 S. 24/28. Kurzbericht in Wärme- u. Kältetechn. Bd. 42 (1940) Heft 3 S. 43.

keit in den Kammern. Diese Luftkammern werden meist bauseits ausgeführt, weshalb man hinsichtlich Innehaltung der vereinbarten Abmessungen (lichten Querschnitte, Schlitzhöhen usw.) auf die Gewissenhaftigkeit der Maurer angewiesen ist. Nachträgliche Richtigstellungen sind oft schwer, manchmal überhaupt nicht mehr durchführbar. Schlechte Erfahrungen in dieser Hinsicht haben dazu geführt, daß man in neuerer Zeit vielfach *Düsen* oder *Leitblechformen* aus verzinktem, 1 mm dickem Eisenblech einsetzen läßt. In den Abb. 75a bis d sind einige Formen derartiger Düsen und in den Abb. 76a bis c verschiedene Einbaumöglichkeiten wiedergegeben. Die Baulänge der Düsenstücke beträgt meist 0,5 m.

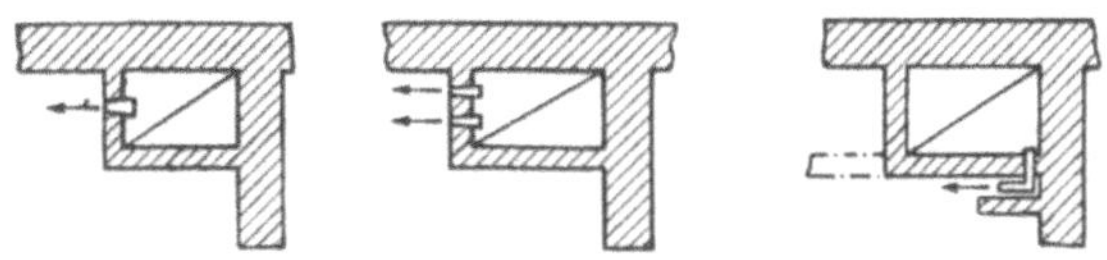

Abb. 76a—c. Verschiedene Einbaumöglichkeiten von Luftausströmdüsen[1].

Gleiche Luftkammern lassen sich auch für die Abluft erstellen, wobei man auf den Einbau von Blechdüsen jedoch meist verzichtet. Es genügen auch einfache Gitter, beispielsweise nach Abb. 77 mit überdeckten und daher nicht auffallenden Schlitzen oder sonst Öffnungen irgendwelcher Art, da beim Abströmen von Luft aus dem Raum, wenn die Luftgeschwindigkeit durch die Gitter etwa 3 m/s nicht übersteigt, keine Zugerscheinungen auftreten. Das rührt daher, weil die Luft von allen Seiten her zuströmt, und deshalb schon in geringen Entfernungen von den Gittern keine nennenswerten Luftströmungen mehr wahrnehmbar sind. Zudem hat die abgesaugte Luft Raumtemperatur, ist also warm.

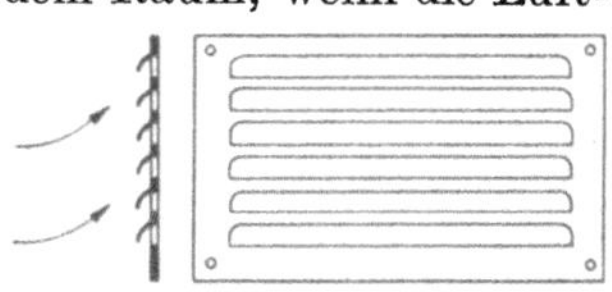

Abb. 77. Wenig auffallendes, gepreßtes Abluftgitter mit überdeckten Schlitzen[1].

Vor allem die Zu-, aber auch die Abluftgitter sollten, wenn immer möglich, nicht in den Fußboden gelegt, sondern lotrecht an Seitenwänden, Treppenstufen, Bankbrüstungen usw. angeordnet werden. Besteht keine Möglichkeit hierzu, so sind sie wenigstens an Bodenstellen, wo kein Verkehr herrscht, unterzubringen. Trotzdem gelangen dabei mehr Staub, Schmutz und Abfälle aller Art in die Kanäle hinunter, was den Anforderungen in gesundheitlicher Hinsicht wenig entspricht. Ganz verfehlt ist der immer wieder auftauchende Vorschlag, zur Bekämpfung von Zugerscheinungen durch Außentüren, Bodenzuluftgitter anzubringen. Die Eintretenden sind begreiflicherweise der Ansicht, daß es sich dabei um Schuheisen handle, an denen die Schuhe gereinigt werden sollen. Außerdem ist diese Lösung aber auch deswegen nicht empfehlenswert, weil man beim Überschreiten der Gitter von unten her in wenig angenehmer Weise angeblasen wird. Auch in diesen Fällen ist danach zu trachten, die Ausblaseöffnungen in die Seitenwände zu verlegen und durch geeignete Ausbildung derselben (Anwendung von Luftfächern usw.) Belästigungen zu vermeiden.

Wenn über Zugerscheinungen geklagt wird, so ist jeweils zu untersuchen, ob sie wirklich von der Lüftung herrühren oder ob es sich um Luftströmungen von kalten Decken, Außenmauern, Fenstern, hohlen Pfeilern usw. herunter handelt[2].

[1] Entnommen aus Kienberger, M.: Aus der Praxis neuzeitlicher Lüftungstechnik. Installation 1937 Heft 2 S. 73/93.

[2] Betr. Zugluft vgl. Gesundh.-Ing. Bd. 60 (1937) Heft 27 S. 434/435; ferner: Bradtke und Liese [27] S. 10/11.

Am häufigsten tritt lästiger Zug unter hohen Fenstern auf. Das ist z. B. in Kirchen (namentlich bei Fußbankheizung) eine bekannte Erscheinung. Diesem Übelstand kann begegnet werden, wenn die an den Scheiben niedersinkende Luft nach Abb. 78 links durch die Fensterbrüstungen kräftig abgesaugt wird oder indem man nach Abb. 78 rechts warme Luft an den Fenstern hochbläst. Die letztgenannte Lösung hat zudem die Vorteile, daß dadurch das Schwitzen der Scheiben verhindert wird und die Insassen, beispielsweise von in gleicher Weise gelüfteten Sälen, auch nicht unter Zug zu leiden haben, wenn die Zuluft zur Kühlung mit unter Raumtemperatur eingeblasen wird. Diese Ausführungsart wird daher zur Beheizung und Lüftung bzw. Klimatisierung von Versammlungsräumen, Bankettsälen usw. mit großen, hohen Fenstern in letzter Zeit vielfach und mit bestem Erfolg zur Anwendung gebracht. Genügen die Fensterbrüstungen zur Zuführung der erforderlichen Luftmenge nicht, so wird bisweilen auch noch Luft von den seitlichen Fensterstöcken her eingeblasen.

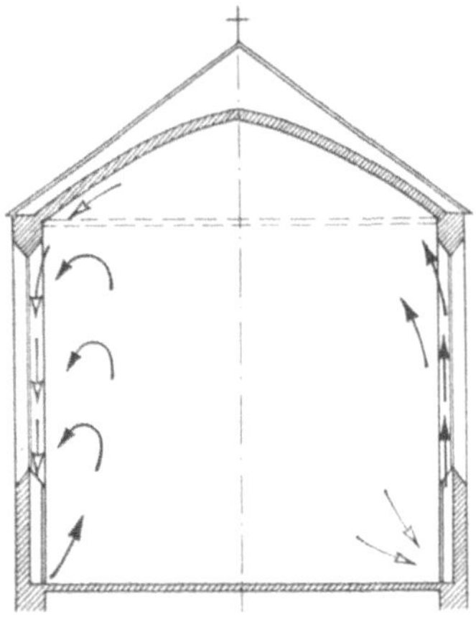

Abb. 78. Verhinderung von Zugerscheinungen unter den Fenstern, links durch Absaugen der an den Fenstern niedersinkenden kalten Luft, rechts durch kräftiges Einblasen hocherwärmter Zuluft von unten und nötigenfalls auch von den Fensterseiten.

Will man sich über die in den Räumen auftretenden Luftströmungen ein genaues Bild verschaffen, so kann das durch die *Rauchprobe* geschehen, indem man im Zuluftweg oder im Raum selber Rauch erzeugt und die Strömung desselben beobachtet. Zum gleichen Zweck kann auch *Titantetrachlorid* verwendet werden. 1 Deziliter genügt schon zur Untersuchung eines großen Raumes. Seine Anwendung ist einfach und die Wirkung nicht unangenehmer als diejenige der ebenfalls in Betracht kommenden *Ammoniakdämpfe*. Eine weitere Möglichkeit besteht in der Herstellung photographischer Aufnahmen unter Anwendung des Schlieren-Schatten-Verfahrens[1]. Handelt es sich nur darum, an einzelnen Stellen des Raumes, zufolge von Klagen über Zugerscheinungen, Stichproben vorzunehmen, so geschieht das am besten unter Benutzung des *Katathermometers*, mit dem es möglich ist, beliebig kleine Luftgeschwindigkeiten in kurzer Zeit genau festzustellen. Beim Vergleich der Ergebnisse mit Abb. 94 ergibt sich alsdann sofort, ob die betreffenden Zustände inner- oder außerhalb des Behaglichkeitsbereiches liegen, und ob in letzterm Fall zu tiefe Temperatur oder zu große Strömungsgeschwindigkeit oder beides für den unbefriedigenden Zustand verantwortlich zu machen ist. Die Luftfeuchte spielt dabei eine untergeordnete Rolle, sofern sie die in Abb. 94 ebenfalls angegebenen Grenzwerte nicht erheblich über- oder unterschreitet. Sie läßt sich durch ein Hygro- oder Psychrometer mit Leichtigkeit feststellen[2].

---

[1] Vgl. z. B. Bucerius, W.: Lüftungseinrichtungen. Verlauf der dabei auftretenden Strömungsvorgänge, dargestellt mit Hilfe von Schlieren-Schatten-Aufnahmen (Betriebsführung Jg. 17). München: Müller & Co. 1938, kurze Besprechung in Wärme- u. Kältetechn. Bd. 42 (1940) Heft 1 S. 16.

[2] Vgl. Hottinger, M.: Luftzustand und Behaglichkeit. Gesundh.-Ing. Bd. 61 (1938) Heft 39 S. 542/553.

V. Luftheizung.

1. Mit selbsttätigem Luftauftrieb.

Die Luftheizungen lassen sich in solche *ohne* und solche *mit* Lüfterbetrieb einteilen. Bei den erstern wird ein Luftheizofen durch Zu- und Abluftkanäle mit dem Raum verbunden. Solche Anlagen eignen sich z. B. zum Beheizen von ständig benutzten Kirchen und andern Großräumen. Der Ofen kann dabei unter, neben oder verkleidet in dem zu heizenden Raum aufgestellt werden. Im letztern Fall genügt das Anbringen von untern und obern Öffnungen in den Verkleidungen, damit die Luft aus dem Raum zum Ofen und von diesem erwärmt wieder in den Raum ausströmen kann.

Faßt man den Begriff „Luftheizung" etwas weit, so muß sogar jede Ofen- und Heizkörperheizung mit in den Räumen aufgestellten Öfen und Heizkörpern als Luftheizung bezeichnet werden, denn auch dabei steigt die erwärmte Luft auf, fließt den Abkühlungsflächen zu, sinkt an diesen nieder und strömt wieder zum Heizkörper zurück[1]. Je nach der gegenseitigen Lage der Heiz- und Abkühlungsflächen tritt dieser Kreislauf ausgeprägter oder weniger auffallend in die Erscheinung. Allerdings wird durch die Öfen und Heizkörper, sofern sie nicht verkleidet sind, auch Wärme durch Strahlung abgegeben, wenn auch lange nicht in dem Maß wie bei der seit dem Jahre 1918 in zunehmendem Umfang erstellten Deckenstrahlungsheizung[2], bei der nicht in erster Linie die Luft erwärmt, sondern die Wärmeabstrahlung des menschlichen Körpers durch die von der Decke ausgehenden Strahlung vermindert wird. Außerdem werden dadurch die Böden, Wände und alle im Raum befindlichen Gegenstände durch Bestrahlung erwärmt. Das hat zur Folge, daß die Temperaturen nicht nur der Decke, sondern auch des Bodens und der Wände höher als die Lufttemperaturen sind, während bei Ofen-, Heizkörper- und Luftheizung das Umgekehrte der Fall ist. Abb. 79 ist hierfür ein aufschlußreiches Beispiel. Es bezieht sich auf zwei nahezu gleich gebaute Schulhäuser, von denen das eine mit Decken-, das andere mit Heizkörperheizung versehen ist[3]. Daß der waage- und lotrechte Temperaturverlauf nicht nur bei Decken-, sondern auch bei Heizkörperheizung so gleichmäßig ist, hängt mit der vorbildlichen Aufstellungsart der Heizkörper zusammen.

Nach SKOKAN[4] sind in der ehemaligen Tschechoslowakei Gaststätten, Kaffeehäuser, Weinstuben usw. auch schon mit Strahlungsheizung und gleichzeitig mit Warmluftheizung ausgerüstet worden. Der Heizung wegen so weit zu gehen, erscheint allerdings nicht erforderlich, dagegen kann es sich zwecks Lüftung oder

---

[1] Vgl. z. B. MARLEY, W. G.: Bericht über einige Versuche im Wärmelaboratorium. J. Instn. Heat. & Vent. Engr. Bd. 6 (1939) Heft 71 S. 590/604. Kurzbericht im Gesundh.-Ing. Bd. 62 (1939) Heft 34 S. 522.

[2] Vgl. z. B. HOTTINGER, M.: Fußnote *, S. 39. Hinsichtlich Bedeutung der Wandtemperaturen vgl. CAMMERER, I. S.: Die Temperatur der innern Wandoberfläche und ihre Bedeutung für den zulässigen Mindestwärmeschutz von Mauern und für Deckenheizung. Heizg. u. Lüftg. Bd. 13 (1939) Heft 3 S. 39/43.

[3] HOTTINGER, M.: Fußnote 2, S. 20.

[4] SKOKAN, V.: Entwicklung und gegenwärtiger Stand der Strahlungsheizung in der ehemaligen Tschechoslowakei. Gesundh.-Ing. Bd. 62 (1939) Heft 28 S. 392/394.

Entwärmung gewisser Räume empfehlen, sie außer mit Deckenheizung auch mit Lüftungs- bzw. Klimaanlagen zu versehen[1].

Wird Wand- oder Fußboden- statt Deckenheizung ausgeführt, so entsteht ein Mittelding zwischen reiner Strahlungsheizung und der vorstehend erwähnten, von den in den Räumen stehenden Öfen oder Heizkörpern ausgehenden Luftheizung, indem hierbei ebenfalls eine ziemlich starke Luftbewegung auftritt.

Handelt es sich um die Aufstellung eigentlicher Luftheizöfen außerhalb der zu heizenden Räume, so sollten die Anlagen derart ausgeführt werden, daß eine Erwärmung der Luft auf höchstens 40 bis 50° erforderlich ist. Genügt diese zu

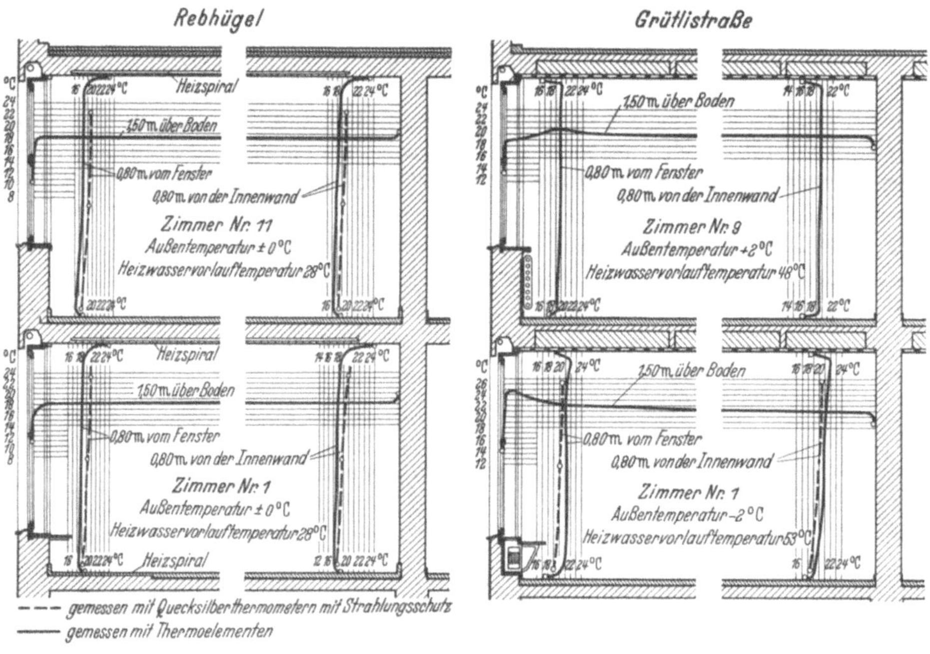

Abb. 79. Im Februar und Dezember 1938 festgestellte Temperaturverteilung: Links in dem mit Deckenheizung ausgestatteten Schulhaus auf dem Rebhügel, rechts in dem mit Heizkörperheizung versehenen an der Grütlistraße in Zürich.

enger Kanalquerschnitte wegen nicht und muß die Zuluft zwecks Erhöhung des Auftriebes auf 60 bis 80° erwärmt werden, so ergeben sich in den Räumen große Temperaturunterschiede, indem die übermäßig erwärmte Luft in erster Linie an die Decke hinaufsteigt. Dadurch treten gleichzeitig größere Wärmeverluste und damit Brennstoffverbrauche auf.

Zu warnen ist ferner vor den für Mehrzimmerwohnungen und ganze Wohnhäuser immer wieder empfohlenen Schwerkraftluftheizungen, die, namentlich bei Windanfall, leicht zu ungleichmäßiger Erwärmung der Zimmer führen. Durch den Einbau von Lüftern kann dem zwar bis zu einem gewissen Grade begegnet werden. Weiter treten bei nicht ganz sorgfältiger Ausführung aber auch Schallübertragungen durch die Kanäle auf und, sofern mit Umluft gearbeitet wird, Geruchübertragungen (z. B. von Tabakrauch) von einzelnen Zimmern in die

[1] Vgl. z. B. Hottinger, M.: Fußnote 1, S. 51.

andern. Unter Verwendung von Frischluft ist es allerdings möglich, diesem letztgenannten Übelstand nicht nur zu begegnen, sondern die Räume ausgiebig zu lüften, doch führt das zu erheblich höhern Betriebsauslagen.

Beispiel. Der Wärmebedarf eines mit Luftheizung versehenen Einfamilienhauses betrage bei der durchschnittlichen Winteraußentemperatur des betreffenden Ortes von 4⁰ 10000 kcal/h. Die Heizluft habe den Räumen dabei mit 35⁰ zuzuströmen und kühle sich auf 18⁰ ab. Bezogen auf 18⁰ ist somit eine Luftmenge erforderlich von

$$L = \frac{10000 \cdot 1{,}066}{0{,}31 \cdot (35 - 18)} = 2020 \text{ m}^3/\text{h},$$

die bei Frischluftbetrieb von 4⁰ an zu erwärmen ist, so daß sich ein Wärmeaufwand von

$$Q_h = \frac{2020 \cdot 0{,}31 \cdot (40 - 4)}{1{,}066} = 21200 \text{ kcal/h}$$

und damit ein Raumwirkungsgrad von $\frac{10000 \cdot 100}{21200} = 47$ vH ergibt.

Ist außerdem der Kesselwirkungsgrad 70 vH und der Wirkungsgrad der Heizleitungen und Kanäle 80 vH, so beträgt der Gesamtwirkungsgrad der ganzen Anlage nur

$$47 \cdot 0{,}7 \cdot 0{,}8 = 26{,}3 \text{ vH}.$$

Wird statt dessen mit Umluft geheizt, so weist die Anlage einen Raumwirkungsgrad von 100 vH und einen Gesamtwirkungsgrad von 56 vH auf, der Brennstoffverbrauch ist dabei also nur halb so groß wie bei Frischluftheizung.

Außerdem ist auch noch zu beachten, daß die Beschaffenheit der Luft bei ihrer Berührung mit den vielfach hocherhitzten Heizflächen der Feuerluftöfen leidet und außerdem die Gefahr besteht, daß bei deren Undichtwerden Rauchgase in die Luftkanäle und damit in die Räume hinauf gelangen. Immerhin können derartige Luftheizungen für Wochend-, Ferien-, Ski- und ähnliche Häuser, wo Einfriergefahr vermieden werden muß, keine hohen Anforderungen an die Wohnbehaglichkeit gestellt werden und außerdem auf geringe Anschaffungskosten geachtet werden muß, in Frage kommen.

2. Mit Lüfterbetrieb.

Wirksamer lassen sich die Luftheizungen durch den Einbau von Lüftern zur zwangsweisen Umwälzung der Luft gestalten. Bei Räumen, die nur hie und da benutzt werden, kann dadurch die Anheizzeit erheblich abgekürzt werden und zudem ergibt sich eine gleichmäßigere Temperaturverteilung in den Räumen. Beides trägt nicht unwesentlich zur Erhöhung der Betriebswirtschaftlichkeit bei[1]. Auch in diesen Fällen können Feuerluftöfen zur Erwärmung der Luft benutzt werden, ebensogut aber auch warmwasser- oder dampfbeheizte Lufterhitzer, wodurch die Anlagen sich von den vorstehend beschriebenen Lüftungsanlagen nur dadurch unterscheiden, daß die Zuluft mit höheren Temperaturen (40 bis 50, statt nur rd. 20⁰) in die Räume eingeblasen wird und die Anlagen mit Um- statt mit Frischluft betrieben werden. Daß bei Warmwasser- oder Dampfluftheizung jeder Brennstoff, der sich in Warmwasser- oder Dampfheizkesseln verfeuern läßt, verwendbar ist, ist selbstverständlich. Feuerluftöfen sind auch

[1] Vgl. z. B. GRÖBER, H., und W. SIELER: Wärmebedarfsberechnung von Kirchen. Beihefte zum Gesundh.-Ing. Reihe I Heft 35. München und Berlin 1935.

für Gas-, Öl- und Holzfeuerung erhältlich[1]. Letztere werden z. B. zur Beheizung der Kirchen holzreicher Gemeinden oft verwendet. Die Abb. 80 und 81 sind zwei Ausführungsbeispiele. Zur Benutzung elektrischer Energie werden neuerdings auch Hochtemperatur-Elektrowärmespeicher hergestellt, die durch billigen Nacht- und Abfallstrom erwärmt und beim Heizen der Räume durch Hindurchblasen eines Teiles der umgewälzten Luft entladen werden. Solche Speicher haben die Vorteile, daß mit verhältnismäßig geringen Anschlußwerten ausgekommen wird und die Wärmebedarfs- und Energielieferzeiten nicht zusammenzufallen brauchen. Steht billiger Tagstrom in genügender Menge zur Verfügung, so können selbstverständlich, wie das unter Ab-

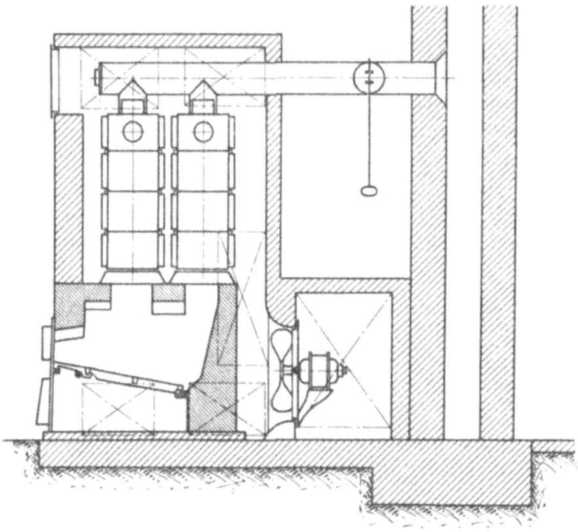

Abb. 80. Feuerluftofen für Holzfeuerung.

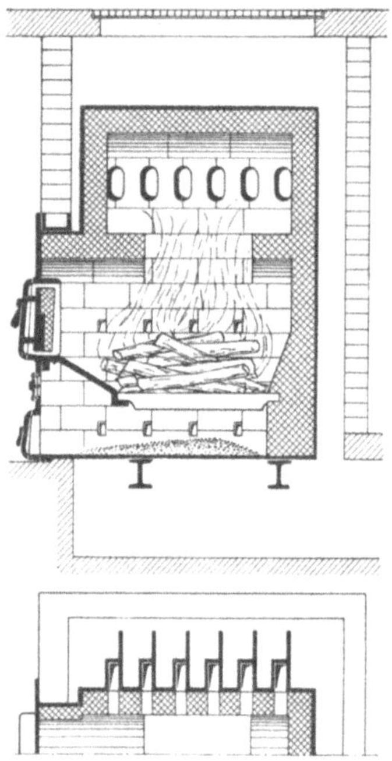

Abb. 81. Feuerluftofen für Holzfeuerung.

schnitt IV 3 e) in bezug auf Lüftungsanlagen bereits ausgeführt wurde, auch gewöhnliche elektrische Heizwiderstände in die Luftwege eingebaut werden.

Besteht außer dem Heiz- zeitweise auch Lüftungsbedürfnis, so kann diesem durch Anbringen eines Frisch- und nötigenfalls Abluftkanals sowie der erforderlichen Umstellklappen entsprochen werden. Abb. 82 stellt beispielsweise eine mit einer einfachen Luftheizung versehene Kirche dar. Wird die Umluft eingeschränkt oder ganz unterbunden und dem Lüfter dafür Außenluft zugeführt, so kann die Anlage auch zum Durchlüften der Kirche und im Frühjahr, wenn es im Freien wärmer als im Kircheninnern ist, sogar zum Heizen mit Außenluft benutzt werden. Dabei entsteht in der Kirche gleichzeitig Überdruck, der dem Eindringen von Außenluft durch die Undichtigkeiten der Umfassungswände und damit der Entstehung von Zugerscheinungen bei kalten Außentemperaturen entgegenwirkt.

[1] Vgl. z. B. Krüger, W.: Öfen für Warmluftheizung. Z. VDI Bd. 83 (1939) Heft 38 S. 1069/1070. Kurzbericht im Gesundh.-Ing. Bd. 62 (1939) Heft 50 S. 711. — Mutrux, M.: Gasheizung für große Räume durch künstliche Luftumwälzung mit besonderer Berücksichtigung einiger Ausführungsbeispiele. Monatsbull. schweiz. Ver. Gas- u. Wasserfachm. Bd. 18 (1938) Heft 6 S. 122/129. Kurzbericht im Gesundh.-Ing. Bd. 61 (1938) Heft 48 S. 698/699.

So einfache Anlagen wie die in Abb. 82 dargestellte haben sich in sehr vielen Fällen aufs beste bewährt. Trotz der kurzen Kanäle und der daher nah beieinanderliegenden Luftein- und -austrittsöffnungen sind im Innern derart beheizter Kirchen nur geringe Temperaturunterschiede feststellbar, weil die warme Luft allen Abkühlungsstellen selbsttätig zuströmt. Immerhin sind bisweilen doch längere Kanäle erwünscht, beispielsweise wenn zur Vermeidung von Zugerscheinungen warme Luft in die Nähe der Eingangstüren geführt oder, wie unter Abschnitt IV 3 i) erwähnt, an den Fenstern hochgeblasen werden soll. Auch empfiehlt es sich, zur Herbeiführung eines bessern Temperaturausgleiches Luft aus den Orgelgehäusen abzusaugen, weil dadurch dem Verstimmen der Orgeln entgegengewirkt wird[1]. Daß bei der Ausführung langer Kanäle, insbesondere wenn sie im Boden liegen, ihrer Abdämmung besondere Aufmerksamkeit zu schenken ist, ist mit Rücksicht auf die hohen Zulufttemperaturen selbstverständlich.

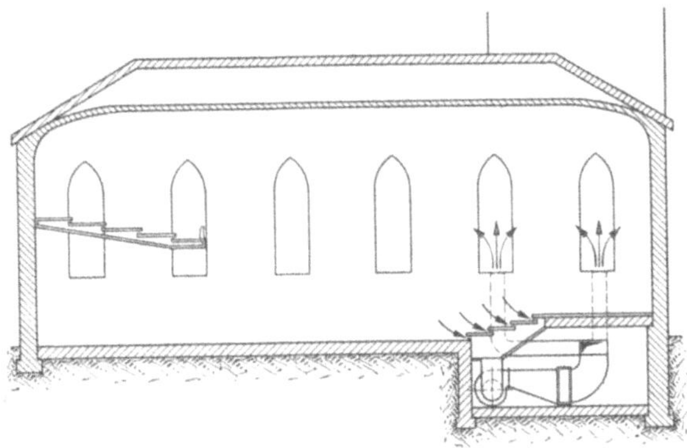

Abb. 82. Kirche mit einfacher Luftheizung.

Derartige Luftheizungen mit zentraler Erwärmung der Luft eignen sich außer für Kirchen auch gut für Konzertsäle, Theater, Lichtspielhäuser, Ausstellungshallen und andere Großräume, in denen der Raumgestaltung wegen nichts von den Anlagen zu sehen sein soll oder kein Platz für örtliche Heizkörper bzw. Einzellufterhitzer vorhanden ist, namentlich wenn außer dem Heiz- auch Lüftungsbedürfnis besteht[2]. U. a. sind die im Frühjahr 1938 eröffneten Hallen 20 und 21 A der Technischen Messe in Leipzig so beheizt[3]. Die Erwärmung der Luft erfolgt daselbst in Lufterhitzern, die aus gasbeheizten schmiedeisernen Rippenrohren bestehen.

In diesen Fällen sind längere Luftverteil- und Sammelkanäle nicht zu umgehen, Abb. 67 zeigt z. B., wie Luft durch die Stirnseite der Galerie eines Theaters ausgeblasen und zwecks gleichmäßiger Durchwärmung und vor allem Durchlüftung des Zuschauerraumes sowohl durch die Galeriestufen, als an mehreren Stellen über Saalboden und im Orchesterraum abgesaugt wird. In gleicher Weise wird Luft auch oben ins Bühnenhaus eingeblasen und über Boden abgesaugt, was außer zur Heizung und Lüftung erforderlich ist, um auf der Bühne die gleichen Druckverhältnisse wie im Zuschauerraum herbeizuführen und dadurch ein Ausbauchen des Vorhanges zu verhindern. Derart viele Zu- und Abluftöffnungen bedingen natürlich weitverzweigte Kanalnetze.

---

[1] Vgl. HOTTINGER, M.: Fußnote 1, S. 26, ferner den Abschnitt über Kirchen, in: KÄMPER, HOTTINGER und v. GONZENBACH: [18].

[2] Vgl. z. B. HOTTINGER, M.: Fußnoten 2, S. 92 und 1, S. 60.

[3] ROGGE, O.: Die Heizungsanlagen für die Hallen 20 und 21 A der Technischen Messe in Leipzig. Heizg. u. Lüftg. Bd. 13 (1939) Heft 3 S. 43/45.

3. Unter Verwendung von Einzellufterhitzern.

Wie zum Lüften, so verwendet man auch zum Heizen „*Einzellufterhitzer*", die an den Wänden, Pfeilern oder der Dachkonstruktion des zu heizenden Raumes befestigt, mittels Warmwasser, Dampf oder Gas beheizt und nach Bedarf in Betrieb gesetzt werden. Sie sind vor allem in Werkstätten, Rüst- und Ausstellungshallen, Großkraftwagen- und ähnlichen Räumen anzutreffen. Ihre Ausführungsart ist sehr verschieden. Abb. 29 zeigt ein Beispiel. Das dargestellte Gerät kann je nach der Klappenstellung sowohl zum Heizen als zum Lüften verwendet werden. Weiter veranschaulicht Abb. 83 eine an der Decke angeordnete Bauart, wie sie für hohe Hallen in Betracht kommt (Ausführungsbeispiel: Gießereigebäude der Fischer A. G. der Eisen- und Stahlwerke vorm. G. Fischer, Schaffhausen). Die Luft wird dabei entweder durch seitliche Öffnungen aus dem Raum oder von oben herunter aus dem Freien angesaugt, durch einen Heizkörper erwärmt und zufolge eines unten angebrachten Tellers seitlich kegelförmig ausgeblasen. Bei geringen Raumhöhen ist diese Anordnung der leicht auftretenden Zugerscheinungen wegen jedoch nicht zu empfehlen.

Abb. 83. Einzellufterhitzer an der Decke einer hohen Halle.

Abb. 84 gewährt einen Blick in die Dieselmotor-Rüsthalle der Firma Gebrüder Sulzer A. G. in Winterthur. Wie ersichtlich, besteht die Heizung daselbst aus den an den Außenwänden entlang laufenden Heizrohren und darüber angeordneten Einzellufterhitzern. Diese Verbindung ermöglicht einen sehr wirtschaftlichen Betrieb, indem die so beheizten Räume durch die unmittelbar wirkende Heizfläche ständig temperiert werden und sich auf die Benutzungszeit hin durch die Einzellufterhitzer rasch hochheizen lassen. Auch dem augenblicklichen Einfluß des Windes, der Sonne usw. kann bei dieser Heizart durch Inbetriebsetzen oder Stillegen einzelner Heizgeräte vorzüglich begegnet werden. Die gleiche Ausführungsart gelangte auch in der Werftanlage der A. G. für Dornierflugzeuge in Altenrhein zur Anwendung[1]. Das dortige Hauptgebäude umfaßt 19 Einzel-

[1] Vgl. Bautechn. 1927 Heft 34.

lufterhitzer mit einer Gesamtleistung von 2500000 kcal/h, während die unmittelbare Heizung 1000000 kcal/h zu liefern vermag.

Abb. 84. Dieselmotor-Rüsthalle der Firma Gebrüder Sulzer A.-G., Winterthur, mit Heizrohren und Einzellufterhitzern an den Außenwänden.

Wieder eine andere Anordnung zeigt Abb. 85. Es handelt sich um die 3500 m^3 Rauminhalt aufweisende Gerätehalle der im Jahr 1937 in Betrieb gekommenen

Abb. 85. Gerätehalle der neuen Brandwache in Zürich mit lotrecht stehenden Heizregistern und Einzellufterhitzern, die die Luft durch hinter den Heizregistern liegende Kanäle vom Boden her ansaugen und oben erwärmt ausblasen.

Brandwache der Stadt Zürich[1]. In bezug auf die Heizung wurde verlangt, daß

[1] Hottinger, M.: Die Lüftungsanlagen im neuen Brandwachegebäude der Stadt Zürich. Schweiz. Techn. Z. (1937) Heft 44 S. 649/652.

die Temperatur in der Gerätehalle stets mindestens 15° zu betragen habe, damit die Motoren zum Ausfahren warm sind und nicht erst durch längeres Laufenlassen aufgewärmt werden müssen. Man hat daher auch hier zur ständigen Temperierung der Halle Heizröhren vorgesehen, sie in dem Fall aber lotrecht an den Pfeilern befestigt und außerdem Einzellufterhitzer eingebaut, die die Luft vom Boden her durch hinter den Heizregistern liegende Kanäle ansaugen und nach der Erwärmung oben ausblasen. Auf diese Weise ist es möglich, nach dem Öffnen der großen Tore die gewünschte Raumtemperatur auch im kalten Winter in wenigen Minuten wieder zu erreichen. Zudem wird dadurch eine sehr gleichmäßige Temperaturverteilung im Raum erzielt. Frischluftzufuhr durch diese Geräte ist nicht vorgesehen, da die weitgehenden Ansprüche an die Lüftung eine besondere Lüftungsanlage erforderlich machten (vgl. Abschnitt VII 7).

In Ausnahmefällen sind auch schon gasbeheizte Einzellufterhitzer in Großräumen aufgestellt worden. Das ist z. B. der Fall in einer der Basler Mustermessehallen. Die 10 daselbst an den Außenwänden untergebrachten Lufterhitzer weisen eine Luftförderung von zusammen 100000 m³/h und eine Heizleistung von 850000 kcal/h auf. Selbstverständlich erfordern derartige Geräte zur Abführung der Verbrennungsgase ins Freie führende Abzüge mit Zugunterbrechern. Die Betriebskosten stellen sich, wenn nicht ausnahmsweise billiges Gas erhältlich ist, höher als bei der üblichen Beheizung mit Warmwasser oder Dampf, was aber in manchen Fällen, z. B. wenn solche Hallen nur in den Übergangszeiten während kurzer Zeit benutzt werden, ohne große Bedeutung ist.

Über die Möglichkeit der selbsttätigen Regelung der Luftheizungen vgl. Abschnitt VI 2 a) β). Selbstverständlich ist es auch möglich, zu Luftheizzwecken aufgestellte Einzellufterhitzer selbsttätig zu regeln[1]. In dieser Hinsicht kommen auch Sonderausführungen zur Anwendung, beispielsweise in dem Sinn, daß zur Vermeidung zu kalter Raumtemperaturen, vielleicht sogar von Einfriergefahr, beim Unterschreiten gewisser Temperaturen Lüfter mit elektrischen Heizkörpern selbsttätig eingeschaltet und nach Erreichung einer obern Temperaturgrenze selbsttätig wieder ausgeschaltet werden.

Bereits erwähnt wurden die auch in kleineren Räumen manchmal aufgestellten Lüftergeräte [Unit Vents, vgl. Abschnitt IV 3 h)], die bei Umluftbetrieb natürlich auch zum Heizen benutzt werden können. In neuerer Zeit verwendet man in Amerika solche Geräte (Unit Heaters) sogar sehr viel. Eine eigenartige derartige Bauart unter Verwendung eines gewöhnlichen mit festen Brennstoffen befeuerten Ofens, eingebauter Heizschlange und aufgesetztem Lüfter mit von der Heizschlange des Ofens aus betriebenem Lufterhitzer beschreibt STRAMMINGER[2]. Ferner gibt es Ausführungen, die außer zum Heizen und Lüften auch zum Entnebeln oder Befeuchten dienen (vgl. z. B. die Abb. 125 und 132) sowie auch Klimageräte, die statt zum Heizen zum Kühlen der Räume bestimmt sind. Hierauf wird weiter unten eingetreten werden.

---

[1] Vgl. z. B. v. HOLBACH, P.: Selbsttätige Regelung von Luftheizapparaten. Gesundh.-Ing. Bd. 62 (1939) Heft 3 S. 35/36.

[2] STRAMMINGER, W.: Der Einzelheizofen, seine Verwendung für die Belüftung von Wohn- und Aufenthaltsräumen. Gesundh.-Ing. Bd. 60 (1937) Heft 39 S. 595/597.

4. Unter Verwendung von Wärmepumpen.

Muß aus irgendeinem Grunde zur Erwärmung der Luft ausschließlich oder doch zum größten Teil elektrische Energie verwendet werden oder handelt es sich darum, die Räume durch Luftheizung zu heizen, außerdem zu lüften und im Sommer, in Ermangelung von genügend kaltem Kühlwasser, mittels Kältemaschinen zu kühlen, so kann die Aufstellung von Wärmepumpen in Frage kommen. Da derartige Anlagen jedoch hohe Erstellungskosten aufweisen, ist ihre Wirtschaftlichkeit unter Berücksichtigung nicht nur der Betriebsauslagen, sondern auch des Kapitaldienstes jeweils von Fall zu Fall zuerst zu prüfen. Die Unterlagen dazu sind heute alle vorhanden.

Grundsätzlich wurde die Verwendungsmöglichkeit der Wärmepumpe zur Heizung und Kühlung von Gebäuden schon im Jahre 1852 von dem englischen Physiker *Lord* KELVIN[1] angegeben[2]. Sie dient dazu, Wärme, die infolge zu tiefer Temperatur nicht verwendbar ist, auf eine höhere, nutzbare Temperaturstufe „hinaufzupumpen"; daher der Name. Die Anwendungsmöglichkeiten der Wärmepumpe sind mannigfach. Hier ist nur auf ihre Verwendung zur Raumheizung und -kühlung einzutreten.

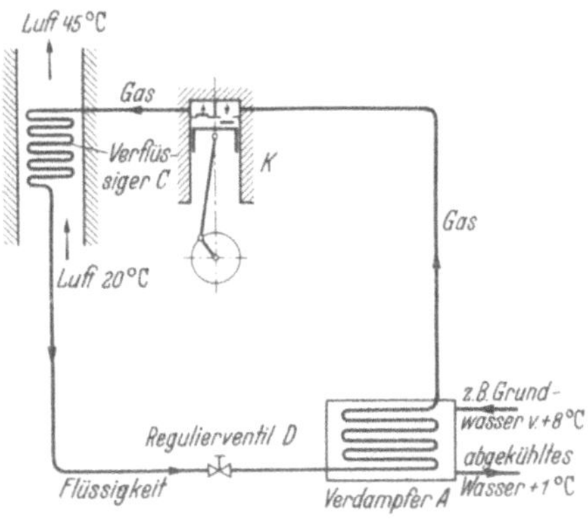

Abb. 86. Anlage zur Lufterwärmung unter Verwendung einer Kältemaschine *K* als Wärmepumpe.

Eine Luftheizanlage mit Wärmepumpe ist durch Abb. 86 gekennzeichnet. Sie weist einen Verdampfer *A* auf, in dem ein stark abgekühlter, gasförmiger Wärmeträger aus Grund-, See-, Fluß- oder warmem Abwasser (etwa eines Schwimmbades), warmer Abluft oder sonst irgendwoher Wärme aufnimmt. Der Entzug aus Fluß- oder Seewasser ist zwar nicht sehr günstig, weil es sich im Winter stärker abkühlt als z. B. Grundwasser, was zur Folge hat, daß gerade beim größten Wärmebedarf auch der größte Unterschied zwischen Wärmespeicher- und Nutzwärmetemperatur zu überwinden ist. Und noch ungünstiger gestalten sich die Verhältnisse in dieser Hinsicht, wenn die Wärme, wie das versuchsweise auch schon geschehen ist, der Außenluft entnommen wird, sofern nicht für die kälteste Zeit eine Zusatzheizung besteht oder bei warmen Außentemperaturen genügend Wärme aufgespeichert und an den kältesten Wintertagen von der Wärmepumpe herangezogen wird. In einem Verdichter, z. B. einer gewöhnlichen, jedoch in umgekehrten Sinn arbeitenden Kältemaschine *K*, wird der Wärmeträger dann auf höheren Druck und dadurch auf eine höhere Temperatur gebracht, darauf im Verflüssiger *C* unmittelbar durch die zu erwärmende Luft oder mittelbar durch das Heizwasser gekühlt und dadurch verflüssigt, worauf er das Regelventil *D* unter Vergasung durchströmt und sich dabei so stark abkühlt, daß er,

[1] Geb. 26. Juni 1824 in *Belfast*, gest. 17. Dez. 1907 in *London*, 1846—1899 Professor in *Glasgow*.

[2] Heating and Cooling of Buildings by Means of Currents of Air, Glasgow. Phil. Soc. Proc. 3. Dez. 1852.

in den Verdampfer *A* zurückgekehrt, imstande ist, wieder Wärme aufzunehmen, worauf der Kreislauf von neuem beginnt.

Früher war es üblich, als Wärmeträger, wie bei den gewöhnlichen Kältemaschinenanlagen in Bierbrauereien usw., Ammoniak (NH_3), Schwefeldioxyd (SO_2), Methylchlorid (CH_3Cl) oder Kohlendioxyd (CO_2) zu benutzen, in welchen Fällen man aber vorzog, die Kühlung mittelbar durch gekühltes Wasser oder Sole vorzunehmen. Neuerdings ist man bei Wärmepumpenanlagen zu Heiz- und Kühlzwecken hauptsächlich auf Freon (Dichloridfluormethan CF_2Cl_2) übergegangen, weil es geruchlos, giftfrei und druckbeständig ist. Sein Raumgewicht ist 1,4 kg/dm^3, die Verdampfungswärme bei 0^0 37 kcal/kg, der absolute Verdampferdruck z. B. bei -7^0 2,5 kg/cm^2, bei 0^0 3,15 und bei 65^0 18 kg/cm^2. Anderseits ist es nach TAMM[1] im Gegensatz zu Ammoniak feuchtigkeitsempfindlich und neigt zur Bildung von Verstopfungen, verlangt größere Zylinderabmessungen und doppelte Kühlflächen, dringt seiner Flüchtigkeit wegen durch die feinsten Poren und kostet das Mehrfache von Ammoniak. Ferner kommen Dielin ($C_2H_2Cl_2$), Carrene (CH_2Cl_2) und Carrene Nr. 2 ($CHFCl_3$) in Frage[2].

An Stelle von Kolben- können natürlich auch Absorptionskältemaschinen verwendet werden.

Eine besonders interessante Wärmepumpe ist von der Interessengemeinschaft *Fernheizkraftwerk der Eidgen. Techn. Hochschule Zürich, Brown Boveri A. G., Baden*, und *Gebrüder Sulzer A. G., Winterthur*, entwickelt und erstmals zur Klimatisierung des Gartensaales im neuen Kongreßgebäude in Zürich zur Anwendung gebracht worden (im Betrieb seit Juni 1939). Statt mit einem der vorstehend genannten Kälteträger arbeitet sie mit Luft (d. h. nicht als Kaltdampf-, sondern als Luftwärmepumpe), und zudem wird nach besonderem Verfahren der Druck unmittelbar zwischen dem Entspannungs- und dem Verdichtungsvorgang übertragen und dadurch ein verhältnismäßig hoher Wirkungsgrad erzielt[3].

Der sich in den Wärmepumpenanlagen abspielende (verlustlos gedachte) Vorgang entspricht dem umgekehrten Carnotschen Kreisprozeß. Die Leistungsziffer ist

$$\varphi = \frac{Q_1}{Q_1 - Q_2} = \frac{Q_1}{A \cdot L} = \frac{T_1}{T_1 - T_2},$$

wenn bedeutet:

Q_1 die dem Heizmittel (d. h. der Luft bei Luftheizung bzw. dem Wasser bei Warmwasserheizung) zugeführte Wärme, d. h. die Nutzwärme in kcal/h.

Q_2 die dem Wärmespeicher entzogene Wärme, d. h. der Wärmegewinn in kcal/h.

$Q_1 - Q_2 = A \cdot L$ die theoretisch von der Antriebsmaschine geleistete Arbeit in kcal/h.

T_1 die absolute Temperatur des Heizmittels in ^{0} C.

T_2 die absolute Temperatur des Wärmespeichers in ^{0} C.

---

[1] TAMM, W.: Allgemeine Übersicht über den gegenwärtigen Stand der Klimatechnik. Verein zur Beförderung des Gewerbefleißes von 1821, Berlin, Sitzung vom 15. Mai 1939. Bericht in Wärme- u. Kältetechn. Bd. 41 (1939) Heft 11 S. 168.

[2] Näheres hierüber siehe RYBKA, K. R.: [13].

[3] Vgl. Schweiz. Bauztg. Bd. 114 (1939) Heft 1 S. 11/13. Kurzbericht im Gesundh.-Ing. Bd. 62 (1939) Heft 36 S. 551. Ferner: BAUER, B.: Die Entwicklungsarbeit der ETH. an

Man erkennt daraus, daß φ nicht allein vom Temperaturgefälle $T_1 - T_2$, sondern auch vom Absolutwert der Temperatur T_1 des Heizmittels abhängt. Bei gleichbleibender Wärmespeichertemperatur T_2 nimmt die Leistungsziffer mit abnehmender (mittlerer) Heizmitteltemperatur T_1 zu. Handelt es sich z. B. um den Entzug der Wärme aus Grundwasser von z. B. 8°, also um $T_2 = 281°$ und die Erwärmung der Luft einer Lüftungsanlage auf 22°, also auf $T_1 = 295°$, so wird $\varphi = \frac{295}{295 - 281} = 21$. Muß die Luft dagegen in einer Luftheizung auf 45° erwärmt werden, so ergibt sich φ zu nur noch $\frac{318}{318 - 281} = 8{,}6$ und ist schließlich das Wasser einer Warmwasserheizung auf 60° zu erwärmen, so sinkt φ sogar auf $\frac{333}{333 - 281} = 6{,}4$. Muß dagegen in einem Schwimmbad die Wärme nur von 25 auf 30° gehoben werden, so ergibt sich φ zu $\frac{303}{303 - 298} = 61$. Die Raumheizung mit Warmwasserheizung schneidet also rund 10mal schlechter ab als das Schwimmbad, obschon die Heizwasservorlauftemperatur nur zu 60° angenommen worden ist. Schon aus diesen wenigen Zahlen geht deutlich hervor, wie sehr verschieden die Fälle für die Eignung der Wärmepumpe in wirtschaftlicher Hinsicht liegen. Übersichtshalber sind in Abb. 87 die Leistungsziffern φ für Temperaturen des Heizmittels $t_1 = 20$ bis 80° und Wärmespeichertemperaturen $t_2 = 0$ bis 20° zeichnerisch aufgetragen.

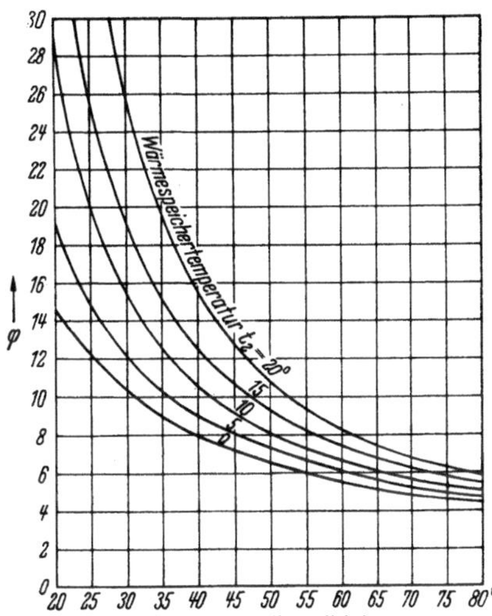

Abb. 87. Die Leistungsziffern φ für verschiedene Temperaturen des Heizmittels t_1 und Wärmespeichertemperaturen t_2.

Der Vollständigkeit halber sei noch auf folgendes hingewiesen: Dienen zur Raumheizung zwei Heizquellen, also z. B. eine Wärmepumpe für die milde Zeit des Winters und außerdem ein mit elektrischer Energie, z. B. Nacht- oder Abfallstrom, beheizter Speicher oder ein mit Brennstoff betriebener Kessel als Zusatzheizung, so ist es möglich, durch die Wärmepumpe weitaus den größten Teil des Heizwärmebedarfes zu decken, auch wenn ihre Leistung nur einem verhältnismäßig geringen Anteil am Höchstwärmebedarf der Gesamtanlage entspricht. In dem Aufsatz „*Die Belastungskurven der Raumheizungen*"[1] habe ich nachgewiesen, daß für das ganze Gebiet der Schweiz mit seinen außerordentlich ungleichen Klimaverhältnissen die in Zahlentafel 18 angegebenen Zusammenhänge bestehen.

---

der Luftwärmepumpe. Neue Zürcher Zeitung vom 1. Nov. 1939, Beilage Technik, sowie Bauer, B., unter Mitarbeit von B. W. Bolomey: Die elektrische Erzeugung von Wärme und Kälte in Klimaanlagen vermittels der Wärmepumpe. Mitteilung aus Betrieb und Forschung des Fernheizkraftwerkes der E. T. H. in Zürich. Elektrizitätsverw. 1939/40 Heft 9/10.

[1] Gesundh.-Ing. Bd. 61 (1938) S. 759/766.

Zahlentafel 18. Leistungsanteile der Hauptheizung am gesamten jährlichen Heizwärmebedarf bei verschiedenen Belastungsanteilen der Hauptheizung am Höchstwärmebedarf der Gesamtheizung.

Belastungsanteil der Hauptheizung am Höchstwärmebedarf der Gesamtanlage vH	Leistungsanteil der Hauptheizung am gesamten jährlichen Heizwärmebedarf bei 18 bzw. 20° Innentemperatur und 10 bzw. 12° Heizgrenze vH
20	46
30	65
40	80
50	91
60	97

Die Werte decken sich mit den von HOLGER A. LUNDBERG für Schweden festgestellten[1].

Erstellt man die Wärmepumpe also z. B. nur für die Hälfte der erforderlichen Höchstleistung der Heizanlage, so vermag sie dennoch 91 vH des gesamten jährlichen Heizwärmebedarfes zu übernehmen, während die Zusatzheizung nur 9 vH aufzubringen hat. Bei weniger hoch zu erwärmenden Gebäuden, z. B. auf nur 12° zu heizenden Werkstätten, sind die Leistungsanteile sogar noch höher, und ebenso, wenn die Heizanlagen nicht für die mittlere, sondern für die tiefste an dem betreffenden Ort vorkommende Minimaltemperatur berechnet werden, wie das z. B. für Gewächshäuser erforderlich ist.

Zu bemerken ist, daß bei einer derartigen Unterteilung der Heizung in eine mit Wärmepumpe versehene Hauptheizung und außerdem eine Zusatzheizung, die Wärmepumpenheizung selbstverständlich nur bis zu der ihr zukommenden Heizwasserhöchsttemperatur betrieben werden muß, und daß die bei Warmwasserheizungen wirklich benötigten Heizwassertemperaturen in der Regel erheblich niedriger als die theoretisch berechneten liegen, was entsprechend dem unter Abschnitt IV 3 e) Gesagten auch auf die Bemessung der Lufterhitzer von Einfluß ist.

Heiz- und Klimaanlagen mit Wärmepumpen sind schon wiederholt ausgeführt worden, u. a. diejenige zur Beheizung, Kühlung und Bewetterung der Verwaltungs- und Ausstellungsgebäudes der *Atlantic City Electric Co. in Salem, New Jersey*[2]. Der gesamte umbaute Rauminhalt des Gebäudes beträgt 2160 m³, der Wärmebedarf bei —18° Außentemperatur 72000 kcal/h, der Kältebedarf im Sommer 27100 kcal/h, die gesamte Wärmeleistung der vier aufgestellten Wärmepumpen 65000 kcal/h. Der Fehlbetrag von 7000 kcal/h bei kaltem Wetter soll durch die Wärmeabgabe der umfangreichen Beleuchtungsanlage gedeckt werden.

Für den Kühlbedarf im Sommer wurde eine Außentemperatur von 35° am trockenen und 24° am feuchten Thermometer (d. h. eine relative Feuchte von 40 vH) zugrunde gelegt. Die Innentemperatur im Erd- und Obergeschoß des Gebäudes soll höchstens 27°, die relative Feuchte nicht mehr als 50 vH betragen. Die Frischluftmenge ist 2030 m³/h (steigerungsfähig bis auf 2900 m³/h), die

[1] LUNDBERG, H. A.: Eine symbolische Temperaturkurve für Schweden und ihre Verwertung. Stockholm 1924.

[2] OTTO, K.: Eine vollelektrische Heiz-, Kühl- und Bewetterungsanlage mittels Wärmepumpe. Gesundh.-Ing. Bd. 58 (1935) Heft 47 S. 709/711. Vgl. auch die unter der nämlichen Überschrift erschienene Originalarbeit von PH. SPORN und D. W. MC. LENEGAN: Heat. Pip. Air Condit. Bd. 7 August 1935.

umgewälzte Luftmenge 9400 m^3/h (= dem 6fachen des Rauminhaltes). Die Anlage ist als Bewetterungsanlage gebaut.

Zur Wärmelieferung im Winter und zur Kühlung im Sommer dient Wasser aus einem Tiefbrunnen mit verhältnismäßig gleichbleibender, von der Lufttemperatur fast gänzlich unabhängiger Temperatur. Die Tiefbrunnenpumpe (3 PS) fördert das Wasser zu vier in sich geschlossenen Maschinen, von denen zwei für den Kühlbetrieb genügen, während eine im Winter zur Vorwärmung der Frischluft dient und selbsttätig eingeschaltet wird, wenn die Außentemperatur unter $+4^0$ sinkt. Die weitere Erwärmung der gemischten Frisch- und Umluft übernehmen die drei übrigen Maschinen, die sich nach einem Schaltplan entsprechend der Außentemperatur selbsttätig einschalten. Zum Schutz gegen Maschinenstörungen dienen verschiedene Temperaturschalter. Die höchste Temperatur der Heizluft beträgt 40^0.

Eingehende, im Februar 1935 durchgeführte Messungen haben ergeben, daß das Verhältnis der nutzbar gemachten Wärme zum Wärmewert der zum Antrieb der Wärmepumpen, einschließlich der Tiefbrunnenpumpe, aufgewendeten Energie bei $+20$ bis $+10^0$ Außentemperatur etwa 2,8 bis 3,0 war und bis -15^0 Außentemperatur auf etwa 3,8 anstieg. Daß die Werte mit fallender Außentemperatur steigen, kommt daher, weil dann der Kälteträger des Wärmepumpenkreislaufes weiter abgekühlt werden kann. Für den Kühlbetrieb im Sommer wird die betreffende Verhältniszahl zu 2,3 angegeben.

Hinsichtlich der Erstellungskosten solcher Anlagen wird in dem Bericht die Erwartung ausgesprochen, daß sie nicht größer ausfallen sollten als diejenigen für Sommerkühl- zuzüglich den Winterheizanlagen mit Heizkesseln usw., jedoch wird erwähnt, daß es sich nur um eine Versuchsanlage handle und der Hoffnung Ausdruck gegeben, daß es auf Grund der Versuchserfahrungen möglich sein werde, die Anlagekosten zu verringern. Da die Verbreitung der Wärmepumpe zu Raumheizzwecken zur Hauptsache von diesem Umstand abhängt, wäre zu wünschen, daß diese Hoffnung in Erfüllung geht. Trotzdem seit den genannten Versuchen Jahre verstrichen sind, hat man von derartigen Fortschritten allerdings noch nichts gehört. In gewissen Fällen liegen die Bedingungen zwar besonders günstig, so daß sich ohne weiteres nachweisen läßt, daß wirtschaftliche Erfolge erzielbar sein werden. RYBKA [13] weist z. B. auf eine derartige Anlage in Kalifornien hin, die zwar eine Gesamtleistungsziffer von nur 1,74 bis 1,98 aufweist, aber trotzdem günstig abschneidet, weil die Winter daselbst kurz, die Wintertemperaturen verhältnismäßig hoch und die Sommer lang und heiß sind, so daß die Anlage während des größten Teiles des Jahres als Kühlanlage arbeiten kann. Diese Luftveredelungsanlage besitzt eine Methylchlorid-Kühlmaschine von 360000 kcal/h Leistung, bestehend aus einem elektrisch angetriebenen Kreiselverdichter. Der Lufterhitzer weist eine Heizfläche von etwa 1000 m^2 auf.

Beachtlich sind auch die Hinweise RYBKAS auf die Möglichkeit, die Wärmepumpen statt auf elektrischem Wege mit Öl-, Gas- oder Dampfmaschinen unter Abwärmeverwertung oder fallweise durch im Betrieb besonders billige Antriebsmaschinen zu betätigen. Er fügt bei:

„Es ist nicht bestreitbar, daß solchen Vorschlägen ein gesunder Kern unterliegt und daß sie sich in der nahen Zukunft in hervorragendem Maße durchsetzen werden, besonders als sich führende amerikanische Industrieunternehmungen, wie die *Westinghouse Electric Com-*

pany und die *General Electric Company*, wie auch einzelne der Großgaswerke und Kraftwerke u. ä. m. mit dieser Aufgabe weitgehend befassen und anscheinend rasche Fortschritte machen. Dieser Wettbewerb ist insofern bemerkenswert, als die Städteheizwerke in letzter Zeit durch die Ausbreitung der Dampfkühlmaschinen den Kraftwerken ein bislang unbestrittenes Feld streitig machen und nun die Kraft- und Gaswerke bestrebt sind, sich ihre Stellung und obendrein einen Teil der Winterwärmeversorgung zurückzugewinnen. Dies ist um so leichter möglich, als eine höhere Sommerbelastung eine Herabsetzung der Kraft- bzw. Gaskosten bedingen dürfte."

Diese für Amerika geltende Sachlage läßt sich natürlich nicht ohne weiteres auf europäische Verhältnisse übertragen. Vorläufig kommen bei uns Wärmepumpen mehr nur für Eindampf- und ähnliche Zwecke, wo sie große Vorteile bieten, ferner wie schon erwähnt in Schwimmbädern (Schwimmbad Zürich), wo es sich während des ganzen Jahres um Wassererwärmung unter Wiederverwertung der Abwasserwärme handelt, und in ähnlich günstig liegenden Ausnahmefällen in Frage. Dagegen hat der Betrieb von Warmwasserheizungen durch Wärmepumpen (Rathaus Zürich) und auch von Luftheizungen, obschon sich diese der niedrigeren Temperaturen wegen etwas günstiger stellen, wenig Aussicht auf allgemeine Einführung, und selbst Klimaanlagen, die im Winter zum Heizen, im Sommer zum Kühlen der Räume dienen sollen (Gartensaal des neuen Kongreßgebäudes in Zürich), dürften mehr nur an Orten mit großer Sommerhitze, wo sie in weitgehendem Maße als Kühlanlagen betrieben werden können, Anklang finden. In diesem Zusammenhang ist nicht zu übersehen, daß z. B. New York ungefähr auf derselben Breite wie Neapel liegt, so daß es begreiflich ist, wenn dort der Kühlung erhöhtes Interesse entgegengebracht wird[1].

VI. Klimaanlagen.

1. Aufgaben der Klimaanlagen.

a) Grundsätzliches.

Im Gegensatz zu den gewöhnlichen Lüftungsanlagen haben die Klimaanlagen nicht nur die Aufgabe, Riech- und Ekelstoffe, Tabakrauch, Speisegerüche usw. zu beseitigen, zu hohe Erwärmung der Räume nach Möglichkeit zu verhindern und die Druckverhältnisse innerhalb der Gebäude zu regeln, sondern bestimmte Innenklimaverhältnisse, auch hinsichtlich Kühlung im Sommer, Regelung der Luftfeuchte usw., zu gewährleisten. Die vielen im Freien auf den Menschen einwirkenden Reize, die anregend wirken, u. U. sogar höchstes Wohlbehagen hervorrufen können, vermag das Innenklima, auch in vorzüglich bewetterten Räumen, allerdings nicht zu bieten. Dagegen ist es durch sachgemäß erstellte Klimaanlagen wenigstens möglich, jede gewünschte Luftbeschaffenheit hinsichtlich Reinheit, Temperatur, Feuchte und Bewegung der Luft herbeizuführen und bei beliebigen Außenklimaverhältnissen dauernd aufrechtzuerhalten.

Der in diesem Buch mehrfach erwähnte Zürcher Hygieniker v. GONZENBACH kennzeichnet den Unterschied zwischen Außen- und Innenklima folgendermaßen[2]:

---

[1] Ausführliches Wärmepumpen-Schrifttumverzeichnis in HOTTINGER, M.: Die Wärmepumpe. Schweiz. Bl. Heizg. u. Lüftg. Bd. 6 (1939) Heft 1 S. 1/10. Siehe ferner FISCHMEISTER, V.: Elektrische Raumheizung mit Wärmepumpe. Heizg. u. Lüftg. Bd. 14 (1940) Heft 4 S. 37/41.

[2] Fußnote 3, S. 8.

„Beim Aufenthalt im Freien befinden wir uns dauernd einmal in einem unbegrenzten Luftraum, bei dem überdies allermeistens die Luft in geringerer oder stärkerer Bewegung ist und also recht eigentlich uns umspült. Ein stagnierender Luftmantel um unsern Körper herum mit erhöhter relativer Feuchtigkeit und geringerem Temperaturgefälle vermag sich kaum zu bilden, ja, unsere Haut empfängt durch die mit dieser Luftbewegung immer verbundenen, manchmal ganz unmerklichen Temperaturunterschiede dauernd milde Reize für den fein ansprechenden Regulationsmechanismus, für die Hautdurchblutung. Das aber wirkt sich unmittelbar belebend auf unser ganzes Körpergeschehen, unsern Stoffwechsel aus. Im Innern eines geschlossenen Raumes aber haben wir stets stagnierende Luft und damit auch einen mehr oder weniger stagnierenden Luftmantel um unsern Körper selbst. Dazu gesellt sich, wenn sich viele Menschen in einem solchen Raum befinden, eine Erhöhung der Temperatur und der Feuchtigkeit. Diese beiden Faktoren ihrerseits vermindern die Reize, auf die die Haut angewiesen ist, sei es die belebende Wirkung des Temperaturspieles für die Hautblutgefäße, sei es die Anregung durch die unmerklichen Verdunstungs- und Absonderungsvorgänge am Schweißapparat, die sog. *perspirato insensibilis*, das, was der Laie mißverständlicherweise Hautatmung nennt. Physiologische Stoffwechselversuche haben ergeben, daß die Atmungsvorgänge, der sog. *respiratorische Quotient*, bei ruhendem Körper in einem Raum, in dem durch entsprechende bauliche und Ventilationsmaßnahmen der Körper von der Luft umspült wird, 1½ bis 2mal höher und damit günstiger ist als in einem Raume mit unbewegter, stagnierender Luft. Da der Mensch aber seiner Natur nach ein Freiluftlebewesen ist, dessen ganzer Wärmeregulationsapparat auf das Freiluftleben eingestellt ist, so liegt es auf der Hand, daß das Klima des geschlossenen Raumes etwas Unnatürliches an sich hat und sich irgendwie lebenshemmend statt lebensfördernd auswirken muß[1]."

Aus solchen Ausführungen maßgebender Hygieniker geht einwandfrei hervor, daß durch sachgemäß ausgeführte und bediente Klimaanlagen hinsichtlich Behaglichkeit und Gesunderhaltung des menschlichen Körpers mancherlei zu erreichen ist. Das haben auch in der Praxis durchgeführte Feststellungen ergeben. In Nordamerika sind z. B. von verschiedenen großen Gesellschaften eingehende Erhebungen über den Einfluß der Klimatisierung auf die Gesundheit der Büroangestellten vorgenommen worden, wobei sich durchwegs eine erhebliche Verringerung des vorher aufgetretenen Verlustes an Arbeitszeit infolge von Erkältungen und Atembeschwerden ergab[2]. Ebensogroß ist die Bedeutung solcher Anlagen aber auch für Werk-, Lager-, Ausstellungs- und ähnliche Räume in bezug auf manche Arbeitsvorgänge und die Lagerung bzw. Erhaltung der Waren.

In neuester Zeit spricht man sogar vom *Bettklima*, das insbesondere in Krankenhäusern und in den Tropen von Bedeutung ist[3].

Bekanntlich ist Amerika in der Erstellung von Klimaanlagen vorangegangen. W. H. Carrier brachte derartige, damals schon weitgehend selbsttätig geregelte Anlagen bereits vor über 30 Jahren auf den Markt. Anfänglich wurden sie hauptsächlich in der Textilindustrie verwendet. Die Vorteile durch Ersparnis an Zeit, Werkstoff und Betriebskosten sowie durch Verbesserung der Erzeugnisse führten aber bald zu ihrer Erstellung auch in anderen industriellen Unternehmungen, beispielsweise in Tabak- und Papierfabriken, Großschreinereien, Druckereien, gewissen Lagerräumen und Laboratorien, später auch in den Arbeitsräumen der

[1] Eine weitere kritische Gegenüberstellung von Außen- und Wohnungsklima siehe in Küster, E.: Wohnungsklimatische Betrachtungen. Gesundh.-Ing. Bd. 53 (1930) Heft 44 S. 705/713.

[2] Vgl. Henderson, M.: Der Einfluß von Luftbewetterung auf die Bürobelegschaft. Heat. Pip. Air Condit. Bd. 11 (1939) S. 551. Kurzbericht im Gesundh.-Ing. Bd. 63 (1940) Heft 11 S. 130.

[3] Vgl. z. B. Brezina und Schmidt [2], S. 52/53, ferner Mom, P.: Gesundh.-Ing. Bd. 61 (1938) Heft 45 S. 649/650.

Film- und Radioindustrie usw. Die ausschließlich Behaglichkeitszwecken dienenden Anlagen folgten erst in zweiter Linie. Auch sie fanden zuerst in Amerika Verbreitung, insbesondere in Lichtspieltheatern und Gaststätten New Yorks und anderer Städte in Form von Lüftungsanlagen, verbunden mit Kühleinrichtungen, mit denen die Räume während den berüchtigten Hitzewellen im Sommer gekühlt werden konnten, was eine einträgliche Geschäftsreklame bedeutete. Anfänglich ging man mit der Kühlung daselbst sogar unnötig weit. Die Raumtemperatur ist stets in Abhängigkeit von der Außentemperatur zu halten. Das ist eine Tatsache, auf die mit Recht im neuen Schrifttum immer wieder hingewiesen wird[1]. Dann begann man auch in den Tropen solche Anlagen zu erstellen, z. B. in Bürogebäuden zur Steigerung der Arbeitsfähigkeit des Personals und in Krankenhäusern, wodurch Operationen ermöglicht und Heilwirkungen erzielt werden konnten, die bei den früher übermäßig hohen Temperaturen und Luftfeuchten ausgeschlossen waren. Bekanntlich hat man auch festgestellt, daß Heufieberkranke in bewetterten Räumen wesentliche Erleichterung und Erholung finden[2], die, nachdem sie die Räume verlassen haben, teilweise noch bis zum nächsten Tag anhält und darauf zurückzuführen ist, daß die eingeblasene Luft durch geeignete Filter oder Waschung fast vollkommen von den Pflanzenpollen, welche die Ursache der Heufieber- und Pollenasthmaepidemien sind, gereinigt wird. Außerdem hat die Luft in diesen Räumen geeignete Temperatur und Feuchte aufzuweisen.

Auf Grund derartiger unbestreitbarer Erfolge setzte dann allerdings eine starke Werbung für Luftbehandlung auch an Orten und für Räume ein, die bisweilen zu weit geht. In Amerika spricht man sogar von Gesundheitsschwindel. Das bezieht sich zwar nicht auf Klimaanlagen allein, sondern auf Dinge aller Art, die zur Erhaltung der Gesundheit und zur Lebensverlängerung dienen sollen. Auch bei uns hat man sich davor zu hüten, mit dem Einbau von Befeuchtungs- und Kühlanlagen, Luftwäschern, Filtern usw. unnötig weit zu gehen. Alle diese Einrichtungen verlangen, wenn sie dauernd einwandfrei arbeiten sollen, sorgfältige Pflege und sind daher nur vorzusehen, wenn sie wirklich zweckbedingt sind. Fehlt es an sachgemäßer Instandhaltung, so können sie statt zum Vorteil vielmehr zum Übel werden. Zu begrüßen ist, daß die Ersteller von Lüftungs- und Klimaanlagen in neuerer Zeit gegen einen bescheidenen Betrag auch deren Überwachung besorgen.

Nun ist das Klima aber nicht nur durch die Reinheit der Luft (Staubgehalt, Gasbeimengungen usw.), Temperatur, Feuchte und Bewegungszustand bedingt, sondern es spielen noch andere, heute z. T. noch wenig abgeklärte Einflüsse mit. Beispielsweise sind die Strahlungsverhältnisse von Bedeutung, auch sollen die Stärke des elektrischen Feldes, in dem man sich befindet, und das in freier Gegend bedeutend, in den Städten in der Regel erheblich kleiner und innerhalb der Häuser gleich Null ist, sowie die Zahl der Ionen und ihr Aufladezustand von

---

[1] Vgl. z. B. WIRTH, P. E.: Gesundh.-Ing. Bd. 62 (1939) Heft 17 S. 238, ferner MEYER, E. G.: Ist das Klima unserer Wohnräume behaglich? Wärme- u. Kältetechn. Bd. 41 (1939) Heft 1/3 S. 20/25.

[2] Vgl. z. B. WELKER, W. H.: Die Luftverhältnisse und ihr Einfluß auf Heufieber und Blütenstaubasthma. Heat. & Vent. Bd. 33 (1936) Heft 11 S. 35/38. Kurzbericht im Gesundh.-Ing. Bd. 60 (1937) Heft 19 S. 282. Vgl. auch S. 137.

Einfluß sein[1]. Desgleichen hat sich die Raumklimaforschung, namentlich in Hinsicht auf die Bewetterung von Operationssälen, mit der Luftbakteriologie zu befassen[2].

Zur Verbesserung des Raumklimas werden außer den bereits genannten Mitteln, d. h. der Zuführung einer genügenden Menge von Frischluft, die nötigenfalls gereinigt, erwärmt, gekühlt, befeuchtet oder getrocknet wird, noch andere zur Anwendung gebracht, beispielsweise die Ozonisierung [vgl. Abschnitt IV 3d)]. Ferner scheint es sich zu bewahrheiten, daß die Luft bei Deckenheizung (ähnlich wie bei Kachelofenheizung) namentlich im kalten Winter, wenn stark geheizt werden muß, als frischer empfunden wird als bei Heizkörperheizung [vgl. z. B. Fußnote 2, S. 20]. Das dürfte damit zusammenhängen, daß die Heizflächen nicht so hoch erwärmt werden und weniger Staub mit ihnen in Berührung kommt[3]. Außerdem ist im Gegensatz zu Heizkörperheizung bei Deckenheizung die Temperatur der Wände höher als diejenige der Raumluft (Abb. 79), wodurch die Wärmeabstrahlung des menschlichen Körpers geringer ausfällt. Im Sommer lassen sich die Aufenthaltsbedingungen durch die Benutzung der Deckenheizung zur Kühlung mit einfachen Mitteln gleichfalls verbessern, auch wenn es sich dabei nicht um eigentliche Klimatisierung handelt [vgl. Abschnitt VI 2b) α)].

Die Zahl der Klimaanlagen, die nur der Behaglichkeit dienen, ist in Europa, im Gegensatz zu den gewöhnlichen Lüftungsanlagen, die seit der allgemeinen Einführung der Elektrizitätsversorgung große Verbreitung erlangt haben, immer noch verhältnismäßig gering. Das ist verständlich, wenn man bedenkt, daß Befeuchtung der Raumluft, wenn nur die Behaglichkeit in Frage kommt, in der Regel ohne Nachteil entbehrt werden kann und Kühlung in unserm Klima nur während sehr kurzer Zeit im Jahr, in kühlen Sommern bisweilen überhaupt nicht, erforderlich ist, man braucht dazu die Bedürfnisfrage nur an Hand der Temperaturhäufigkeiten oder der Kühlgradtage nachzuprüfen[4]. In den Tropen liegen die Verhältnisse in dieser Beziehung allerdings z. T. wesentlich anders als bei uns. Einem Aufsatz von VAN SWAAY[5] ist zu entnehmen, daß beispielsweise in Niederländisch-Indien der künstlichen Kühlung und Trocknung der Luft ebensoviel Aufmerksamkeit geschenkt wird wie in Europa der Heizung, weshalb man dort auch bereit ist, die dadurch entstehenden Kosten in Kauf zu nehmen. So sollen auf Java für Handelshäuser die Anlagekosten der Klimaanlagen bis zur Höhe eines Monatsgehalts der Angestellten als annehmbar gelten und in Wohnhäusern auch vielfach Klimaschränke im Gebrauch sein.

Von größerer Bedeutung sind auch bei uns die der Verarbeitung und Lagerung von Waren dienenden Klimaanlagen geworden. Manchmal haben sie ähnliche Luftzustände wie für die Behaglichkeit zu schaffen, bisweilen aber auch Sonder-

---

[1] Vgl. Abschnitt II 1.

[2] Vgl. Fußnote 3, S. 61, ferner: STERN, A. C.: Was der Luftbewetterungsingenieur von der Luftbakteriologie wissen muß. Heat. & Vent. Bd. 35 (1938) Heft 10 S. 15, Heft 11 S. 43 u. Heft 12 S. 40. Kurzbericht in Gesundh.-Ing. Bd. 62 (1939) Heft 12 S. 170/171.

[3] Vgl. z. B. BRADTKE, F.: Raumklimatische Fragen bei der Deckenheizung. Bericht über den XV. Kongreß für Heizung und Lüftung 1938, S. 131/141. München und Berlin 1939.

[4] Vgl. Abschnitt IV 1 b) δ).

[5] VAN SWAAY, H. G. J. A.: Zentrale Klimaanlagen im Hinblick auf Wohnungsbau und Stadtausbreitung großer Küstenstädte Javas. Ingenieur, Haag Bd. 54 (1939) Heft 6 S. G. 1/11. Kurzbericht in Wärme- und Kältetechn. Bd. 41 (1939) Heft 1/3 S. 39.

aufgaben zu erfüllen, beispielsweise für weitgehende Befeuchtung oder im Gegenteil Entfeuchtung zu sorgen, wodurch die sog. *Befeuchtungs-* bzw. *Entnebelungsanlagen* zustande kommen. In andern Fällen wieder müssen sie die Arbeiter gegen schädliche Einwirkungen von Gasen, Dämpfen, Staub, großer Hitze usw. schützen.

Wie bei den Luftheizanlagen unterscheidet man auch in der Klimatechnik zwischen *zentralen Anlagen*, bei denen entsprechend Abb. 88 alle zu bewettern-

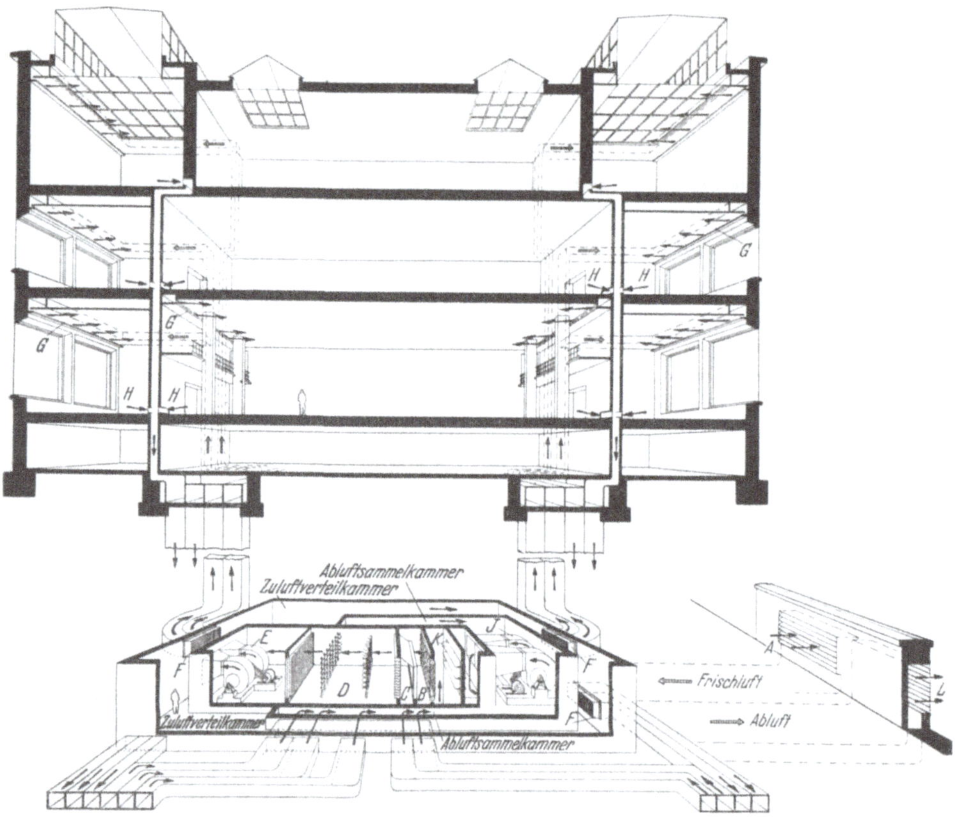

Abb. 88. Klimaanlage in einem Museum, in dem für sämtliche Räume gleichartige Luftzustände gefordert sind. *A* Frischluftentnahme, *B* Luftfilter, *C* Vorwärmer, *D* Luftwascher, Befeuchter, Kühler, *E* Zuluftlüfter, *F* Nachwärmer, *G* Lufteintritte in die Räume durch Düsen, *H* Abluftgitter, *J* Abluftlüfter, *K* Umluftklappe, *L* Abluftaustritt.

den Räume von einer gemeinsamen Luftaufbereitungskammer aus bedient werden, und der Aufstellung von *Einzelgeräten*. Sind in großen Gebäuden die verschiedenen Räume z. T. ungleich zu bewettern (z. B. in Museen, Fabriken usw.), so werden bisweilen auch getrennte Klimaanlagen für verschiedene Raumgruppen erstellt, oder zur Nachbehandlung der zentral aufbereiteten Luft weitere Aufbereitungskammern in die nach den ungleich zu behandelnden Räumen führenden Luftwege eingebaut.

Die Einzelklimageräte haben je nach den zu erfüllenden Aufgaben verschiedenes Aussehen. In gewissem Sinne gehören schon die unter Abschnitt V 3 behandelten, in den Räumen selber aufzustellenden Einzellufterhitzer zur

Erwärmung der Räume dazu; insbesondere wenn sie durch Zuführungsmöglichkeit von Frischluft, und vielleicht sogar unter Verwendung von Luftfiltern, auch zum Lüften benutzbar sind.

Andere solche Geräte dienen ausschließlich der Befeuchtung [vgl. Abschnitt VI 2e)], wieder andere nur der Kühlung. Zu den letztern sind schon die einfachen Tisch-, Wand- und Deckenlüfter zu rechnen. Zwar bewirken diese keine Kühlung der Luft, üben aber dennoch mittelbar eine Kühlwirkung auf den menschlichen Körper aus, weil dessen Wärmeabgabe zufolge der gesteigerten Luftbewegung zunimmt. Außerdem wird dadurch die den Körper bei ruhender Luft umgebende Eigenatmosphäre beseitigt. Allerdings treten bei dieser Art Kühlung oft lästige Zugerscheinungen auf, die um so leichter zu Erkältungskrankheiten führen, als man bei hohen Temperaturen leicht bekleidet ist und zum Schwitzen neigt. Manchmal werden solche Tisch- und Wandlüfter auch mit Ozonisatoren versehen, durch die zwar ebenfalls keine Kühlung der Luft, u. U. aber, wie unter Abschnitt IV 3 d) erwähnt, oft in anderm Sinne eine Verbesserung des Luftzustandes und damit eine erfrischende Wirkung erzielt wird.

In den eigentlichen zur Kühlung bestimmten Klimageräten wird die hindurchbeförderte Luft gekühlt. Unterschreitet die Temperatur dabei den Taupunkt, so findet gleichzeitig Wasserausscheidung statt, was, namentlich in feuchtwarmen Klimaten, erwünscht ist.

Als Beispiel für solche der Kühlung dienende Geräte sei auf die Adhäsionskühler *Badoni-Guarini* verwiesen, die aus ebenen, nicht kapillaren, von Wasser berieselten Flächen bestehen, über die die Luft mit Geschwindigkeiten von 7 bis 12 m/s im Gegenstrom zur Flüssigkeit geführt wird. Nach GUARINI[1] weisen sie bei einer Wassertemperatur von 14° eine Leistung von 1000 kcal/h, bei einer Wassertemperatur von 5° von 2500 kcal/h auf und genügen im ersten Fall zur Klimatisierung von Räumen bis zu 100 m³, im zweiten von solchen bis zu 250 m³ Inhalt. Es ist ein Anschlußwert von 64 W und eine Wassermenge von 200 l/h erforderlich. Mit diesen Kühlern soll es bei 35° Außentemperatur möglich sein. die Lufttemperatur in Wohnräumen auf etwa 26° bei einer relativen Feuchte von 60 vH zu halten. Es gibt auch leistungsfähigere derartige Geräte. Für Räume von 300 m³ Inhalt beträgt der Kraftbedarf nach den Angaben des gleichen Verfassers 250 W und der Wasserverbrauch bei 14° Wassertemperatur 1000 l/h. Bei 5° Wassertemperatur steigt die Leistung dieser Geräte auf 12500 kcal/h, womit Räume von 600 m³ klimatisiert werden können. Die behandelten Luftmengen betragen beim erstgenannten Gerät etwa 450 m³/h, beim zweitgenannten 1800 m³/h.

Derartige Kühlgeräte sind vor allem in warmen Gegenden, insbesondere solchen mit hohen Feuchtegehalten der Luft am Platz. Vorstehend wurde bereits darauf hingewiesen, daß sie z. B. in den Wohnhäusern Javas vielfach im Gebrauch sind. Das ist der Fall, obschon nach VAN SWAAY[2] ein solches für ein Zimmer von 80 bis 100 m³ Rauminhalt etwa 1100 hfl. (1500 RM) kostet. In

---

[1] GUARINI, E.: Klimatisierung von Wohnräumen, in der Industrie und in Kühlräumen zur Frischhaltung verderblicher Waren. Wärme- u. Kältetechn. Bd. 41 (1939) Heft 4/5 S. 59/62 und Heft 7 S. 96/100.

[2] Vgl. Fußnote 5, S. 115.

Amerika hat man in neuester Zeit sogar ein 8stöckiges Wohnhaus mit 96 Einzelwohnungen und einem Gesamtrauminhalt von 18000 m³ mit raumweise regelbarer Luftbewetterung ausgerüstet. Die Bewohner können die ihnen zusagenden Klimaverhältnisse selber einstellen. Dazu ist jeder Raum mit einem kleinen Klimagerät versehen, dessen Größe etwa einem gewöhnlichen Heizkörper entspricht und das gestattet die Luft nach Wunsch zu erwärmen, kühlen, waschen und befeuchten, sowie der Um- auch Frischluft beizumischen. Temperatur und Feuchte werden selbsttätig geregelt. Außerdem ist jede Küche und jeder Gang mit einem Sauglüfter versehen, die eine praktisch vollständige Geruchsbeseitigung ermöglichen[1]. RYBKA hat schon vor Jahren auf die in Amerika zur Luftveredelung in Wohngebäuden verwendeten Zimmerwetterfertiger hingewiesen[2]. Immerhin ist zu beachten, daß die Absatzmöglichkeiten für Klimaanlagen und -geräte selbst in solchen Ländern durch mancherlei Voraussetzungen bedingt sind[3].

Es wurden auch schon andere Vorschläge zur Kühlung von Häusern in heißen Ländern gemacht. ITIER[4] will z. B. die Gebäude mit doppelten Wänden, Doppelfenstern und Drehtüren versehen, über Boden der Räume Luft absaugen, sie kühlen und von oben nach unten durch die hohlen Wände leiten. Die Kühlung und gleichzeitig Waschung der Luft soll in Berieselungskühlern erfolgen und das dazu benutzte Wasser durch teilweise Verdunstung in verdünnter Luft zurückgekühlt werden. Aus wirtschaftlichen und andern Gründen ist jedoch kaum anzunehmen, daß derartigen Anregungen großer Erfolg beschieden sein wird.

Außer Klimageräten, die nur bestimmten Sonderzwecken dienen, gibt es, z. B. nach Abb. 132, auch solche, die an den Wänden der betreffenden Räume befestigt werden und wie zentrale Klimaanlagen allen Anforderungen zu genügen, d. h. die Räume nach Belieben zu lüften, heizen, kühlen, befeuchten oder trocknen vermögen. Sie sind namentlich in Fabriken, z. B. der Textilindustrie, anzutreffen und haben infolge ihrer Einfachheit erhebliche Verbreitung erlangt.

Sogar fahrbare derartige Geräte sind im Gebrauch. Nach einer Mitteilung[5] wird z. B. das 120 m lange und 60 m breite Zelt des *Ringling Brothers & Barnum & Bailey Cirkus* durch 8 fahrbare Klimageräte bewettert. Sie bestehen aus Lüfter, Luftwäscher, Eisbehälter und Lufterhitzer. Zwecks Kühlung zerstäuben 2 Umwälzpumpen das Eiswasser im Luftwäscher. Den Dampf zur Beheizung des Lufterhitzers liefern ölbefeuerte Kessel. Die 8 Gerätewagen werden außerhalb des Zeltes aufgestellt und durch kurze Kanäle mit den Luftein- und -auslässen im Zelt verbunden. Es ist Umluftbetrieb mit Frischluftzusatz vorgesehen. Die

---

[1] Vgl. Die Regelung der Winter- und Sommerluftbewetterung eines Washingtoner Hauses durch seine Bewohner. Heat. & Vent. Bd. 36 (1939) Heft 7 S. 50/53. Kurzbericht im Gesundh.-Ing. Bd. 63 (1940) Heft 11 S. 130.

[2] RYBKA, K. R.: Die amerikanische Luftveredelung im Wohngebäude. Gesundh.-Ing. Bd. 58 (1935) S. 549/554.

[3] Vgl. z. B. VICK, F.: Die heißen Länder als Absatzgebiete für Klimaanlagen. Gesundh.-Ing. Bd. 61 (1938) S. 603/605.

[4] ITIER, H.: Die Lüftung und Kühlung der Wohnungen in heißen Ländern. Arts et Métiers, Sept. 1928, Le Cénie civil, 8. Dez. 1929, S. 565. Kurzbericht im Gesundh.-Ing. Bd. 52 (1929) Heft 12 S. 189.

[5] Heat. & Vent. Bd. 36 (1939), S. 57. Kurzbericht in Heizg. u. Lüftg. Bd. 13 (1939) Heft 8 S. 126.

klimatisierte Luft wird durch 16 große Luftverteiler über den Sitzreihen zugeführt und die verdorbene unter den Sitzen abgesaugt.

Bei der Klimatisierung von Räumen hat man selbstverständlich von den anzustrebenden Raumklimaverhältnissen auszugehen, dabei aber auch die Außenklimaverhältnisse der betreffenden Orte in Berücksichtigung zu ziehen, weshalb ich zuerst kurz auf diese eintreten will.

b) Außenklima.

Über die Außenklimaverhältnisse an den verschiedenen Orten der Erde geben die von den Meteorologen ausgearbeiteten Klimakunden Aufschluß[1]. In bezug auf die Lüftungs- und Klimaanlagen sind von den zahlreichen Klimawerten vor allem Temperatur und Feuchte beachtlich. Sie ändern sich mit den Jahres- und Tageszeiten. In Abb. 89 sind beispielsweise die mittleren Monatswerte der Temperatur t, der relativen Feuchte φ und dementsprechend der Dampfspannung p_D für Zürich und London aufgetragen. Daß die Schwankungen von t und p_D in London geringer sind, hängt mit der ausgleichenden Wirkung des Meeres zusammen.

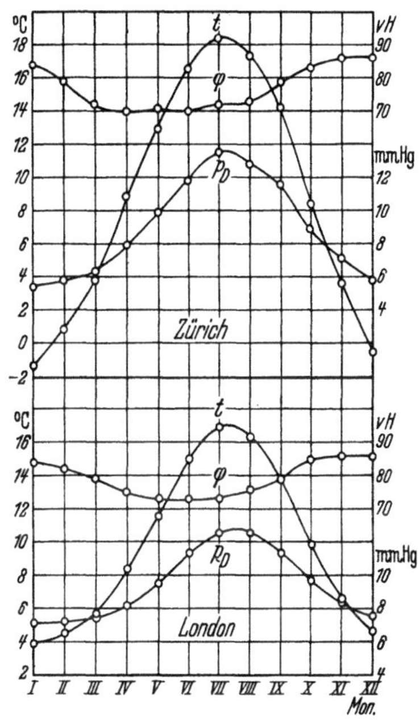

Abb. 89. Verlauf der mittleren monatlichen Temperatur t, der relativen Feuchte φ und der Dampfspannung p_D der Außenluft in Zürich und London.

Die Kurven der mittleren Tageswerte weisen gegenüber den Monatswerten insofern ein anderes Aussehen auf, als die absolute Feuchte und daher auch die Dampfspannung p_D im Verlauf der einzelnen Tage nur wenig schwankt. Das hat zur Folge, daß dem Ansteigen der Temperatur t eine erhebliche Abnahme der relativen Feuchte φ entspricht. Abb. 90 zeigt beispielsweise den durchschnittlichen Verlauf der Tageskurven für Zürich, London und Batavia[2], wobei zu beachten ist, daß Batavia ein ausgesprochen tropisches Klima besitzt. Für Zürich waren allerdings nur die Werte für 7, 13 und 21 Uhr erhältlich, im übrigen sind die Kurven ungefähr eingetragen. Dasselbe gilt für Abb. 91, in der die betreffenden Kurven für Zürich für die Monate Januar, April, Juli und Oktober aufgezeichnet sind.

Vergleicht man die Abb. 90 und 91 miteinander, so ergibt sich, daß die Durchschnittswerte der Sommer- und Wintermonate erheblich von den Ganzjahrwerten abweichen, wogegen die Temperaturkurven der Monate April und Oktober mit den Jahresdurchschnittskurven nahezu übereinstimmen und die Feuchtigkeitskurven im Frühjahr nur wenig unter-, im Herbst nur wenig oberhalb der Jahresdurchschnitte liegen.

---

[1] Vgl. auch HOTTINGER, M.: [5].

[2] Entnommen aus: Das Klima der Schweiz, 1910, Bd. II, ferner The British meteorological and magnetic Year Book 1916, Teil IV und C. P. MOM: Gesundh.-Ing. Bd. 61 (1938), Heft 44 Bild 3 S. 633.

In Abb. 92 sind die Dampfspannungen für verschiedene Temperaturen und relative Sättigungsgrade der Luft angegeben sowie die täglichen Verläufe der Jahresdurchschnitte für Zürich, London und Batavia (Kurven *I*, *IV* und *VII*) entsprechend den Abb. 90 und 91 eingetragen. Außerdem enthält Abb. 92 die betreffenden Kurven für Zürich und London auch für die Monate Januar und Juli (*II* und *III* bzw. *V* und *VI*). Die kräftig gestrichelten Linienzüge *a* und *b* entsprechen der ungefähren oberen und unteren Feuchtigkeits-Behaglichkeitsgrenze in Höhenlagen bis zu etwa 1000 m ü. M. im kontinentalen Europa. Es zeigt sich, daß die Jahres- und die Januarwerte für Zürich und London innerhalb, die Juliwerte zum Teil etwas außerhalb derselben liegen. Hinsichtlich der stark abweichenden Verhältnisse in Batavia sei auf den Aufsatz von Mom[1] verwiesen.

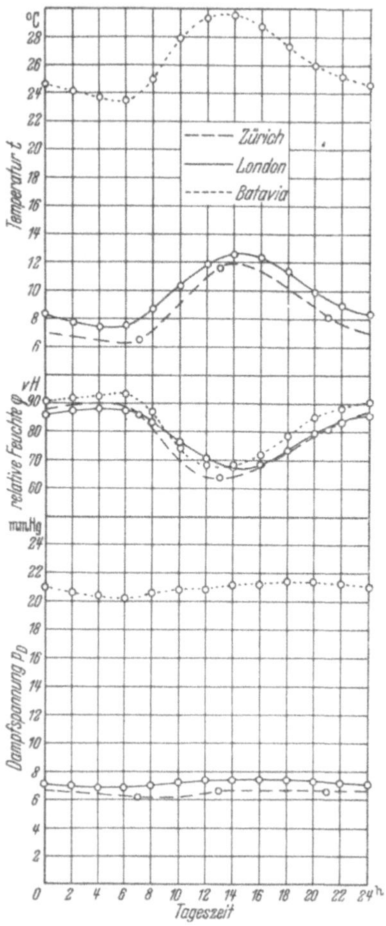

Abb. 90. Durchschnittlicher Tagesverlauf der Temperatur t, der relativen Feuchte φ und der Dampfspannung p_D der Außenluft in Zürich, London und Batavia, bezogen auf das ganze Jahr.

Wichtiger als die in den Abb. 90 bis 92 aufgezeichneten Mittelwerte sind in Hinsicht auf die Klimaanlagen die Verhältnisse an Einzeltagen mit von den Durchschnitten stark abweichenden Temperaturen und Feuchten. Statt etwa 22^0 und 60 vH, wie nach Abb. 91, treten an heißen Sommertagen in Zürich und Orten mit ähnlichen Klimaten bekanntlich oft 30^0 und noch höhere Schattentemperaturen auf, wobei die relative Feuchte gleichzeitig 65 bis 70 vH und noch mehr betragen kann. Das sind allerdings Ausnahmen. Meist weist die Luft bei so hohen Temperaturen niedrigere Sättigungsgrade auf. Volle Sättigung der Außenluft (Nebel) tritt nur bei niedrigeren Temperaturen auf. Daher sind solche Tage für die hier zu besprechenden Verhältnisse von geringerer Wichtigkeit. Anderseits sinkt die relative Feuchte bei ausgesprochenen Föhnlagen in der Schweiz gelegentlich bis auf 10 vH und noch weniger. An derartigen Sondertagen kann der Teildruck des Wasserdampfes im Freien somit einerseits bis auf über 20 mm QS ansteigen, anderseits bis auf etwa 1 mm QS sinken.

Bei der Berechnung der Klimaanlagen muß man sich über diese Möglichkeiten Rechenschaft geben. Handelt es sich um Räume beispielsweise zur Aufbewahrung von Gegenständen, in denen bestimmte Temperatur- und Feuchtigkeitsgrenzen keinesfalls über- oder unterschritten werden dürfen, so hat man selbstverständlich mit den äußersten, an dem betreffenden Ort im Freien möglichen Verhält-

[1] Fußnote 1, S. 127.

nissen zu rechnen. Anderseits hat es keinen Sinn, Anlagen, die ausschließlich der Behaglichkeit dienen sollen, für die selten und auch dann gewöhnlich nur für kurze Zeit auftretenden Grenzfälle im Freien zu bemessen.

U. a. hat EVERETTS diese Frage im Anschluß an eine Arbeit von J. C. ALBRIGHT für Amerika geprüft[1]. Die von ihm vorgeschlagene Trockentemperatur wird, obschon sie wesentlich unter der Höchsttemperatur liegt, nur in 2,5 vH und die rechnerische Feuchttemperatur nur in 5 vH der Zeit überschritten. Der Verfasser stellt die Anwendung der so gewonnenen Wetterdaten beim Entwurf von Klimaanlagen dar und weist auch auf die sich bei den verschiedenen Bauarten der Anlagen ergebenden Unterschiede hin.

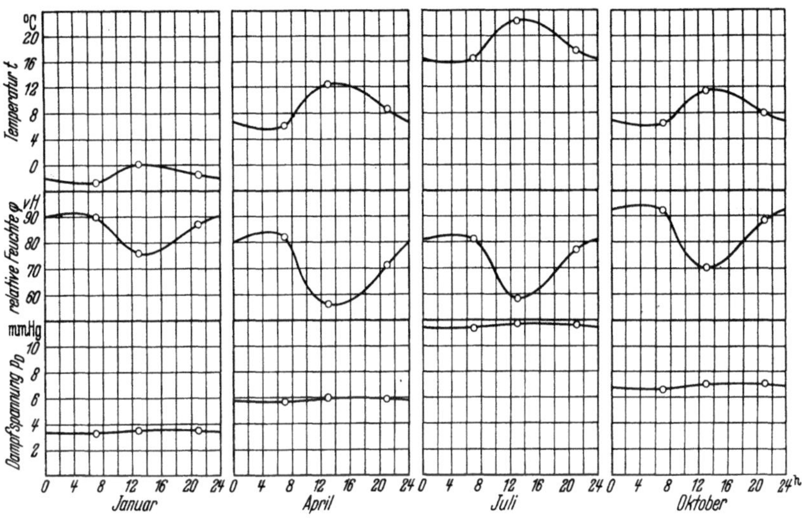

Abb. 91. Durchschnittlicher Tagesverlauf der Temperatur t, der relativen Feuchte φ und der Dampfspannung p_D der Außenluft in den Monaten Januar, April, Juli und Oktober in Zürich.

Natürlich liegen die Verhältnisse in dieser Beziehung bei uns und auch in den große Temperaturschwankungen aufweisenden Subtropen, mit ihren zeitweise zwar sehr hohen Temperaturen, aber gleichzeitig niedern Luftfeuchten (Steppenklima) wesentlich günstiger als in den eigentlichen Tropen, wo hohe Temperaturen und gleichzeitig Feuchtegrade an der Tagesordnung sind und selbst die Nächte keine Kühlung bringen.

Beachtliche Angaben hierüber macht z. B. CASTENS[2] für drei Orte in Ostafrika mit verschieden gearteten Klimaten. Danach ist die Häufigkeit der Tage mit Temperaturen über 30° C (Tropentage) an der Küste 30 vH, im Binnenland in 1000 m ü. M. 51 vH und im Gebirge in 2000 m ü. M. 0,06 vH, diejenige der Tage mit Temperaturen über 25° C (Sommertage) an der Küste 99 vH, auf der Hochebene 98 vH und im Gebirge 9,3 vH. An der Küste weist der kühlste Monat,

[1] EVERETTS, J. JR.: Die Anwendung der Sommerwetterdaten für den Entwurf von Klimaanlagen. Heat. Pip. Air Condit. Bd. 11 (1939) Heft 5 S. 319/322. Kurzbericht in Wärme- u. Kältetechn. Bd. 41 (1939) Heft 8 S. 121.

[2] CASTENS, G.: Tropische Temperaturhäufigkeits-Klimatologie. Ann. Hydrogr., Berlin Bd. 67 (1939) Heft 6 S. 337/343. Kurzbericht in Wärme- u. Kältetechn. Bd. 41 (1939) Heft 11 S. 171.

der Juli, nur 2 vH, der wärmste Monat, der März, 74 vH Tropentage auf, während sich die betreffenden Anteile auf der Hochebene im April auf 27 vH und im Oktober auf 95 vH belaufen. Interessant ist auch, daß die Temperatur an der Küste nur in 26 vH, auf der Hochebene dagegen in 99 vH aller Nächte 20° unterschreitet und die höchste Nachttemperatur im Gebirge zu nur 15,5° festgestellt wurde, während im ungünstigsten bekannt gewordenen Zeitabschnitt das Thermometer an der Küste an 27 aufeinanderfolgenden Nächten nicht unter 26,3° sank. Zudem ist an der Küste die Feuchte viel höher als im Binnenland.

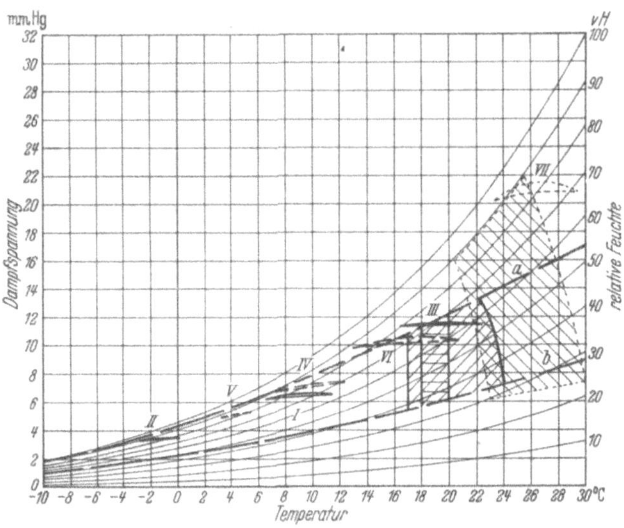

Abb. 92. Teildruck des Wasserdampfes in der Luft bei verschiedenen Temperaturen und Sättigungsgraden.

Es betrifft den durchschnittlichen Tagesverlauf: *I.* in Zürich, bezogen auf das ganze Jahr, *II.* in Zürich im Januar, *III.* in Zürich im Juli, *IV.* in London, bezogen auf das ganze Jahr, *V.* in London im Januar, *VI.* in London im Juli, *VII.* in Batavia, bezogen auf das ganze Jahr.

Ferner bedeuten die Kurven *a* und *b* die obere und die untere Behaglichkeitsgrenze in Höhenlagen bis zu etwa 1000 m ü. M. in Europa, die waagerecht geschraffte Fläche das Behaglichkeitsgebiet in den Räumen im Winter, die von links unten nach rechts oben geschraffte Fläche das Behaglichkeitsgebiet in den Räumen im Sommer und die von links oben nach rechts unten geschraffte Fläche das Behaglichkeitsgebiet in den Räumen in Batavia (nach Prof. Dr.-Ing. C. P. Mom).

Es ist lehrreich, diese Feststellungen mit den bei uns vorkommenden Temperaturhäufigkeiten zu vergleichen. Zahlentafel 10 gibt beispielsweise über die für *Zürich* und *Lugano* für die Zeit von 1869 bis 1929 ermittelten, auf verschiedene Kühlgrenzen (d. h. mittlere Tagestemperaturen) bezogenen jährlichen Mittel-, Höchst- und Tiefstwerte der Kühltage und der Kühlgradtage Aufschluß. Danach ist die Häufigkeit der Tage mit über 23° liegenden mittleren Tagestemperaturen in *Zürich* im Durchschnitt 1,4 vH, im Höchstfall 5,8 vH, in *Lugano* im Durchschnitt 5,5 vH, im Höchstfall 11,5 vH, während diejenige der Tage mit über 30° liegenden Temperaturen nach vorstehendem in Ostafrika an der Küste durchschnittlich 30 vH und im Binnenland auf 1000 m Höhe sogar 51 vH beträgt.

Diese wenigen Zahlen weisen deutlich auf die zwischen den Tropen und unserm Klima bestehenden Unterschiede in der Bedürfnisfrage nach Kühlanlagen hin, wobei allerdings zu beachten ist, daß nach Abb. 92 und Zahlentafel 31 in den Tropen bedeutend weniger hohe Anforderungen an die Temperatur und Feuchte des Raumklimas gestellt werden als in Mitteleuropa.

c) Raumklima.

Die Zwecke, denen die Klimaanlagen zu dienen haben, sind, wie bereits angedeutet wurde, verschieden. In Gaststätten, Theatern usw. haben sie die Behaglichkeit zu erhöhen, in Bürogebäuden die Leistungsfähigkeit zu steigern, in Krankenhäusern Heilzwecken zu dienen, während anderseits in Werk-, Lager-,

Ausstellungs- und ähnlichen Räumen die Klimaanforderungen durch die Arbeitsvorgänge, bzw. die Instandhaltung der Waren und Gegenstände, bedingt sind. Dabei stimmen die Forderungen mit den für die Behaglichkeit zu stellenden manchmal überein (z. B. in Ausstellungsräumen), es kann aber auch sein, daß dies durchaus nicht der Fall ist, beispielsweise wenn entsprechend Zahlentafel 26 in Wollspinnereien für feine Wollsorten Temperaturen von 21° und relative Feuchten von 80 bis 85 vH oder in den Lösereien und Mischräumen von Zigarettenfabriken 20° und 90 vH verlangt werden. Im folgenden trete ich daher zuerst auf die Behaglichkeitsanforderungen im allgemeinen, dann in Sonderfällen und schließlich auf die Forderungen in bezug auf die Verarbeitung und Lagerung von Waren ein.

α) **Behaglichkeitsanforderungen.** Die Ergebnisse zahlreicher, an den verschiedensten Orten der Erdoberfläche vorgenommener Untersuchungen weisen alle darauf hin, daß die raumklimatische Behaglichkeit in erster Linie durch die Temperatur, die Feuchte und den Bewegungszustand der Luft bedingt ist. Allerdings kommen noch weitere Umstände in Frage, beispielsweise die mittlere Wandtemperatur und die früher schon erwähnten, noch wenig erforschten Einflüsse der Kondensationskerne, Ionen usw. Zu beachten ist ferner, daß das Behaglichkeitsgefühl von Mensch zu Mensch, und selbst bei ein- und derselben Person je nach Körperzustand, Bekleidung und Betätigungsart, verschieden ist. Weiter spielen die Einflüsse der Höhenlage ü. M., der Schwankungen des Barometerstandes usw. eine Rolle. Nach neueren Forschungen sollen sogar gewisse Staubarten (z. B. Wüstenstaub) von günstiger Wirkung sein, während bekanntlich andere Staubarten (z. B. Quarz-, Eisenoxyd-, Eisenhammer- und Kalkstaub), sofern sie in großen Mengen eingeatmet werden, und auch gewisse Gase und Dämpfe gesundheitliche Störungen hervorrufen. Diese und andere Beobachtungen haben dazu geführt, je nach den Stoffen, die die Luft enthält, und andern, heute noch nicht abgeklärten Einflüssen, von „*Heilklima*" und „*Unheilklima*" zu sprechen[1]. Die Verfasser des in der Fußnote angegebenen Aufsatzes bemerken u. a.:

„Daß die Gesundheit der Wohnungen und der Ortschaften vom Klima abhängt, sei dies nun das natürliche Klima der ganzen Gegend oder das Mikroklima der allernächsten Umgebung oder Behausung, kann gar nicht oft genug zum allgemeinen Bewußtsein gebracht werden. Es ergeben sich daraus neue soziale Aufgaben von größtem Ausmaß: Ersatz des Mikroklimas, wenn es minderwertig ist, durch ein gutes Mikroklima, am besten ein Heilklima. Hierzu gehört nicht nur das Fortschaffen von schädlichen, ein Unheilklima bedingenden Stoffen in der Luft, sondern auch das Heranbringen von Stoffen, die durch ihre Eigenschaften, Atmung, Puls, Blutdruck usw. günstig beeinflussen."

Es ist weder meine Absicht noch Aufgabe, auf diese vielen Möglichkeiten einzutreten, um so weniger, als hierüber bereits wertvolle Arbeiten von berufenerer Seite vorliegen (vgl. z. B. [1 bis 3]). Dagegen sind einige Erörterungen hinsichtlich Temperatur, Feuchte und Luftbewegung unerläßlich, weil bei der Erstellung von Klimaanlagen diesbezügliche Gewährleistungen verlangt werden.

Temperatur. Bekanntlich legt man in der Heiz- und Klimatechnik zur Berechnung der Heizanlagen für Wohn- und Aufenthaltsräume, Versammlungssäle usw. bei uns im allgemeinen 18 bis 20° zugrunde. In gewissen Fällen, z. B. für Rüsthallen und andere Werkräume, in denen die Arbeiter erhebliche Muskel-

[1] Gehrcke, E., E. Lau und O. Meinhardt: Heilklima und Unheilklima. Gesundh.-Ing. Bd. 60 (1937) Heft 42 S. 644/646.

arbeit zu leisten haben, ferner für Kirchen, Museen usw. liegen die anzunehmenden Temperaturen dagegen tiefer. Für Schlafzimmer, die ausschließlich zum Schlafen, d. h. nicht auch als Aufenthaltsräume, benutzt werden, sind 12 bis 14° ausreichend, während für Baderäume 22°, für Operationsräume 25° und mehr gefordert werden.

Seit langem weiß man auch, daß die Heizart von Einfluß auf die erforderliche Lufttemperatur ist. So sind z. B. in Kirchen bei Aufstellung von Heizkörpern an den Wänden und bei Luftheizung höhere Lufttemperaturen erforderlich als bei Fußbankheizung, weil bei dieser die von den Heizkörpern abgegebene Wärme den Füßen und dem übrigen Körper unmittelbar zugute kommt. Bekannt ist ferner, daß bei warmen Wänden die Lufttemperaturen niedriger sein können als bei kalten. Wenn nur zeitweise benutzte Kirchen, Versammlungsräume usw. erst kurze Zeit vor ihrer Ingebrauchnahme hochgeheizt werden, so ist es trotz hoher Lufttemperaturen in der Nähe der noch kalten Wände oft recht unbehaglich, einmal der starken Wärmeabstrahlung nach den kalten Flächen wegen[1] und außerdem, weil von derart kalten Mauern, wie übrigens auch von hohen, womöglich nur einfach verglasten, wenn auch im übrigen dicht schließenden Fenstern herunter, leicht lästige Zugerscheinungen auftreten. Im neuern Schrifttum ist auf diesen Umstand wiederholt hingewiesen worden[2]. Weiter hat man festgestellt, daß für gleiche Behaglichkeit die Lufttemperaturen bei Deckenstrahlungsheizung niedriger gehalten werden können als bei Heizkörperheizung, was darauf zurückzuführen ist, daß die Wärmeabstrahlung des menschlichen Körpers der höheren Decken-, Wand- und Fußbodentemperaturen wegen (vgl. Abb. 79) geringer ist.

Hierzu äußert sich v. GONZENBACH in der unter Fußnote 3, S. 8 erwähnten Arbeit folgendermaßen:

„Die Erfahrung lehrt, daß wir subjektiv die Wärmeabgabe durch Leitung an die umgebende Luft angenehmer empfinden als die Wärmeabgabe durch Strahlung. Offenbar wirkt ein leichter Kältereiz auf die Hautzirkulation und damit auf unser Wohlbefinden belebend, oder nach unserm Sprachgebrauch *erfrischend*, mangelnde Wärmeabgabe an die Umgebung eher erschlaffend. Möglicherweise beteiligen sich an dieser Empfindung unsere Atmungsorgane, insbesondere die Nase, für die die Einströmung kühler Luft wesentlich angenehmer ist als das Durchfließen von warmer Luft. Auf der andern Seite sind wir recht empfindlich gegen Abstrahlung unserer Körperwärme nach kalten Umgebungswänden. Das Ziel der Heizung soll daher sein, möglichst geringe Abstrahlung an die Zimmerwände und möglichst unbehinderte Wärmeabgabe an die Zimmerluft zu vermitteln."

Aus diesen Ausführungen ist zu entnehmen, daß zur Erzielung gleicher Behaglichkeit bei verschiedenen Heizarten verschiedene Raumtemperaturen erforderlich sind. Im übrigen ist jedoch zu sagen, daß überall auf der Erdoberfläche, wo Heizbedürfnis besteht, für bestimmte Raumarten im Winter ungefähr die gleichen Temperaturen verlangt werden, während die Forderungen in bezug

[1] Amerikanische Untersuchungen haben z. B. ergeben, daß für gleiche Behaglichkeit bei 7° Oberflächentemperatur von 3 Raumwänden die Lufttemperatur um etwa 5° höher sein muß als bei gleicher Luft- und Wandtemperatur und sonst gleichen Vorbedingungen. HOUGHTEN, F. C., und P. MC DERMOTT: J. Amer. Soc. Heat. Vent. Engr. 1933 Heft 1. Kurzbericht im Gesundh.-Ing. Bd. 56 (1933) Heft 10 S. 119. Vgl. ferner die Ausführungen über die „resultierende Temperatur" unter Abschnitt VI 1 c) γ).

[2] Vgl. z. B. WIRTH, P. E.: Die Decken-Strahlungsheizung im Krankenhaus. Gesundh.-Ing. Bd. 62 (1939) Heft 32 S. 458/463.

auf die während der warmen Jahreszeit durch die Klimaanlagen innezuhaltenden Raumtemperaturen erheblich auseinandergehen. Das hängt in erster Linie mit den ungleichen klimatischen Verhältnissen der Orte, insbesondere den verschiedenen Außentemperaturen, zusammen. In Mitteleuropa z. B. wird in der Regel gefordert, daß es in Versammlungsräumen, Lichtspieltheatern usw. möglich sein müsse, die Innentemperatur auch im Hochsommer auf etwa 23° zu halten. In wärmeren Gegenden ist diese Temperatur dagegen höher anzusetzen, da es weder angenehm noch der Gesundheit zuträglich ist, wenn zwischen dem Freien und den Räumen allzu große Temperaturunterschiede bestehen. In vielen Lichtspielhäusern Amerikas ist man in dieser Hinsicht bekanntlich anfänglich zu weit gegangen. Im allgemeinen soll bei uns der Temperaturunterschied nicht mehr als etwa 6° und in südlicheren Gegenden nicht mehr als etwa 8° betragen.

Hinsichtlich des Behaglichkeitsempfindens ist nicht außer acht zu lassen, daß der menschliche Körper sich an die mittleren klimatischen Verhältnisse seiner Umgebung anpaßt und bei der Versetzung in eine wesentlich andere Umgebung diese anfänglich als unnatürlich empfindet. Menschen, die an ein warmes Klima gewohnt sind, werden in kälteren Gegenden leichter frieren als die dort ansässigen Bewohner, gerade so wie solche, die an windreichen Orten leben, die Luftbewegung in windarmen Gegenden vermissen. Sie öffnen in Eisenbahnwagen usw. mit Vorliebe die Fenster, während die einheimischen Mitreisenden sich über Zug beklagen. Aber selbst an ein und demselben Ort und für die gleichen Menschen sind bestimmte Raumtemperaturen, je nach den herrschenden Außentemperaturen, dem augenblicklichen Körperzustand, der Bekleidung, Beschäftigungsart usw. von verschiedener Wirkung. Betritt man z. B. von der Straße kommend massiv erstellte Gebäude, so wird die gleiche Innentemperatur im Winter oft als angenehm *warm*, im Sommer als angenehm *kühl* empfunden, während sich diese Begriffe bei längerem Aufenthalt ins Gegenteil verschieben können. Ist man im Winter nach langem Aufenthalt in großer Kälte — wie man sagt — bis auf die Knochen durchfroren, so genießt man beim Betreten eines überheizten Raumes die Wärme außerordentlich, während man sie unter gewöhnlichen Verhältnissen als fast unerträglich bezeichnen würde. Und umgekehrt ist große Kälte leichter zu ertragen, wenn der Körper stark durchwärmt ist. Bekannt ist, daß die russischen Bauern, die in großer Kälte zu arbeiten haben, Wert auf überheizte Stuben legen, um mit einem gewissen aufgespeicherten Wärmevorrat ins Freie hinausgehen zu können und daß sie sogar aus ihren heißen Dampfbadehäusern, mitten im strengen Winter, zur „Erholung“ nackt ins Freie hinaustreten. Im gleichen Bestreben, gespeicherte Wärme ins Freie hinaus mitzunehmen, werden bei uns bisweilen die umzulegenden Überkleider angewärmt. Nach E. K. Weber begeben sich auch die Tschuktschen (Nordostsibirien) aus ihren überfüllten Zelten, in denen oft Temperaturen von 30 bis 35° herrschen sollen, selbst bei den tiefsten Außentemperaturen, die daselbst gelegentlich unter —60° sinken, unbekleidet ins Freie hinaus, um nach ihren Hunden zu sehen. Weber schreibt, daß solche Temperaturunterschiede, die bis rd. 100° betragen können, weiter nichts auf sich haben. Erkältungen der Luftwege, Schnupfen, Husten usw. seien dort nicht bekannt.

Messungen mit einer auf 24,5° (Kleidertemperatur des Menschen) beheizten

Frigorimeterkugel haben zu dem Schlusse geführt, daß die Wärmeregelung des menschlichen Körpers außerordentlich empfindlich ist. Bekanntlich ist sie bei den verschiedenen Menschen aber z. T. verschieden. In seinem Aufsatz *Aus der Physik der Raumheizung*[1] weist WIRTH u. a. darauf hin, daß, wenn diese Selbstregelung nicht vorhanden bzw. bei einem kranken oder stark geschwächten Körper gestört ist, die Entwärmung viel ungünstiger als normal, und zwar insbesondere im Sinne einer zu starken Abkühlung bei sinkenden Raumtemperaturen, verläuft.

Aber auch bei gesunden Körperverhältnissen ist eine Menge von Nebenumständen für die Wahl der wünschenswertesten Raumtemperaturen maßgebend. Am sichersten lassen sich bestimmte Angaben machen, wenn die Rauminsassen sich in Ruhe befinden, beispielsweise sitzen, also für Schulen, Büros, Wohnzimmer usw. Aber gerade hier können schon kleine Abweichungen von den gewohnten Durchschnittswerten erhebliches Unbehagen hervorrufen, namentlich wenn außerdem noch größere Luftbewegungen (Zugerscheinungen) auftreten. Im Gegensatz dazu werden die im Freien zwischen Sommer und Winter bestehenden großen Temperaturunterschiede bei entsprechender Bekleidung, und sofern es sich nicht um Ausnahmezustände handelt, weit weniger als unbehaglich empfunden, und auch hinsichtlich der Luftbewegung liegen die Dinge im Freien ganz anders als in den Räumen, was deutlich in die Erscheinung tritt, wenn man die kleinen, in den Abb. 92 und 93 gekennzeichneten, sich auf die Räume beziehenden Behaglichkeitsbereiche mit dem großen, das Freie betreffenden vergleicht.

Aus all dem geht hervor, daß es unmöglich ist, scharfe, für alle Fälle zutreffende Grenzen zwischen behaglichen und unbehaglichen Lufttemperaturen zu ziehen. Wenn aber dennoch gewisse Annahmen getroffen werden sollen, so dürfte es sich für europäische Verhältnisse empfehlen, wie das in den Abb. 92 und 93 geschehen ist, die Behaglichkeitstemperaturen in Höhenlagen bis zu etwa 1000 m ü. M., z. B. für Wohnräume während der Heizzeit auf 18 bis 20°, im Sommer auf 17 bis 24° anzusetzen, während im Freien bei entsprechenden Feuchtigkeitsgehalten und Luftgeschwindigkeiten sowie der Temperatur angepaßter Bekleidung und Muskeltätigkeit Temperaturen von wesentlich unter 0° bis zu 30 und mehr °C nicht als unbehaglich zu bezeichnen sind.

Allerdings können im Sommer Temperaturen von über 24° auch in den Räumen bei entsprechend leichter Bekleidung, geringer Feuche und einer gewissen, durch Fächer, Decken- oder Tischlüfter, Lüftungs- bzw. Klimaanlagen usw. hervorgerufenen Luftbewegung u. U. als nicht unangenehm empfunden werden, während derartige Temperature während der Heizzeit, wenn man warm angezogen ist und zudem die Luftfeuchte bei geschlossenen Fenstern erheblich ansteigt, sehr lästig werden können.

Feuchte. Über die Luftfeuchte und ihre Auswirkungen auf den menschlichen Körper sowie die toten Gegenstände und Pflanzen habe ich mich an a. O. eingehend geäußert[2] und will das dort Gesagte nicht wiederholen. Beigefügt sei

---

[1] Veska-Zeitschrift Juni 1938, Heft 6.

[2] HOTTINGER, M.: Einiges über Luftfeuchtigkeit. Gesundh.-Ing. Bd. 61 (1938) Heft 16 S. 213/220. Ferner: [5].

jedoch, daß bei nahezu ruhender Luft relative Feuchtegehalte zwischen 50 und 55 vH in der Regel bei keiner der in Frage kommenden Temperaturen lästig fallen. Bei über etwa 25° ist es angenehmer, wenn die Feuchtegehalte unter 50 vH liegen, während sie bei Temperaturen unter etwa 10° ohne Nachteil bis 90 und mehr vH betragen können.

Dem entspricht auch Abb. 92. Darin sind die während der Heizzeit anzustrebenden Luftzustände durch waagerechte Schraffung und die in den Räumen im Sommer als wünschenswert zu bezeichnenden durch Schraffung von links unten nach rechts oben gekennzeichnet, während sich die von links oben nach rechts unten geschraffte Behaglichkeitsfläche auf *Batavia*, d. h. auf ein ausgesprochenes Tropenklima bezieht. Daß daselbst Luftzustände von 20° bis gegen 26° bei gleichzeitig 90 vH relativer Feuchte noch als behaglich bezeichnet werden, begründet Mom damit, daß es in Indien üblich sei, jede nicht unbedingt erforderliche Muskelarbeit zu vermeiden[1].

Beachtlich ist, daß Luftzustände manchmal auch als trocken empfunden werden, wenn ihr relativer und absoluter Feuchtegehalt reichlich hoch ist. Das ist besonders im Winter bei hohen Heizflächentemperaturen (über 70°) der Fall. Diese Erscheinung beruht darauf, daß zufolge der dabei auftretenden stärkeren Luftströmung mehr Staub in Bewegung gesetzt und die sich an den Heizflächen bildenden Kondensationskerne in erhöhtem Maße in die Räume hinausgetragen werden[2]. Nach Forster [32] geben die meisten organischen Substanzen bei bestimmten Temperaturen (Staub, Teer usw. um 70° herum) Kerne ab. Die betr. Temperaturen sind für reine Substanzen spezifisch und wiedergebbar. Sie gleichen Schmelz- und Siedepunkten. Die abgegebenen Kerne reizen die Schleimhäute. Forster stellte diesbezüglich jedoch fest, daß die Kernzahl allein noch nichts über die biologische Wirksamkeit eines Aerosols aussagt, sondern seine chemische Zusammensetzung ausschlaggebend ist. Die Größe der einzelnen Aerosolteilchen und ihre physikalische Beschaffenheit sind für ihre biologische Wirkung mitbestimmend. Durch künstliche Befeuchtung der Luft wird ein kleiner Teil eines Aerosols rascher ausgefällt als ein anderer, es ist dies aber wahrscheinlich gerade der biologisch wirksamste, und dies ist wohl der Grund dafür, daß empfindliche Personen ausreichende künstliche Befeuchtung in geheizten Räumen immerhin als wohltuend empfinden. In seinem schon wiederholt erwähnten Aufsatz „Die physiologischen Grundlagen der Heizung und Lüftung“ (vgl. Fußnote 3, S. 8) schreibt v. Gonzenbach hierzu:

„Es ist denkbar, daß die (vorstehend erwähnten) flüchtigen Substanzen sich in Form von Kondensationskernen in der Luft anreichern und durch Erhöhung der Luftfeuchtigkeit inaktiviert werden können. Darauf deutet der Befund unserer Versuche, daß der einzige Unterschied zwischen feuchter und trockener Luft darin bestand, daß bei Luftbefeuchtung wesentlich weniger Kondensationskerne nachgewiesen werden konnten. Es ließ sich das besonders deutlich bei Versuchen mit Tabakrauch nachweisen, der ungeheure Mengen von Kondensationskernen enthält und dessen reizende Wirkung bekanntlich am besten durch

---

[1] Mom, C. P.: Luftbehandlung in den Tropen. Gesundh.-Ing. Bd. 61 (1938) Heft 44 S. 631/637 und Heft 45 S. 647/651.

[2] Die große Bedeutung der Kondensationskerne in hygienischem Sinn wurde schon von Coulier, ihrem Entdecker, im Jahre 1875 erkannt. Er schrieb, daß ein großer Unterschied zwischen überheizter Luft und solcher, die aus frischer und künstlich geheizter gemischt wird, bestehe.

Befeuchtung der Luft (Verdampfen von Wasser oder Schwenken von feuchten Tüchern) behoben werden kann. Neben der Quantität spielt hierbei auch die Qualität dieser Kondensationskerne eine wichtige Rolle[1]."

Luftgeschwindigkeit. Die Einwirkung der Luftbewegung auf die Behaglichkeit ist mehrfacher Art. Einmal führt sie zufolge Erhöhung des Wärmeüberganges und der Wasserverdunstung eine Steigerung der Wärmeabgabe des Körpers herbei, was bei hohen Lufttemperaturen angenehm, bei niederen unbehaglich wirken kann. Stets willkommen ist der Umstand, daß sie die sich bei Ruhe um den Körper bildende „Eigenatmosphäre" beseitigt.

Bekanntlich liegen die Luftgeschwindigkeiten in geschlossenen Räumen mit massiven Mauern und gewöhnlichen Fenstern im Sommer, d. h. bei kleinen Temperaturunterschieden zwischen innen und außen (sogar bei offenen Fenstern), fast ausnahmslos unter 0,1 m/s und bei einer gewissen Luftbewegung, hervorgerufen durch häufiges Auf- und Zumachen der Türen, Umhergehen usw. zwischen etwa 0,1 und 0,2 m/s. Über einem Heizkörper stellte ich bei rd. 40° Heizwasser-Vorlauftemperatur eine Luftgeschwindigkeit von 0,3 m/s fest. Roose [4] hat in mit Heizkörpern und in mit Fußbodenheizung erwärmten Zimmern ebenfalls Luftgeschwindigkeiten bis zu 0,3 m/s und bei Deckenheizung bis zu 0,22 m/s gefunden. Unmittelbar an den Heizkörpern sind die Luftgeschwindigkeiten bei hohen Heizwassertemperaturen allerdings erheblich höher. Sie können daselbst bis auf über 1 m/s steigen. Das ist aber nur insofern beachtlich, als die sich an den Heizkörpern zufolge der Stauberwärmung bildenden Produkte dadurch in die Räume hinausgetragen werden. Die betreffenden Luftgeschwindigkeiten nehmen jedoch schon in geringer Entfernung von den Heizflächen ab und kommen für die in den Räumen anwesenden Personen weiter nicht in Betracht. Aber selbst wenn man damit in Berührung käme, würden sie, der hohen Temperaturen wegen, als Luftströmungen kaum lästig fallen, höchstens infolge ihrer austrocknenden Wirkung.

Untersuchungen, die ich im Auditorium maximum und verschiedenen Hörsälen der E. T. H., in einem Lichtspieltheater, einem großen Versammlungsraum und einem Warenhaus bei in und außer Betrieb gesetzten Lüftungs- bzw. Klimaanlagen vorzunehmen Gelegenheit hatte, waren ebenfalls sehr aufschlußreich. Die betreffenden Räume waren, mit Ausnahme des Warenhaus-Verkaufsraumes, unbenutzt, die Messungen wurden im Sommer bei warmen Außentemperaturen durchgeführt. Es zeigte sich, daß die anfänglich bei abgestellter Lüftung meist als warm und dumpf (matt) empfundenen Luftverhältnisse durch die Inbetriebsetzung der Lüfter eine erhebliche Verbesserung erfuhren. Die gemessenen Luftgeschwindigkeiten stiegen dabei stets von 0,05 m/s und noch weniger auf 0,1 bis 0,25 m/s. Diese Zunahmen wirkten fast ausnahmslos angenehm und belebend, insbesondere wenn die Zuluft eine höhere Temperatur aufwies als die Raumluft. Anderseits traten in einem kleinen Hörsaal bei 20° Raumtemperatur und einer Geschwindigkeit von 0,2 m/s bereits gewisse Zugerscheinungen auf, als die Temperatur im Freien bei einem plötzlichen Temperatur-

[1] Vgl. auch Burckhardt, H., und H. Flohn: Die atmosphärischen Kondensationskerne in ihrer physikalischen, meteorologischen und bioklimatischen Bedeutung. Abhandlungen aus dem Gebiet der Bäder- und Klimaheilkunde, herausgegeben von H. Vogt, Breslau. und K. Knoch, Berlin, 3. Heft 1939.

sturz auf 19° sank und derart, d. h. ohne Nachwärmung, eingeblasen wurde. Und als bei 19,8° Raumtemperatur die eingeblasene Luftmenge so weit gesteigert wurde, daß eine Geschwindigkeit von 0,51 m/s auftrat, wobei die Außentemperatur gleichzeitig weiter auf 17° sank, waren starke, auf die Dauer unerträgliche Zugerscheinungen verspürbar, die um so unangenehmer wirkten, als die Luftbewegung den Nacken traf. Andererseits wurde in einem großen Vortragssaal, als die Klimaanlage mit Kühlung betrieben wurde, bei 22° Raumtemperatur und 20,3° Eintrittstemperatur der Zuluft an den Eintrittsstellen mitten im Saal eine Geschwindigkeit der Luft von 0,22 m/s als außerordentlich angenehm empfunden. Im Verkaufsraum des Warenhauses konnte eine Steigerung der Geschwindigkeit von 0,05 auf 0,1 m/s nicht wahrgenommen werden, während bei erhöhter Umlaufzahl des Lüfters eine solche auf 0,18 m/s gut spürbar war und von einzelnen Verkäuferinnen bereits als Zug empfunden wurde. Die Innenluft wies dabei 21,1° und 61 vH Feuchtigkeit auf, die von außen angesaugte Luft hatte im Freien 17°, am Lüfter 18°, wird also wohl mit etwa 19° in den Verkaufsraum ausgeströmt sein. Bei Deckenkühlung[1] und abgestellter Lüftung ergab eine Messung bei 23,2° Außentemperatur einen Luftzustand im Raum von 22,7°, 60 vH und 0,05 m/s, der als angenehm empfunden wurde. Eine fühlbare Steigerung der Luftbewegung zufolge der Deckenkühlung war also nicht feststellbar.

Diese Ergebnisse deuten darauf hin, daß bei künstlicher Lüftung der Räume vorsichtshalber etwa 0,2 bis höchstens 0,25 m/s Luftgeschwindigkeit in den Aufenthaltszonen der Menschen (außer bei sehr warmen Temperaturen, beispielsweise in voll besetzten Lichtspieltheatern) nicht überschritten werden dürfen. Selbst dabei sollte die Temperatur der Zuluft aber höher oder zum mindesten nicht wesentlich kälter als diejenige der Raumluft sein. Geschwindigkeiten von 0,3 m/s sind in Räumen schon gefährlich, und solche von 0,5 m/s als übermäßig hoch zu bezeichnen. Wird die Luft wesentlich kühler als mit Raumtemperatur in die Räume eingeblasen, so ist beste Führung, derart, daß im Bereich der Besucher keine scharfen Luftströmungen entstehen, unerläßlich. Die in der Aufenthaltszone auftretenden Geschwindigkeiten sollten dann sogar 0,1 bis 0,15 m/s nicht übersteigen. [Vgl. Abschnitt IV 3i).]

Werden heiße Arbeitsplätze durch Zuführung von Kühlluft (Luftduschen) gekühlt, so muß auch hier dafür gesorgt werden, daß die Luftgeschwindigkeit gewisse Grenzen nicht übersteigt und die Temperatur verhältnismäßig hoch ist. Sowohl Menge als Erwärmung der Kühlluft müssen daher regelbar sein. Liese stellte Laboratoriumsversuche über den Einfluß der Wärmestrahlung und der Bewindung auf die Stirnhauttemperatur nicht arbeitender Personen an[2]. Im Bericht sind die Ergebnisse in mehreren Kurventafeln, die den Einfluß der beiden Einwirkungen getrennt und gemeinsam zur Darstellung bringen, wiedergegeben.

Außer durch unsachgemäß angelegte oder betriebene Lüftungsanlagen kommen aber auch sonst oft unliebsame Luftgeschwindigkeiten in Räumen vor.

---

[1] Es handelte sich dabei um das Warenhaus Jelmoli in Zürich, Fußnote 1, S. 51.

[2] Liese, W.: Über die hygienische Beurteilung der Wirkung von „Luftduschen“ als arbeitsklimatische Verbesserung an heißen Arbeitsplätzen. V. Mitteilung der raumhygienischen und arbeitsklimatischen Untersuchungen aus dem Reichsgesundheitsamt. Z. Hyg. Bd. 122 (1939) S. 24/40. Kurzbericht im Gesundh.-Ing. Bd. 62 (1939) Heft 51 S. 723 und in Wärme- u. Kältetechn. Bd. 42 (1940) Heft 3 S. 45/46.

Es wurde bereits darauf hingewiesen, daß im Winter manchmal Zug von kalten Außenwänden oder Fenstern her, oder zufolge des Einströmens kalter Außenluft durch undichte Fenster und Türen, besonders bei Windanfall entsteht. Insbesondere sei auch nochmals erinnert an das bisweilen sehr lästige Einströmen kalter Außenluft durch die Türen von Kirchen, Warenhäusern und anderen hohen Räumen, in denen bei großen Temperaturunterschieden zwischen innen und außen starker Luftauftrieb herrscht. Aber auch im Sommer sind Belästigungen durch Zugerscheinungen keine Seltenheit und alsdann u. U. noch unangenehmer, weil man der hohen Temperaturen wegen leicht bekleidet ist und zum Schwitzen neigt.

Im Gegensatz zu den Luftbewegungen in Räumen wechseln diejenigen im Freien (sofern von zugigen Ecken, Durchgängen usw. abgesehen wird) ihre Richtung und Stärke beständig. Das hat dazu geführt, den Vorschlag zu machen, die Lüfter von Lüftungs- und Klimaanlagen durch Programmregler[1] mit wechselnden Drehzahlen zu betreiben, um auf diese Weise die im Freien auf den menschlichen Körper einwirkenden anregenden Wechsel nachzuahmen[2]. Der Erfolg dürfte allerdings zu wünschen übrig lassen, weil im Freien nicht nur die Stärke, sondern auch die Richtung der Luftströmung sich ständig ändert und man selber nicht stillsitzt wie in den Räumen, ganz abgesehen davon, daß im Freien noch andere Reizwirkungen vorhanden sind, die mit dem bloßen An- und Abschwellen der Luftbewegung nichts zu tun haben. Sämtliche von mir im Freien festgestellten Luftgeschwindigkeiten liegen über 0,1 m/s. Solche bis etwa 0,2 m/s waren kaum merklich. Bei über 0,3 m/s waren sie leicht spürbar und wirkten bis zu etwa 0,6 m/s bei warmen Temperaturen stets angenehm, bei weniger hohen beim Sitzen auf die Dauer manchmal schon lästig. Bei zwei unmittelbar aufeinanderfolgenden Messungen wurde wiederholt eine Zunahme der Luftgeschwindigkeit von z. B. 0,1 auf 0,3 m/s als angenehm empfunden, und an warmen, namentlich feuchtwarmen Tagen war bei entsprechender Bekleidung sogar eine Steigerung auf ein, zwei und noch mehr m/s willkommen. Anläßlich von zwei im Freien vorgenommenen Messungen, die beide eine Lufttemperatur von 24° und relative Feuchten von 52 und 54 vH aufwiesen, war der Luftzustand bei nur 0,35 m/s Luftgeschwindigkeit schwül, bei 1,17 m/s dagegen angenehm. Luftgeschwindigkeiten von 0,7 bis 1,5 m/s sind schon recht merklich und wirken an kühlen Tagen beim Sitzen im Freien belästigend auf empfindliche Personen. Geschwindigkeiten von über 1,5 m/s sind als ausgesprochener Wind, solche von über 2,5 m/s als ziemlich starker Wind spürbar.

In Zahlentafel 19 habe ich meine in Räumen und im Freien gemachten Beobachtungen, so gut als dies in einer solchen Übersicht möglich ist, zusammengestellt und mit den Windstärken 1 bis 4 der 12teiligen Beaufortschen Windskala verglichen. Daraus ergibt sich z. B., daß eine Luftgeschwindigkeit von 0,5 m/s in Räumen bei 18 bis 20° Raumtemperatur schon als übermäßig hoch bewertet werden muß, während sie im Freien bei warmen Temperaturen, wie erwähnt, nur schwach und meist angenehm empfunden wird. Die Beaufortsche Skala bezeichnet Luftgeschwindigkeiten bis zu 0,5 m/s sogar als Windstille. In

[1] Vgl. Hottinger, M.: Fußnote 2 S. 144.

[2] Vgl. v. Holbach, P.: Zeitgemäße Entwicklung für Klimaanlagen. Gesundh.-Ing. Bd. 61 (1938) Heft 43 S. 621.

Zahlentafel 19. Vergleich der Beobachtungen über das Empfinden von Luftbewegungen im Freien und in Räumen mit den Angaben der Beaufortschen Skala.

Im Freien						In den Räumen bei 18 bis 20° Raumtemperatur	
Beaufortsche Skala				Nach den vorgenommenen Beobachtungen			
Windstärke nach der 12teiligen Skala	Luftgeschwindigkeit m/s	Bezeichnung	Kennzeichen	Luftgeschwindigkeit m/s	Luftbewegung nach dem Empfinden	Luftgeschwindigkeit m/s	Luftbewegung nach dem Empfinden
0	0,0—0,5	Windstille	Vollkommene Windstille, Rauch steigt senkrecht empor	0,0—0,2	Luftbewegung nicht wahrnehmbar. An warmen Tagen schwül	0,0—0,1	Keine Luftbewegung wahrnehmbar. Bei wärmeren Temperaturen unbehaglich
1	0,6—1,7	Leiser Luftzug (sehr leicht)	Rauch steigt nahezu senkrecht in die Höhe, Windrichtung schon feststellbar	0,3—0,6	Schwacher Luftzug spürbar. Wirkt bei warmen Temperaturen angenehm	0,1—0,2	Ganz leichte, immer noch kaum wahrnehmbare Luftbewegung, z. B. hervorgerufen durch auf- u. zugehende Türen, Umhergehen, gut angelegte u. bediente Lüftungsanlagen usw.
2	1,8—3,3	Leichter Wind	Für das Gefühl eben bemerkbar	0,7—1,5	Luftbewegung gut spürbar. Beim Sitzen im Freien an warmen Tagen angenehm, an kühlen schon unangenehm	0,3—0,5	Luftbewegung auch bei warmen Lufttemperaturen spürbar. Bei kühlen Temperaturen Zugerscheinungen
3	3,4—5,2	Schwacher Wind	Bewegt einen leichten Wimpel, auch die Blätter der Bäume	1,6—2,5	Luftbewegung als ausgesprochener Wind bemerkbar. Zum Sitzen im Freien nur bei warmen Temperaturen u. entsprechender Bekleidung angenehm	über 0,5	Gefahr von Belästigungen durch Zugerscheinungen auch bei warmen Raumtemperaturen groß
4	5,3—7,4	Mäßiger Wind	Streckt einen Wimpel, bewegt kleine Zweige der Bäume, hebt Staub und Papier	über 2,5	Luftbewegung als ziemlich starker Wind spürbar		

dieser allgemeinen Fassung ist diese Bezeichnung nicht richtig, indem, wie aus dem Vorstehenden hervorgeht, solche Geschwindigkeiten bei sehr warmen Temperaturen zwar wirklich kaum wahrgenommen, bei warmen nur schwach und angenehm, bei kühlen dagegen schon lästig, und bei kalten, namentlich wenn die Luft außerdem noch neblig ist, als recht unerwünschter Luftzug empfunden werden.

Die Feststellung selbst kleinster Geschwindigkeiten kann mit dem von Hill im Jahre 1916 angegebenen *Katathermometer*[1] (vgl. z. B. [8, 27 und 28]) unter Benutzung des Katadiagrammes, Abb. 93, erfolgen. Darin ist, unter Berücksichtigung der vorstehend gemachten Angaben, der Sommer- und der Winter-

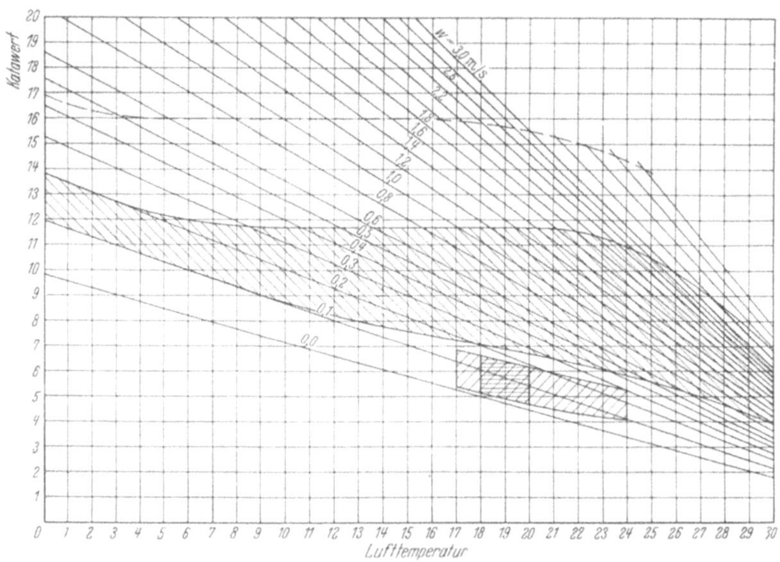

Abb. 93. Kataschaubild. Die geschrafften Flächen beziehen sich auf die Gebiete ausgesprochener Behaglichkeit in Höhenlagen bis zu etwa 1000 m ü. M., und zwar die waagerecht geschraffte auf die Winter-, die von links unten nach rechts oben geschraffte auf die Sommerverhältnisse in Räumen, die von links oben nach rechts unten geschraffte auf das Freie. An windreichen Orten ist diese Fläche bis zu der gestrichelt eingetragenen Grenzkurve zu erweitern.

behaglichkeitsbereich, beim Sitzen und entsprechender Bekleidung in Räumen für Höhenlagen bis zu etwa 1000 m ü. M., wieder durch waagerechte sowie von links unten nach rechts oben verlaufende Schraffung und der Behaglichkeitsbereich im Freien durch Schraffung von links oben nach rechts unten gekennzeichnet.

Durch die Abb. 92 und 93 sind die Behaglichkeitszustände in bezug auf Temperatur, Feuchte und Luftbewegung vollständig gekennzeichnet, und ich habe daraus das Behaglichkeitsdiagramm Abb. 94 für Räume in Höhenlagen bis zu etwa 1000 m ü. M. in der Weise abgeleitet, daß zu den auf der Abszissenachse vermerkten Temperaturen je die niedrigsten und höchsten relativen Feuchtegehalte entsprechend Abb. 92 aufgetragen und zu diesen die kleinsten, bzw. größten, aus Abb. 93 entnommenen zulässigen Geschwindigkeiten eingeschrieben

[1] The Kata-Thermometer in Studies of Body Heat and Efficiency, London: His Majesty's Stationary Office 1923.

wurden. Durch proportionale Aufteilung sind die Zwischenpunkte und durch Verbinden derselben die entsprechenden Geschwindigkeitskurven entstanden. Dabei wurde von der Voraussetzung ausgegangen, daß es bei den in Frage kommenden Raumtemperaturen zwecks sachgemäßer Entwärmung des Körpers angezeigt ist, wenn den höheren Feuchtigkeitsgehalten der Luft die größeren Geschwindigkeiten entsprechen.

Für Höhenlagen über etwa 1500 m ü. M. weisen die Abb. 92 und 93 ein etwas anderes Aussehen auf[1], da in derart großen Höhen die Entwärmung des menschlichen Körpers kleiner ist, die untern Behaglichkeits-Temperaturgrenzen daher tiefer anzusetzen sind, die Luft zudem kleinere absolute Feuchtegehalte aufweist, die Grenzkurve *b* in Abb. 92 deshalb tiefer zu setzen ist und schließlich, weil man daselbst an höhere Luftgeschwindigkeiten im Freien gewöhnt ist, so daß in Abb. 93 die Behaglichkeitsfläche fürs Freie bis zu der gestrichelt eingetragenen Grenze auszudehnen ist, was übrigens auch für windreiche Gegenden des Tieflandes zutrifft.

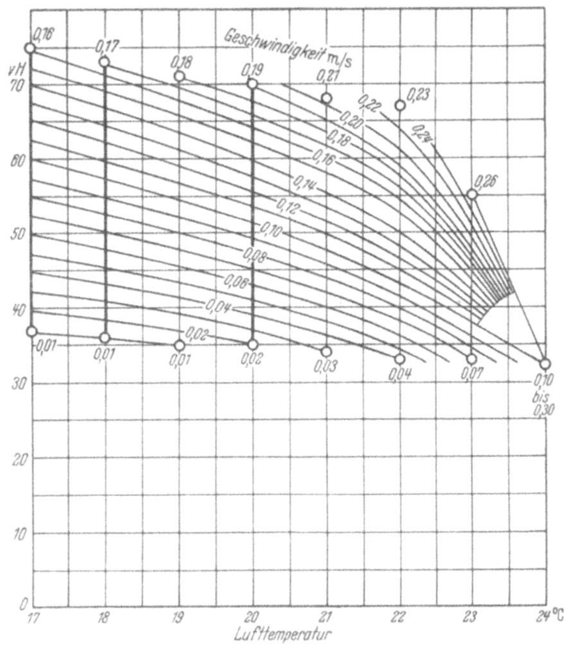

Abb. 94. Behaglichkeitsbereich in Räumen bis etwa 1000 m Höhe ü. M. bei Ruhe und nicht ungewöhnlich niedern oder hohen Wandtemperaturen sowie bei der Temperatur entsprechender Bekleidung.

Nach Abb. 94 ist der Luftzustand somit bei z. B. 18° als ausgesprochen behaglich zu bezeichnen, wenn die relative Feuchte zwischen 36 und 73 vH und die Luftgeschwindigkeit zwischen 0,01 und 0,17 m/s liegt. Bei beispielsweise 55 vH relativer Feuchte ist das Optimum der Behaglichkeit nach der Abbildung erreicht, wenn die Geschwindigkeit 0,09 m/s beträgt, doch macht es nicht viel aus, wenn sie, wie eben bemerkt, bis auf 0,01 sinkt bzw. bis auf 0,17 m/s steigt. Ist die Lufttemperatur dagegen 22° und die relative Feuchte wieder 55 vH, so ist das Optimum der Behaglichkeit erreicht, wenn die Geschwindigkeit rd. 0,16 m/s beträgt, sie darf aber auch auf 0,04 m/s sinken bzw. auf 0,23 m/s steigen, ohne daß die Grenzen der Behaglichkeit deswegen überschritten würden. Ist die Temperatur 18° und die Luftgeschwindigkeit 0,09 m/s, so läßt sich umgekehrt an Hand der Abb. 94 auch sagen, daß die relative Feuchte ohne Bedenken zwischen 36 und 73 vH, bzw. bei 22° und 0,16 m/s Geschwindigkeit zwischen 33 und 67 vH liegen darf, das Optimum aber, wie oben angegeben, in beiden Fällen bei 55 vH erreicht wird.

[1] HOTTINGER, M.: Luftzustand und Behaglichkeit in Höhenlagen von etwa 1500 bis 2700 m ü. M. Gesundh.-Ing. Bd. 62 (1939) Heft 14 S. 193/197.

Die Luftzustände lassen sich auf diese Weise durch Messung der Temperatur mit einem gewöhnlichen Thermometer, der Feuchte mit einem Hygrometer und der Luftgeschwindigkeit mit einem Katathermometer rasch und sicher bestimmen. Mißt man in einem Raum z. B. 23,4° und 60 vH relative Feuchte bei einer Luftgeschwindigkeit von 0,04 m/s, so geht aus der Abbildung hervor, daß die Feuchte zu hoch und die Luftgeschwindigkeit zu klein ist. Die Feuchte sollte zwischen etwa 35 und 45 vH und die Geschwindigkeit zwischen etwa 0,09 und 0,26 m/s liegen, was durch Lüftung bzw. Klimatisierung des Raumes erreicht werden kann.

Eine gleiche Abbildung habe ich auch für Höhenlagen von über 1500 m ü. M. aufgezeichnet und in der in Fußnote 1, S. 133 angegebenen Arbeit veröffentlicht. Sie weicht von der hier wiedergegebenen nur wenig ab. Der größte Unterschied besteht darin, daß der Behaglichkeitsbereich bis auf 15° statt nur bis zu 17° hinunterreicht. In Zahlentafel 20 sind die Ergebnisse nebeneinandergestellt. Wie schon bemerkt, handelt es sich dabei um Luftzustände ausgesprochener Behaglichkeit. Nun ist es wohl wünschenswert, aber nicht immer möglich, die Klimaanlagen so zu erstellen und zu betreiben, daß das Optimum in allen Fällen erreicht wird. Unter Abschnitt VI 1b) wurde bereits darauf hingewiesen, daß man in Hinsicht auf nicht allzuhohe Anlage- und Betriebskosten meist darauf verzichtet, die ausschließlich Behaglichkeitsanforderungen dienenden Klimaanlagen für die allerungünstigsten Außenklimaverhältnisse zu erstellen. Und aus dem gleichen Grunde begnügt man sich in bezug auf die Gewährleistungen für solche Anlagen, auch bei besonders starker Wärme- oder Wasserdampfentwicklung in den Räumen, meist mit etwas unter den optimalen liegenden Forderungen.

Zahlentafel 20. Ausgesprochener Behaglichkeitsbereich in Aufenthaltsräumen, deren Wandtemperaturen von den Lufttemperaturen nicht stark abweichen.

Raumtemperatur	in Höhenlagen			
	bis zu etwa 1000 m ü. M.		über etwa 1500 m ü. M.	
	relative Feuchte	Luftgeschwindigkeit	relative Feuchte	Luftgeschwindigkeit
°C	vH	m/s	vH	m/s
		im Winter		
18	36—73	0,01—0,17	29—73	0,01—0,16
19	35—71	0,01—0,18	28—71	0,01—0,17
20	35—70	0,02—0,19	28—70	0,02—0,19
		im Sommer		
15	—	—	31—79	0,01—0,13
16	—	—	30—77	0,01—0,14
17	37—75	0,01—0,16	29—75	0,01—0,15
18	36—73	0,01—0,17	29—73	0,01—0,16
19	35—71	0,01—0,18	28—71	0,01—0,17
20	35—70	0,02—0,19	28—70	0,02—0,19
21	34—68	0,03—0,21	27—68	0,03—0,21
22	33—67	0,04—0,23	27—66	0,05—0,23
23	33—55	0,07—0,26	27—50	0,08—0,26
24	32	0,10—0,30	27	0,10—0,30

Die vom Verein Deutscher Ingenieure im Jahre 1937 herausgegebenen Regeln zur Lüftung von Versammlungsräumen [8] verlangen z. B. die Innehaltung der in Zahlentafel 21 angegebenen Zustände, wozu in den Regeln außerdem bemerkt ist:

„Die Werte gelten unabhängig vom Wetter sowie von der Stärke der Raumbesetzung, jedoch ist mit Rücksicht auf örtliche Verschiedenheiten und zeitliche Schwankungen bezüglich der Temperatur eine Abweichung von $\pm 2^0$ zugelassen.“

Zahlentafel 21. Bei der Erstellung von Klimaanlagen zu gewährleistende Temperaturen und Feuchtigkeitsgehalte (nach den Regeln des VDI zur Lüftung von Versammlungsräumen).

	Winter	Sommer			
	Außentemperatur °C				
	—	20	25	30	35
Innezuhaltende Innentemperatur . . . . . . °C	20	21,5	22	25	27
Untere zulässige Grenze der relativen Luftfeuchte vH	35				
Obere zulässige Grenze der relativen Luftfeuchte vH	70	70	70	60	60

Und hinsichtlich den Luftgeschwindigkeiten heißt es:

„Die Zuluft muß zugfrei in den Saal eingeführt werden. Die Zugfreiheit wird zunächst durch das Gefühl festgestellt. Bei Meinungsverschiedenheiten ist mit dem Katathermometer nachzuprüfen. Es dürfen in der Aufenthaltszone der Menschen keine größeren Katawerte als 6 bei den gewährleisteten Temperaturen auftreten, gemessen mit dem trockenen Katathermometer. Der Katawert kennzeichnet die Kühlstärke der Luft, die sich aus Lufttemperatur und Luftgeschwindigkeit ergibt. Einem Katawert 6 entspricht bei einer Lufttemperatur

von 20^0 eine Geschwindigkeit von 0,17 m/s,
„ 22^0 „ „ „ 0,30 „

Aus Zahlentafel 20 geht hervor, daß ich die oberen Grenzwerte der Luftgeschwindigkeit für ausgesprochene Behaglichkeit bei 20^0 zu 0,19, bei 22^0 zu 0,23 m/s gefunden habe, die Werte weichen also nur wenig von den eben genannten ab.

Zahlentafel 22. In Amerika geforderte Luftverhältnisse in Theatern (nach Berestneff).

Außentemperatur . . . . °C	21,5	23,9	26,7	29,4	32,2	35,0
Innentemperatur						
Trockenthermometer . . . . °C	22,2	23,0	23,9	24,7	25,6	26,7
Feuchtthermometer . . . . °C	16,7	17,2	17,5	17,8	18,0	18,4
Entsprechende relative Feuchte . . . . vH	57	55	53	50	47	44

Zahlentafel 22 enthält die von Berestneff für Theater in Amerika geforderten Luftverhältnisse[1]. Die hiernach in bezug auf die Raumtemperaturen verlangten Feuchtgehalte unterschreiten die in Zahlentafel 21 angegebenen und liegen für 22 und 23^0 Raumtemperatur innerhalb, für höhere Raumtemperaturen dagegen außerhalb des in Abb. 94 angegebenen Behaglichkeitsbereiches[2].

Weiter sind in Zahlentafel 23 noch die in der Schweiz beispielsweise für ein

[1] Berestneff, A. A.: Neue amerikanische Heizungs-, Kühlungs- und Lüftungsmethoden für große öffentliche Räume. Gesundh.-Ing. Bd. 55 (1932) Heft 41 S. 487/489.

[2] Gute Dienste zur Beurteilung von Lüftungs- und Heizungsanlagen, insbesondere wenn bestimmte Feuchtegrade bei gegebenen Temperaturen innegehalten werden müssen, leistet auch die in der Arbeit „Berechnungen und Tabellen zur Frage des Raumklimas“ von Küster, E., und H. Meixner [Arch. Hyg. Bd. 117 (1936) S. 158/178, Kurzbericht im Gesundh.-Ing. Bd. 60 (1937) Heft 25 S. 407] angegebene Wohnklimakurve.

Museum, ein Radio-Studio und 2 Lichtspieltheater von den Erstellern der Klimaanlagen eingegangenen Gewährleistungen wiedergegeben.

Zahlentafel 23. Beispiele für die bei der Erstellung von Klimaanlagen gewährleisteten Luftzustände.

Anlage im		Außenluft Temperatur °C	Außenluft Feuchte vH	Raumluft gewährleistete Temperatur °C	Raumluft gewährleistete Feuchte vH
Bundesarchiv Schwyz	Winter	−20	90—95	16—17	65—70
	Sommer	28—30	65—70	21—22	65—70
Radio-Studio Lausanne		−15 bis +25	—	18	65
		30	50	22	65
Lichtspieltheater St. Urban,	Winter	−20	—	22	40
Zürich	Sommer	35	27*	25	60
Lichtspieltheater Rex, Zürich . .	Winter	−20	—	20—21	50
	Sommer	32	32**	24—25	60—65

Erkennt man die in Zahlentafel 21 gestellten Forderungen als zweckentsprechend an, so ergeben sich in bezug auf die Temperatur t_f des bei Messungen der Luftfeuchte mit dem Psychrometer verwendeten Feuchtthermometers, ferner der absoluten Feuchte g, dem Teildruck des Wasserdampfes in der Luft p_D, sowie den Sättigungsfehlbeträgen (p_s — p_D) und den physiologischen Sättigungsfehlbeträgen (47,07 — p_D) die in Zahlentafel 24 angegebenen Werte. In der Reihe ganz rechts habe ich auch die nach meinen Feststellungen innezuhaltenden Luftgeschwindigkeiten aufgeführt.

Zahlentafel 24. Durch die Klimaanlagen zu gewährleistende Luftzustände in Aufenthaltsräumen.

Trockentemperatur t_t °C	Feuchttemperatur t_f °C	Dabei ist: die relative Feuchte φ vH	die absolute Feuchte g g/m³	die Sättigungsspannung des Wasserdampfes p_s mm QS	der Teildruck des Wasserdampfes p_D mm QS	der Sättigungsfehlbetrag p_s—p_D mm QS	der physiologische Sättigungsfehlbetrag 47,07—p_D mm QS	der innezuhaltende Tiefst- und Höchstwert der Luftgeschwindigkeit m/s
					im Winter			
20	11,7	35	17,2	17,53	6,14	11,39	40,93	0,02—0,19
20	16,5	70	17,2	17,53	12,27	5,26	34,80	0,02—0,19
					im Sommer			
21,5	17,8	70	18,8	19,25	13,47	5,78	33,60	0,03—0,21
22	18,3	70	19,3	19,83	13,88	5,95	33,19	0,04—0,23
25	19,5	60	22,9	23,76	14,26	9,50	32,81	0,15—0,35
27	21,3	60	25,6	26,74	16,04	10,70	31,03	0,25—0,5

Hinsichtlich der für den Bau von Klimageräten für Wohnräume maßgebenden lüftungs- und klimatechnischen Gesichtspunkte. Vgl. auch Rudolph, W.: Klimageräte für die Bewetterung von Wohnräumen. Gesundh.-Ing. Bd. 63 (1940) Heft 17 S. 197/199.

* Entsprechend einer Feuchtthermometertemperatur von 21°.

** Entsprechend einer Feuchtthermometertemperatur von 20°.

β) **Sonderfälle.** Handelt es sich um die Aufenthaltsräume von Kranken, frühgeborenen Kindern oder um Operationssäle, usw., so sind die innezuhaltenden Raumklimaverhältnisse von den Ärzten vorzuschreiben. Sie liegen bisweilen an der untern, manchmal auch an der obern Grenze des in Abb. 92 durch die gestrichelten Kurven *a* und *b* angegebenen Behaglichkeitsbereiches. Bereits hingewiesen wurde z. B. auf die günstige Wirkung richtig klimatisierter Raumluft auf Heufieberkranke (Seite 144). MISSENARD [1] schreibt diesbezüglich z. B.:

„Im Laufe der letzten Jahre haben die Behandlung von Asthma und Heuschnupfen mit vorbehandelter Luft zu ausgezeichneten Resultaten geführt. Amerikanische Wissenschaftler berichten während der Sommer 1932 und 1933, daß bei 80 vH der Kranken die Symptome verschwanden nach weniger als drei Stunden Aufenthalt in Luft, die durch Waschung und Filtration von ihren Pollen befreit worden war. Außerdem waren die so Behandelten noch nach zwei Stunden danach immun, wenn sie sich wieder an der gewöhnlichen Außenluft befanden. Ähnliche Ergebnisse erhielt man in Europa. Die Behandlung dieser Krankheiten durch künstliches Klima ist in dieser Weise besonders in Amerika und Holland entwickelt worden."

Am günstigsten soll für diesen Zweck Luft mit 30 vH Feuchte bei 27° wirken[1]. Dieser Zustand entspricht sehr trockener Luft; nach Abb. 92 liegt er auf der untern Begrenzungslinie *b* des Behaglichkeitsbereiches.

Ein Fall, bei dem die Raumklimaverhältnisse einen Zustand bedingen, der etwas über der obern Behaglichkeitsgrenze *a* liegt, tritt dagegen auf, wenn es sich um frühgeborene Kinder handelt. BREZINA[2] verlangt für diese eine relative Feuchte von 65 vH bei 25° Raumtemperatur. Nach einer Statistik von YAGLOU[3] soll die Sterblichkeit in klimatisierten Räumen für Frühgeborene nur 0,7 vH betragen, gegen 28,9 vH in nicht klimatisierten Räumen. In bezug auf Operationssäle und Krankenzimmer schreibt BREZINA weiter:

„Da die Narkotika meistens gefäßerweiternd wirken, ist für die Operierten die Gefahr großer Wärmeverluste gegeben. Für sie wäre eine Temperatur von 31° die wünschenswerteste, diese ist aber mit Rücksicht auf die Ärzte und Pflegepersonen unmöglich. YAGLOU empfiehlt Temperaturen von 22 bis 27° und 8- bis 15fachen stündlichen Luftwechsel, wobei die Luft entstaubt und auf eine Feuchtigkeit von 55 vH gebracht werden soll[4].

Für die Malariabehandlung nach WAGNER-JAUREGG und für Hitzebehandlung, ferner für Kranke, denen Sauerstoff eingeblasen wird, sind ganz eigene Klimavorrichtungen nötig.

Da allergische Erkrankungen mit Temperatursturz und sonstigen Mängeln der Temperaturregelung einhergehen, erfordert ihre Behandlung gleichfalls klimatisierte Räume, bei denen es insbesondere auf Entstaubung der Luft durch Wassersprei, Wasserdampf, auch durch Elektrizität ankommt. Die zweckmäßigste Temperatur solcher Räume ist 24 bis 27°, die Feuchtigkeit soll gering sein, etwa 15 bis 40 vH[5].

---

[1] Vgl. z. B. KENDALL, T. A., und G. WEIDNER: J. Amer. Soc. Heat. Vent. Engr. (1934) Heft 2. Kurzbericht im Gesundh.-Ing. Bd. 58 (1935) Heft 36 S. 559/560. — Ferner: RYBKA, K. R.: Fußnote 2, S. 118. — VAN EYK, W.: Luftaufbereitung und Heufieber, Luchtbehandeling. Beil. Polytechn. Weekbl. Bd. 32 (1938) S. 34. Gesundh.-Ing. Bd. 62 (1939) Heft 19 S. 275. — WELKER, W. H.: Fußnote 2, S. 114.

[2] BREZINA, E.: Über das Klima in Krankenanstalten. Gesundh.-Ing. Bd. 62 (1939) Heft 32 S. 450/453.

[3] J. ind. Hyg. Bd. 16 (1936) S. 741.

[4] In Operationssälen ist Deckenheizung besonders zweckmäßig, da sie eine zu große Entwärmung des auf dem Operationstisch liegenden, teilweise entkleideten Kranken verhindert, ohne deswegen übermäßig hohe Lufttemperaturen herbeizuführen. Außerdem ist dabei die Luftbewegung kleiner als bei Heizkörperheizung. Vgl. diesbezügl. WIRTH, P. E.: Fußnote 2, S. 124.

[5] Diese Werte liegen z. T. unter der untern Behaglichkeitsgrenze in Abb. 92.

Für die eigentlichen Krankenzimmer dürften sich im allgemeinen Klimatisierungsanlagen, die ja doch stets kostspielig sind, erübrigen, um so mehr als auch sie ein einwandfreies Klima des Krankenzimmers nicht unbedingt sichern."

Schließlich sei noch auf einige Angaben von GUARINI (vgl. Fußnote 1 S. 117) betreffend die Klimaanlage im Hospital Humberto I in *Massaua* hingewiesen. Zur Kühlung der Luft besitzt sie zwei stehende Kompressoren (wovon einer als Reserve dient) mit einer Leistung von 90000 kcal/h. Die durch Verdampfung auf 0° gekühlte Umlaufsole kühlt die Luft in vier Rippenkühlern. Die mittleren Monatstemperaturen liegen in *Massaua* zwischen 26° im Januar und Februar und 35° im Juli und August, die durchschnittlichen Monatswerte der relativen Feuchte zwischen 51 und 76 vH. Bei der Ausschreibung der Anlage wurden bei einer Außentemperatur von 40° und 85 bis 90 vH relativer Feuchte in den klimatisierten Krankenräumen 25° und 60 vH r. F., bzw. in zwei Räumen für Hitzschlagbehandlung 10 bis 15°, und in den Verbindungsgängen Temperaturen von 6° unter derjenigen der Außenluft und 60 vH r. F. verlangt.

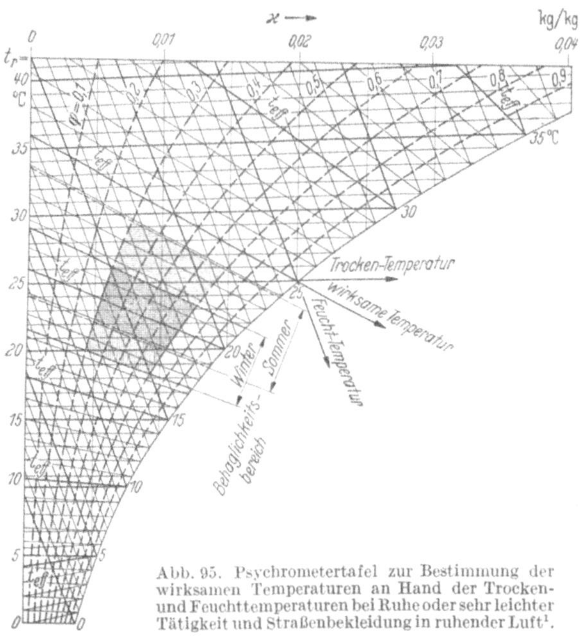

Abb. 95. Psychrometertafel zur Bestimmung der wirksamen Temperaturen an Hand der Trocken- und Feuchttemperaturen bei Ruhe oder sehr leichter Tätigkeit und Straßenbekleidung in ruhender Luft[1].

γ) Weitere Behaglichkeitsmaßstäbe. Früher wurde zur Beurteilung des Raumklimas einfach die Lufttemperatur, meist in 1,5 m Höhe über Boden, inmitten des Raumes oder an einer nach einem ebenfalls beheizten Nebenraum gelegenen Scheidewand gemessen. Man verwendete dazu gewöhnliche, bisweilen auch strahlungsgeschützte Thermometer. Mußte die Luftfeuchte mit berücksichtigt werden, so wurde diese mit einem Hygrometer oder Psychrometer festgestellt. Die *American Society of Heating and Ventilatin Engineers* prägte dann auf Grund umfangreicher Versuche einen neuen Temperaturbegriff in der „*effektiven*" oder „*wirksamen Temperatur*" (*effective temperature*). Er läßt sich folgendermaßen umschreiben: *Die wirksame Temperatur ist die Temperatur einer voll (nach neueren Vorschlägen 50 vH) gesättigten, in Ruhe befindlichen Luft, die die gleiche Wärmeempfindung auslöst wie der Luftzustand, dessen Behaglichkeit festgestellt werden soll.*

Die Psychrometertafel, aus der die wirksamen Temperaturen, sofern es sich um ruhende Luft handelt, auf Grund der Trocken- und Feuchtkugel-Thermometerablesungen ermittelt werden können, ist in Abb. 95 wiedergegeben. Die Darstellung gestattet auch den Wassergehalt in kg je kg Reinluft abzulesen.

[1] Nach den Veröffentlichungen in „Transactions" und „Journal" A. S. H. V. E. (1926 bis 1937). Die Abb. 95 ist entnommen aus GUARINI, Fußnote 1 S. 117.

Durch Luftbewegung wird die wirksame Temperatur herabgesetzt. Zur Berücksichtigung dieses Einflusses dient Abb. 96. In beiden Fällen ist vorausgesetzt, daß der Körper in Ruhe sei und Straßenbekleidung trage. Für andere Zustände, z. B. entblößten Oberkörper, fallen die Abbildungen natürlich etwas anders aus[1].

Beispiel. Einer Trockentemperatur $t_r = 23^0$ und einer Feuchttemperatur $t_f = 17^0$ entspricht nach Abb. 95 eine relative Feuchte von $\varphi = 54$ vH, ein Wassergehalt $x = 9{,}6$ g je kg Reinluft und eine wirksame Temperatur bei Ruhe von $t_{\text{eff}} = 20{,}8^0$. Ist die Luft bewegt, so sinkt die wirksame Temperatur entsprechend Abb. 96 bei einer Geschwindigkeit von 0,5 m/s auf 20^0, bei 1 m/s auf 19^0, bei 2 m/s auf $17{,}5^0$ und bei 3 m/s auf $16{,}5^0$. Bei entblößtem Oberkörper sind die betreffenden wirksamen Temperaturen bei einer Geschwindigkeit von 0,5 m/s = 17^0, bei 1 m/s = 15^0, bei 2 m/s = $13{,}2^0$ und bei 3 m/s = $11{,}5^0$.

Der Winterbehaglichkeitsbereich ist in Abb. 95 durch lotrechte, der Sommerbehaglichkeitsbereich durch waagerechte Schraffung bezeichnet. Danach ergeben sich die in Zahlentafel 25 angegebenen Grenzpunkte.

Der Vergleich mit Abb. 92 zeigt, daß der Behaglichkeitsbereich in Amerika weiter ausgedehnt ist, indem daselbst Temperaturen bis zu 26^0, im Sommer sogar bis zu 29^0, und bei 26^0 außerdem relative Feuchtegehalte bis zu 70 vH zugelassen werden. Wie schon bemerkt und in Abb. 92 für Batavia auch dargestellt, geht man diesbezüglich in den Tropen sogar noch weiter.

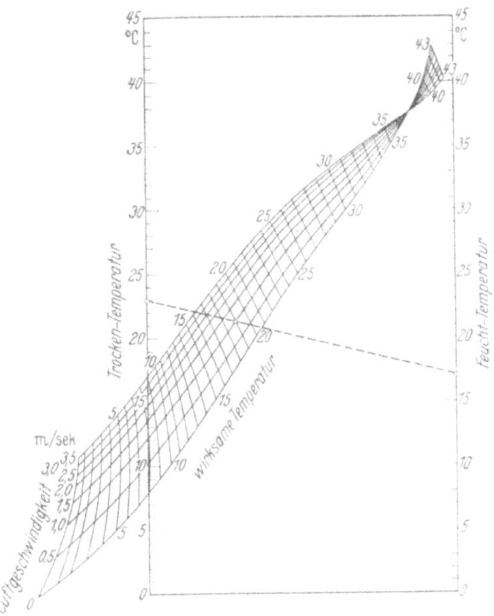

Abb. 96. Tafel zur Feststellung der wirksamen Temperaturen unter den in Abb. 95 angegebenen Bedingungen bei bewegter Luft[2].

Zahlentafel 25. Grenzpunkte der Behaglichkeitsbereiche nach Abb. 95.

		Trocken-temperatur t_r °C	Feucht-temperatur t_f °C	relative Feuchte φ vH	wirksame Temperatur t_{eff} °C
Winter	tiefste Punkte	20,0	11,0	30	17,3
		18,3	15,0	70	17,3
	höchste Punkte	26,0	15,3	30	21,7
		23,2	19,3	70	21,7
Sommer	tiefste Punkte	22,0	12,4	30	18,8
		20,0	16,5	70	18,8
	höchste Punkte	29,2	17,6	30	23,9
		26,0	21,9	70	23,9

[1] Vgl. z. B. Rybka, K. R.: [13] S. 25.

[2] Nach den Veröffentlichungen in „Transactions“ und „Journal“ A. S. H. V. E. (1926 bis 1937). Die Abb. 96 ist entnommen aus Guarini, Fußnote 1 S. 117.

Versuche, die Houghton, Gutberlet und Rosenberg in einem Washingtoner Bankgebäude während der Kühlzeit durchgeführt haben[1], ergaben, daß 95 vH aller Angestellten die Verhältnisse bei einer eff. T. von 21,6° C als ideal bezeichneten und 91 vH die Luftverhältnisse zwischen den eff. T. von 21,0° bis 22,0° C als ideal bzw. angenehm empfanden. Bei Personen über 40 Jahren liegt die günstigste Temperatur an der obern, bei solchen unter 40 Jahren (besonders bei den Männern) an der untern Grenze. Vergleiche mit Werten aus ähnlichen Versuchen in andern Großstädten zeigen, daß in Gegenden mit normalen mittleren Sommertemperaturen von 23° C und darüber eff. T. von 21,6 bis 22,0° C bevorzugt werden. Räume, in denen sich die Besucher nur kurzfristig aufhalten, brauchen nicht so tief gekühlt zu werden.

Ein noch genauerer Behaglichkeitsmaßstab wurde sodann von Missenard in der sog. *„resultierenden Temperatur"* geprägt. Diese umfaßt außer der Lufttemperatur, der relativen Feuchte und der Luftbewegung auch den Einfluß der zu- und abgestrahlten Wärme, die in erster Linie durch die mittlere Wandtemperatur des Raumes bedingt ist. Bei gleicher Luft- und Wandtemperatur ist die resultierende Temperatur gleich der wirksamen, sind (z. B. in einer vor dem Gebrauch rasch hochgeheizten Kirche) die Wände dagegen kälter als die Luft, so ist die resultierende Temperatur kleiner als die wirksame. Zu ihrer Bestimmung hat Missenard im Gesundh.-Ing. Bd. 60 (1937) Heft 49 S. 737/739, drei Abbildungen angegeben, nach denen sie feststellbar ist: 1. für Menschen in gewöhnlicher Kleidung bei sehr leichter Tätigkeit, 2. für unbekleidete Menschen im Ruhezustand und 3. für gewöhnlich bekleidete und körperlich arbeitende Menschen. Auch Roose hat sich in seiner Dissertationsarbeit eingehend mit diesen Fragen beschäftigt [4].

Weiter hat man die Haut-, insbesondere die Stirntemperatur als Behaglichkeitsmaßstab herangezogen[2] und Bradtke hat davon ausgehend zur Kennzeichnung eines Raumklimas die sog. *„Behaglichkeitsziffer"*, entsprechend der Lufttemperatur geteilt durch den trockenen Katawert, eingeführt. Nach Liese soll dieser Wert für höchste Behaglichkeit 3 bis 4,5 betragen[3]. In Abb. 93 habe ich die auf Grund meiner Messungen festgestellten Katawerte bei verschiedenen Lufttemperaturen aufgezeichnet. Die daraus berechneten Behaglichkeitsziffern

---

[1] Houghton, F. C., C. Gutberlet und A. A. Rosenberg: Anforderungen an die Sommerkühlung in Washington und andern Großstädten. Heat. Pip. Air Condit. Bd. 11 (1939) Heft 9 S. 587/591. Kurzbericht in Wärme- u. Kältetechn. Bd. 42 (1940) Heft 3 S. 42.

[2] Vgl. Reichenbach und Heymann: Beziehungen zwischen Haut- und Lufttemperatur. Z. Hygiene u. Infektionskrankh. Bd. 57 (1907). — Gröber, H., und Bradtke, F.: [6]. — Sheard, Ch., M. M. D. Williams und B. T. Harton: Hauttemperatur der Extremitäten und effektive Temperatur. Heat. Pip. Air Condit. Bd. 11 (1939) Heft 4 S. 252/254 (vgl. auch Heft 5 S. 330/336). Kurzberichte in Wärme- u. Kältetechn. Bd. 41 (1939) Heft 11 S. 171. — Sehr eingehend sind alle diese Behaglichkeitsmaßstäbe, ihre wissenschaftliche Begründung sowie die dazu erforderlichen Meßgeräte von Bradtke und Liese in dem [27] erwähnten Buch behandelt. Vgl. hierzu auch Yaglou, C. P., A. P. Kratz und C. E. A. Winolow: Bericht des Unterausschusses für physikalische Luftuntersuchungen. Meßgeräte und Meßmethoden zur Beurteilung der Behaglichkeit. Amer. J. publ. Health Bd. 29 (1939) Heft 2 Suppl. S. 62/67. Kurzbericht in Wärme- u. Kältetechn. Bd. 42 (1940) Heft 1 S. 14.

[3] Liese, W.: Über den jahreszeitlichen Gang der Stirntemperatur und ihre Bedeutung für die objektive Behaglichkeitsbeurteilung. Gesundh.-Ing. Bd. 62 (1939) Heft 25 S. 345/350 (mit Schrifttumverzeichnis).

sind für den Winter 2,7 bis 4,2 und für den Sommer 2,5 bis 5,8. Zu beachten ist jedoch, daß in den Behaglichkeitsziffern die Einflüsse der Luftfeuchte und der Wandtemperaturen nicht enthalten sind.

Ferner ist in Holland eine Gleichung zur Ermittlung der Behaglichkeit B aufgestellt worden[1], die lautet:

$$B = 7{,}83 - 0{,}1 \cdot t_l - 0{,}0968 \cdot t_w - 0{,}0372 \cdot p + 0{,}0367 \cdot \sqrt{w} \cdot (37{,}8 - t_l).$$

t_l = Lufttemperatur ^{0}C, 0,5 m über Boden gemessen.
t_w = Wandtemperatur ^{0}C.
p = Dampfdruck mm QS.
w = Luftgeschwindigkeit m/s.

Es bedeutet: $B = 1$ viel zu warm, $B = 5$ behaglich kühl,
$= 2$ zu warm, $= 6$ zu kalt,
$= 3$ behaglich warm, $= 7$ viel zu kalt.
$= 4$ behaglich,

Beispiel: Es handle sich um einen nach Abb. 94 sehr angenehmen Zustand, nämlich $t_l = 19^0$, $t_w = 18^0$, $w = 0{,}08$ m/s und eine relative Luftfeuchte = 50 vH, somit einen Dampfdruck $p = 15{,}48 \cdot 0{,}5 = 7{,}74$ mm QS. Dann wird

$$B = 7{,}83 - 0{,}1 \cdot 19 - 0{,}0968 \cdot 18 - 0{,}0372 \cdot 7{,}74 + 0{,}0367 \cdot \sqrt{0{,}08} \cdot (37{,}8 - 19) = 4{,}1.$$

Zusammenfassend komme ich zu dem Schluß, daß das Arbeiten mit den wirksamen und den resultierenden Temperaturen mehr Sache der Wissenschaftler ist. Für den Praktiker scheint mir nach den bisherigen Erfahrungen die Benutzung des in Abb. 94 wiedergegebenen Behaglichkeitsdiagrammes empfehlenswert, weil die erforderlichen Meßgeräte billig sind, ihrer Leichtigkeit sowie geringen Platzinanspruchnahme wegen bequem mitgenommen werden können und die Messungen sich bei einiger Übung innerhalb wenigen Minuten durchführen lassen. Zudem werden dabei Temperatur, Feuchte und Luftbewegung berücksichtigt, nicht dagegen die Wandtemperaturen, was jedoch belanglos ist, sofern sie von der Lufttemperatur nicht allzu stark abweichen. Ist das der Fall, so bleibt allerdings nichts übrig als mit den resultierenden Temperaturen zu rechnen. Das dürfte z. B. auch bei Deckenstrahlungsheizung erforderlich sei, wenigstens im kältesten Winter, wenn die Temperaturen der Deckenoberflächen diejenigen der Luft um 20 bis 30^0 übersteigen. Ferner ist zu berücksichtigen, daß mit der in Abb. 94 wiedergegebenen Abbildung allein auch sonst nicht für alle Fälle auszukommen ist. Ein zweites derartiges Schaubild habe ich, wie schon erwähnt, für große Höhenlagen ü. M. aufgezeichnet und desgleichen kommen weiter in Betracht für verschiedene Bekleidungs- und Betätigungsarten usw.

d) **Anforderungen in bezug auf die Verarbeitung und Lagerung von Waren.** Über die in Arbeits- und Lagerräumen, Museen usw. durch die Klimaanlagen zu gewährleistenden Temperatur- und Feuchtegrade ist man im allgemeinen gut unterrichtet. In Zahlentafel 26 sind einige Anhaltspunkte hinsichtlich Spinnereien, Webereien und Zigarettenfabriken wiedergegeben. Hierbei ist die Innehaltung bestimmter Feuchtegrade der Raumluft meist von besonderer

---

[1] v. Zuilen, D.: Das Raumklima während des Winters in Holland. Wärmetechn. Bd. 10 (1939) Heft 9 S. 84/88 und Heft 10 S. 91/94. Kurzbericht in Wärme- u. Kältetechn. Bd. 42 (1940) Heft 3 S. 46. Ferner v. Zuilen, D.: Behaglichkeitsforderungen für das Raumklima in den Niederlanden. Gesundh.-Ing. Bd. 63 (1940) Heft 18 S. 213/215.

Zahlentafel 26. Bei der Erstellung von Klimaanlagen zu gewährleistende Temperaturen und Feuchtigkeitsgehalte.

In:	Temperaturen °C	Relative Feuchte vH
Baumwollspinnereien	18—20	65—70
Vorwerken	18	55—60
Woll- und Kammgarnspinnereien		
für feine Wollsorten (Sidney, Australien usw.)	21	80—85
für mittlere Wollsorten (Cap Croisé usw.)	21	70—80
für grobe Wollsorten (Lamm, Croisé, englische Wolle, Apokaps)	21	60—70
In den Vorarbeitssälen kann die Feuchtigkeit geringer sein.		
Baumwollwebereien		
bei feuchtem Schußgarn	18	60—70
bei trockenem Schußgarn	18	70—80
Seidenspinnereien	18	80
Seidenwebereien	18	65—75
Zur Verarbeitung von Leinen, Hanf, Jute	18	60
Bei der Woll- und Leinenverarbeitung ist die Innehaltung der angegebenen Verhältnisse von besonders großer Wichtigkeit		
Zigarettenfabriken		
Vorfeuchterei	18	80
Löserei und Mischräume	20	90
Tabakschneiderei, Zigarettenmaschinensäle, Schnittabak- und Schragenlager, Packraum und Fertiglager	18	50—55
In Zigarettenfabriken dürfen vor allem keine abnormalen, plötzlichen Wärme- und Feuchtigkeitsschwankungen in den Räumen auftreten.		

Wichtigkeit, beispielsweise in Spinnereien (besonders Ringspinnsälen sowie den Vorwerken) und Webereien, weil hier die Stoffverarbeitung nur sachgemäß vor sich geht, wenn die Luft gewisse Feuchtegrade aufweist. Das gilt sowohl für Textilfasern pflanzlichen als tierischen Ursprungs. Ist die Luft zu trocken, so sind die Fasern rauh und stehen infolge elektrischer Spannungen von den Maschinen ab oder werden kraus und lassen sich nur schwer zu Gespinsten oder Geweben verarbeiten. Ferner brechen geleimte Kettfäden wie Glas, wenn die Luft zu trocken ist. Unterschreitet die Luftfeuchte ein gewisses Maß, so können feine Garnnummern überhaupt nicht mehr hergestellt werden. Bei feuchter Luft findet dagegen ein Ausgleich der elektrischen Spannungen statt, die Gewebe werden glatt und gleichmäßig. Allerdings ist auch zu große Feuchtigkeit schädlich, weil dann der Leim weich und der Faden schwach wird, das verarbeitete Material auf den Zylindern der Spinnmaschinen klebt und Schleifenbildungen entstehen.

Die Firma Carrier macht in bezug auf die Baumwollspinnereien die Angaben, daß die Baumwolle, bezogen auf ihr Trockengewicht, im Endprozeß 8½ vH absolute Feuchte enthalten müsse, wozu eine genügende relative Feuchte der sie umgebenden Luft erforderlich ist. Beträgt diese nur 50 vH, so sinkt der absolute Wassergehalt der Baumwolle auf 6½ vH. Aber schon im Anfang des Spinnprozesses beeinflußt der Feuchtegehalt der Baumwolle die Eigenschaften des fertig gesponnenen Garns. Deshalb ist auch die relative Luftfeuchte der Vorwerke zu regeln und gleichmäßig zu erhalten. Ändert sie sich um 10 vH, so ändert sich der Wassergehalt der Baumwolle absolut um 1½ vH, relativ um rd. 20 vH. Dadurch ergeben sich unrichtige Werte für die Sortierung. Auch im Fadenzug der Vorspinnmaschinen wirkt sich veränderliche Luftfeuchte ungünstig aus. Ist der Fadenzug bei trockener Luft an den Flyern richtig, so ist er bei feuchter zu straff und umgekehrt.

Und hinsichtlich der Baumwollweberei wird bemerkt, daß auch hier die Klimatisierung bereits in der Spulerei und Zettlerei zu beginnen habe, damit der Faden sich nicht aufrauht und die Reißkraft bewahrt bleibt. Spulen verschiedenen Feuchtigkeitsgehaltes ergeben in den Ketten ungleich gespannte Fäden auf dem Webstuhl.

Desgleichen ist es in Kunstseidewebereien notwendig, die Schwankungen der Luftfeuchte in engen Grenzen zu halten, da auch Kunstseide bei allen Arbeitsvorgängen, in denen der Faden gespannt wird, gegen Veränderungen der Luftfeuchte sehr empfindlich ist. Hier werden daher zweckmäßig Winderei, Hasplerei, Zwirnerei und Schererei klimatisiert.

Beachtliche Angaben macht SOROKA[1] für verschiedene Räume der Papier- und Druckereiindustrie. Danach soll z. B. in Druckereiräumen die relative Feuchte 60 bis 65 vH, in Papierlagern bei 15,6 bis 26,7° C (60 bis 80° F) bis 50 vH, in Buchbinde- und Papierfalteräumen 35 bis 50 vH und bei der Herstellung von Lithographieplatten 50 vH betragen. Beim Dreifarbendruck können bereits Feuchteschwankungen von 5 vH unvorhergesehene Dehnungen des Papiers und damit ein Mißlingen der Arbeit verursachen. Ähnliche Erfahrungen macht man auch bei den Arbeiten mit Holleritmaschinen[2].

Auch für die einwandfreie Erhaltung der Gegenstände in Kunstgebäuden, Museen, Archiven usw. ist die Innehaltung entsprechender Feuchtegehalte der Raumluft von größter Wichtigkeit, insbesondere wenn es sich um Stoffe aus tierischen oder pflanzlichen Fasern, um Ölgemälde u. dgl. handelt[3]. Zu große Trockenheit führt auch hier zu Brüchigkeit und Rißbildungen, zu feuchte Luft beeinträchtigt die Festigkeit der Gegenstände und erzeugt leicht Schimmelbildungen, Papier wird wellig usw. Beachtlich ist auch, daß in geschlossenen Schränken und Schaukasten die Luft wesentlich anders, z. B. feuchter, sein kann als in den sie umgebenden Räumen, wodurch, trotz Klimaanlagen, die erwähnten Nachteile auftreten können. Zur Abhilfe sind Öffnungen anzubringen, die Luftumlauf zwischen Raum und Kasteninnerem ermöglichen. Nötigenfalls können sie mit porigen Stoffen überdeckt werden, die als Filter wirken, wodurch eine Verstaubung der aufgelegten Gegenstände vermieden wird. Die in Museen, Archiven usw. zu gewährleistenden Temperaturen und Feuchtegehalte sind ungefähr die gleichen, wie sie für Versammlungssäle gefordert werden.

Wie schon im Vorwort bemerkt, fallen die eigentlichen Kaltlager- und Kühlräume aus dem Rahmen dieses Buches heraus, weshalb ich diesbezüglich lediglich

---

[1] SOROKA, M. O.: Klimaanlagen in der Industrie. Teil III. Holz- und Papierindustrie, Druckerei- und Lithographieanstalten. Heat. & Vent. Bd. 34 (1937) Heft 2 S. 53/55. Kurzbericht im Gesundh.-Ing. Bd. 60 (1937) Heft 31 S. 490/491.

[2] Ausführliche Angaben über die Anforderungen an die Luftbeschaffenheit in verschiedenen industriellen und gewerblichen Betrieben sind weiter zu finden in [33] S. 47 u. f.

[3] Vgl. HOTTINGER, M. [5], insbesondere Abschnitt IX 4: „Die Auswirkungen trockener und feuchter Luft, sowie die von den Klimaanlagen innezuhaltenden Feuchtigkeitsgehalte.“ Ferner BECK, P.: Heizung, Lüftung und Befeuchtung in Kunstsammlungen. Heizg. u. Lüftg. Bd. 8 (1934) S. 108/118 mit Schrifttumverzeichnis.

auf die schon mehrfach erwähnte Arbeit von Guarini, Fußnote 1, S. 117 verweise, die auch eine eingehende Zusammenstellung über die zweckmäßigsten Temperaturen, Feuchtegrade und Luftwechsel in derartigen Räumen enthält.

2. Ausführung der Klimaanlagen.

Die Bauart der zentralen Klimaanlagen ist gleich wie diejenige der vorstehend besprochenen zentralen Lüftungs- und Luftheizungsanlagen mit dem einzigen Unterschied, daß sie entsprechend ihren zusätzlichen Aufgaben in bezug auf die Gewährleistung bestimmter Temperatur- und Feuchteverhältnisse weiter auszubauen sind und daher auch weitere Regelvorrichtungen verlangen, die je nachdem von Hand oder selbsttätig bedient werden. Bei der Behandlung der Lüftungsanlagen wurde gezeigt, wie wichtig die sachgemäße Ausbildung der Luftverteilanlage, die Wahl und Anordnung der Lüfter und ihrer Antriebe, der Luftwärm- und nötigenfalls Reinigungsgeräte ist. Das alles gilt natürlich auch für die Klimaanlagen, doch kommt hier weiter die Ausbildung der Aufbereitungskammer zur Kühlung der Luft und der Regelung ihres Feuchtegrades hinzu. Diese Kammern sind sowohl den in den Räumen zu gewährleistenden Luftverhältnissen, als der baulichen Ausgestaltung der Gebäude, anzupassen und weisen daher, auch bei grundsätzlich gleichem Ausbau, im allgemeinen verschiedene Formen auf. Man hat, insbesondere in Amerika, zwar versucht, vereinheitlichte Klimageräte herzustellen, die ganz bzw. in Einzelteilen nach Listen bezogen und nicht nur in neue, sondern auch in bestehende Gebäude, u. U. sogar unmittelbar in die zu klimatisierenden Räume, eingebaut werden können[1]. Auf diese konstruktiven Fragen trete ich hier ebensowenig ein, wie dies vorstehend bei der Besprechung der Lüftungsanlagen geschehen ist, möchte dagegen einiges über die selbsttätige Regelung und die verschiedenen Arten der Kühlung, Ent- und Befeuchtung der Luft beifügen. Die Raumtemperatur-Regelmöglichkeiten der gewöhnlichen Heizkörperheizungen sind ebenfalls kurz erwähnt. Ein Mittelding zwischen reinen Heiz- und Klimaanlagen bilden die Deckenheizungen, indem die Luftbeschaffenheit in derart beheizten Räumen, wie dies bereits dargelegt wurde, besser ist als bei Heizkörperheizung und die Deckenheizungen im Sommer zudem zur Kühlung der Räume verwendet werden können.

a) Selbsttätige Regelung des Raumklimas.

α) **Bei Heizkörper-, Decken- und Fußbodenheizung.** Bei Heizkörper-Warmwasserheizung wird die Regelung der Raumtemperaturen in erster Linie durch verschieden hohe Einstellung der Heizwasser-Vorlauftemperaturen herbeigeführt und außerdem durch örtliche Regelung der Heizflächen. Beides erfolgt dem Wärmebedürfnis entsprechend gewöhnlich von Hand.

Es bestehen jedoch auch verschiedene technisch außerordentlich vollkommen durchgebildete selbsttätige Regelarten[2]. Man unterscheidet zwischen zentraler

[1] Vgl. z. B. Brandi, O. H.: Fußnote 1 S. 96.

[2] Ritter, Ph.: Die selbsttätige Regelung von Sammelheizungsanlagen. Gesundh.-Ing. Bd. 61 (1938) Heft 43 S. 619/621. — Janicki, W.: Automatische Temperaturregelung bei Kohlenfeuerungen. Schweiz. Bl. Heizg. u. Lüftg. Bd. 5 (1938) Heft 4 S. 83/86. — Spoerri, A.: Die verschiedenen Systeme der Zentralheizungs-Regulierung. Schweiz. Bl. Heizg. u. Lüftg.,

Regelung der Heizwasser-Vorlauftemperatur von einem möglichst geeigneten Raum aus, zentraler Regelung der Heizwasser-Vorlauftemperatur von einem im Freien untergebrachten, den Witterungseinflüssen ausgesetzten Außenthermostat aus und örtlicher Regelung der in den Räumen stehenden Heizkörper durch Einzelthermostate.

Die zentrale Regelung ausgedehnter Heizanlagen von einem Raum aus kann allerdings nur beschränkte Anwendung finden. Es geht selbstverständlich nicht an, die Sammelheizungen ausgedehnter Gebäude von einem Raum aus regeln zu wollen, weil die einzelnen Räume von der Sonne, dem Wind usw. ungleich beeinflußt werden. In dem Aufsatz „*Klima und Heizung*"[1] habe ich Angaben über den Heizwärmeverbrauch der nach den 4 Haupthimmelsrichtungen gelegenen Räume eines auf dem Dach des Physikgebäudes der E. T. H. in Zürich aufgestellten Versuchshauses gemacht. Es ergab sich bei der großen Wärmespeicherung aufweisenden Bauausführung im Winter 1935/36, daß der Südraum bei den größten an sonnigen Wintertagen festgestellten Unterschieden unter 15 vH, der Nordraum dagegen nahezu 35 vH der Gesamtheizenergie verbrauchte. In den Übergangszeiten sank der Bedarf des Südraumes sogar bisweilen auf Null, während die andern Räume durch die selbsttätigen Regler beheizt wurden, insbesondere der Nordraum. Bringt man den Raumthermostat somit in einem von der Sonne stark beeinflußten Zimmer an, so drosselt er die Heizkesselfeuerung bei Sonneneinstrahlung bald ab, wodurch die schattenhalb gelegenen Räume zu stark auskühlen. Bei der Unterbringung in einem Nordraum werden dagegen die Südzimmer vielfach überheizt. In dem genannten Aufsatz habe ich auch darauf hingewiesen, daß erfahrungsgemäß Unstimmigkeiten auftreten, wenn der Raum mit dem Thermostat nahe beim Heizkessel oder sehr weit von demselben entfernt liegt. Das ist besonders der Fall, wenn durch Auf-Zuregelung von Öl- oder Gasfeuerung die Wärmeerzeugung bei steigender Raumtemperatur plötzlich ganz abgestellt wird, bevor die ferngelegenen Räume richtig aufgeheizt worden sind, während im zweitgenannten Fall die Abschaltung erst erfolgt, nachdem die nahe beim Kessel gelegenen Räume schon überheizt sind. Die Verhältnisse liegen auch nicht viel anders, wenn statt des Ein- und Ausschaltens der Feuerung eine Rücklaufbeimischung vom Regler aus betätigt wird.

Dagegen ist es wohl möglich, die Temperatur von Einzelräumen, z. B. Kirchen, Hallen, Fabrikräumen usw., oder auch von Gruppen gleich gelegener und bewohnter Räume derart zu regeln.

Auch bei der zentralen Regelung der Heizwasser-Vorlauftemperatur in unmittelbarer Abhängigkeit von den Witterungseinflüssen ist es nur in beschränktem Sinne möglich, sachgemäße Lösungen zu erzielen, weil es in Hinsicht auf den ungleichen Einfluß der Sonne, des Windes usw. wieder unmöglich ist, die erforderliche Heizwirkung in sämtlichen Räumen von einem einzigen Außenpunkt

---

LA-Sondernummer vom 30. Juni 1939, S. 111/119. — SCHULTZE, K.: Ein vollautomatischer Regler für Zentralheizungen. Haustechn. Rdsch. Bd. 43 (1938) S. 549/555. Kurzbericht im Gesundh.-Ing. Bd. 62 (1939) Heft 15 S. 218. — Bulletin B 1 der Firma Sauter A.G., Basel: Die automatische Zentralheizung. — HOTTINGER, M.: Die selbsttätige Regelung in der Heiztechnik unter besonderer Berücksichtigung der elektrischen Verfahren. Gesundh.-Ing. Bd. 63 (1940) Monat Juli.

[1] Gesundh.-Ing. Bd. 60 (1937) Heft 17 S. 241/246 und Heft 18 S. 257/265; vgl. auch „Klima und Gradtage" [5].

aus befriedigend zu regeln. Besser liegen die Verhältnisse auch hier, wenn die Heizanlagen in den Witterungseinflüssen entsprechende Gruppen unterteilt sind und jede dieser Gruppen mit einem solchen Regler versehen wird, wobei dann aber immer noch die Einflüsse des Wärme- und Kältespeichervermögens der Mauern, ferner der vermehrte Heizwärmebedarf zum Aufheizen der Gebäude am Morgen und nach Feiertagen zu berücksichtigen ist.

Am sichersten ist die drittgenannte Lösung: Die örtliche Heizkörperregelung mittels in den Räumen selber untergebrachten Temperaturfühlern nach Abb. 97. Hierfür stehen nach Abb. 98 unmittelbar sowie hydraulisch, pneumatisch oder elektrisch wirkende Regelarten zur Verfügung. Dabei ist wichtig, daß die Temperaturfühler an geeigneten Stellen der Räume untergebracht werden und das Wärmespeichervermögen der Heizkörper, infolge Wahl geeigneter Modelle, möglichst klein ist.

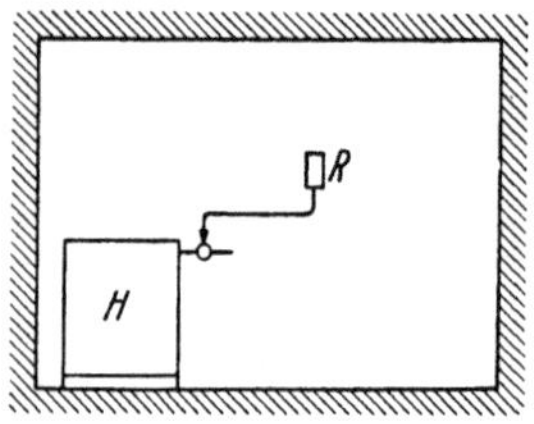

Abb. 97. Regelung der Raumtemperatur bei Heizkörperheizung.

Legende zu den Abb. 97—108.

R Temperaturregler bzw. -fühler, *F* Feuchtigkeitsregler, *H* Heizkörper od. Lufterhitzer, *HK* Heizkessel, *Fi* Filter, *V* Vorwärmer, *N* Nachwärmer, *K* Kühler, *L* Lüfter, *F* Frischluft, *U* Umluft. *A* Abluft, *St* Streudüsen, *T* Tropfenfang, J_1 Frischluftklappe, J_2 Umluftklappe, J_3 Nebenluftklappe, J_4 Abluftklappe.

Während man die Heizwasservorlauftemperatur bei Heizkörperheizung entsprechend den Witterungsverhältnissen zwischen etwa 40 und 90^0 verändert, findet bei Deckenheizung (Bauart Crittall-Sulzer mit einbetonierten Heizröhren) eine Steigerung von etwa 20 auf 50^0 und bei Fußbodenheizung (Bauart Dériaz) von 20 auf 30^0 statt. Eine Erhöhung der Heizwasservorlauftemperatur um 10^0 macht also bei Decken- oder gar Fußbodenheizung außerordentlich viel mehr aus als bei Heizkörperheizung. Zudem ist bei diesen Bauarten die Wärmespeicherung größer, was je nachdem ein Nach- oder ein Vorteil sein kann. Nachteilig wirkt sie sich aus, wenn im Raum, z. B. durch Sonneneinstrahlung oder die rasche Ansammlung einer großen Zahl von Personen oder infolge von Arbeitsvorgängen usw., plötzlich große Wärmemengen frei werden, wodurch die Raumtemperaturen stark ansteigen. Zwar nimmt dabei die Wärmeabgabe der Heizflächen zufolge des geringer werdenden Temperaturunterschiedes ab, anderseits haben die mit Wärme übersättigten Zwischenböden aber nicht die Möglichkeit, Wärme aufzunehmen und dadurch ausgleichend zu wirken wie bei Heizkörperheizung[1]. Vorteilhaft wirkt sich die Wärmespeicherung dagegen insofern aus, als bei Deckenheizung an manchen Tagen der Übergangszeiten nicht (bzw. bei Ölfeuerung nur stundenweise) geheizt werden muß, während bei Heizkörperheizung Dauerheizung erforderlich ist[2]. Bekanntlich sind bereits Patente auf Deckenbauweisen mit möglichst kleinem Speichervermögen genommen worden, bei denen die bei Heizkörperheizung üblichen Heizwasservorlauftemperaturen anwendbar sind, ohne daß sich die Deckenoberflächen deshalb übermäßig hoch erwärmen. Das ist insbesondere dann von Vorteil, wenn außer der Deckenheizung auch örtliche Heizkörper oder Lufterhitzer von Lüftungs- bzw. Klimaanlagen vorhanden sind. Muß dabei die Deckenheizung mit den vorstehend angegebenen niedern Heizwassertemperaturen betrieben werden, so sind für sie entweder besondere Heizkessel aufzustellen bzw. Rücklaufbeimischung oder Gegenstromapparate

---

[1] Hottinger, M.: Fußnote * S. 39. [2] Hottinger, M.: Fußnote 2 S. 20.

anzuwenden, sofern man nicht vorzieht, die Heizkörpergrößen den niedrigeren Vorlauftemperaturen anzupassen, was jedoch zu sehr teuren Anlagen führt.

In bezug auf die Regelung der Luftfeuchte ist zu sagen, daß diese, sofern es sich nur um Aufenthaltsräume, d. h. Behaglichkeitsanforderungen handelt, entsprechend den Abb. 92 und 94 innerhalb verhältnismäßig weiten Grenzen schwanken darf, während in Arbeits- und Lagerräumen und ganz besonders in Räumen

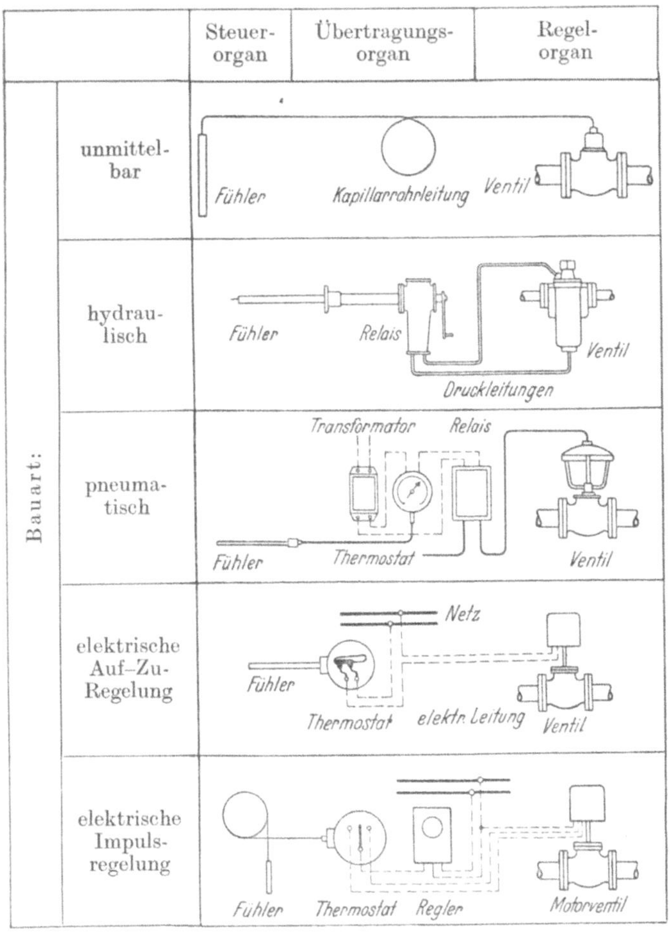

Abb. 98. Regelarten.

zur Kühlung oder Kaltlagerung von Waren höhere Anforderungen gestellt werden [vgl. Abschnitt VI 1 c) δ)].

Im allgemeinen liegen die Feuchteverhältnisse in nicht mit Menschen überfüllten oder sonstwie besonderen Einflüssen ausgesetzten Aufenthaltsräumen, auch ohne daß besondere Vorkehrungen getroffen werden, Sommer und Winter ungefähr innerhalb den in den Abb. 92 und 94 angegebenen Grenzen. Voraussetzung ist allerdings, daß vernünftig geheizt und gelüftet wird, wozu beispielsweise gehört, daß im Winter die Heizung über Nacht gedrosselt, u. U. sogar ganz abgestellt wird, ansonst die Trockenheit in den Räumen bei lang anhaltenden tiefen Außentemperaturen allerdings unter die als zweckmäßig angegebenen Grenzen sinken kann. Das ist für die Menschen nicht angenehm und für die Gegenstände und Pflanzen schädlich. Doch handelt es sich dabei im allgemeinen um leicht vermeidbare Zustände, und im übrigen stehen für Fälle, bei denen genügende Feuchte eine erhebliche Rolle spielt, Befeuchtungsgeräte der verschiedensten Art, von einfachen an den Heizkörpern anzubringenden Dunstschalen bis zu mit Lüftern ausgestatteten ortsfesten oder fahrbaren Geräten von beträchtlicher Leistung zur Verfügung[1].

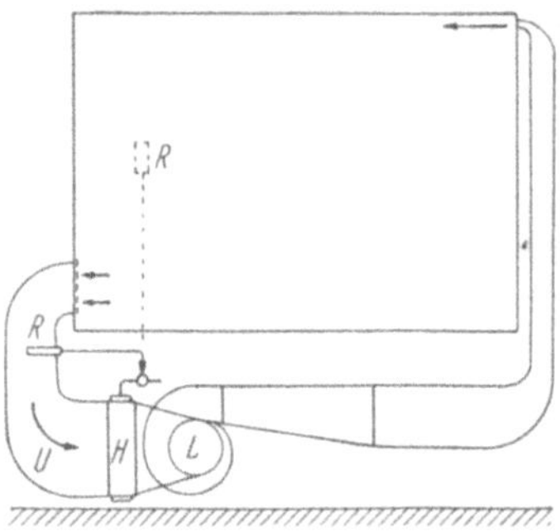

Abb. 99. Regelung der Raumtemperatur bei Luftheizung unter Beeinflussung des Lufterhitzers.

Man wird fragen, ob hinsichtlich Luftfeuchte Unterschiede zwischen Decken- und Heizkörperheizung bestehen. Die von mir im Winter 1938/39 in zwei Schulhäusern Zürichs in dieser Hinsicht durchgeführten Untersuchungen haben ergeben, daß dies nicht der Fall ist. Die Messungen wurden durchwegs am Montagmorgen vorgenommen, und zwar zum Teil bevor die Räume benutzt wurden und zum Teil während den Schulstunden. Dabei zeigte sich, daß die absolute Feuchte sowie die physiologischen Sättigungsfehlbeträge in beiden Gebäuden nahezu innerhalb den gleichen Grenzen schwankten, während bei Heizkörperheizung die Sättigungsfehlbeträge, der höheren Lufttemperaturen wegen, etwas größer waren. Bei Anwesenheit der Personen war die absolute Feuchte in beiden Schulhäusern durchwegs um etwa 2 g/m³ höher als in den unbenutzten Räumen. Abweichungen von praktischem Belang konnten somit nicht festgestellt werden. (Näheres hierüber in dem unter Fußnote 2, S. 20 angegebenen eingehenden Bericht.)

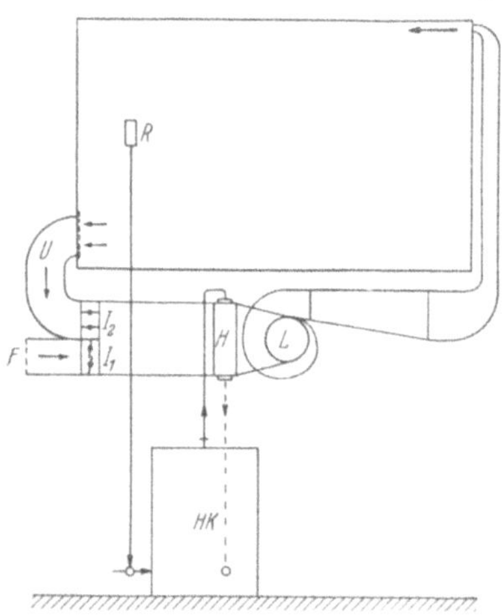

Abb. 100. Regelung der Raumtemperatur bei Luftheizung unter Beeinflussung der Ölfeuerung des Heizkessels.

β) **Bei Luftheizung.** Ist nur *ein* Raum, z. B. eine Kirche, mit Luftheizung zu heizen, so kann selbsttätige Regelung in einfachster Weise derart zur Anwendung gebracht werden, daß der Temperaturfühler *R* der Regeleinrichtung nach Abb. 99 im Umluftweg *U* oder, wie gestrichelt angedeutet, im Raum selber angebracht und auf das Regelorgan des in den Zuluftweg eingebauten Lufterhitzers *H* wirken gelassen wird. Das ist natürlich auch möglich, wenn die Anlage für zeitweiligen Gebrauch mit Frischluftzufuhrmöglichkeit versehen wird.

Eine weitere, wenn auch selten ausgeführte Anordnung zeigt Abb. 100. Hierbei wirkt der Regler *R* nicht unmittelbar auf den Lufterhitzer *H*, sondern auf die Ölfeuerung des Heizkessels *HK* ein. Es ist klar, daß die thermische Trägheit solcher Anlagen erheblich größer ist als bei der Ausführung nach Abb. 99, weil

[1] Hottinger, M.: Fußnote 2 S. 126. Ferner: Wasserverdunstung und Luftfeuchtigkeit. Gesundh.-Ing. Bd. 61 (1938) Heft 19 S. 253/258 und Abschnitt VI 2 e).

es länger dauert bis sich die Regelwirkung in der Zulufttemperatur bemerkbar macht. Das ist in noch vermehrtem Maße der Fall, wenn es sich um Koks- statt um Ölfeuerung handelt und der Temperaturfühler *R* die Zufuhr der Verbrennungsluft beeinflußt. Es ist besser, entsprechend Abb. 99, das Ventil des Lufterhitzers durch den Regler steuern zu lassen und die Vorlauftemperatur des Heizwassers entweder gleich zu halten oder mittels eines sog. Equistats entsprechend der Außentemperatur zu regeln[1].

Handelt es sich um die gleichzeitige Beheizung mehrerer Räume, so hat die Regelung, wie dies im letzten Abschnitt in bezug auf Heizkörperheizung gesagt wurde, raumweise oder höchstens für einige gleich gelegene und benutzte Räume gemeinsam zu geschehen. Die hierfür anzuwendenden Mittel sind: Veränderung der den einzelnen Räumen zugeführten Heizluftmenge oder ihrer Temperatur, indem in die Zuluftwege zu den einzelnen Räumen Nachwärmheizkörper eingebaut und diese nach Bedarf geregelt werden oder indem, entsprechend Abb. 101, das Mischungsverhältnis verschieden hoch erwärmter Luft geändert wird.

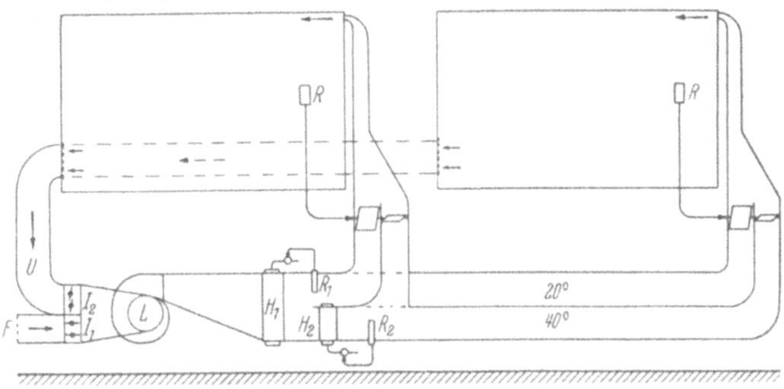

Abb. 101. Regelung der Zulufttemperatur einer zur Beheizung mehrerer Räume dienenden Luftheizanlage durch Mischen verschieden hoch erwärmter Luft.

Wünscht man die Luft zu befeuchten, was namentlich bei der Beimischung von Frischluft empfehlenswert sein kann, so läßt sich dies durch den Einbau von Streudüsen oder Verdunstungsschalen in den Zuluftweg erreichen. Ob Befeuchtung am Platz ist oder nicht, muß von Fall zu Fall untersucht werden. Als Beispiel dafür, wie verschieden die Verhältnisse in dieser Beziehung liegen können, sei auf die Kirchen verwiesen. Es ist bekannt, daß die Orgeln in beheizten Kirchen weit stärker leiden und dem Verstimmen ausgesetzt sind als in nicht beheizten. In dauernd beheizten Kirchen schadet ihnen namentlich die große Trockenheit, sofern nicht für Befeuchtung der zuströmenden Heizluft gesorgt wird oder zum mindesten in den Orgelgehäusen Verdunstungsgeräte aufgestellt werden. Statt dessen sind auch schon im Kircheninnern elektrisch betätigte Befeuchtungsgeräte verwendet worden. Nicht nur das Orgelinnere, sondern die Kirchenluft überhaupt zu befeuchten ist zweckmäßig, wenn außer der Orgel noch andere Teile, z. B. wertvolle alte Holzschnitzereien usw. gegen zu große Trockenheit zu schützen sind. In den nur sonntags benutzten Kirchen liegen die Verhältnisse anders. Hier haben Befeuchtungseinrichtungen nicht nur keinen Zweck, sondern könnten bei den großen auftretenden Temperaturunterschieden sogar zu sehr unliebsamen Feuchtigkeitserscheinungen führen. Das starke Verstimmen der Orgeln in diesen Kirchen ist zur Hauptsache darauf zurückzuführen, daß sich die im Orgelgehäuse eingeschlossene Luft während den verhältnismäßig kurzen

[1] Vgl. HOTTINGER, M.: Die selbsttätige Regelung in der Heiztechnik, Fußnote 2 S. 144.

Aufheizzeiten nicht so hoch erwärmt wie das Kircheninnere. Dadurch werden die Orgelpfeifen im „Schwellkasten“ langsamer warm als die offenstehenden, so daß die beiden Manuale nicht oder erst nach Stunden zusammenstimmen. Zur bestmöglichen Behebung dieser Übelstände ist es zweckmäßig, an geeigneten Stellen Öffnungen im Orgelgehäuse vorzusehen, um Luftumlauf und dadurch eine raschere Beheizung des Orgelinnern zu erzielen. Bei Luftheizung ist es aus dem gleichen Grunde angezeigt, Umluft aus dem Orgelinnern abzusaugen, wodurch der Temperaturausgleich noch rascher vor sich geht. Eine weitere Maßnahme in dieser Hinsicht besteht darin, daß die von den Orgelgebläsen angesaugte Luft aus dem Kircheninnern entnommen oder beim Ansaugen von außen im Winter vorgewärmt wird. Dadurch werden nicht nur die unliebsamen Temperaturunterschiede im Orgelinnern weiter ausgeglichen, sondern auch die in der Nähe der Orgel sitzenden Kirchenbesucher gegen Zugerscheinungen, die beim Ausblasen kalter Luft aus den Pfeifen leicht auftreten, geschützt.

Dieses Beispiel zeigt deutlich, wie manchmal Sonderaufgaben auftreten, deren sachgemäße Lösung zur Erzielung befriedigender Raumklimaverhältnisse von ebenso großer Wichtigkeit ist wie die Ausgestaltung und Regelung der Heiz-, Lüftungs- und Klimaanlagen im allgemeinen.

γ) **Bei Lüftungsanlagen.** *Reine Lüftungsanlagen.* Besonders einfach gestaltet sich die selbsttätige Regelung bei Lüftungsanlagen, die nur der Lufterneuerung, dagegen weder zum Heizen noch Kühlen noch Befeuchten der Räume dienen

Zahlentafel 27. Vergleich der Wärmeleistung der Lufterhitzer von Lüftungsanlagen mit dem Wärmebedarf bei verschiedenen Außentemperaturen und Heizarten an Orten mit -15^0 mittlerer Tiefsttemperatur.

Außentemperatur	Heizwasser-		Mittlere		Unterschied zwischen mittlerer Wasser- und mittlerer Lufttemp.	Verhältniszahl	
	Vorlauftemp.	Rücklauftemp.	Wassertemp. im Lufterhitzer	Lufttemp. im Lufterhitzer [1]		der Wärmeleistung	des Wärmebedarfes
°C	°C	°C	°C	°C	°C		
			bei Heizkörper-Schwerkraftheizung[2]				
+10	40,8	36,2	38,5	15	23,5	1,0	1,0
0	53,3	44,7	49,0	10	39,0	1,7	2,0
−10	65,1	52,9	59,0	5	54,0	2,3	3,0
			bei Heizkörper-Pumpenheizung[3]				
+10	40,5	38,5	39,5	15	24,5	1,0	1,0
0	53,4	49,6	51,5	10	41,5	1,7	2,0
−10	64,9	59,1	62,0	5	57,0	2,3	3,0
			bei Deckenheizung				
+10	27,2	25,8	26,5	15	11,5	1,0	1,0
0	32,9	30,1	31,5	10	21,5	1,9	2,0
−10	38,1	33,9	36,0	5	31,0	2,7	3,0
			bei Fußbodenheizung				
+10	23,4	22,6	23,0	15	8,0	1,0	1,0
0	25,9	24,1	25,0	10	14,0	1,8	2,0
−10	28,1	25,5	26,8	5	21,8	2,7	3,0

[1] Bei einer Erwärmung der Luft auf 20°.

[2] Bei 20° größtem Temperaturunterschied zwischen Vor- und Rücklauf.

[3] Bei 10° größtem Temperaturunterschied zwischen Vor- und Rücklauf.

sollen, weil in dem Fall nur dafür zu sorgen ist, daß die Luft stets mit ungefähr der gleichen Temperatur in die Räume einströmt. Sind die Lufterhitzer an Schwerkraft- oder Pumpenwarmwasserheizungen angeschlossen, so wird das meist mit genügender Annäherung allein durch die übliche Anpassung der Heizwasser-Vorlauftemperatur an die Außentemperatur erreicht. In Zahlentafel 27 habe ich für verschiedene Außentemperaturen die in Zürich und Orten mit ähnlichen Klimaverhältnissen praktisch, d. h. bei der meist nicht voll ausgenutzten Wärmeleistung der Heizkörper, etwa erforderlichen Vor- und Rücklauftemperaturen nach Abb. 5 des Aufsatzes „Heizwasser-, Belastungs-, Häufigkeits- und Wärmebedarfskurven an 4 Orten der Schweiz mit ungleichen Klimaverhältnissen“[1] eingetragen, und zwar für Schwerkraft- und Pumpen-Heizkörperwarmwasser-, Decken- und Fußbodenheizung. Weiter sind die in den Lufterhitzern auftretenden Temperaturunterschiede zwischen den mittleren Wasser- und Lufttemperaturen angegeben unter der Annahme, daß die Luft auf 20° erwärmt werde, und daraus die Verhältniszahlen der Wärmeleistung berechnet. Man erkennt, daß sie bei abnehmender Außentemperatur weniger stark ansteigen als diejenigen des Wärmebedarfes, was besagt, daß die Luft bei kalten Außentemperaturen etwas kälter als bei warmen in die Räume austreten wird. Dem kann erforderlichenfalls dadurch begegnet werden, daß die Luftmenge eingeschränkt oder, sofern Umluftkanäle vorhanden sind, ihr Umluft beigemischt wird, oder schließlich, indem man den Lufterhitzer reichlicher bemißt und die zu ihm führende Heizleitung je nach dem Wärmebedarf mehr oder weniger drosselt. Ich habe die gleichen Untersuchungen an Hand der vorstehend genannten Veröffentlichung auch für Orte mit —10°, —20° und —25° mittlerer Tiefsttemperatur durchgeführt und ganz ähnliche Verhältniszahlen gefunden. Aus den festgestellten Unterschieden zwischen mittlerer Heizwasser- und Lufttemperatur in den Lufterhitzern geht gleichzeitig hervor, daß deren Heizflächen beim Anschluß an Deckenheizungen rd. doppelt, bei Fußbodenheizung rd. 3mal so groß sein müssen wie bei Heizkörperheizung.

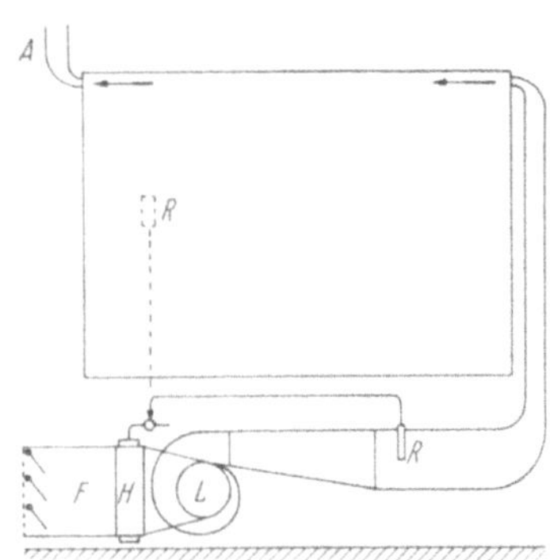

Abb. 102. Regelung der Zulufttemperatur einer Lüftungsanlage unter Beeinflussung des Lufterhitzers.

Handelt es sich um Dampf- oder Heißwasserheizung mit stets gleichbleibender Heizwassertemperatur oder um Wasserheizung, die, z. B. der Warmwasserbereitung wegen, zeitweise mit erhöhter Vorlauftemperatur betrieben werden muß, oder darum, daß die Zulufttemperatur genauer, als dies von Hand möglich ist, innegehalten werden soll, so kann ihre Regelung entsprechend Abb. 102 in einfachster Weise dadurch erfolgen, daß das Regelorgan des Lufterhitzers von einem in den Zuluftweg eingebauten Temperaturfühler R aus betätigt wird.

Anlagen, die außer zum Lüften im Winter auch zur Vermeidung zu hoher Raumtemperaturen dienen sollen. Müssen die Anlagen nicht nur zum Lüften, sondern im Winter auch zur Vermeidung zu hoher Raumtemperaturen, etwa beim raschen Ansammeln großer Menschenmengen, dienen, so ist die Zulufttemperatur nicht

[1] Fußnote 1 S. 67.

vom Zuluftkanal, sondern in der in Abb. 102 gestrichelt angegebenen Weise vom Raum, bzw. vom Abluftkanal A aus, zu regeln.

Bei Anlagen mit Frisch- und Umluftbetrieb nach Abb. 103 kann ein weiterer Temperaturfühler gleichzeitig auf die Frisch-, Um- und Abluftklappe einwirken, indem er bei zu hohem Ansteigen der Raumtemperatur die Frisch- und Abluftklappe mehr öffnet und die Umluftklappe entsprechend schließt. Es empfiehlt sich, die drei Klappen auf mechanischem oder, unter Benutzung von Motorklappen, auf elektrischem Wege miteinander zu kuppeln, weil dadurch die Druckverhältnisse in den Räumen unverändert bleiben und die Bedienung vereinfacht wird. Das gilt sowohl für den Fall, daß die Umluft, wie in Abb. 103 dargestellt, durch den Zuluftlüfter zurückgesaugt oder mittels eines Abluftlüfters zurückgeblasen wird. Ein einfaches Beispiel für die gleichzeitige Regelung von Frisch-, Um- und Abluft durch eine einzige Drehklappe ist in Abb. 104 wiedergegeben. Ob solche Möglichkeiten vorliegen, ist von Fall zu Fall abzuklären. Durch geschickte Benutzung derselben können die Anlagen oft außerordentlich vereinfacht werden.

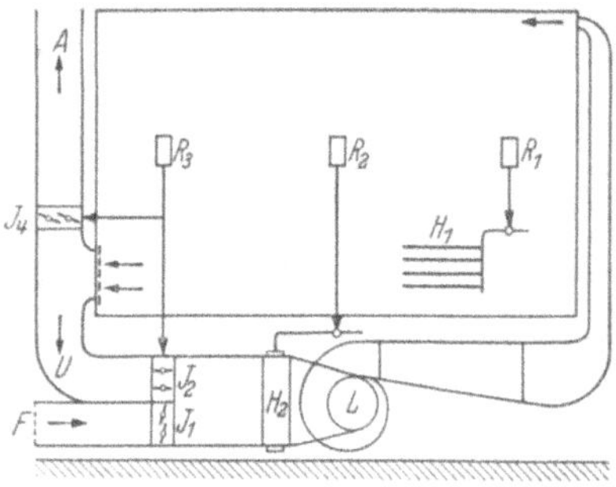

Abb. 103. Regelung der Raumtemperatur unter Beeinflussung der örtlichen Heizkörper, des Lufterhitzers sowie der Um-, Frisch- und Abluftklappe der Luftheizungs- bzw. Lüftungsanlage.

Sind die Räume außer mit einer Luftheizungs- und Lüftungsanlage auch mit örtlichen Heizkörpern versehen, so kommt es sogar vor, daß entsprechend Abb. 103 alle drei bisher genannten Regelarten gemeinsam zur Anwendung gebracht werden, indem bei steigender Raumtemperatur durch den Temperaturfühler R_1 zuerst die örtlichen Heizkörper H_1 abgestellt, dann durch den Temperaturfühler R_2 die zum Lufterhitzer H_2 führende Heizleitung gedrosselt und schließlich durch den Temperaturfühler R_3 die Umstellung der Luftklappen vorgenommen wird.

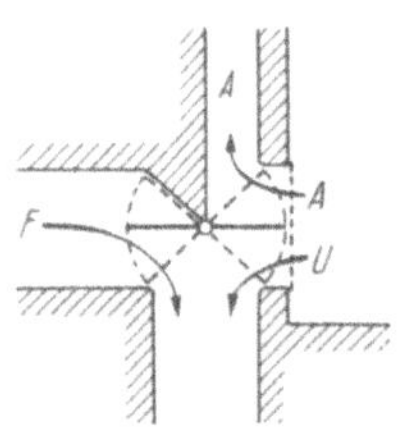

Abb. 104. Regelmöglichkeit von Frisch-, Um- und Abluft mit einer einzigen Klappe.

So wie durch das Mischen von Frisch- und Umluft kann die Temperaturregelung natürlich auch durch das Mischen verschieden hoch erwärmter Frischluft besorgt werden. Entsprechend Abb. 101 ist es dadurch sogar möglich, einzelne Räume mit Zuluft von z. B. 20° zu lüften und andere gleichzeitig mit solcher von 30 bis 40° zu heizen.

Ein weiteres Mittel zur Regelung der Raumtemperatur besteht schließlich noch darin, daß nach Abb. 105 von einem im Raum angebrachten Temperaturfühler R aus die Drehzahl des Lüfters L beeinflußt, d. h. bei zu hoch ansteigender Raumtemperatur gesteigert wird. Dadurch sinkt die Zulufttemperatur und wird zufolge der stärkeren Durchlüftung des Raumes gleichzeitig die Luftfeuchte herabgemindert und die Luftbewegung erhöht, was in stark besetzten Räumen alles dazu beiträgt, den Luftzustand behaglicher zu gestalten. Nach Abb. 94 liegt beispielsweise ein Luftzustand von 23° und 70 vH oberhalb der Behaglichkeitsgrenze, während man sich bei gleicher Temperatur und 60 vH nicht mehr unbehaglich und bei 50 vH ausgesprochen behaglich fühlt, namentlich wenn dabei eine Luftgeschwindigkeit von etwa

0,25 m/s herrscht, die durch Lüftungsanlagen mit Lüfterbetrieb leicht herbeigeführt werden kann.

Wenn durch die Lüftung die Raumtemperatur geregelt werden soll, so ist es aber stets angezeigt, Temperaturbegrenzung nach unten, d. h. Grenzthermostaten vorzusehen, die dafür sorgen, daß die Luft nicht zu kalt in die Räume eintreten kann, weil dadurch Zugerscheinungen hervorgerufen würden. Wie weit die Temperatur der Zuluft diejenige der Raumluft unterschreiten darf, hängt in hohem Maße davon ab, *wie* die Luft in den Raum eingeführt wird. Besteht die Möglichkeit, daß die anwesenden Personen von der eingeblasenen Luft unmittelbar getroffen werden, so sind sowohl hinsichtlich Geschwindigkeit als Temperaturabsenkung enge Grenzen gezogen, während bei Anwendung von Anemostaten oder Düsen, die die Luft in genügender Höhe über der Aufenthaltszone fächerartig verteilen, größere Unterschiede zulässig sind [vgl. Abschnitt IV 3 i)].

Es ist klar, daß bei selbsttätiger Regelung des Mengenverhältnisses von Frisch- und Umluft dem Verlangen nach frischer Luft bei zu starker Einschränkung der Frischluftmenge nicht mehr Genüge geleistet wird. Nötigenfalls ist daher auch in dieser Beziehung eine Begrenzung erforderlich, wenn man nicht vorzieht, diese Regelung unter Berücksichtigung des Lüftungsbedürfnisses überhaupt von Hand zu besorgen.

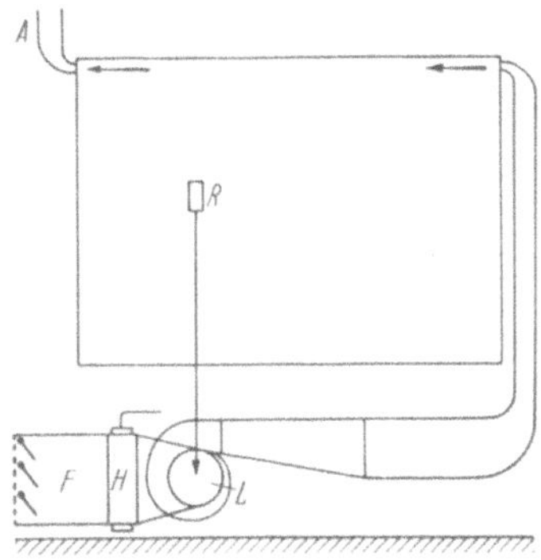

Abb. 105. Regelung der Zuluftmenge einer Lüftungsanlage unter Beeinflussung der Drehzahl des Lüfters.

Schließlich ist noch auf folgendes hinzuweisen: Unter Abschnitt IV 3 a) wurde erwähnt, daß an Orten mit -15^0 mittlerer Tiefsttemperatur die Lüftungsanlagen in der Regel nur bis -5^0 Außentemperatur voll, von da an abwärts aus wirtschaftlichen Gründen dagegen stark eingeschränkt betrieben werden. An Orten mit -10^0 und -25^0 mittlerer Tiefsttemperatur sind diese Grenzen auf etwa 0^0 und -10^0 anzusetzen.

Die Einschränkung der Frischluftmenge kann durch die vorstehend angegebenen, jetzt jedoch im umgekehrten Sinne zur Anwendung gebrachten Mittel, d. h. durch Drosseln des Frischluftweges, gewünschtenfalls unter gleichzeitiger Beimischung von Umluft oder langsameres Laufenlassen des Lüfters erzielt werden. Diese Regelung wird meist von Hand vorgenommen, doch ist es z. B. nach Abb. 107 auch möglich, einen Temperaturfühler R_3 in den Frischluftweg einzusetzen, der die Frischluftklappe J_1 von den vorstehend angegebenen Grenzaußentemperaturen an drosselt und die Umluftklappe J_2 entsprechend öffnet.

d) **Bei Klimaanlagen.** Verschiedene Ausführungsarten von Klimaanlagen mit Frisch- und Umluftzuführungsmöglichkeit, Filter *Fi* zur Reinigung der Luft, das in gewissen Fällen jedoch entbehrlich ist, Vorwärmer *V* zur Vorwärmung und Trockenkühler *K* zur Kühlung der Luft im Sommer, Befeuchtungseinrichtung, umfassend Streudüsen *St* und Tropfenfang *T*, die auch zur Luftwaschung und u. U. Kühlung verwendbar ist, Nachwärmer *N* zur Nachwärmung der Luft auf die erforderliche Temperatur und Lüfter *L* zeigen die Abb. 106 bis 108.

Über die Kühlmöglichkeiten mit kaltem Wasser unter Verwendung von Trocken- und Naßkühlern sowie durch Verdunstungskühlung sei auf Abschnitt

VI 2b) verwiesen, hier jedoch erwähnt, daß eine Unterkühlung der Luft zwecks Wasserausscheidung, bei verhältnismäßig hoch liegenden Kühlwassertemperaturen oder beschränkten Kühlwassermengen, außerordentlich große Trockenkühler bedingen kann. Man benutzt daher u. U. besser die Düsenkammer als Naßkühler, sei es ausschließlich oder in Verbindung mit einem Trockenkühler. Manchmal lassen sich auch die Lufterhitzer als Kühler verwenden. Das ist allerdings nicht überall gestattet, weil befürchtet wird, daß dadurch gelegentlich verunreinigtes Heizungswasser ins Leitungsnetz der Kaltwasserversorgung gelangen könnte.

Zahlentafel 28. Zur Erzielung bestimmter Luftzustände im Zuluftkanal in der Düsenkammer innezuhaltende Trockentemperaturen.

Geforderter Luftzustand im Zuluftkanal		Erforderliche Trockentemperatur in der Düsenkammer bei angenommen 95 vH relativer Sättigung
Temperatur °C	relat. Feuchte vH	°C
16	40	3,3
16	60	9,1
16	80	13,4
18	40	5,0
18	60	11,0
18	80	15,3
20	40	6,8
20	60	12,9
20	80	17,3
22	40	8,6
22	60	14,7
22	80	19,1
24	40	10,6
24	60	16,6
24	80	21,1
26	40	12,5
26	60	18,7
26	80	23,3

An Stelle von Düsenkammern werden zur Befeuchtung der Luft bisweilen auch Dunstschalen verwendet, wobei aber ohne Erwärmung des Wassers nicht ausgekommen wird [vgl. Abschnitt VI 2e)].

Auch bei den Klimaanlagen hat man zu beachten, ob es sich nur darum handelt, den Luftzustand der Zuluft oder aber denjenigen der Raumluft gleichzuhalten. Die Lösung der erstgenannten Aufgabe ist nach Abb. 106 auf Grund der sog. Taupunktregelung erreichbar, indem ein Temperaturfühler R_1 durch Regelung des Vorwärmers V im Winter und des Kühlers K im Sommer dafür sorgt, daß am Ende der Düsenkammer eine bestimmte Temperatur herrscht.

Da die Luft am Ende der Düsenkammer im Winter stets 90 bis 95 vH, im Sommer 95 bis 100 vH gesättigt ist, so kann leicht berechnet werden, wie tief ihre relative Sättigung zufolge der Nachwärmung durch den Nachwärmer N sinkt, oder was für eine Temperatur in der Düsenkammer zur Erzielung des im Zuluftkanal gewünschten Luftzustandes innegehalten werden muß. Der Wassergehalt je kg trockene Luft ist nach der Erwärmung gleich groß wie in der Düsenkammer. Die Nachwärmung wird am besten selbsttätig von einem in den Zuluftweg eingebauten Temperaturfühler R_2 aus geregelt. Zahlentafel 28 enthält eine diesbezügliche Übersicht unter Zugrundelegung von 95 vH relativer Sättigung in der Düsenkammer. Ferner sind in Abb. 106 die Änderungen der Temperatur und relativen Feuchte bei einem angenommenen Zustand der Außenluft im Winter von -5^0 und 80 vH, im Sommer von 30^0 und 65 vH, ferner unter der Voraussetzung, daß die Zuluft im Winter 22^0 und 50 vH, im Sommer 25^0 und 60 vH aufweisen müsse, aufgezeichnet. Daß in der Darstellung die Temperatur in der Düsenkammer noch etwas sinkt, ist auf die Annahme zurückzuführen, daß das zerstäubte Wasser nicht vorgewärmt, somit kälter als die Luft sei, dieser daher die Wärme zur Anwärmung der gesamten zerstäubten Wassermenge und außerdem die Verdunstungswärme des verdunstenden Wassers entzogen werde. Bei Vorwärmung des Zerstäubungswassers ist die Abkühlung der Luft geringer, weil die erforderliche Wärme dabei zur Hauptsache vom Wasser selber aufgebracht wird. Die Aufstellung entsprechender Wärmebilanzrechnungen bietet keinerlei Schwierigkeiten.

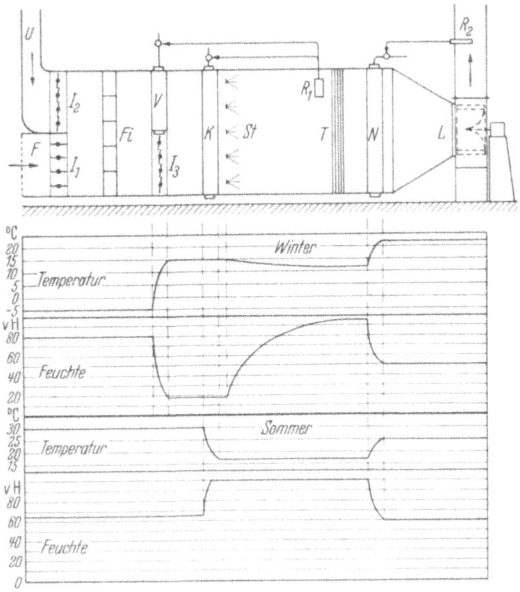

Abb. 106. Klimaanlage zur selbsttätigen Regelung der Temperatur und Feuchte der Zuluft unter Innehaltung einer bestimmten Temperatur in der Düsenkammer und entsprechender Nachwärmung der Luft (Taupunktregelung).

Eine andere Lösung zeigt Abb. 107. Einmal wirkt hierbei R_1 nur noch auf den Kühler K, wird somit nur im Sommer benötigt. Zweitens ist der Temperaturfühler R_2 des die Nachwärmheizfläche N beeinflussenden Temperaturreglers nicht im Zuluftkanal, sondern im Raum selber angebracht, weil nicht mehr die Zulufttemperatur, sondern unmittelbar die Raumtemperatur geregelt werden soll. Im Hinblick auf kühle Sommertage ist es angezeigt, den Nachwärmer N an eine Sommerheizung anzuschließen, sofern ausgeschlossen werden muß, daß die Temperatur zu tief sinkt und die Feuchte zu hoch steigt. Und endlich beruht die Befeuchtung während der Heizzeit auf einer anderen Grundlage, indem ein ebenfalls im Raum untergebrachter Feuchteregler F unmittelbar auf die Wasserzerstäubung einwirkt. Das geschieht meist derart, daß ein in die Wasserleitung eingesetzter Hahn mehr und mehr geöffnet oder geschlossen wird. Gewünschtenfalls kann außerdem eine Heizvorrichtung zur mehr oder weniger starken Erwärmung des Wassers vorgesehen werden.

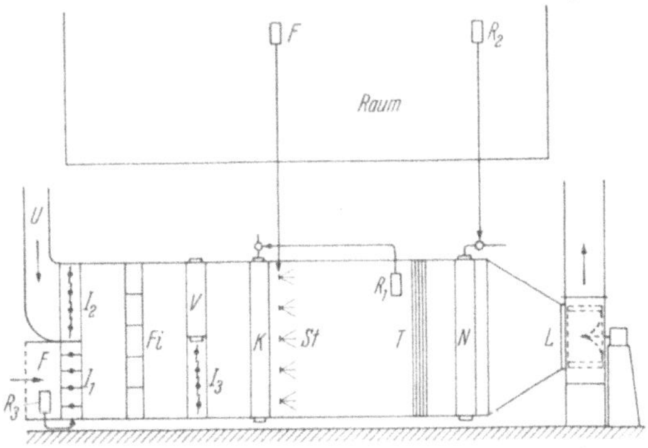

Abb. 107. Klimaanlage zur selbsttätigen Regelung der Temperatur und Feuchte in einem Raum: Im Sommer unter Innehaltung einer bestimmten Temperatur in der Düsenkammer und entsprechender Nachwärmung der Luft (Taupunktregelung), im Winter unter Beeinflussung der Wasserzerstäubung und des Nachwärmers.

Auf diese Art ist beispielsweise die in Zahlentafel 23 aufgeführte Anlage im Bundesarchiv Schwyz ausgeführt. Die von der Erstellerfirma eingegangenen Gewährleistungen sind daselbst angegeben. Die Bedienung dieser einfachen aber doch wirksamen Anlage, bei deren Erstellung auf möglichste Billigkeit gesehen werden mußte, beschränkt sich im Frühjahr auf das Einstellen des Temperaturreglers R_2 im Saal auf 21,5° und das Inbetriebsetzen der Kühlung, im Herbst auf das Umstellen des Reglers R_2 auf 16,5° und das Außerbetriebsetzen des Kühlers. Alles übrige wird von den Reglern selbsttätig besorgt. Der Feuchteregler bleibt stets auf rd. 67 vH eingestellt, und der Regler R_1 hält in der Düsenkammer bei eingeschaltetem Kühler ständig 16° inne. Erwähnt sei noch, daß die stündlich in den Archivraum eingeblasene Frischluftmenge 2200 m³ beträgt und außerdem zur Erzielung gleichmäßiger Luftverhältnisse im Raum ständig 5000 m³/h Luft umgewälzt werden. Die zusammen 7200 m³/h entsprechen dem 3,8fachen des Rauminhaltes. Die gewünschte Einstellung des Verhältnisses zwischen Frisch- und Umluft wurde durch Anpassung des Frischluftgitterwiderstandes an denjenigen der Umluftkanäle erreicht[1].

Damit keine Wassertropfen auf mechanischem Wege in die Zuluftkanäle oder gar in die Räume hinauf mitgerissen werden, ist am Ende der Düsenkammer stets ein Tropfenfang T vorzusehen, dessen Widerstand jedoch nicht größer als unbedingt erforderlich sein soll. Um ferner im Sommer, wenn der Vorwärmer V nicht gebraucht wird, den Widerstand der Aufbereitungskammer möglichst klein bzw. die geförderte Luftmenge bei gleichem Kraftaufwand größer halten zu können, ist es zweckmäßig, eine Umluftklappe J_3 (Abb. 108) vorzusehen, die alsdann geöffnet wird. Ferner müssen, sofern nicht immer mit dem gleichen Mischungsverhältnis von Frisch- und Umluft gearbeitet werden soll, die Frisch- und Umluftkanäle durch Klappen J_1 und J_2 regelbar sein. Diese können, wie vorstehend bereits erwähnt wurde, gewünschtenfalls durch Fernstellung von dem zu klimatisierenden oder einem Regulierraum aus oder auch durch einen Regler R_3, der beim Unterschreiten einer bestimmten Frischlufttemperatur die Frischluftklappe J_1 drosselt und die Umluftklappe J_2 entsprechend öffnet, betätigt werden, wobei es sich empfiehlt, zur Gleichhaltung der Druckverhältnisse im Raum auch die Abluftklappe damit zu kuppeln.

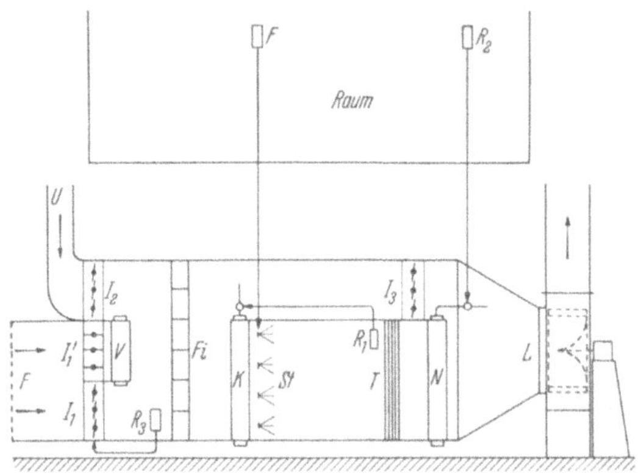

Abb. 108. Klimaanlage entsprechend Abb. 107, jedoch mit anderer Einführung der Frisch- und Umluft in die Aufbereitungskammer und der Möglichkeit, aufbereitete und unaufbereitete Luft miteinander zu mischen.

Bei den Anordnungen nach den Abb. 106 und 107 besteht die Möglichkeit, vor der Aufbereitungskammer jedes beliebige Mischungsverhältnis von Frisch- und Umluft herbeizuführen, dagegen nicht hinter der Aufbereitungskammer befeuchtete und unbefeuchtete Luft miteinander zu mischen, wie das entsprechend Abb. 108 der Fall ist. Bei dieser Ausführung ist es nicht nur möglich, jedes beliebige Verhältnis von ausschließlich Frisch- bis zu reinem Umluftbetrieb, sondern außerdem jedes beliebige Mischungsverhältnis von aufbereiteter mit unaufbereiteter Luft einzustellen. Will man nur heizen, ohne zu lüften, so öffnet

[1] Vgl. Hottinger, M.: Fußnote 1 S. 60.

man Klappe J_2 und schließt alle übrigen. Soll ohne Luftaufbereitung gelüftet werden, so sind die Klappen J_1 und nötigenfalls J_1', ferner J_3 zu öffnen, während J_2 geschlossen bleibt. Die übrigen Klappenstellungen ermöglichen die obengenannten Mischungsverhältnisse. Dabei ist nicht außer acht zu lassen, daß es sich zur Erzielung möglichst gleichmäßiger Luftverhältnisse in den Räumen manchmal empfiehlt, mit großen Luftmengen zu arbeiten, was oft die Veranlassung ist, daß neben der einzuführenden Frischluft bedeutende Luftmengen umgewälzt werden. In Abb. 108 ist angenommen, daß der Regler R_3 die Frischluftklappen J_1 und J_1' so betätigt, daß im Winter zwischen Vorwärmer V und Kühler K stets dieselbe Temperatur innegehalten wird, während die übrige Regelung derjenigen von Abb. 107 entspricht.

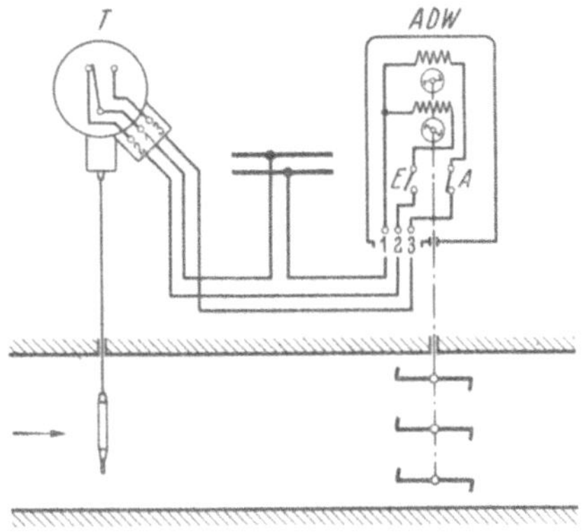

Abb. 109. Auf-Zu-Steuerung einer Klappe in einem Luftkanal.
T Temperaturregler, *ADW* Klappenantrieb, *A* und *E* Kontakte.

Über zwei verschiedene Möglichkeiten der elektrischen Betätigung solcher Klappen geben die Abb. 109 und 110 Aufschluß. Abb. 109 veranschaulicht die sog. *Auf-Zu-Steuerung*, die im allgemeinen nur als Grenzsteuerung, d. h. zur Begrenzung der äußerst zulässigen Werte, im vorliegenden Fall der tiefsten und höchsten Kanaltemperatur, dient. Die Schließstellung ist bei dieser Ausführungsart meist von Hand verstellbar.

Im Gegensatz dazu zeigt Abb. 110 die sog. *Impulssteuerung*, die dazu geeignet ist, bestimmte Werte, im vorliegenden Fall eine durchschnittliche Kanaltemperatur, innerhalb enger Grenzen aufrechtzuerhalten. Sie ist insofern verwickelter, als sie die Zwischenschaltung eines Impulsreglers zwischen Steuer- und Regelorgan verlangt. Die Aufgabe des Impulsreglers besteht darin, die elektrische Zuleitung zum Fühlorgan periodisch zu unterbrechen und wieder zu schließen.

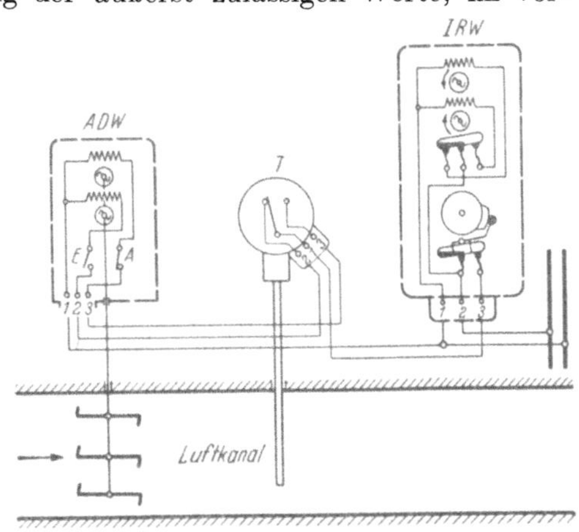

Abb. 110. Impulssteuerung einer Klappe in einem Luftkanal.
T Temperaturregler, *ADW* Klappenantrieb, *JRW* Impulsregler, *A* und *E* Kontakte

Dadurch wird das Steuerorgan auf eine Kontaktgabe des Fühlorganes hin nicht mit einemmal ganz, sondern nur ruckweise in größeren Zeiträumen geöffnet oder geschlossen. Für diese Steuerungsart kommen natürlich keine Magnet-, sondern nur Motorantriebe mit einer gewissen Laufzeit in Betracht.

Eine weitere Regelmöglichkeit ist durch die *Progressiv- oder Proportionalregler* gegeben. Gegenüber den Impulsreglern besteht der Unterschied darin, daß sich die Länge der Impulse selbsttätig in unmittelbarer Abhängigkeit von den Abweichungen vom Sollwert einstellt. Wenn beispielsweise die zu regelnde

Temperatur rasch abfällt, so wird das Regelorgan innerhalb kürzerer Zeitabstände betätigt als bei langsamem Sinken. Es gibt noch weitere derartige Regelmöglichkeiten, auf die einzutreten hier jedoch zu weit führen würde[1].

Bisweilen führt man die Anlagen auch so aus, daß die Umluft nur zum Teil zur Aufbereitungskammer, im übrigen unmittelbar zum Lüfter geleitet wird. Nach BERESTNEFF (vgl. Fußnote 1, S. 135) bezeichnet man in Amerika den ersten Teil als „Rückluft", den zweiten als „rezirkulierende Luft" und betreibt die Anlagen in Gegenden, wo mindestens 25 m³/h Frischluft und etwa 51 m³/h Gesamtluft je Kopf verlangt werden, nach dem Verhältnis: Frischluft: Rückluft: rezirkulierender Luft = 50 : 25 : 25, oder an Orten, wo weniger hohe Anforderungen bezüglich Frischluft gestellt werden, nach dem Verhältnis 25 : 25 : 50.

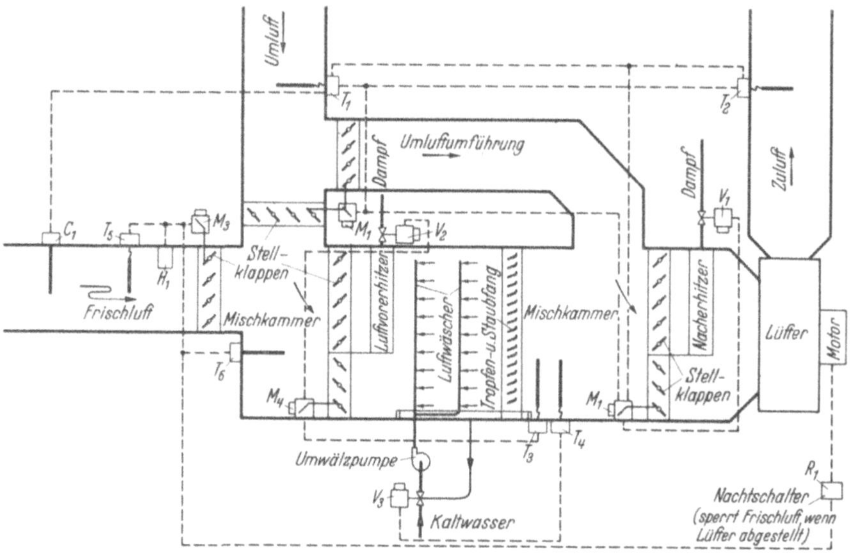

Abb. 111. Regelung einer umschaltbaren Mischluftanlage (nach RYBKA).

Die selbsttätige Gleichhaltung der Lufttemperatur wird bei derartigen Anlagen im Sommer durch Luftmengenregelung (Mischung bewetterter Außenluft mit Umluft) und in der kalten Jahreszeit durch Luftmengen- und Heizbatterieregelung erzielt[2].

In Abb. 111 ist schließlich noch eine mit selbsttätiger Winter- und Sommerregelung versehene umschaltbare Mischluftanlage nach amerikanischem Muster (entnommen aus RYBKA, [13]) wiedergegeben. RYBKA bemerkt dazu: „Der Temperaturfühler T_1 — der im Sommer vom Hauptregler C_1 beeinflußt wird — legt die Raumtemperatur fest. T_2 ist der Grenzregler. Der Temperaturfühler T_3 bestimmt durch Steuerung von Mischklappen mittels Regler M_1 und der Wärmezufuhr die Lufttemperatur vor dem Luftwäscher, während der Temperaturfühler T_4 die gewünschte Taupunkttemperatur durch Ventil V_3 einhält. Der Temperaturfühler T_5 bzw. der Luftfeuchtigkeitsregler H_1 dienen der Frischluftsteuerung, d. h. sie öffnen die Frischluftzufuhr im Sommer durch Regler M_3, falls

[1] Vgl. HOTTINGER, M.: Die selbsttätige Regelung in der Heiztechnik, Fußnote 2 S. 144.

[2] Vgl. z. B. BECHTLER: Moderne lufttechnische Anlagen und ihre Anwendungen im Corso-Theater in Zürich. Schweiz. Bauztg. Bd. 104 (1934) S. 89/91. Kurzbericht im Gesundh.-Ing. Bd. 57 (1934) Heft 43 S. 583.

ihre Temperatur und Feuchtigkeit unter den Raumluftwerten liegen und lassen nur das Mindestmaß an Frischluft ein, falls sie höher liegen. Der Temperaturfühler T_6 drosselt die Frischluftzufuhr, falls die Lufttemperatur in der Mischkammer sich dem Gefrierpunkt nähert. Der Schalter R_1 schließt selbsttätig die Frischluftklappe, wenn der Lüfter abgestellt wird und umgekehrt, und dient häufig auch der selbsttätigen In- und Außerbetriebnahme der im Betrieb teueren Kühlanlage."

Die Erstellung so weitgehend geregelter Anlagen ist bei uns wenig üblich, was begreiflich ist, wenn man die Bedürfnisfrage einerseits und die Kostenfrage andererseits einander gegenüberstellt. Im Gegenteil geht man bei uns gewöhnlich darauf aus, möglichst einfache Anlagen zu erhalten. Daß in Hinsicht hierauf oft freischwingende oder nach Abb. 27 elektrisch betätigte Jalousieklappen verwendet werden, die sich beim In- und Außerbetriebsetzen der Lüfter selbsttätig öffnen und schließen, so daß weder Hebel noch Seilzüge oder dgl. betätigt werden müssen, wurde bereits erwähnt. Wenn es sich um gewöhnliche Lüftungsanlagen handelt, bei denen sich zudem die Erwärmung der Luft durch die der Witterung angepaßte Veränderung der Vorlauftemperatur des Heizwassers von selbst in genügender Weise regelt, so gestalten sich derartige Anlagen außerordentlich einfach, desgleichen ihre Bedienung, beschränkt sie sich doch einzig auf das Ein- und Ausschalten des Lüfters. Das gilt auch, wenn sowohl eine Zu- als eine Abluftanlage besteht, sofern die beiden Lüfter auf mechanischem oder elektrischem Wege miteinander gekuppelt sind. Die Motorisierung der Klappen hat in letzter Zeit erhebliche Verbreitung erlangt. Es wurde darauf hingewiesen, daß es dabei auch möglich ist, räumlich getrennte Frisch-, Um-, Ab- oder Mischklappen zwangsläufig miteinander zu kuppeln. Dadurch wird nicht nur die Arbeit erleichtert, sondern mit Sicherheit auch vermieden, daß Fehler in den Klappenstellungen begangen werden. Unter die Bestrebungen, die Bedienungsarbeit herabzumindern und Fehler in der Handhabung der Anlagen auszuschließen, gehören auch die unter Abschnitt IV 3f) δ) erwähnten Zwangsmaßnahmen. Die bei den Klimaanlagen zur Regelung der Luftmengen, Temperaturen und der Feuchte bestehenden Möglichkeiten wurden vorstehend ebenfalls eingehend erörtert.

Handelt es sich um besonders weitgehend geregelte, große Anlagen, so werden sie bisweilen so angeordnet, daß das Einschalten der Regelung beim Inbetriebsetzen des Lüftermotors selbsttätig erfolgt, während beim Ausschalten desselben sämtliche Regelventile wieder geschlossen werden, wodurch sich unnötige Wärme- und Kaltwasserverluste vermeiden lassen. Solche Anlagen nähern sich in ihrer Ausbildung der vorstehend beschriebenen amerikanischen dann allerdings schon stark.

Besondere Anforderungen stellt die Regelung der Anlagen für Kaltlager- und Kühlräume[1], auf die, wie schon erwähnt, in diesem Buch jedoch nicht eingetreten wird.

---

[1] Vgl. Martin, W. H.: Die Feuchtigkeit und ihre Regelung in Kühlräumen. Ice a. Refrig. Bd. 96 (1939) Heft 6 S. 515/516. Kurzbericht in Wärme- u. Kältetechn. Bd. 41 (1939) Heft 8 S. 121. — Tamm, W.: [26].

Weitere Schrifttumhinweise betr. selbsttätiger Regelung:

Meixner, H. A.: Lüftungs- und Bewetterungsanlagen mit selbsttätiger Temperaturregelung. Gesundh.-Ing. Bd. 63 (1940) Heft 16 S. 185/189.

Schmidt, W.: Unmittelbare Regelung. Berlin: VDI-Verlag G. m. b. H. DIN A 5, 1939. Kurze Besprechung im Gesundh.-Ing. Bd. 62 (1939) Heft 52 S. 739.

Lingmont, W.: Der heutige Stand der selbsttätigen Regelung bei Luftaufbereitung. Lucht-

b) Kühlung der Luft.

α) Durch ausgekühlte Mauermassen. Unter Abschnitt IV 1b) δ) wurde unter Bezugnahme auf die Kühlgradtage bereits erwähnt, daß das Bedürfnis, Räume aus Behaglichkeitsgründen zu kühlen, in Mittel- und Nordeuropa, sofern nur die Sommerhitze zu berücksichtigen ist und nicht starke Sonneneinstrahlung durch Oberlichter und Fenster oder Wärmeerzeugung durch große Menschenmengen, Beleuchtung, wärmeerzeugende Arbeitsvorgänge usw. hinzukommen, gering ist. Es wurde auch bereits darauf hingewiesen, daß dies besonders der Fall ist, wenn es sich um Räume wie Lichtspieltheater usw. handelt, die nur abends stark besucht werden, wenn zur Lüftung, und damit gleichzeitig zur Kühlung, die in unsern Gegenden meist kühle Abend- und Nachtluft zur Verfügung steht.

Bei diesen Betrachtungen ist auch nicht außer acht zu lassen, daß die Mauermassen der Gebäude bei steigenden Raumtemperaturen Wärme aufnehmen, wodurch, ohne jedes weitere Zutun, ein gewisser Temperaturausgleich stattfindet, der dadurch noch gesteigert werden kann, daß in den kühlen Abend-, Nacht- und Morgenstunden die Fenster geöffnet oder vorhandene Lüfter zur Auskühlung der Mauern laufen gelassen werden. Die kühlen Wände haben nicht nur das Vermögen, Wärme aufzunehmen, sondern sie bewirken zufolge ihrer niedrigeren Oberflächentemperaturen auch eine bei hohen Lufttemperaturen angenehm empfundene Steigerung der Wärmeabstrahlung des menschlichen Körpers. Dabei ist wichtig, daß eine möglichst tiefe Mauerschicht mäßig, nicht eine wenig dicke stark ausgekühlt wird. Nimmt man die spezifische Wärme des Mauerwerks zu rd. 0,2, das Raumgewicht z. B. von Ziegelsteinmauern zu $1500\ kg/m^3$ an, so ist das Wärmespeichervermögen je m^3 Mauermasse $1500 \cdot 0{,}2 = 300$ kcal. Findet die Erwärmung um 1^0 durchschnittlich auf 2 cm Tiefe statt, so braucht es somit zum Aufnehmen der 300 kcal eine Wandfläche von $50\ m^2$. Nimmt man weiter an, daß je Person in der Stunde 75 kcal frei werden, so reichen die $50\ m^2$ Wandfläche aus, um während einer Stunde die von 4 Personen abgegebene fühl-

behandeling (Beilage v. Polyt. Weekbl.) Bd. 33 (1939) Heft 11 S. 35/39 und Heft 12 S. 43/45. Kurzberichte im Gesundh.-Ing. Bd. 62 (1939) Heft 35 S. 539 und in Wärme- u. Kältetechn. Bd. 41 (1939) Heft 10 S. 154.

DESPLANCHES, A.: Die Theorie der selbsttätigen Feuchtigkeitsregelung bei der Luftbewetterung. Chauff. Vent. Condit. Bd. 16 (1939) Heft 1 S. 34/42. Kurzbericht im Gesundh.-Ing. Bd. 62 (1939) Heft 35 S. 539.

FALTIN, H.: Aufbau und Regelung von Klimaanlagen. Z. VDI Bd. 83 (1939) Heft 8 S. 264/268. Auszug in Heizg. u. Lüftg. Bd. 13 (1939) Heft 9 S. 136/138, und im Gesundh.-Ing. Bd. 63 (1940) Heft 7 S. 77/78.

SCHELLHASE, C.: Selbsttätige Temperatur-Regelung in der neuen Reichskanzlei. Gesundh.-Ing. Bd. 62 (1939) Heft 36 S. 541/544.

v. HOLBACH, P.: Selbsttätige Regelung von Luftheizapparaten. Gesundh.-Ing. Bd. 62 (1939) Heft 3 S. 35/36.

Bulletin A 1 1939 der Firma Sauter A.G., Basel: Technische Reguliermethoden.

v. HOLBACH, P.: Zeitgemäße Entwicklung für Klimaanlagen. Gesundh.-Ing. Bd. 61 (1938) Heft 43 S. 621.

WIEHR, B.: Klimaanlagen mit elektrischer Regelung. ETZ Bd. 59 (1938) Heft 9 S. 218 u. f.

EBERT, H.: Eigenschaften und Anwendungsbereich verschiedener Feuchtemesser und -regler, Heizg. u. Lüftg. Bd. 11 (1937) Heft 1 S. 5/8. Kurzbericht im Gesundh.-Ing. Bd. 60 (1937) Heft 25 S. 406.

Klimaregelung in Gebäuden. Bericht über eine internationale Tagung. Gesundh.-Ing. Bd. 60 (1937) Heft 48 S. 728/731.

bare Wärme zu beseitigen. Statt dessen kann man auch von der Wärmeübergangszahl α zwischen Luft- und Maueroberfläche ausgehen und diese zu rd. 5 annehmen. Beträgt der durchschnittliche Temperaturunterschied zwischen Raumluft und Wandoberfläche beispielsweise 1 bis 2^0, so ist die Wärmeableitung somit 5 bis 10 kcal/m²h. Derart ergibt sich für 50 m² Wandfläche eine abströmende Wärmemenge von 250 bis 500 kcal/h. In gewissen Fällen, z. B. bei im Boden liegenden Luftschutzräumen, ist der Temperaturunterschied zwischen Raumluft und Wandoberfläche vielfach sogar noch größer. Beträgt er z. B. 6^0, so ist die Wärmeabströmung je m² Wandfläche 30 kcal/h.

Für die, im Gegensatz zu den Mauerflächen, dauernd gleichbleibende Kühlwirkung der Fensterscheiben ist mit dem Temperaturunterschied zwischen Raum- und Außenluft zu rechnen. Nach Zahlentafel 5 ist die Wärmedurchgangszahl k, für vollständig abgedichtete Einfachfenster in Holzrahmen $= 5$ und für Doppelverglasung in Holzrahmen $= 2{,}5$. Bei einer Raumtemperatur von z. B. 23^0 und einer Außentemperatur von 0^0 ergibt sich somit eine stündlich abströmende Wärmemenge: Bei Einfachfenstern von $5 \cdot 23 = 115$ kcal/m² und bei Doppelfenstern von $2{,}5 \cdot 23 = 57$ kcal/m². Oberlichter kommen hierfür nicht in Betracht, sofern sie zur Verhinderung von Zugerscheinungen und zwecks Schneeabtauung beheizt werden.

Die Speichermöglichkeit der Mauern ist natürlich um so geringer, je leichter die Häuser gebaut sind. Ferner ist zu beachten, daß bei Verwendung von Abdämmschichten diese, wenn die Speicherung zur Geltung kommen soll, außen, nicht innen anzubringen sind. Die Verhältnisse liegen dabei umgekehrt wie in dem unter Abschnitt V 2 erwähnten Fall, wonach in nur gelegentlich benutzten Kirchen, Sälen usw. der Luftinhalt vor dem Erscheinen der Besucher rasch hochgeheizt werden soll. Hier sind die Abdämmschichten innen anzubringen, um die Wärmeabströmung durch die Wände einzuschränken und möglichst hohe Wandoberflächentemperaturen zu erzielen, die in dem Fall angenehm wirken.

Um Mauerkühlung handelt es sich auch, wenn die Deckenheizung im Sommer zur Kühlung benutzt wird, indem man die Heizrohre von kaltem Wasser durchströmen läßt. Die Abkühlung der Deckenoberflächen darf dabei selbstverständlich nicht so weit getrieben werden, daß Tropfenbildung entsteht. Die bisherigen Erfahrungen haben jedoch gezeigt, daß bei Verwendung von nicht allzukaltem Kühlwasser in dieser Hinsicht keine Unannehmlichkeiten zu befürchten sind, weil selbst eine geringe Feuchtigkeitsausscheidung aus der Luft von den Decken aufgesaugt wird. Dadurch entstehen höchstens feuchte und daher dunkler getönte Streifen an den der Kühlung besonders stark ausgesetzten Stellen, was darauf hindeutet, daß die Kühlung nicht weiter getrieben werden darf. Die Regelung ist indessen leicht möglich, sofern nicht unmittelbar kaltes Leitungswasser zur Kühlung benutzt, sondern das von der Pumpe in Umlauf versetzte Heizwasser in Umformern auf die erforderliche Temperatur abgekühlt wird. Diese Anordnung ist bei kalkhaltigem Leitungswasser auch der sonst eintretenden Verkalkung des Heizungsinnern wegen am Platz. Selbstverständlich handelt es sich hierbei nur um eine bescheidene, bei vorhandener Deckenheizung billig erreichbare Absenkung der Raumtemperatur, die bei dem geringen Kühlbedürfnis des mittel- und nordeuropäischen Klimas jedoch in vielen Fällen genügt, um eine merkliche Steigerung der Behaglichkeit herbeizuführen. Gewährleistungen für die Innehaltung bestimmter Raumtemperaturen können auf Grund der bisherigen Erfahrungen jedoch nicht eingegangen werden. Hierzu, sowie auch wenn Lufterneuerung oder die Gewährleistung bestimmter Feuchtegrade verlangt wird, bleibt nichts übrig, als eigentliche Klimaanlagen zu erstellen[1].

β) Mit kaltem Wasser. Schon bei der soeben erwähnten Deckenkühlung handelt es sich um Kaltwasserkühlung. Das übliche ist jedoch, daß die von Klimaanlagen nach den Räumen beförderte Luft in *Trocken-* oder *Naßkühlern* mittels kaltem Wasser gekühlt wird.

Die *Trockenkühler* sind gleich beschaffen wie die Lufterhitzer. Wie schon erwähnt, können diese an Orten, wo dies gestattet ist, im Sommer auch als Kühler benutzt werden, indem man sie von kaltem Leitungswasser durchströmen läßt. Hierzu muß die Kühlfläche allerdings noch vergrößert werden. Sind besondere Oberflächenkühler, außer den Lufterhitzern, aufzustellen, so erhöhen sich dadurch die Anlagekosten erheblich.

Da sich bei der Abkühlung der Luft unter den Taupunkt Wasser ausscheidet ist für gute Ableitung desselben zu sorgen und außerdem zu beachten, daß in dem Fall, außer der Abkühlungswärme der Luft (0,24 kcal je kg Luft), auch die Niederschlagswärme des sich bildenden Niederschlagwassers abzuführen ist (vgl. Abschnitt II 6).

Beispiel. Ein Kühler werde von 10000 kg/h Luft durchströmt. Vor der Kühlung weise sie eine Temperatur von 30^0 und eine relative Feuchte von 40 vH auf, enthalte nach Zahlentafel 2 somit $27{,}2 \cdot 0{,}4 = 10{,}9$ g Wasser je kg Reinluft. Die Kühlung erfolge auf 20^0. Luft von 20^0 kann nach Zahlentafel 2 im Höchstfall 14,7 g Wasser je kg trockener Luft enthalten, so daß die den Kühler verlassende Luft $\frac{10{,}9 \cdot 100}{14{,}7} = 74$ vH gesättigt ist. Wasserausscheidung findet dabei nicht statt, und es müssen vom Kühler nur $10000 \cdot 0{,}24\,(30 - 20) = 24000$ kcal/h abgeführt werden. Weist die dem Kühler mit 30^0 zuströmende Luft jedoch eine relative Feuchte von 70 vH auf, so enthält sie $27{,}2 \cdot 0{,}7 = 19{,}0$ g Wasser je kg Reinluft und werden im Kühler $\frac{(19{,}0 - 14{,}7) \cdot 10000}{1000} = 43$ kg Wasser in der Stunde ausgeschieden. Die abzuführende Niederschlagswärme beträgt somit rd. $585 \cdot 43 = 25200$ kcal/h, so daß in dem Fall insgesamt 49200 kcal/h durch das Kühlwasser zu beseitigen sind.

Es ist schon der Vorschlag gemacht worden, statt in Trockenkühlern gekühlte Luft in die Räume einzublasen, die Kühlung der Raumluft unmittelbar durch die Raumheizkörper vorzunehmen, indem man sie von kaltem Wasser durchströmen läßt. Diese Lösung ist jedoch unzweckmäßig, weil die Kühlwirkung dabei sehr gering ist und sich zudem an den Wandungen der Heizkörper Niederschlagswasser bildet, das abtropft. Es müßten also zum mindesten Tropfschalen vorgesehen werden, was zu weit geht. Und zudem würde auf diese Weise nur die unterste Raumpartie gekühlt, sofern nicht durch Zimmerlüfter Luftbewegung im Raum herbeigeführt wird, was abermals eine Verumständlichkeit bedeutet. Bei Benutzung der im letzten Unterabschnitt erwähnten Deckenheizung zur Raumkühlung liegen die Verhältnisse insofern anders, als hierbei die *oberste* Luftschicht gekühlt wird und langsam über den ganzen Raum verteilt niedersinkt, während an den wärmeren Wänden gleichzeitig Luft aufsteigt.

[1] Betr. Deckenkühlung vgl. Hottinger, M.: Fußnote 1, S. 51. — Wirth, P. E.: Umkehrung der Deckenheizung zur Raumkühlung. Schweiz. Bauztg. Bd. 112 (1938) Heft 20. — Wirth, P. E.: Fußnote 2, S. 37 und Gesundh.-Ing. Bd. 62 (1939) Heft 17 S. 237/238. — Skokan, V.: Fußnote 4, S. 99.

Den Trockenkühlern gegenüber haben die *Naßkühler*, abgesehen von den geringeren Anschaffungskosten, die Vorteile, daß die Luft zugleich gewaschen wird und Spuren von im Wasser löslichen Gasen absorbiert werden [vgl. Abschnitt IV 3c)]. Manchmal kommen auch beide Verfahren gleichzeitig zur Anwendung.

Welche der beiden Kühlarten weniger Kühlwasser erfordert, hängt von der Art der Ausführung und der Betriebsweise ab. Im allgemeinen ist bei in üblicher Weise bemessenen Trockenkühlern der Bedarf geringer als bei ein- und zweireihigen Naßluftkühlern, weil Luft und Kühlwasser gut im Gegenstrom zu einander geführt werden können. Mit Wasser von 12⁰ am Anfang und 18⁰ am Ende läßt sich die Luft in Trockenkühlern auf rd. 15⁰ kühlen, selbstverständlich ohne, daß sie dabei Wasser aufnimmt. In Naßkühlern ist dieses Ergebnis mit der gleichen Wassermenge nicht erreichbar. Bedingung für befriedigendes Arbeiten und lange Lebensdauer der Lamellentrockenkühler ist allerdings, daß sie reichlich groß bemessen und aus widerstandsfähigem Material (am besten Kupfer) hergestellt werden. Schmiedeeisen bewährt sich der Korrosionen wegen nicht.

Bei den Naßkühlern tritt die Luft in Streudüsenkammern (vgl. die Abb. 36 und 106 bis 108) oder Berieselungsgeräten mit dem Kühlwasser in unmittelbare Berührung. Trotzdem nimmt sie keinen höhern als den durch die Abkühlung bedingten relativen Sättigungsgrad an, solange der Dampfdruck des Kühlwassers kleiner als derjenige der Luft ist.

Beispiel. Luft von 30⁰ und 40 vH weist nach Zahlentafel 2 einen Dampfdruck von $p_D = 31{,}82 \cdot 0{,}4 = 12{,}7$ mm QS auf, der sich bei der Kühlung nicht ändert, solange der Taupunkt nicht unterschritten und dadurch Wasser ausgeschieden wird. Der Sättigungsdruck des Wasserdampfes ist bei 14⁰ 11,99 mm QS, bei 15⁰ 12,79 mm QS. So lange die Temperatur des Kühlwassers somit unter 15⁰ bleibt, tritt keine Höhersättigung der Luft ein. Ist bei ebenfalls 30⁰ Lufttemperatur die relative Feuchte 70 vH, so ist der Dampfdruck $p_D = 31{,}82 \cdot 0{,}7 = 22{,}3$ mm QS. In dem Fall darf die Temperatur des Kühlwassers also sogar bis auf 24⁰ steigen, ohne daß eine Höhersättigung der Luft zu befürchten ist.

Übersichtshalber habe ich in Zahlentafel 29 für Lufttemperaturen von 20 bis 30⁰ und Höchsttemperaturen des Kühlwassers von 15 bis 20⁰ angegeben,

Zahlentafel 29. Übersicht über die Möglichkeit der Höhersättigung von Luft bei der Berührung mit Wasser.

Lufttemperatur ⁰C	Bei einer Höchsttemperatur des Kühlwassers von ⁰C					
	15	16	17	18	19	20
	tritt eine Höhersättigung der Luft nur ein, wenn sie eine relative Sättigung aufweist von unter vH:					
20	73	78	83	89	95	100
22	64	69	73	78	83	88
24	57	61	65	69	74	78
26	51	54	58	61	65	69
28	45	48	52	55	58	62
30	40	43	46	49	52	55

unterhalb welchen Sättigungsgraden eine Höherbefeuchtung der Luft durch die Berührung mit dem Wasser eintritt. Zu diesen Feststellungen kann übrigens auch Abb. 92 benutzt werden.

Tritt in den Naßluftkühlern Wasserverdunstung auf, so wirken sie gleichzeitig als Verdunstungskühler, wodurch jedoch der Wassergehalt der Luft zunimmt. Diese Zusatzkühlmöglichkeit verleitet im praktischen Betrieb oft dazu, die Kaltwasserzufuhr zu solchen Kühlern einzuschränken und sie durch Umwälzen des Wassers als „Verdunstungskühler" (vgl. den nächsten Unterabschnitt) zu betreiben, was dann wohl zu einer Wasserersparnis, aber auch zu höheren Wassergehalten der Luft führt. Bei den Trockenkühlern besteht diese Möglichkeit nicht. Hier sinkt mit abnehmender Kühlwassermenge die Kühlleistung; die Luft nimmt jedoch unter keinen Umständen Wasser auf.

Um Trockenkühlung und reine Naßkühlung (d. h. ohne Anwendung von Verdunstungskühlung) erfolgreich durchführen zu können, sollte selbst im Hochsommer bei Trockenkühlung Kaltwasser von höchstens 12⁰, bei Naßkühlung von höchstens 14⁰ zur Verfügung stehen. Trotz dieser niedern Temperaturen ist der Kaltwasserverbrauch, der geringen Erwärmungsmöglichkeit des Wassers wegen, bei beiden Verfahren erheblich, so daß die erforderliche Wassermenge in trockenen Gegenden oder bei zu kleinen Wasserleitungsquerschnitten nicht immer zur Verfügung steht[1]. Selbst die Querschnitte der Kanalisationsleitungen reichen nicht immer aus, um die großen Wassermengen aufzunehmen. Manchmal kann das Wasser nach dem Verlassen der Kühlkammern allerdings noch zur Berieselung von Dächern, Oberlichtern, Fenstern usw. [vgl. Abschnitt IV 1b) δ)] oder zu andern Zwecken verwendet werden, wozu aber u. U. große Zwischenbehälter und manchmal auch Pumpen erforderlich sind, was zu beträchtlichen Anlagekosten führt, die sich in den wenigsten Fällen bezahlt machen.

γ) **Verdunstungskühlung.** Auch hierbei wird, wie eben bemerkt, die Luft durch Streudüsenkammern geleitet, in denen nun aber nicht mehr Wasserdampf aus der Luft auskondensiert und die dabei entstehende Niederschlagswärme abgeführt, sondern im Gegenteil Wasser in die Luft hinein verdunstet und ihr dadurch die erforderliche Verdunstungswärme entzogen wird, wodurch sie sich abkühlt. In dem Fall wird zur Wasserzerstäubung immer dasselbe Wasser mittels einer Pumpe umgewälzt und nur so viel möglichst kaltes Frischwasser zugesetzt, als dem Kreislauf durch die Verdunstung entzogen wird.

Da diese Kühlmöglichkeit verhältnismäßig wenig bekannt ist, manchmal aber auch an Orten empfohlen wird, wo sie nicht am Platze ist, erscheint es angezeigt, etwas näher darauf einzutreten.

Die erreichbare Kühltemperatur. Es ist klar, daß bei diesem Verfahren die aus der Streudüsenkammer austretende Luft 100 vH gesättigt ist und, wie auch das umgewälzte Wasser, ungefähr die Temperatur des Feuchtthermometers

---

[1] Vgl. z. B. Holleran, O. C.: Wasserversorgung für Luftbewetterungszwecke in Städten mit 20000 bis 100000 Einwohnern. Heat. & Vent. Bd. 35 (1938) Heft 7 S. 39/42. Kurzbericht im Gesundh.-Ing. Bd. 61 (1938) Heft 52 S. 758. — Verlegung neuer Wasserleitungen für Luftbewetterungszwecke in Chicago. Heat. & Vent. Bd. 35 (1938) Heft 2 S. 22. Kurzbericht im Gesundh.-Ing. Bd. 61 (1938) Heft 28 S. 389. — Mosher, F. D.: Versorgung der Klimaanlagen mit Kühlwasser, und Leiter, C. D.: Verwendung von Brunnenkühlwasser für Klimaanlagen. Heat. & Vent. Bd. 34 (1937) Heft 3 S. 31/34 und 60/61. Kurzbericht im Gesundh.-Ing. Bd. 60 (1937) Heft 46 S. 706/707. — Gayton, L. D.: Klimatechnik und Gemeindetechnik. Heat. Pip. Air Condit. Bd. 8 (1936) Heft 11. Kurzbericht im Gesundh.-Ing. Bd. 60 (1937) Heft 19 S. 282.

Beiläufig sei auch erwähnt, daß nach einer mir kürzlich aus Amerika zugekommenen Mitteilung derzeit in *Galveston* geplant wird, zur Versorgung von Klimaanlagen Wasser von 4 bis 5⁰ C durch ein etwa 1,3 m unter der Erdoberfläche in feuchten Sand verlegtes besonderes Rohrnetz zu verteilen.

besitzt, denn das Feuchtthermometer weist ja ebenfalls die durch den Entzug an Verdunstungswärme beeinflußte Temperatur auf. Diese Temperaturen lassen sich daher an Hand der Psychrometertafel Abb. 112 bestimmen[1]. Hat die Luft vor der Kühlung beispielsweise 32° und 30 vH relative Feuchte, so ergibt sich aus Abb. 112, daß der Temperaturunterschied zwischen Trocken- und Feuchtthermometer 12,4° beträgt. Die Temperatur, auf welche die Luft sich abkühlt, muß in dem Fall somit 19,6° sein. Abb. 113 gibt Aufschluß über die in gleicher Weise ermittelten Kühltemperaturen für Zulufttemperaturen von 26 bis 32° und relative Feuchtegrade der dem Kühler zuströmenden Luft von 20 bis 65 vH.

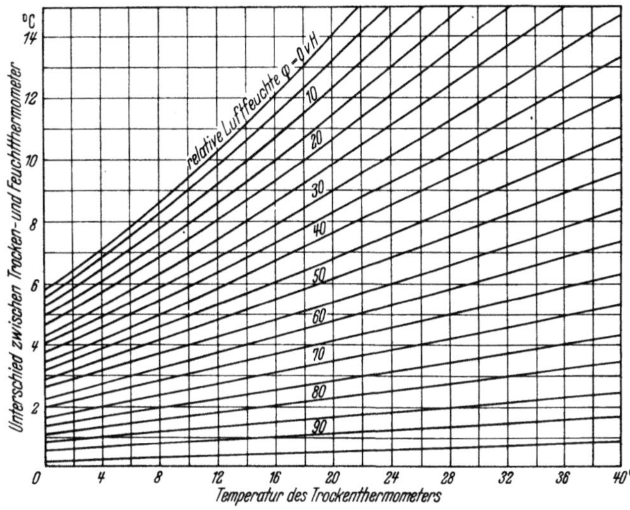

Abb. 112. Psychrometertafel.

Die je kg Trockenluft abführbare Wärmemenge. Die von einem kg Trockenluft bei verschiedenen Temperaturen im Höchstfall aufnehmbare Wassermenge ist bekannt (vgl. Zahlentafel 2). Sie beträgt z. B. bei 32° 30,6 g/kg, bei 19,6° 14,3 g/kg. Die in obigem Fall dem Verdunstungskühler zuströmende Frischluft enthält somit bei 30 vH relativer Feuchte $30{,}6 \cdot 0{,}3 = 9{,}18$ g/kg Wasser, am Austritt nach der Abkühlung auf 19,6° dagegen 14,3 g/kg. Die Wasserverdunstung je kg Trockenluft in der Streudüsenkammer beträgt also 5,1 g.

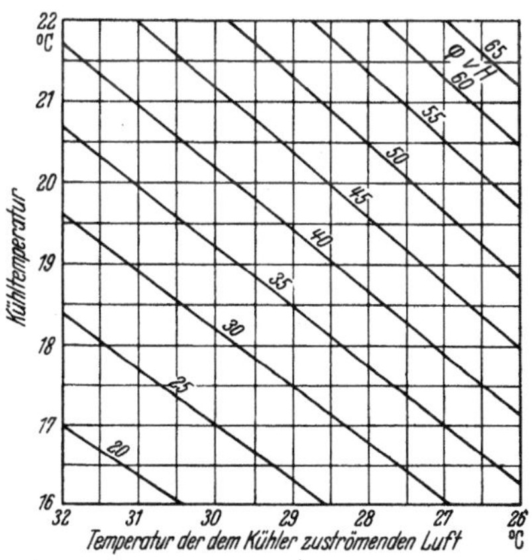

Abb. 113. Erreichbare Kühltemperaturen bei verschiedenen Temperaturen und relativen Feuchten φ der dem Verdunstungskühler zuströmenden Luft.

Auch die Verdampfungswärme bei verschiedenen Temperaturen ist genau angebbar (vgl. ebenfalls Zahlentafel 2).

Die je kg Trockenluft abführbare Wärmemenge läßt sich somit ausrechnen. Sie beträgt in obigem Fall $\frac{5{,}1 \cdot 585{,}8}{1000} = 3{,}0$ kcal/kg.

[1] Die Psychrometertafel Abb. 112 bezieht sich auf einen Barometerstand von 755 mm QS. Handelt es sich um hochgelegene Orte, so ist sie dem daselbst herrschenden mittleren Luftdruck entsprechend an Hand der Sprungschen Formel umzuzeichnen. Statt dessen ist es jedoch auch möglich, die Werte der Abb. 112 auf Grund der Arbeiten von Uttinger, H.: Graphische Aspirations-Psychrometer-Tafeln zur Bestimmung der relativen Feuchtigkeit unter verschiedenem Luftdruck. Meteor. Z. 1939 Heft 10 S. 390/392 oder Fischer, L.: Graphische Tafeln für die Psychrometrie. Annalen der Schweiz. Meteorologischen Zentralanstalt 1938, richtigzustellen.

Abb. 114 gibt Aufschluß über die auf gleiche Art bestimmten abführbaren Wärmemengen bei verschiedenen Temperaturen und relativen Feuchten der dem Verdunstungskühler zuströmenden Luft. In den günstigsten Fällen kann demnach mit 3 bis 3,5 kcal/kg gerechnet werden. Weiter geht aus Abb. 114 hervor, daß die Werte bei gleicher relativer Feuchte, aber niedrigeren Außentemperaturen nur wenig, bei gleichen Außentemperaturen, jedoch steigender Feuchte, dagegen stark abnehmen. So sinkt die oben angegebene abführbare Wärmemenge von 3,0 kcal/kg bei einer Temperatur von 26° und ebenfalls 30 vH nur auf 2,6 kcal/kg, bei einer Temperatur von 32° und 60 vH relativer Feuchte dagegen auf 1,4 kcal/kg.

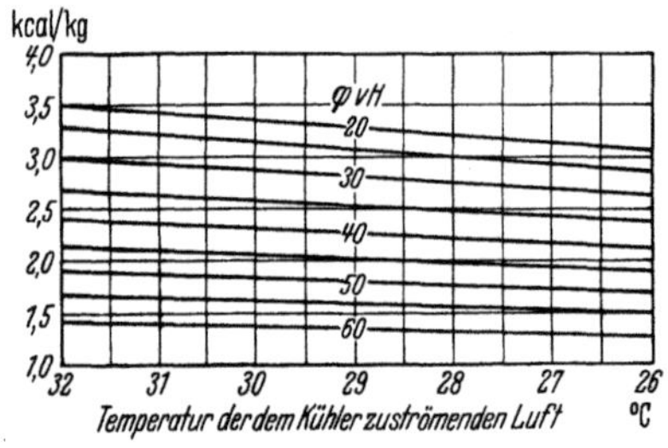

Abb. 114. Je kg Trockenluft abführbare Wärmemengen bei verschiedenen Temperaturen und relativen Feuchten φ der dem Verdunstungskühler zuströmenden Luft.

Der sich einstellende Sättigungsgrad der Luft bei ihrer Nachwärmung auf Raumtemperatur. Wird Luft erwärmt, ohne daß man ihr Wasser zuführt, so sinkt die relative Feuchte, da warme Luft mehr Wasserdampf aufzunehmen vermag als kältere. Luft von beispielsweise 26° kann im Höchstfall 21,4 g Wasserdampf je kg Trockenluft enthalten. Die den Verdunstungskühler mit 19,6° und 100 vH verlassende Luft nimmt daher bei ihrer Nachwärmung auf 26° einen Sättigungsgrad von $\frac{14{,}3 \cdot 100}{21{,}4} = 67$ vH an. In Zahlentafel 30 sind die auf gleiche Art errechneten Sättigungsgrade für verschiedene Außentemperaturzustände und Nachwärmetemperaturen angegeben.

Zahlentafel 30.

Zustand der Außenluft ° C und vH	Temperatur im Verdunstungskühler ° C	Wassergehalt je kg Trockenluft im Verdunstungskühler g/kg	Nachwärmtemperatur der Luft ° C	Wassergehalt je kg Trockenluft bei voller Sättigung g/kg	Sättigungsgrad der nachgewärmten Luft vH
32° und 30 vH	19,6	14,3	20 22 24 26	14,7 16,6 18,8 21,4	97 86 76 67
30° und 30 vH	18,2	13,1	20 22 24 26	14,7 16,6 18,8 21,4	89 79 70 61
28° und 35 vH	17,7	12,7	20 22 24	14,7 16,6 18,8	86 77 67
26° und 40 vH	17,1	12,2	18 20 22	12,9 14,7 16,6	95 83 73

Anwendungsbeispiel. Man wünsche bei einer Temperatur und relativen Feuchte der Außenluft von 32° und 30 vH und einer zulässigen Raumtemperatur von 26° aus einem Raum 100000 kcal/h abzuführen.

Aus dem vorstehend Gesagten sowie Abb. 113 geht hervor, daß sich bei einem Anfangszustand der Luft von 32° und 30 vH im Verdunstungskühler eine

Temperatur von 19,6° einstellen und diese Luft bei ihrer Nachwärmung auf 26°, entsprechend Zahlentafel 30, einen Sättigungsgrad von 67 vH annehmen wird.

Da die spezifische Wärme je kg Trockenluft 0,24 ist, so ergibt sich weiter, daß zur Beseitigung von 100000 kcal/h aus dem Raum $\frac{100000}{0{,}24 \cdot (26{,}0 - 19{,}6)}$ $= 65000$ kg/h Luft erforderlich sind.

Ferner folgt aus Abb. 114, daß zufolge der Wasserverdunstung im Verdunstungskühler je kg Trockenluft 3,0 kcal abgeführt werden, im ganzen also 195000 kcal/h. Da die Verdampfungswärme bei 19,6° 585,8 kcal/kg ist, beträgt die verdunstende, also auch die durch Nachspeisung stündlich zu ersetzende Wassermenge demnach $\frac{195000}{585{,}8} = 335$ Liter.

Bei den praktischen Ausführungen ist natürlich mit gewissen Zuschlägen zu den derart auf theoretischem Wege ermittelten Werten zu rechnen, z. B. weil die Luft auf ihrem Wege vom Verdunstungskühler bis zum Raum bereits Wärme aufnehmen und daher im vorstehenden Fall voraussichtlich mit etwas über 20°, statt mit 19,6°, in den Raum ausströmen wird. Die vorstehende Untersuchung genügt indessen vollkommen, um erkennen zu lassen, daß bei dieser Art Kühlung mit sehr geringen Wassermengen ausgekommen wird, anderseits aber große Luftmengen erforderlich sind, die im Hochsommer zur ausgiebigen Durchlüftung der Räume allerdings sowieso erwünscht sind. Bei kühleren Außentemperaturen kann die Luftmenge dagegen eingeschränkt werden. Dann ist eine Kühlung der Luft ja auch nicht mehr erforderlich, und im Winter kann der Verdunstungskühler als Luftbefeuchter und während des ganzen Jahres als Luftwäscher dienen, so daß u. U. Filter gespart werden können. Hinter dem Tropfenfänger des Verdunstungskühlers ist in üblicher Weise ein Nachwärmheizkörper, außerdem aber auch eine Luftumführung mit Jalousieklappe anzuordnen, die im Winter geschlossen, im Sommer je nach den Verhältnissen mehr oder weniger geöffnet wird[1].

Eignung der Verdunstungskühlung. Bei der Verdunstungskühlung wird, wie gezeigt wurde, dem Raum mit der Lüftungsluft viel Feuchtigkeit zugeführt, so daß auch die Raumluft verhältnismäßig hohe Feuchtegrade annimmt. Die Verdunstungskühlung eignet sich daher gut für Textil-, Tabak- und andere Industrien, in denen sowieso hohe Feuchtigkeit verlangt wird, dagegen nicht für Räume, in denen aus Behaglichkeits- oder andern Gründen die Sättigungsgrade tief gehalten werden müssen oder gar eine Entfeuchtung angestrebt wird, wie z. B. in Luftschutzräumen, Wasch- und Kochküchen. Unter Abschnitt VI 1c) α) wurde dargelegt, daß auch hohe Temperaturen nicht als unbehaglich empfunden werden, wenn die Luft dabei trocken ist und eine gewisse Bewegung aufweist, die sich natürlich nicht als Zug auswirken darf. Zahlentafel 31 gibt Aufschluß über den (aus Abb. 92 entnommenen) Sommer-Behaglichkeitsbereich für Zentraleuropa in Höhenlagen bis zu etwa 1000 m ü. M. und für Batavia[2]. Daraus geht hervor, daß in den Tropen höhere Temperaturen und auch wesentlich höhere Feuchtegrade als bei uns noch als behaglich gelten, was, wie schon unter

[1] Vgl. auch ACKERMANN, G.: Theorie der Verdunstungskühlung. Diss. Techn. Hochschule München 1932.

[2] MOM, C. P.: Fußnote 1, S. 127.

Abschnitt VI 1c) α) erwähnt, nach Mom allerdings darauf zurückzuführen ist, daß daselbst jede nicht unbedingt erforderliche Muskeltätigkeit vermieden wird. Der vorstehend festgestellte Luftzustand von 26° und 67 vH fällt noch in diesen tropischen Behaglichkeitsbereich herein, was allerdings nicht heißen will, daß man sich nach unsern Begriffen bei einer Temperatur von 30 bis 32°, aber nur rd. 30 vH relativer Feuchte, nicht behaglicher fühlen würde, namentlich wenn die Luft dabei eine Bewegung von etwa 0,3 bis 0,5 m/s aufweist, während für niedrigere Temperaturen, entsprechend Zahlentafel 31, die Geschwindigkeiten allerdings kleiner sein müssen, wenn keine Zugerscheinungen auftreten sollen.

Zahlentafel 31. Behaglichkeitsbereich in Aufenthaltsräumen.

Raumtemperaturen °C	Relative Feuchte: in Zentraleuropa in Höhenlagen bis etwa 1000 m ü. M. vH	Relative Feuchte: in Batavia vH	Zweckmäßige Luftbewegung in Räumen in Zentraleuropa m/s
17	37—75		0,01—0,16
18	36—73		0,01—0,17
19	35—71		0,01—0,18
20	35—70		0,02—0,19
21	34—68	89	0,03—0,21
22	33—67	53—89	0,04—0,23
23	33—55	30—89	0,07—0,26
24	32	29—89	0,10—0,30
25		28—89	
26		27—83	
27		26—67	
28		25—54	
29		24—39	
30		23	

Die Anwendung der Verdunstungskühlung ist somit in gewissen Fällen zweckmäßig, u. U. sogar die einzige in Frage kommende Kühlmöglichkeit, während sie unter andern Umständen nicht zu angenehmen Zuständen führen würde, so daß man sich im Sommer, wenn sonst keine Kühlmöglichkeit besteht, besser nur mit ausgiebiger Durchlüftung der Räume begnügt. Und manchmal müßte sie, zufolge der starken Befeuchtung der Raumluft, sogar unhaltbare Zustände zur Folge haben. Ihre Zweckmäßigkeit ist vor der Erstellung der Anlagen daher von Fall zu Fall zu prüfen.

Eine originelle Anwendung hat die Verdunstungskühlung in Gegenden mit trockenheißem Klima in den sog. ,,Wüstenkühlern" gefunden. Sie sollen namentlich in kleinen Wohnungen, Gaststätten, Theatern, Büros usw. der Südweststaaten der USA. verbreitet sein, wo psychrometrische Unterschiede bis zu 16° auftreten können. Die Geräte werden in Fensteröffnungen eingebaut und bestehen ausschließlich aus einem Blechgehäuse mit Wassergefäß, einem Lüfter von 1/8 bis 1/2 PS und einem feucht zu haltenden Tuch[1].

δ) **Kühlung durch Eis.** Die Kühlung mit Eis kann durch unmittelbare Berührung zwischen Luft und Eis oder dadurch, daß man das Eis in metallene

[1] Vgl. Slawson, H. H.: Verwendung von Wüstenkühlern in den Südweststaaten. Refrig. Engng. Bd. 38 (1939) Heft 2 S. 81/82. Kurzbericht in Wärme- u. Kältetechn. Bd. 41 (1939) Heft 11 S. 169.

Kästen legt und die Luft über diese hinstreichen läßt oder schließlich unter Zwischenschaltung eines Kälteträgers, z. B. von Wasser, vorgenommen werden.

Bei uns ist Eiskühlung allerdings wenig gebräuchlich, sofern Brunnenwasser von genügend niedriger Temperatur und in genügender Menge zur Verfügung steht, weil das Eis, sei es aufgespeichertes Natureis oder Kunsteis, meist zu teuer ist. Außerdem ist zu beachten, daß bei unmittelbarer Kühlung der Luft durch das Eis der kleinen Wärmeübergangszahlen wegen, große Berührungsflächen erforderlich sind. Diese können dadurch geschaffen werden, daß das Eis zerschlagen und auf Roste gelegt wird. Dabei ist es möglich, entweder sämtliche oder nur einen Teil der zu kühlenden Luft über diese Roste zu leiten. In letzterem Fall wird die stark gekühlte Luft mit der übrigen gemischt, was durch selbsttätige Regelung erfolgen kann. Eine Steigerung des absoluten Feuchtegehaltes der Luft tritt auch bei dieser Kühlart aus den vorstehend genannten Gründen nicht ein, solange das Schmelzwasser mit genügend tiefer Temperatur abfließt, und bei Verwendung von Metallkästen ist sie sowieso ausgeschlossen. Im Gegenteil wird sich an den kalten Eis- bzw. Metallflächen eher Wasser aus der Luft niederschlagen.

Zweckmäßiger, jedoch sowohl hinsichtlich der Anlage- als der Betriebskosten teurer, ist die Kühlung unter Zwischenschaltung von Wasser. Dabei können gewöhnliche Naß- oder Trockenkühler, nun aber eben unter Benutzung von eisgekühltem Wasser, Verwendung finden. Es wird mittels einer Pumpe zwischen dem gut abgedämmten Eiskasten und den Streudüsen bzw. dem Trockenkühler in Umlauf versetzt. Auch hierbei ist selbsttätige Regelung, beispielsweise durch Beeinflussung der Menge und Temperatur des umlaufenden Kühlwassers, möglich.

Bekanntlich ist die Schmelzwärme von Eis bei 0^0 80 kcal und die spezifische Wärme 0,5. Liegt die Temperatur des Eises z. B. $t_1{}^0$ unter 0^0 und wird das Schmelzwasser in der Kühleinrichtung auf $t_2{}^0$ über 0^0 erwärmt, so ist die Kühlleistung von 1 kg Eis somit $(0{,}5 \cdot t_1 + 80 + t_2)$ kcal/kg, d. h. bei z. B. $t_1 = -5^0$ und $t_2 = +10^0 = 92{,}5$ kcal/kg.

In Amerika scheint Eis zur Raumkühlung häufiger Anwendung zu finden[1].

ε) Verwendung von Kältemaschinen (Kolbenverdichtern, Wärmepumpen, Strahlgeräten). Zur Kühlung von Aufenthaltsräumen kommen die üblichen Kältemaschinen mehr nur in den Tropen und in Gegenden, die im Sommer oft von Hitzewellen heimgesucht werden, zur Anwendung, in Mittel- und Nordeuropa dagegen selten, weil die Anschaffungskosten im Verhältnis zum Kühlbedarf zu hoch sind. In seinem in Fußnote 1, S. 117 erwähnten Aufsatz gibt Guarini an, daß die Betriebskosten zur Kühlung von Luft bei der Verwendung von Eis, Kältemaschinen, Leitungs- und Brunnenwasser im Verhältnis von rd. 1,0 : 0,3 : 0,1 : 0,015 zueinander stehen. Diese Verhältniszahlen schwanken natürlich von Ort zu Ort, bieten aber doch ungefähre Anhaltspunkte, indem sie wenigstens erkennen lassen, daß die Benutzung von Brunnenwasser weitaus am billigsten,

[1] Vgl. z. B. Rybka, K. R.: [13] und Fußnote 2, S. 118. — Dailey, J. F.: Klimatisierung mit Eis. Ice a. Refrig. Bd. 96 (1939) Heft 3 S. 201/202. Kurzbericht in Wärme- u. Kältetechn. Bd. 41 (1939) Heft 4/5 S. 73. — Lester, T. A.: Eisspeicher im Restaurantbetrieb bei Spitzenbelastung. Heat. Pip. Air Condit. Bd. 11 (1939) Heft 2 S. 95/97. Kurzbericht in Wärme- u. Kältetechn. Bd. 41 (1939) Heft 6 S. 88. — Boester, C. F.: Luftkühlanlagen mit Eisspeicher. Heat. & Vent. Bd. 36 (1939) Heft 8 S. 13/15. Kurzbericht in Wärme- u. Kältetechn. Bd. 42 (1940) Heft 1 S. 11 sowie Gesundh.-Ing. Bd. 63 (1940) Heft 12 S. 143.

diejenige von Eis am teuersten ist. Das ist begreiflich, weil zum Heraufpumpen von Brunnenwasser nur die Aufwendungen für den Betrieb der Pumpe zu decken sind. Nach den Angaben stellt sich die Verwendung von Leitungswasser rd. 7 mal und diejenige von Kältemaschinen 20 mal teurer. Bei der Verwendung von Eis sind die Betriebskosten noch 3,3 mal höher als bei Benutzung von Kältemaschinen. Nach DAILEY (vgl. Fußnote 1, S. 169) wird auch in Amerika die Kühlung mit Brunnenwasser von 13° und weniger als am einfachsten und billigsten bevorzugt. Dagegen soll dort bei Eispreisen von 3 bis 4 $/t (7,5 bis 10 RM/t) und nur einmaliger voller Besetzung der zu kühlenden Räume im Tag die Verwendung von Eis gegenüber der Benutzung von Kältemaschinen Vorteile bieten. DAILEY weist darauf hin, daß sich die Leistungen der Anlagen durch Zugabe von mehr oder weniger Eis um 25 bis 30 vH verändern lassen. Ferner bemerkt er, daß sich daselbst die in großzügiger und daher wirtschaftlicher Weise von zentralen Eisgesellschaften besorgte Belieferung der Kundschaft mit Eis sehr einfach gestaltet und auch der Unterhalt dieser Anlagen einfach ist, indem die erforderlichen Instandstellungsarbeiten von jedem ortsansässigen Installateur vorgenommen werden können. Zur genauen Überprüfung der Kostenfrage ist außer den Betriebskosten natürlich auch die Verzinsung und Abschreibung des Anlagekapitals zu berücksichtigen. Dabei spielt eine Rolle, wie lange die Kühlanlagen im Jahr im Betrieb stehen. Die Aufstellung von Kältemaschinen schneidet dabei gewöhnlich noch viel ungünstiger als nach den vorstehend angegebenen Vergleichzahlen ab, sofern sie nicht gleichzeitig andern Zwecken, z. B. der Eiserzeugung oder der Kühlung von Kaltlager- und Kühlräumen, von Trinkwasser usw. dient oder im Winter als Wärmepumpe (vgl. Abschnitt V 4) benutzt werden kann. Dabei sind die Anlagen gleich beschaffen wie die in Abb. 86 wiedergegebene, nur dient der Verdampfer A in diesen Fällen zur unmittelbaren Kühlung der Luft oder aber von Kühlwasser bzw. Sole, die zur Luftkühlung benutzt werden. Wird die Luft im Verdampfer A unterkühlt, so daß sich Wasser ausscheidet und im Verflüssiger C wieder erwärmt, so kann sie auf diese Weise auch getrocknet werden. Diese Ausführungsart kommt fürs erste allerdings mehr nur bei der Behandlung von Lebens- und Genußmitteln, z. B. für die Trocknung von Wurstwaren, zur Anwendung; doch ist nicht ausgeschlossen, daß sie in Zukunft auch bei der Luftbehandlung von Aufenthaltsräumen eine Rolle spielen wird[1].

In Amerika sind zur Raumkühlung schon wiederholt Absorptionskältemaschinen verwendet worden, namentlich in Gebäuden, in denen aus eigenen Kraftwerken billiger Abdampf zur Verfügung steht, der im Winter außerdem zum Heizen verwendet werden kann (vgl. OHMES, K.: Heizungs-, Lüftungs- und Dampfkraftanlagen, Ausführungen z. B. in New York [Stock-Exchange] und Hannover [Nationalbank]). In neuerer Zeit scheint man jedoch bei billig verfügbarem Dampf der Kälteerzeugung mittels Dampfstrahlpumpen nach WESTINGHOUSE-LEBLANC, JOSSE-GENSEKE usw. entsprechend Abb. 115 den Vorzug zu geben. Der Dampf wird der Maschine dabei durch die Leitung BD zugeführt, tritt mit großer Geschwindigkeit aus den in den Düsenkopf E eingebauten Düsen aus und reißt Kaltdampf aus dem Verdampfer V an sich. Durch den Diffusor gelangt das Dampfgemisch nach dem unter einem weniger tiefen Unter-

[1] Vgl. PETER, R.: Die Anwendung der Wärmepumpe. Schweizer Arch. angew. Wiss. Techn. Bd. 4 (1938) S. 330/336. Kurzbericht im Gesundh.-Ing. Bd. 62 (1939) Heft 13 S. 189/90.

druck stehenden Verflüssiger *K*, wo es niedergeschlagen und mittels einer Pumpe herausbefördert wird. Als Verflüssiger ist jede Bauart, die bei Dampfmaschinen und Dampfturbinen im Gebrauch steht, anwendbar.

Die Kältewirkung wird dadurch erzeugt, daß ein Teil der im Verdampfer *V* gut verteilt herunterrieselnden Flüssigkeit (bei Temperaturen über 0° wird Wasser, bei solchen unter 0° Sole verwendet) rasch verdampft. Die Verdunstungswärme wird der zurückbleibenden Flüssigkeit entzogen und diese dadurch abgekühlt, weshalb sie bei ihrer Umwälzung mittels der Pumpe *P* imstande ist, im Kühlgefäß *A* Wärme aufzunehmen. Das durch die Verdunstung verlorengehende Wasser wird durch das Ventil *R* ersetzt. Der Mantel *M* ist in den Verdampfer eingesetzt, damit der abströmende Dampf zuerst hinunter und hernach durch den äußern Ringraum wieder hochsteigen muß, wodurch das Mitreißen von gekühlter Flüssigkeit nach dem Dampfstrahlgerät *E* vermieden wird.

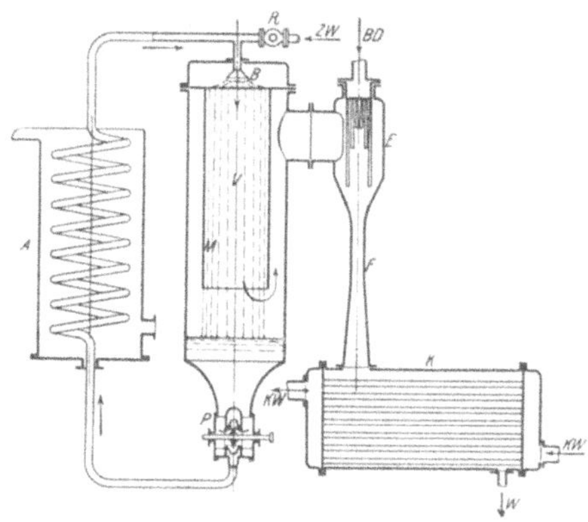

Abb. 115. Wasserdampf-Kältemaschine Bauart Westinghouse-Leblanc und Josse-Gensecke. (Entnommen aus Ostertag, Berechnung der Kältemaschinen.)

Die erste brauchbare Dampfstrahlkühlanlage wurde im Jahr 1910 von LEBLANC ausgeführt, nachdem PARSONS bereits früher darauf hingewiesen hatte, daß die Strahlgeräte zur Erzeugung des zur Verdunstung und damit Kühlung erforderlichen Unterdruckes Verwendung finden können.

Außer der beschriebenen gibt es noch andere Bauarten derartiger Dampfstrahlkühlmaschinen, die grundsätzlich jedoch gleich arbeiten. Ferner kann man zur Erzeugung des erforderlichen Unterdruckes statt der Dampfstrahlpumpen auch raschlaufende Kreiselnaßluftpumpen verwenden[1].

Alle diese Kühlanlagen weisen niedrige wärmetechnische Wirkungsgrade auf, sind aber sehr bequem, besitzen außer den Pumpen keine beweglichen Teile, und die Dampfstrahlmaschinen gestatten zudem nicht nur vorhandenen Abdampf beliebiger Spannung, sondern sogar einfach heißes Wasser zu verwenden, da sich aus diesem infolge des im Verflüssiger herrschenden hohen Unterdruckes der nötige Betriebsdampf von selber ausscheidet. Ich hatte schon vor rd. 25 Jahren Gelegenheit, an einer Westinghouse-Leblanc-Kältemaschine eingehende Versuche durchzuführen, die u. a. ergaben, daß sich bei der Kühlung des Wassers von 20° auf 4° mit 1 kg Betriebsdampf von 1,12 ata bis zu 140 kcal abführen ließen. Sind tiefe Kühltemperaturen erforderlich, so fallen Dampf- und Kühlwasserverbrauch allerdings außerordentlich groß aus.

Wasserdampfkältemaschinen sind zur Wasserkühlung auf Schiffen in erheblicher Zahl im Gebrauch, weil daselbst sowohl Abdampf als die erforderliche

---

[1] Vgl. z. B. RYBKA: [12] und [13]. — ARNOLDT: Künstliche Kälteerzeugung. Kurzbericht im Gesundh.-Ing. Bd. 60 (1937) Heft 30 S. 478. — NELSON, M. A.: Die Verwendung von Dampfstrahlkühlmaschinen zur Luftverbesserung. Heat. & Vent. Bd. 33 (1936) Heft 9 S. 27/31. Kurzbericht im Gesundh.-Ing. Bd. 60 (1937) Heft 16 S. 238. — OHMES, A. K.: Der gegenwärtige Stand der künstlichen Bewetterung in den Vereinigten Staaten von Amerika. Gesundh.-Ing. Bd. 58 (1935) Heft 9 S. 113/119.

Kühlwassermenge in Form von Meerwasser ohne weiteres zur Verfügung stehen. Auf dem Festland kann man sie, beispielsweise zur Kühlung von Aufbewahrräumen in Lebensmittelgeschäften usw., ebenfalls gelegentlich antreffen, und in neuer Zeit scheinen sie, wie bereits bemerkt, in Amerika, wenn Dampf und Wasser billig erhältlich sind, auch zur Kühlung von Aufenthaltsräumen große Verbreitung erlangt zu haben. Nach RYBKA soll das namentlich in Gewerbebetrieben mit erheblichen Abdampfmengen der Fall sein und außerdem damit zusammenhängen, daß verschiedene Fern- und Stadtheizungen, die einen großen Sommerabsatz an Dampf für Kühlzwecke erzielen wollen, für Luftveredelungszwecke außerordentlich niedere Sommerpreise ansetzen.

c) Trocknung der Luft.

α) Durch Unterkühlung. Die Trocknung der Luft durch Abkühlung unter den Taupunkt, wobei sich Wasser ausscheidet, wurde unter den Abschnitten II 6 und VI 2 a) δ) eingehend dargelegt, so daß es nicht erforderlich ist, hier nochmals darauf einzutreten.

β) Durch wasseraufnehmende Stoffe. Das Mittel, die Luft durch wasseradsorbierende Stoffe zu trocknen, findet in der Regel nur Anwendung, wenn Unterkühlung nicht möglich ist. Es können dazu beispielsweise Silikagel (SiO_2) oder Aktivkohle bzw. aktivierte Tonerde[1], die jedoch zu ihrer Regenerierung hoher Austreibtemperaturen bedürfen oder hygroskopische Salzlösungen, wie Kalziumchlorid, Kalziumbromid, Zinkchlorid, Lithiumchlorid oder Aluminiumverbindungen verwendet werden[2]. Die nicht regenerierbaren chemischen Trockenmittel werden zufolge der mit der Wasseraufnahme verbundenen Umsetzungen meist wertlos.

Neuerdings werden in Hinsicht darauf, daß z. B. bei der Sommerklimatisierung von Aufenthaltsräumen in gemäßigten Klimaten erhebliche Spitzenleistungen für kurze Zeit erforderlich sind, auch sog. *Trockenspeicher* erstellt. BEHRINGER[3] bemerkt u. a. hierzu:

„Werden Speicher eingebaut, so können diese etwa während der Nachtstunden in langsamem Arbeitsgang aufgeladen werden, um dann während der auf wenige Stunden zusammengedrängten Spitzenlast eingesetzt zu werden (Gaststätten, Theater). Dadurch verringert sich die bereitzustellende Maschinenleistung auf einen geringen Bruchteil der Höchstlast, während gleichzeitig die Anpassungsfähigkeit der Anlage sich verbessert. Dabei wird außerdem der Betrieb vereinfacht und der Aufwand für die Regelinstrumente sogar noch bedeutend verringert. Auch ist der Vorteil für das Versorgungsnetz offenkundig, da jede Belastungsspitze zunächst vom Speicher aufgenommen wird und sich erst später in sehr abgeschwächter Form auf das Netz auswirkt."

---

[1] Vgl. z. B. GATTIKER, M.: Beiträge zur Kenntnis des Silikagels. Diss. E. T. H. Zürich 1928. — RYBKA, K. R.: Fußnote 2, S. 118. — STETEFELD, R.: Luftentfeuchtung ohne Unterkühlung. Kälte Bd. 13 (1938) S. 65/66 und 85/87. Kurzbericht in Heizg. u. Lüftg. Bd. 13 (1938) Heft 1 S. 13. — SEVERNS, W. H., u. P. E. MOHN: Klimaanlagen für ganzjährigen Betrieb. Univ. Illinois Bull. Bd. 36 (1939) Heft 76, Circular Nr. 37, S. 7/28. Kurzbericht in Wärme- und Kältetechn. Bd. 42 (1940) Heft 2 S. 27.

[2] Vgl. DOWNS, CH. R.: Luftbehandlung. Industr. Engng. Chem. Ind. Bd. 31 (1939) Heft 2 S. 134/140. — Ferner: Luftbewetterung als Hilfsmittel bei der Atomzertrümmerung. Heat. & Vent. Bd. 35 (1938) S. 18/19. Kurzbericht im Gesundh.-Ing. Bd. 62 (1939) Heft 28 S. 400.

[3] BEHRINGER, H.: Energiespeicherung bei Luftbehandlungsanlagen. Wärme- u. Kältetechn. Bd. 41 (1939) S. 6/8. Kurzbericht in Heizg. u. Lüftg. Bd. 14 (1940) Heft 4 S. 47.

Wie in den ortsfesten Bewetterungsanlagen die Trockengeräte einzubauen sind, ob dabei nur die von außen eingeführte Luft zu trocknen ist, ob ihr besser Umluft beigemischt und das Gemisch getrocknet wird oder ob schließlich zwecks Entfeuchtung nur Umluft durch den Wasseradsorber umzuwälzen ist, muß von Fall zu Fall untersucht werden. Der Adsorber ist dabei zwei- oder besser dreiteilig auszuführen, so daß abwechslungsweise in einer der Kammern getrocknet und in den andern das Trockenmittel erneuert werden kann.

Diese Art der Trocknung ist im allgemeinen teuer, kann aber in gewissen gewerblichen Betrieben, industriellen Lagern, Luftschutzkellern usw., wie auch die einfachere Chlorkalklufttrocknung (vgl. diesbezüglich RYBKA, Fußnote 2, S. 118), trotzdem gerechtfertigt sein. In manchen Fällen führt sie in Verbindung mit Unterkühlung der Luft sogar zu sehr wirtschaftlichen Betriebsverhältnissen. Hierüber macht z. B. FONDA[1] bemerkenswerte Angaben. Danach sollen in industriellen Betrieben Amerikas schon vielfach Anlagen erstellt worden sein, bei denen die Lufttrocknung in 2 Stufen, zuerst mittels Silikagel und hernach durch Unterkühlung vorgenommen wird. Das geschieht, weil bei ausschließlicher Feuchtigkeitsbeseitigung durch starke Luftkühlung so tiefe Lufttemperaturen erreicht werden, daß nachträglich eine unwirtschaftliche Wiedererwärmung notwendig wird. Außerdem führt das genannte Verfahren zu einer großen Verbilligung der Sommerbewetterung an Orten, wo die Verwendung von wärmedichten Baustoffen eine Luftkühlung entbehrlich macht.

Im kleinen kommt die chemische Lufttrocknung bisweilen auch zur Verhütung von Schwitzwasserbildung an Schaufenstern zur Anwendung. Im allgemeinen wird diese zwar durch freie Lüftung, nötigenfalls verbunden mit Heizung, erreicht (vgl. KÄMPER, HOTTINGER, V. GONZENBACH [18]), sie ist jedoch auch z. B. durch ungelöschten Kalk oder Chlorkalzium möglich. Damit soll in gut abgedichteten Auslagen eine relative Luftfeuchte von 20 bis 30 vH erreichbar sein. Ist das einfache Hineinstellen von Gefäßen mit den betreffenden Stoffen nicht wirksam genug, so wird Umwälzung der Luft mittels eines Lüfters empfohlen.

Handelt es sich um Räume wie große Wasch- und Kochküchen, Färbereien usw., so müssen allerdings andere Wege beschritten werden, die, ihrer Wichtigkeit wegen, in dem folgenden Abschnitt „Entnebelung" ausführlicher behandelt sind.

d) Entnebelung.

Bekanntlich treten in Färbereien, Bleichereien, Naßspinnereien und Zwirnereien, Waschanstalten, Schlachthöfen, Papierfabriken, Milchsiedereien, Brauereien, Großküchen, Konservenfabriken usw., in denen viel mit warmen, heißen oder gar kochenden Flüssigkeiten und Dampf gearbeitet oder Waren durch Verdampfen des in ihnen enthaltenen Wassers getrocknet werden, besonders während der kalten Jahreszeit, vielfach Nebelschwaden und außerdem unliebsame Niederschlagserscheinungen an kalten Oberlichtern, Fenstern, Mauern, Maschinenteilen usw. auf.

Die Nebelbildung ist darauf zurückzuführen, daß atmosphärische Luft von bestimmter Temperatur nur eine gewisse Wasserdampfmenge in gasförmigem

[1] FONDA, B. P.: Vorteile einer Lufttrocknung nach dem Absorptionsverfahren. Heat. & Vent. Bd. 35 (1938) H. 5 S. 37/39. Kurzbericht im Gesundh.-Ing. Bd. 61 (1938) H. 46 S. 673.

und damit unsichtbarem Zustand aufnehmen kann. Bei Übersättigung infolge starker Wasserdampfentwicklung oder Abkühlung der Luft unter den Taupunkt ist der Wasserdampfüberschuß gezwungen, sich auszuscheiden. Das geschieht bei unvollständiger Kondensation als Nebel, bei vollständiger, z. B. infolge Abkühlung der Luft an kalten Flächen, in Form von Wasser. Die Nebelbildung zufolge Übersättigung der Luft durch die Wasserdampfabgabe von Bottichen, Kochgefäßen, Trockentrommeln usw. wird als *ständige*, diejenige zufolge Abkühlung der Luft durch Kaltlufteinströmungen in einen im allgemeinen nebelfreien Raum beim Öffnen von Fenstern, Türen usw. als *zufällige* bezeichnet. Sowohl Nebel- als auch Schwitzwasserbildung treten um so leichter auf, je wärmer und höher gesättigt die Luft ist. In Abb. 116 sind die hierfür maßgebenden Taupunkte für Lufttemperaturen von 15 bis 30° und Sättigungsgrade von 60 bis 100 vH angegeben. Danach liegt z. B. derjenige für Luft von 20° und 60 vH relativer Feuchte bei 12,1°, für Luft von 25° und 90 vH bei 23,3°.

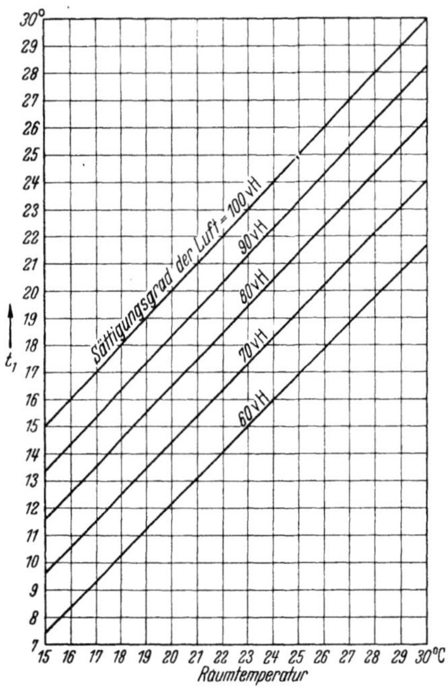

Abb. 116. Schaubild zur Ermittlung der Taupunkte t_1^0 bei verschiedenen Raumtemperaturen und Sättigungsgraden der Luft.

Die Nachteile der genannten Erscheinungen sind mannigfacher Art. Vernebelte Luft bedeutet nicht nur eine Erschwerung der Arbeit und räumlichen Übersicht, sondern u. U. eine unmittelbare Gefahr für die Arbeiter, weil sie die Sicht beeinträchtigt und die Fußböden schlüpfrig macht, so daß leichter Betriebsunfälle vorkommen. Zudem sind solche Arbeitsräume der übergroßen Feuchtigkeit wegen ungesund. Besonders häufig treten Erkältungskrankheiten auf. Manchmal verdichten sich die Nebel so stark, daß Personen und Gegenstände auf geringe Abstände unsichtbar werden (Abb. 117). Ferner bilden sich, wie bemerkt, an kalten Flächen, wie Oberlichtern, Fenstern, eisernen Unterzügen, Maschinen, Leitungen und Geräten aller Art Wasserniederschläge, die zu Rostungen und Korrosionen sowie Tropfenfall von den Decken herunter Veranlassung geben können. Durch das Beschlagen der Oberlichter und Fenster leidet zudem die Belichtung der Räume. Und Tropfenfall kann zur Folge haben, daß die gefärbten Stücke in Färbereien und Bleichereien, das Papier in Papierfabriken, die Erzeugnisse in Konservenfabriken, Milchsiedereien usw. verderben, wodurch erheblicher Schaden entsteht. Besonders unangenehm sind von Farbnebeln stammende Niederschläge, Rosttropfen usw. Außerdem hat die Durchnässung der Baukonstruktionen deren vorzeitige Baufälligkeit zur Folge. Im Gegensatz dazu sind in gut entnebelten Räumen Arbeit und Aufsicht erleichtert, werden in Färbereien die Farbtöne besser getroffen, kann das Mustern an Ort und Stelle vorgenommen und manchmal auch an teuern Beleuchtungsanlagen gespart werden. Die Auslagen für den Unterhalt der Maschinen und Gebäude sind geringer, der Gesundheitszustand und die Arbeitsfreudigkeit der Arbeiter besser, so daß sich die Auslagen für die Erstellung und den Betrieb von Entnebelungseinrichtungen in solchen Räumen in der Regel leicht bezahlt machen.

Zur Bekämpfung der genannten Übelstände stehen verschiedene Möglichkeiten zur Verfügung.

α) **Verwendung geschlossener Kochgefäße, unmittelbares Ableiten des entstehenden Wasserdampfes und Verhinderung des Einströmens kalter Außenluft.** Selbstverständlich wird man zuerst versuchen, die Wasserdampfbildung in den Räumen einzuschränken, indem nach Möglichkeit geschlossene Kochgefäße usw. angewendet und die trotzdem in die Räume austretenden Dämpfe durch Fanghauben oder Ringleitungen abgefangen und mittels Lüftern beseitigt werden. In dem Fall ist aber gleichzeitig für das Einströmen vorgewärmter Ersatzluft, z. B. aus beheizten Nebenräumen oder unmittelbar aus dem Freien über Luft-

Abb. 117a und b. Färberei, links bei abgestellter, rechts bei im Betrieb befindlicher Entnebelungsanlage. Es werden 25000 bis 50000 m³/h Luft eingeblasen. Ein Abluftlüfter ist nicht vorhanden.

erhitzer, zu sorgen, weil beim Hereinsaugen *kalter* Außenluft nicht nur unerwünschte Zugerscheinungen entstehen, sondern der Nebelbildung durch Abkühlung der Raumluft erst recht Vorschub geleistet wird. Deshalb geht es auch nicht an, die Entnebelung von Räumen einfach durch das Öffnen der Fenster oder durch Abluftschächte, Dachreiter und ähnliche Einrichtungen vornehmen zu wollen. Die Nebelbildungen in Koch- und Waschküchen, deren Fenster im Winter geöffnet werden, sind ja bekannte Erscheinungen. Und desgleichen weiß man, daß Abluftschächte und Dachreiter zu Zeiten, in denen nur kleine Temperaturunterschiede zwischen innen und außen herrschen, es somit am nötigen Auftrieb fehlt, vgl. Abschnitt III 3, versagen und zeitweise sogar Kaltlufteinfall durch sie auftreten kann. Solch ungenügend entnebelte Räume sind meist vollständig mit Nebel gefüllt. Es kommt aber auch vor, daß sich verschieden schwere Luftschichten übereinander lagern und der im Kondensationszustand befindliche Dampf nur in der kälteren, je nachdem oben oder unten liegenden Schicht Nebel bildet, der nicht zum Verschwinden zu bringen ist, sofern nicht ausgiebige Luftbewegung erzeugt wird. Dabei ist zu beachten, daß bei gleicher Temperatur feuchte Luft leichter als trockene ist, wogegen kältere je nach ihrem Sättigungsgehalt schwerer oder leichter als wärmere sein kann. Statt in waagerechter können die vernebelten und nicht vernebelten Partien auch in lotrechter Richtung voneinander geschieden sein. Nur durch Vergegenwärtigung der Verhältnisse, die sich im Einzelfall voraussichtlich einstellen werden, ist es möglich, die Entnebelungseinrichtungen sachgemäß zu entwerfen, wobei, wie eben bemerkt, unbedingt dafür zu sorgen ist, daß Kaltlufteinströmungen von außen durch gutes Abdichten der Umfassungswände vermieden werden.

Beizufügen ist, daß Hauben und Ringleitungen über Maschinen, Bottichen, Herden usw. die Bequemlichkeit des Arbeitens beeinträchtigen, viel Licht wegnehmen und auch lästig fallen, wenn sie durch Strahlung, z. B. von Kohlenherden aus, heiß werden (vgl. Abschnitt III 3).

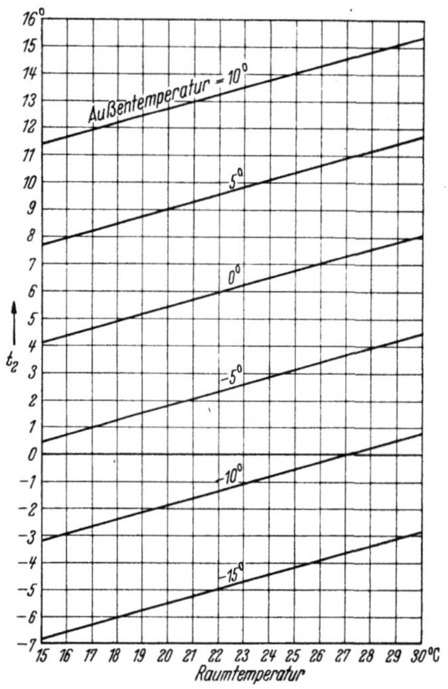

Abb. 118. Schaubild zur Ermittlung der inneren Oberflächentemperatur t_2^0 einfacher Glasscheiben bei verschiedenen Raum- und Außentemperaturen.

β) Warmhalten der Räume und ihrer Umfassungswände. Außer durch Kaltlufteinströmungen können die Räume noch auf andere Weise abgekühlt und dadurch Nebelerscheinungen und Wasserniederschläge hervorgerufen werden. Dem kann man bis zu einem gewissen Grade durch Heizen begegnen, wobei jedoch zu beachten ist, daß die Temperaturen in derartigen Räumen zufolge der Arbeitsvorgänge gewöhnlich schon so hoch sind, daß eine weitere Erwärmung der Luft während eines großen Teiles des Jahres nicht erwünscht ist. Durch die nachstehend unter Abschnitt γ) erwähnten eigentlichen Entnebelungsanlagen bewirkt man sogar vielfach absichtlich eine Kühlung, wobei durch ausgiebige Lufterneuerung jedoch gleichzeitig für die Entfernung des Wasserdampfes gesorgt wird. Stets erwünscht ist genügendes Warmhalten der Umfassungswände zwecks Vermeidung von Wasserniederschlag und Tropfenbildung.

Insbesondere die Oberlichter und Decken stellen ihrer Lage sowie des Umstandes wegen, daß die Luft oben meist am wärmsten und feuchtesten ist, die größte Gefahr für Tropfenbildungen dar. Die Oberlichter werden daher mit Vorteil doppelt oder sogar dreifach verglast sowie zwischen Glasdach und Staubdecke beheizt und unmittelbar ans Freie grenzende Decken aufs beste abgedämmt.

Das Schwitzen der Seitenfenster ist dagegen weniger gefährlich, weil das an ihnen herabfließende Wasser durch sachgemäße Bauart der Fensterrahmen leicht abgeleitet und damit unschädlich gemacht werden kann. Immerhin ist es manchmal auch hier erwünscht, Doppelverglasung zur Anwendung zu bringen.

Die Abb. 118 und 119 geben Aufschluß über die bei einfacher und doppelter Verglasung auf den inneren Glasoberflächen auftretenden Temperaturen. Herrscht z. B. eine Außentemperatur von 0° und eine Raumtemperatur von 20°, so nimmt die innere Scheibenoberfläche bei einfacher Verglasung nach Abb. 118 eine Temperatur von 5,4°, bei doppelter nach Abb. 119 eine solche von 12,9° an. Wie an Hand von Abb. 116 bereits dargelegt wurde, liegt der Taupunkt für Raumluft von 20° und 60 vH bei 12,1°. An der einfachen Scheibe wird also Wasserniederschlag auftreten, an der doppelten dagegen erst, wenn die Luft bei 20° über etwa 63 vH gesättigt ist. Beträgt die Außentemperatur wieder 0°, die Raumtemperatur dagegen 25°, so sind die Scheibentemperaturen bei einfacher Verglasung 6,8°, bei doppelter 16,2°. Der Taupunkt für Luft von 25° und 60 vH liegt nach Abb. 116 bei 16,9°, so daß in dem Fall auch an der doppelten Scheibe Wasserniederschlag auftreten wird.

In gleicher Weise läßt sich auch bestimmen, ob an den Innenflächen von Mauern und Decken bekannter Bauart Wasserniederschlag zu erwarten ist oder nicht, wobei allerdings weniger rasch Tropfenbildung auftritt, sofern die Oberflächen nicht mit Ölfarbe oder einem ähnlichen undurchlässigen Überzug versehen sind, sondern die Feuchtigkeit bis zu einem gewissen Grade aufzusaugen und nach außen abzuleiten vermögen. Bekanntlich wandert die Feuchtigkeit im Sinne des Wärmestromes, im Winter also von innen nach außen, durch die Mauern hindurch und soll deshalb auf der Außenseite leicht verdunsten können, weshalb daselbst keinesfalls undurchlässige Überzüge (Blechverschalungen usw.) angewendet werden dürfen. Geschieht dies dennoch, so wird das Mauerwerk hinter diesen vollständig durchnäßt. Hinsichtlich der auf diese Weise abwandernden Feuchtigkeit bemerkt CAMMERER[1]:

„Nach neueren Erkenntnissen darf man einen dauernden Schwitzwasseranfall von etwa 300 g je m² Wandfläche und Tag bei den üblichen Baustoffen zulassen, da diese Feuchtigkeitsmenge mit dem Wärmestrom an die Außenfläche wandert und dort verdunstet."

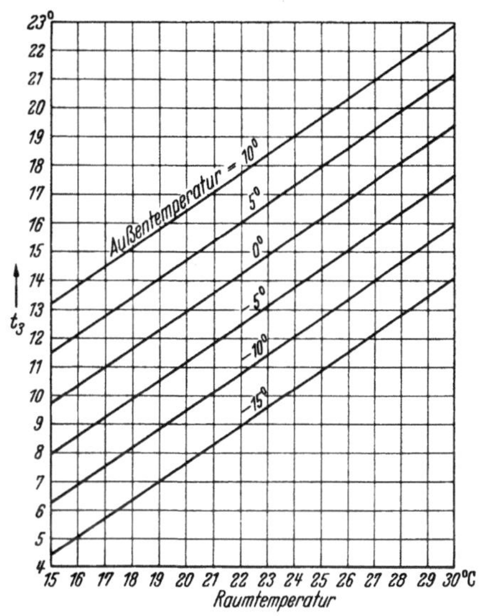

Abb. 119. Schaubild zur Ermittlung der inneren Oberflächentemperatur t_3^0 doppelter Glasscheiben bei verchiedenen Raum- und Außentemperaturen.

Die auf diese Weise abgehenden Wassermengen sind also immerhin klein, so daß trotzdem Schwitzwasserbildungen an den Wänden und Decken auftreten können, um so mehr, als durchfeuchtete Mauern kältere Innenwandtemperaturen aufweisen als trockene. In besonders ungünstigen Fällen ist ihre Abdämmung daher nicht zu umgehen.

γ) **Zuführung wasseraufnahmefähiger Luft.** Das wirksamste Mittel zur Entnebelung ist die Zuführung wasseraufnahmefähiger Luft in die Räume. Bei ganz kleinen Verhältnissen, z. B. in Koch- und Waschküchen mit begrenzter Dampferzeugung, kann es genügen, wenn hierzu einfach ein Zuluftkanal erstellt und in diesen genügend Heizfläche eingebaut wird, wobei nötigenfalls gleichzeitig durch Abluftschächte oder Lüfter Luft aus dem Raum ins Freie befördert wird. Die Erwärmung der Zuluft kann dabei u. U. von den vorhandenen Wasch- oder Kochherden aus erfolgen. Die einströmende Luft ist möglichst nahe von den

[1] CAMMERER, J. S.: Der Mindestwärmeschutz im ländlichen Wohn- und Stallbau. Wärme- u. Kältetechn. Bd. 41 (1939) Heft 8 S. 109/116.

Dampfentstehungsstellen zu- und die vernebelte Luft möglichst unmittelbar darüber abzuführen. Das ergibt also Einrichtungen, wie sie schon unter Abschnitt α) erwähnt wurden, wobei der Zuführung der vorgewärmten Frischluft jedoch besondere Aufmerksamkeit geschenkt wird.

In großen industriellen Betrieben mit an verschiedenen Stellen auftretender Wasserverdunstung und -verdampfung genügen diese behelfsmäßigen Lösungen allerdings nicht mehr, sondern sind eigentliche *Entnebelungsanlagen* zu erstellen. Dabei wird die Luft wieder möglichst nahe von den Dampfentstehungsstellen zugeführt, jetzt aber mit Lüftern eingeblasen und außerdem an geeigneten Stellen des Raumes die mit Wasserdampf beladene Raumluft abströmen gelassen bzw. durch Lüfter abgesaugt. In Hinsicht auf die im Winter entstehende Nebelbildung beim Ausströmen der feuchtwarmen Abluft ins Freie empfiehlt es sich, sie über Dach zu leiten. Ferner sind die Wandungen der Abluftschächte zur Vermeidung unwillkommener Wasserniederschläge abzudämmen, trotzdem aber wasserdicht zu erstellen. Die eingeblasene Luftmenge soll bei Anwendung von Zu- und Abluftlüftern stets größer als die abgesaugte sein, damit im Raum Überdruck entsteht, der das erwähnte nachteilige Einströmen kalter Außenluft durch Fenster, Türen usw. ausschließt. Daß die Zuluft im Winter angewärmt werden muß, ist nach dem vorstehend Gesagten selbstverständlich; desgleichen aber auch, daß die Erwärmung, zwecks Vermeidung des Überheizens der Räume, nicht unnötig hoch sein soll. Außerdem muß die eingeblasene Luftmenge genügendes Wasseraufnahmevermögen besitzen, darf also nicht zu klein sein. Zur Feststellung der erforderlichen Menge müssen bekannt sein: Die im Raum frei werdende, abzuführende Wasserdampfmenge, der Zustand (Temperatur und Feuchte) der Außen- sowie der aus dem Raum abströmenden Abluft.

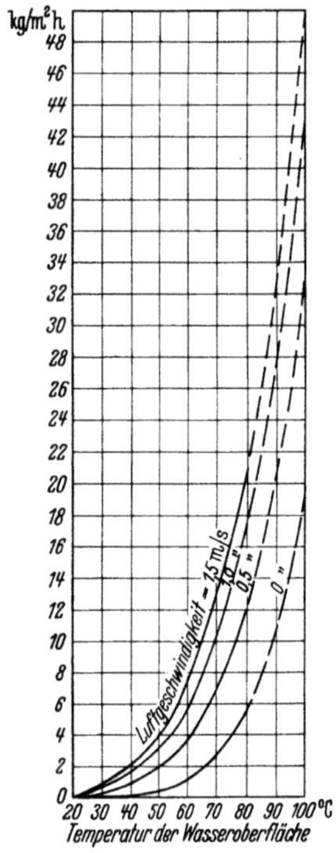

Abb. 120. Wasserverdunstung in kg/h je m² Oberfläche bei Temperaturen der Verdunstungsoberfläche von 20 bis 100°, einer Lufttemperatur von 20°, einer Luftfeuchte von 90 vH und Luftgeschwindigkeiten über der Verdunstungsfläche von 0 bis 1,5 m/s.

Bei der Bestimmung des entstehenden Wasserdampfes ist vor allem die Wasserverdunstung von den im Raum befindlichen heißen Wasseroberflächen zu ermitteln. Über ihre Feststellung vgl. das unter dem nachfolgenden Abschnitt e) Gesagte. Aus den daselbst wiedergegebenen Unterlagen habe ich die für den praktischen Gebrauch im vorliegenden Fall besonders geeignete Abb. 120 abgeleitet, aus der die ungefähren stündlichen Verdunstungsmengen in kg je m² Verdunstungsoberfläche für Temperaturen von 20 bis 100° und Luftgeschwindigkeiten von 0, 0,5, 1,0 und 1,5 m/s unmittelbar abgelesen werden können. Die gestrichelt eingetragenen Werte von 80° an aufwärts sind allerdings unsicher, doch dürften vorläufig genauere Werte kaum erhältlich sein. Ferner ist bei der Benutzung der Abbildung folgendes zu beachten:

1. Zur Berechnung der angegebenen Verdunstungsmengen wurden für den Zustand der Raumluft 20° und 90 vH relative Feuchte angenommen.

2. Des weiteren beziehen sich die Berechnungsergebnisse auf geringe Höhen

ü. M. Mit zunehmender Höhenlage nehmen sie zu, und zwar nach DALTON im umgekehrten Verhältnis mit dem abnehmenden Luftdruck. Auf beispielsweise 2000 m ü. M. sind sie somit unter sonst gleichen Verhältnissen rd. 1,3mal größer als auf Meereshöhe.

3. Weist das Wasser Siedetemperatur auf, so können sich zu dem *verdunstenden* noch erhebliche Mengen *verdampfendes* Wasser hinzugesellen. Diese hängen von der Leistungsfähigkeit der Heizeinrichtung ab und betragen u. U. das Mehrfache der verdunstenden. Dasselbe ist der Fall, wenn man zum Heizen des Wassers Dampf durch Düsen in dieses ausströmen läßt. In solchen Fällen ist die zusätzliche Dampfentwicklung auf Grund der zugeführten Wärme- bzw. Dampfmengen besonders zu berücksichtigen.

Außerdem ist zu den sich auf die Verdunstung beziehenden Mengen ein Sicherheitszuschlag von beispielsweise 10 bis 30 vH zu machen, da ja nicht nur von den Oberflächen der Bottiche, sondern auch vom nassen Fußboden usw. Wasser verdunstet.

4. Schließlich ist noch zu erwähnen, daß bei der Benutzung von Abb. 120 mit den Werten für die höheren Luftgeschwindigkeiten zu rechnen ist, auch wenn die Luftbewegung verhältnismäßig klein, dafür aber die Flüssigkeit bewegt ist. Das ist z. B. der Fall bei den neuzeitlichen Färbereimaschinen, wo sich die Flotte beständig in Bewegung befindet und rasch über den Haspel läuft. Dabei sind erfahrungsgemäß die Werte für Luftgeschwindigkeiten von 0,5 bis 1,0 m/s einzusetzen.

Handelt es sich nicht um reines Wasser, sondern um Flüssigkeiten mit verschiedenen Zusätzen, so werden die Verdunstungsmengen etwas andere sein, doch sind mir hierüber zuverlässige Angaben nicht bekannt.

Findet die Wasserverdunstung nicht von offenen Wasseroberflächen aus, sondern infolge von Trocknung statt, so können auch hierfür die durch die Entnebelungsanlagen abzuführenden Wassermengen in den meisten Fällen ziemlich genau angegeben werden, indem man z. B. in Bleichereien, Papierfabriken usw. weiß, wieviel m bzw. kg Ware je Stunde zu trocknen sind und wieviel kg Wasser dabei frei werden. Für Buch- und andere Druckpapiere z. B. sollen sich nach MONTGOMERY[1] auf Grund der Auswertung von 38 verschiedenen Trocknersystemen als Gesamtmittel folgende Werte ergeben haben: Anfangsfeuchtigkeit des Papiers rd. 65 vH, Endfeuchtigkeit rd. 4,5 vH, Trocknerleistung 1,7 kg Wasser je kg Papier oder rd. 5 kg Wasser je Stunde und m^2. Diese Werte sind niedriger als diejenigen für Zeitungspapier und höher als diejenigen für Kraftpapier.

Die zur Wegschaffung dieser Wassermengen erforderlichen Luftmengen werden am besten in kg Reinluft (Trockenluft) angegeben. Sie ergeben sich aus dem Verhältnis der insgesamt wegzuschaffenden und der je kg Reinluft abführbaren Wassermenge. Die letztere ist abhängig vom Zustand einerseits der Zu-, anderseits der Abluft. Im Winter ist die in die Räume einzuführende Luft, wie erwähnt, vorzuwärmen, damit die Raumluft nicht abgekühlt wird und keine Zugerscheinungen auftreten. Außerdem nimmt sie dadurch große relative Trockenheit an und saugt daher die Nebel begierig auf. Dagegen wäre es ein Irrtum anzunehmen, das Austrocknungsvermögen werde dadurch größer, denn, absolut gemessen, enthält 1 kg Reinluft vor und nach der Erwärmung und auch nach ihrer Ab-

[1] MONTGOMERY, A. E.: Trocknung von Buch- und andern Druckpapieren. Paper Trade Bd. 108 (1939) S. 107/108. Kurzbericht in Wärme- u. Kältetechn. Bd. 42 (1940) Heft 1 S. 12/13.

kühlung (jedoch vor der Wasseraufnahme) im Raum genau gleichviel Feuchtigkeit. Zur Berechnung der erforderlichen Luftmenge kann man also einfach den Zustand der Außenluft, unabhängig von der Höhe ihrer Vorwärmung, und anderseits denjenigen der abströmenden Abluft, zugrunde legen. Das ist in Zahlentafel 32 übersichtshalber in bezug auf verschiedene Außen- und Raumluftzustände geschehen.

Zahlentafel 32. Die bei verschiedenen Zu- und Abluftverhältnissen je kg Reinluft abführbaren Wassermengen.

Jahreszeit	Zuluft Temperatur °C	Zuluft Feuchte vH	Zuluft Wassergehalt g/kg	Abluft Temperatur °C	Abluft Feuchte vH	Abluft Wassergehalt g/kg	Je kg Reinluft abgeführte Wassermenge g/kg
Sommer	30	50	13,6	32	80	24,5	10,9
		40	10,9		90	27,5	16,6
		30	8,2		100	30,6	22,4
	25	60	12,0	28	80	19,2	7,2
		50	10,0		90	21,6	11,6
		40	8,0		100	24,0	16,0
	20	70	10,3	25	70	14,0	3,7
		60	8,8		80	16,0	7,2
		50	7,3		90	18,0	10,7
Winter	10	70	5,3	22	70	11,6	6,3
		60	4,6		80	13,3	8,7
		50	3,8		90	14,9	11,1
	0	80	3,0	20	70	10,3	7,3
		70	2,6		80	11,8	9,2
		60	2,3		90	13,2	10,9
	–5	90	2,2	18	60	7,7	5,5
		80	2,0		70	9,0	7,0
		70	1,7		80	10,3	8,6

Daraus geht hervor, daß, je nach den Verhältnissen, im Sommer etwa 4 bis 22 g und im Winter 5 bis 11 g Wasser je kg Reinluft abgeführt werden können. Im Sommer, insbesondere bei über etwa 18° liegenden Außentemperaturen, ist eine Erwärmung der Luft nicht erforderlich und, der sonst zu hoch ansteigenden Raumtemperaturen wegen, auch nicht erwünscht.

Beispiel. Die Verdunstungsoberfläche der in einem Arbeitsraum stehenden Bottiche sei 20 m², die Wasseroberflächentemperatur 80°, die anzunehmende Luftgeschwindigkeit 0,5 m/s. Dann ergibt sich nach Abb. 120 eine verdunstende Wassermenge von $12{,}2 \cdot 20 = 244$ kg/h. Macht man aus den angegebenen Gründen einen Sicherheitszuschlag von 20 vH und nimmt auf Grund von Zahlentafel 32 an, daß je kg Reinluft im Winter durchschnittlich 8 g Wasser abgeführt werden, so sind mittels der Entnebelungsanlage

Zahlentafel 33. Im Durchschnitt je m² Bottichfläche erforderliche Luftmengen bei verschiedenen Wasseroberflächentemperaturen.

Temperatur der Wasseroberfläche °C	Erforderliche Luftmenge m³/h	Temperatur der Wasseroberfläche °C	Erforderliche Luftmenge m³/h
100	4100	70	860
90	2620	60	460
80	1520	50	250

$\frac{(244 + 49) \cdot 1000}{8} = 36600$ kg/h Luft oder, bezogen auf 20° $\frac{36600}{1{,}205} = 30400$ m³/h, durch den Raum zu fördern. Je m² Bottichfläche ergibt das 1520 m³/h. In Zahlentafel 33 sind die in gleicher Weise berechneten Mengen je m² Verdunstungsoberfläche für Wassertemperaturen von 100 bis 50° angegeben. Es ist jedoch zu beachten, daß es sich dabei nur um Mittelwerte handelt, die nach dem vorstehend Gesagten unter anderen als den angenommenen Verhältnissen erhebliche Änderungen erfahren können.

Bisweilen wird vorgeschlagen, die erforderliche Luftmenge, wie das in der Lüftungs- und Klimatechnik vielfach üblich ist, auch bei den Entnebelungsanlagen einfach nach dem Vielfachen des Rauminhaltes zu bestimmen. Bei einfachen und klar liegenden Verhältnissen ist dies möglich, in anderen Fällen dagegen sehr unsicher. In Färbereien z. B., wo die Bottichfläche im Verhältnis zur Bodenfläche groß ist, kann der erforderliche Luftwechsel zwischen dem 10- und 40-, ja 60fachen des Rauminhaltes schwanken. Besonders große stündliche Luftwechsel ergeben sich für Wollfärbereien, in denen kochend gefärbt wird. In Wäschereien, in denen oft stoßweise Dampf aus den Geräten austritt, liegen die erforderlichen stündlichen Luftwechsel zwischen dem 10- und 30fachen des Rauminhaltes. Unter das 10- bis 12fache zu gehen, ist auf alle Fälle sehr gewagt.

Schon aus diesen wenigen Angaben geht hervor, daß zur Berechnung der erforderlichen Luftmengen, sofern nicht bereits ausreichende praktische Erfahrungen vorliegen, weit besser von den abzuführenden Wassermengen ausgegangen wird. Nur dadurch fallen die Anlagen weder zu knapp noch unnötig groß aus. Immerhin sollen sie stets reichlich bemessen und, was sehr wichtig ist, mit sachgemäßen Regelvorrichtungen versehen werden, die gestatten, die Luftmengen und ihre Erwärmung den Verhältnissen anzupassen. Nur dadurch lassen sich unnötig hohe Betriebskosten und außerdem Belästigungen der Arbeiter durch zu hohe oder zu tiefe Raumtemperaturen vermeiden.

Im gleichen Sinn wie bei den Luftheizungen unterscheidet man auch bei den Entnebelungsanlagen zwischen zentralen Anlagen, bei denen die Zuluft an zentraler Stelle erwärmt und durch Kanäle den in den Räumen angeordneten Austrittsöffnungen zugeleitet wird, und Einzelgeräten, die in den Räumen selber aufgestellt und nach Bedarf in Betrieb genommen werden. In wirtschaftlicher Beziehung sind die Einzelgeräte den zentralen Anlagen oft überlegen, weil nur die gerade erforderlichen in Betrieb gesetzt zu werden brauchen.

Bei der Anordnung der Lufteintrittsstellen bzw. Einzelgeräte ist darauf zu achten, daß die Luft in erster Linie den Nebelentstehungsstellen zuströmt und sich z. B. über dampfbildenden Bottichen ungehindert in etwa 3 bis 3,5 m Höhe ausbreiten kann.

Anderseits ist aber auch wichtig, daß die Arbeiter vom Luftstrom nicht unmittelbar getroffen werden, denn wenn die Luft im Winter auch vorgewärmt einströmt, so genügt das zur Verhinderung lästiger Zugerscheinungen noch nicht. Auch verhältnismäßig warme Luft erhöht beim raschen Vorbeistreichen am menschlichen Körper dessen Wärmeabgabe (vgl. Abschnitt VI 1 c) α) und kann, namentlich bei nassen Kleidern, leicht zu Erkältungskrankheiten führen. Außerdem wird die Luft im Sommer und, solange es geht, auch in den Übergangszeiten ungewärmt eingeblasen.

Die beiden genannten Forderungen gleichzeitig zu erfüllen, ist allerdings nicht immer leicht möglich, um so weniger, als bei der Anordnung der Luftkanäle und Lufteinströmöffnungen auf die räumlichen Verhältnisse Rücksicht zu nehmen ist. Unterzüge, Säulen, Geräte aller Art usw. können der richtigen Ausbreitung der Luft hinderlich im Wege stehen. Bei Färbereineubauten empfiehlt es sich daher, die Räume mindestens 5 m hoch und mit glatten Decken zu erstellen. Sägedachbauten sind schwieriger zu entnebeln und tropfenfrei zu halten. Bei diesen ist durch entsprechende Luftführung ganz besonders darauf zu achten, daß auch begrenzte Nebelbildungen nicht auftreten können.

In Koch- und Waschküchen hat es sich schon wiederholt als zweckmäßig erwiesen, die Luft entsprechend Abb. 26 unter den Fenstern lotrecht nach oben zuzuführen. Es wurde unter Abschnitt IV 2 a) bereits darauf hingewiesen, daß dadurch die anwesenden Personen vom Luftstrom nicht unmittelbar getroffen werden und sich zudem weniger Schwitzwasser an den Scheiben bildet.

Selbstverständlich soll auch die Abluft ungehindert und an geeigneten Stellen aus den Räumen abströmen können bzw. abgesaugt werden. Je nach den örtlichen Verhältnissen und der Anordnung der Eintrittsstellen kann es sich empfehlen, die Abströmöffnungen unmittelbar über den Nebelentstehungsorten, u. U. aber auch in den Raumdecken oder an den den Zuluftöffnungen gegenüberliegenden Wänden anzuordnen.

Die Luftverteilkanäle der zentralen Anlagen werden in der Regel aus verzinktem Eisenblech, in Sonderfällen auch in Form säurefester Metalleitungen oder aus Holz erstellt.

Gewöhnlich treibt man die Lüfter der Entnebelungsanlagen durch Elektromotoren an, deren Drehzahl nach dem vorstehend Gesagten regelbar sein soll.

Werden zum Absaugen der Luft Propeller- (Schrauben-) Lüfter in die Mauern eingesetzt, so sind diese mit Elektromotoren geschlossener Bauart zu versehen, während zum Antrieb der Zuluftlüfter üblicherweise Motoren offener Bauart verwendet werden.

An Stelle von Elektromotoren dienen zum Antrieb der Lüfter solcher Anlagen bisweilen auch Kleindampfturbinen[1], deren Abdampf im Winter zur Lufterwärmung benutzt wird, wodurch sich die Betriebskosten besonders niedrig stellen und auch die Bedienung sehr einfach ist, da sie sich auf das Betätigen eines einzigen Dampfhahns beschränkt. Zweckmäßig ist, daß beim Drosseln der Dampfzufuhr zur Turbine sowohl die Luftmenge als gleichzeitig die Abdampfmenge abnimmt. Besteht Abdampfüberschuß, so ist er anderweitig, z. B. zur Wasseranwärmung oder zu ähnlichen Zwecken, zu verwenden. Das ist besonders im Sommer der Fall, wenn die Luft überhaupt nicht angewärmt werden muß. Für diese Zeit kann es sich daher empfehlen, außerdem Elektromotorantrieb vorzusehen, wodurch gleichzeitig die Sicherheit gegen Betriebsunterbrüche gesteigert wird.

Selbstverständlich ist es leicht möglich, die In- und Außerbetriebsetzung der Entnebelungsanlagen selbsttätig vorzusehen, derart, daß ein Feuchteregler an geeigneter Stelle im Raum oder Abluftschacht untergebracht wird, der beim Überschreiten eines bestimmten Feuchtegrades der Luft den Lüfter ein-, beim Unterschreiten ausschaltet. Gleichzeitig soll ein im Zuluftweg befindlicher Temperaturregler durch Beeinflussung der Heizwirkung die Zulufttemperatur regeln. Ferner kann es sich empfehlen, motorisierte Frisch- und Abluftklappen einzubauen, die sich beim In- und Außerbetriebsetzen der Lüfter selbsttätig öffnen und schließen (vgl. Abb. 27).

---

[1] de Haas, W.: Entnebelungsanlagen. Techn. u. Industrie 1918 Heft 1/2 S. 27/29.

Da es sich bei den Entnebelungsanlagen immer um industrielle Betriebe handelt, so erfolgt die Lufterwärmung oft unter Verwendung von Abwärme irgendwelcher Art, z. B., wie eben dargelegt, durch Abdampf oder durch sonst verlorengehende Rauchgaswärme oder, wie in Abb. 37 und dem daselbst Gesagten gezeigt wurde, indem der Abluft in Wärmeaustauschern Wärme entzogen wird. Handelt es sich z. B. um Abluft von 25^0 und 90 vH relativer Feuchte, so hat diese bei 760 mm QS Barometerstand nach Abb. 4 je kg Reinluft einen Wärmeinhalt von 17 kcal. Wird sie im Wärmeaustauscher z. B. auf 10^0 abgekühlt und dabei ein Teil ihres Wasserdampfgehaltes niedergeschlagen, wobei sie eine relative Feuchte von 100 vH annimmt, so sinkt ihr Wärmeinhalt auf etwa 10 kcal/kg, so daß rd. 7 kcal je kg Reinluft rückgewinnbar sind. Wenn demnach, wie vorstehend berechnet wurde, zur Entnebelung eines Raumes mit 20 m^2 Bottichoberfläche und 80^0 Wassertemperatur 36600 kg/h Luft erforderlich sind, so lassen sich im Winter, wenn es möglich ist, die Abluft auf 10^0 abzukühlen, 256200 kcal/h zurückgewinnen. Das entspricht bei 7000 kcal unterem Heizwert und 70 vH Kesselwirkungsgrad immerhin einer Brennstoffmenge von 52 kg/h.

Der Vollständigkeit halber sei in diesem Zusammenhang auch noch auf folgende Möglichkeit hingewiesen: Ebenfalls um Wärmerückgewinnung aus Abluft handelt es sich, wenn die Kältemaschinen von zur Trocknung dienenden Klimaanlagen als Wärmepumpen, die die nutzbar zu machende Wärme der Abluft entziehen, laufen gelassen werden. BUNGE[1] weist z. B. darauf hin, daß die Klimaanlagen in Mehrfarbendruckereien auch zur Trocknung der Druckerzeugnisse verwendbar sind, wobei die Abluft in die Verdampfer der Kältemaschinen geführt, daselbst abgekühlt und dadurch der größte Teil der aufgenommenen Feuchte ausgeschieden, d. h. sowohl die fühlbare Wärme als die Niederschlagswärme des Wasserdampfes nutzbar gemacht wird. Hernach wird die so gekühlte und getrocknete Luft in dem zur Kältemaschine gehörenden Kondensator wieder aufgewärmt, wodurch sie große relative Trockenheit annimmt und unmittelbar wieder verwendbar ist. Bei der von BUNGE erwähnten Anlage sind sicherheitshalber zusätzlich noch ein wassergekühlter Kondensator und ein dampfbeheizter Luftvorwärmer vorgesehen. Die Anlage dient zur Trocknung von 400 m^2 Papier innerhalb 2¾ Stunden. Die Betriebskosten beschränken sich normalerweise auf den Energieverbrauch des Motors (5,5 PS) und des Lüfters (1,5 PS). Natürlich sind die Erstellungskosten solcher Anlagen hoch, so daß sie vorerst nur an Orten in Frage kommen, wo sowieso Kältemaschinen, die gleichzeitig als Wärmepumpen verwendbar sind, aufgestellt werden müssen.

Soll die Entnebelungsanlage gleichzeitig zum Heizen des Raumes dienen, so ist die Zuluft mit der hierfür erforderlichen Temperatur einzublasen. Wie erwähnt wurde, sind die Raumtemperaturen in den zu entnebelnden Räumen im allgemeinen allerdings eher zu hoch als zu niedrig, so daß es für gewöhnlich nicht erwünscht ist, wenn sie durch die Entnebelungsanlagen noch weiter gesteigert werden. Bei der Besprechung der Behaglichkeitsanforderungen wurde bereits darauf hingewiesen, daß hocherwärmte und zugleich feuchte Luft die Leistungsfähigkeit der Arbeiter beeinträchtigt, weil die Entwärmung des Körpers dadurch

[1] BUNGE, A. F.: Eine einfache Trocknungseinrichtung in einer Druckerei. Polyt. Weekbl. Bd. 33 (1939) Heft 5 S. 166/167. Kurzbericht in Wärme- u. Kältetechn. Bd. 42 (1940) Heft 1 S. 12.

behindert wird. Wenn beim Entwerfen solcher Anlagen auch nicht, wie bei den Lüftungs- und Klimaanlagen für Versammlungssäle usw., von Behaglichkeitsanforderungen auszugehen ist, sondern in erster Linie dafür gesorgt werden muß, daß mit möglichst geringem Kostenaufwand die Luftfeuchte unter 100 vH gehalten wird, so sollen die Aufenthaltsverhältnisse deswegen aber doch nicht unnötig verschlechtert, sondern im Gegenteil, wenn möglich, günstiger gestaltet werden. In den meisten Fällen ist es daher angezeigt, die Entnebelungsanlagen gleichzeitig zum Lüften und zeitweise auch zum Kühlen der Räume zu verwenden, was leicht möglich ist, wenn genügend Luft von nicht zu hoher Temperatur

Abb. 121. Durch Zu- und Abluftanlage gelüftete und entnebelte Kochküche für 300 Personen in einem Krankenhaus.

eingeblasen wird. Das ist der Grund, warum ich in Zahlentafel 32 für die Sommerverhältnisse die Ablufttemperaturen nur wenig höher als die Zulufttemperaturen angesetzt habe. In der Regel genügt es vollkommen, wenn die Zuluft auf etwa 20^0, jedenfalls nicht über 22 bis 24^0 erwärmt wird. Daß sie anderseits aber auch nicht zu kühl eingeblasen werden darf, wurde bereits erwähnt, weil dies erst recht zu Nebelbildungen und außerdem zu Zugerscheinungen führen würde.

Zum Abschluß dieses Abschnittes über die Entnebelungsanlagen seien in den Abb. 121 bis 127 noch einige Ausführungsbeispiele wiedergegeben.

Die Dampfkochküche Abb. 121 befindet sich in einer Krankenanstalt und ist für die Verpflegung von 300 Personen bestimmt[1]. Es sind zwei Dampfkoch-

[1] Vgl. Hottinger, M.: Die Heiz-, Lüftungs- und elektrotechnischen Anlagen in der Krankenanstalt Glarus. Gesundh.-Ing. Bd. 50 (1927) Heft 37 S. 690/691 und Heft 47 S. 857/865.

kessel mit je 250, einer mit 150 und einer mit 100 l Inhalt, ferner ein Kartoffeldämpfer, ein Dampfkochtisch mit 3 Kochtöpfen von 30, 20 und 10 l und einer Kaffeemaschine mit 60 l Inhalt vorhanden. Außerdem enthält die Küche und ein damit in offener Verbindung stehender Nebenraum 2 Wärmschränke, 2 Lingenwärmer und eine Geschirrabwasch- und Sterilisiermaschine. Die sehr einfach ausgeführte Lüftungs- und Entnebelungsanlage besteht nur aus einem Zuluftlüfter mit Lufterhitzer. Er bläst die Luft in guter Verteilung hinter den auf Abb. 121 links zu sehenden Dampfkochkesseln ein, während ein Abluftlüfter die verdorbene Luft durch in der Decke angebrachte Öffnungen absaugt und über Dach bläst. Auf ihrem Wege durch den Raum streicht die Luft also in erster Linie über die Kochkessel und beseitigt damit auf wirksame Art die zeitweise in dichten Schwaden aus ihnen aufsteigenden Dämpfe, während bei abgestellter Entnebelungsanlage die Küche bei starkem Betrieb im Winter in kürzester Zeit vollständig vernebelt ist. Im Hintergrund am Pfeiler ist die Schalttafel erkennbar. Der höchste Luftwechsel ist berechnet für eine 15fache stündliche Lufterneuerung in der Küche und eine 5fache in den Nebenräumen. Er wird bis —10° Außentemperatur innegehalten und von da an abwärts eingeschränkt, was in einfachster Weise durch Drehzahlregelung der Lüfter erfolgt.

Abb. 122. Volksküche mit Lüftungs- und Entnebelungsanlage.

Abb. 123. Lüftungs- und Entnebelungsanlage in einer Schweineschlachthalle.

Abb. 122 zeigt das Innere einer Volksküche. Die Zuluft wird durch die Öffnungen des vorderen Kanals waagerecht unter der Decke ausgeblasen, die Abluft durch die Bodenöffnungen des weiter hinten liegenden Kanals abgesaugt. Bei derartigen Ausführungen ist es durch an den Öffnungen angebrachte Schieber leicht möglich, die Luftausströmung so zu regeln, daß die Luft gleichmäßig eintritt und die gewünschte Durchströmung des Raumes gesichert ist.

Eine weitere zentrale Anlage veranschaulicht Abb. 123. Es handelt sich um eine Schweineschlachthalle, in der, wie ersichtlich, über den Bottichen von einem Luftverteilkanal ausgehende waagerechte Rohre angebracht sind, die in ihrem untern Teil eine Menge Löcher enthalten, durch die die Luft in guter Verteilung nach unten geblasen wird. Auch der Luftverteilkanal besitzt durch Schieber regelbare Luftaustrittsöffnungen.

In Abb. 124 ist weiter der Grundriß eines Kutteleigebäudes wiedergegeben, in dem zur Lüftung, Heizung und Entnebelung an den Wänden Einzellufterhitzer angeordnet sind, die zum Heizen mit Um-, zum Lüften und Entnebeln dagegen mit Frischluft betrieben und nach Bedarf einzeln eingeschaltet bzw. abgestellt werden[1]. Abb. 125 gewährt einen Blick in den Kutteleiraum.

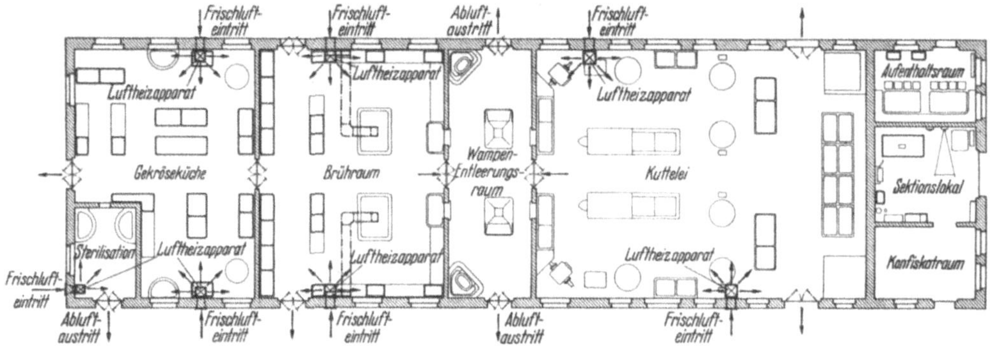

Abb. 124. Grundriß des Kutteleigebäudes eines Schlachthofes mit Einzellufterhitzern zur Heizung, Lüftung und Entnebelung der Räume.

Bei der Ausschreibung dieser Anlage wurden für Außentemperaturen bis zu -15^0 folgende Gewährleistungen verlangt:

1. Erwärmung der Kuttelei, des Brühraumes, der Gekröseküche und der Sterilisation auf $+6^0$, unabhängig von der Wärmeerzeugung durch die in diesen Räumen aufgestellten Kochgeräte.
2. Rasche Aufheizmöglichkeit der Räume, nachdem die Heizung über die Sonn- und Feiertage bei nicht gar zu tiefen Außentemperaturen abgestellt war.
3. Mindestens vierfache stündliche Lufterneuerung zwecks Lüftung.
4. Eine Entnebelung, die störende Dampf- und Nebelbildungen sowie Schwitzwasser an der Decke und den Wänden (mit Ausnahme der Fenster) ausschließt.

Die Decke wurde aufs beste abgedämmt und das sich über das ganze Gebäude hinziehende Oberlicht mit dreifachem Glasabschluß versehen. Außerdem ist der untere Hohlraum des Oberlichts mit einer in ⅓ und ⅔ unterteilten Dampfheizschlange versehen.

Der Wampenentleerungsraum wird dadurch gewärmt und gelüftet, daß Luft aus der Kuttelei und dem Brühraum durch die Pendeltüren und besondere Maueröffnungen zu- und die Abluft durch die in den Schmalseiten des Raumes liegenden, viel offenstehenden Türen ins Freie abströmt. Vorsichtshalber wurde

[1] Vgl. HOTTINGER, M.: Die Heizungs-, Lüftungs- und Entnebelungsanlage im Kutteleigebäude des Schlachthofes der Stadt Zürich. Schweiz. Techn. Z. (1935) Heft 47 S. 712/713.

auch hier an den Heizleitungen Anschlußmöglichkeit für die Aufstellung eines Lufterhitzers vorgesehen, der bis jetzt jedoch entbehrt werden konnte.

Abb. 125. Durch Einzellüfter geheizter, gelüfteter und entnebelter Kutteleiraum in einem Schlachthof. Jeder der beiden an den Seitenwänden angebrachten Lufterhitzer liefert 4100 m^3/h Luft und weist eine Wärmeleistung von 104000 kcal/h auf. Die Abluft entweicht z. T. durch den anstoßenden Wampenentleerungsraum, z. T. durch geöffnete Fensterflügel. Zeitweise wird sie auch durch Deckenöffnungen abgesaugt und ins Freie geblasen.

Wie aus dem Grundrißplan ersichtlich, sind mit Ausnahme der Sterilisation, die nur bei Seuchen benutzt wird, in jedem der zu entnebelnden Räume zwei Luftheizgeräte aufgestellt. Dadurch besteht ausreichende Regelmöglichkeit, um so mehr als die Heizflächen der mit Dampf beheizten Lufterhitzer in Gruppen von ⅓ und ⅔ unterteilt sind. Die Zuluft wird bestmöglich nach den Bottichen und den anderen Dampfentstehungsstellen hin ausgeblasen. Ferner wurden auf Wunsch der maßgebenden Behörde im Brühraum von den Lufterhitzern noch besondere Deckenkanäle bis über die offenen Brühkessel erstellt (in Abb. 124 strichpunktiert eingezeichnet), um nötigenfalls mittels Anemostaten unmittelbar Luft ausblasen zu können. Auch hiervon wurde bisher jedoch kein Gebrauch gemacht.

Abb. 126. Stückfärberei, bei der die Lüfter und Lufterhitzer der Entnebelungsanlage unter Schutzdächern im Freien angeordnet sind.

Aus dem Kutteleiraum wird an der Decke zeitweise Luft abgesaugt und mittels eines Lüfters über Dach geblasen. Ferner werden die Kuttelzellen und der Gang im Kellergeschoß in den Übergangszeiten und zeitweise auch im Sommer durch Absaugen vom max. 1000 m³/h Luft entlüftet, während es in den übrigen Räumen der Abluft überlassen ist, sich ihren Weg durch die Türen und sonstigen Undichtigkeiten der Umfassungswände bzw. der zeitweise geöffneten Fensterflügel selber zu suchen.

Abb. 127. Inneres der Stückfärberei Abb. 126. Die drei Frischlufteintrittsöffnungen sind links als dunkle Stellen erkennbar.

Schließlich veranschaulichen die Abb. 126 und 127 noch die Entnebelungsanlage einer Stückfärberei, bei der die Lüfter und Lufterhitzer im Freien unter Schutzdächern aufgestellt sind und die Luft unmittelbar, d. h. ohne Verteilkanäle, in den Fabrikraum eingeblasen wird. Dabei wurde darauf geachtet, daß möglichst wenig Leitungen unter die Decke zu liegen kamen. Die zu den Färbebottichen führenden Dampfleitungen sowie sämtliche Wasserleitungen sind in Bodenkanäle verlegt. Ferner wurde die Decke aufs beste abgedämmt, wodurch sie auch im Winter vollständig trocken ist. Abluftlüfter sind bei dieser Anlage, wie auch in vielen anderen Färbereien und ähnlichen Betrieben, nicht vorhanden.

Schrifttum über Entnebelung.

Hottinger, M.: Entnebelungsanlagen. Gesundh.-Ing. Bd. 63 (1940) Heft 15 S. 169/176.

Müller, C. E.: Die Grundlagen der Entnebelung und Lüftung in Schwadenbetrieben, insbesondere in Färbereien. Melliand Textilber., März und April 1940 S. 145/147 und 201/202.

Opitz, H.: Entnebelungsanlagen in Industriebetrieben. Zbl. Gew.-Hyg. Bd. 26 (1939) Heft 8 S. 196/198. Kurzbericht im Gesundh.-Ing. Bd. 63 (1940) Heft 5 S. 58.

Opitz, H.: Entnebelungsanlagen in Färbereien. Rauch u. Staub Bd. 23 (1933) S. 1/3. Kurzbericht im Gesundh.-Ing. Bd. 56 (1933) Heft 10 S. 119.

Brandt, O.: Entnebelung gewerblicher Arbeitsräume. Werksleiter 1927 S. 567/570. Kurzbericht im Gesundh.-Ing. Bd. 51 (1928) Heft 18 S. 297.

Hack: Über Entnebelungsanlagen. Chemiker-Ztg. Bd. 49 (1925) S. 1054/1056. Kurzbericht im Gesundh.-Ing. Bd. 49 (1926) Heft 6 S. 82.

Michel, A.: Eine neuzeitliche Färberei-Entnebelungsanlage. Apparatebau 1924 S. 201/202. Kurzbericht im Gesundh.-Ing. Bd. 48 (1925) Heft 4 S. 46/47.

Die Lösung des Entnebelunsproblems. Z. öst. Ing. u. Arch.-Ver. 1925 Heft 27/28 S. 235/237. Kurzer Hinweis im Gesundh.-Ing. Bd. 48 (1925) Heft 35 S. 440.

Thiesenhusen, H.: Zur Berechnung von Entnebelungsanlagen. Gesundh.-Ing. Bd. 48 (1925) Heft 47 S. 596 vgl. auch Gesundh.-Ing. Bd. 49 (1926) Heft 12 S. 174.

Pakusa, P.: Zur Berechnung von Entnebelungsanlagen. Gesundh.-Ing. Bd. 32 (1909) Heft 28 S. 473/477.

Adam, G.: Die Entneblung von gewerblichen Betriebsräumen. Braunschweig: Ferdinand Vieweg & Sohn 1907.

e) Befeuchtung der Luft durch Dunstschalen, Berieselungseinrichtungen und Wasserzerstäubung.

Das Gegenstück zur Trocknung der Luft bildet die Befeuchtung. Auch dazu können verschiedene Wege beschritten, beispielsweise in den Räumen selber, etwa über den Heizkörpern oder in den Zuluftwegen von Klimaanlagen, Dunstschalen ohne oder mit künstlicher Erwärmung des Wassers aufgestellt werden.

Die Menge des von einer Wasseroberfläche F in der Stunde verdunstenden Wassers hängt vom Spannungsunterschied $(p_s - p_D)$, der Luftgeschwindigkeit w, der Diffusionshöhe (Höhenunterschied zwischen der Wasserfläche und der das Verdunstungsgefäß abschließenden Ebene) und dem Barometerstand S ab. Dabei ist p_s der Sättigungsdruck des Wasserdampfes bei der Temperatur der Verdunstungsoberfläche und p_D der Teildruck des in der Luft enthaltenen Wasserdampfes in mm QS. Wie sich die Werte $(p_s - p_D)$ ändern, geht für Wassertemperaturen von 5 bis 80° und Luft von 20° mit relativen Feuchtegehalten von 30 bis 80 vH aus Zahlentafel 34 hervor. Der Einfluß der Diffusionshöhe kann

Zahlentafel 34.
Spannungsunterschiede $(p_s - p_D)$ in mm QS bei Wassertemperaturen von 5° bis 80° und Luft von 20° mit relativen Feuchtegehalten von 30 bis 80 vH.

Relativer Feuchtegehalt der Luft von 20°	Wassertemperatur °C					
	5	10	20	40	60	80
	Spannungsunterschied $(p_s - p_D)$ mm QS					
30	1,28	3,95	12,27	50,06	144,14	349,84
40	—	2,20	10,52	48,31	142,39	348,09
50	—	0,45	8,77	46,56	140,64	346,34
60	—	—	7,01	44,80	138,88	344,58
70	—	—	5,26	43,05	137,13	342,83
80	—	—	3,51	41,30	135,38	341,08

bei den üblichen Verdunstungsgefäßen meist vernachlässigt werden, dagegen ist der Barometerstand zu berücksichtigen, da die Verdunstung ungefähr im gleichen Verhältnis zu-, wie der Luftdruck abnimmt.

In der Heiz- und Lüftungstechnik berechnete man die von einer Wasseroberfläche verdunstende Wassermenge früher gewöhnlich nach der Formel

$$G = \frac{45{,}6 \cdot c \cdot (p_s - p_D) \cdot F}{S} \text{ kg/h}.$$

c sollte für ruhige Luft $= 0{,}55$, für mäßig bewegte $= 0{,}71$ und für stark bewegte $= 0{,}86$ gesetzt werden, wobei aber nicht bekannt war, was unter ruhiger, mäßig und stark bewegter Luft zu verstehen sei.

THIESENHUSEN hat die Formel einer Beurteilung unterzogen und gleichzeitig von ihm selber ermittelte Verdunstungswerte bei 60, 70 und 80° Wassertemperatur und Luftgeschwindigkeiten von 0,5 bis 1,5 m/s angegeben[1]. Ich habe diese Ergebnisse mit von mir für ganz kleine Luftgeschwindigkeiten festgestellten[2] in Verbindung gebracht und bin dadurch zusammenfassend zu Zahlentafel 35

[1] THIESENHUSEN, H.: Untersuchungen über die Wasserverdunstungsgeschwindigkeit in Abhängigkeit von der Temperatur des Wassers, der Luftfeuchtigkeit und Windgeschwindigkeit. Gesundh.-Ing. Bd. 53 (1930) Heft 8 S. 113/119.

[2] Vgl. HOTTINGER: Fußnote 1, S. 148.

Zahlentafel 35. Verdunstende Wassermengen in g/dm² Tag.

Luftgeschwindigkeit m/s	Spannungsunterschied $(p_s - p_D)$ in mm QS									
	1	5	10	50	100	150	200	250	300	350
0	1,1	3,9	7,2	40	140	335	580	840	1100	1360
0,1	1,6	5,5	10,2	95	245	480	780	1110	1440	1760
0,2	3,1	9,0	16,5	150	340	610	960	1340	1720	2110
0,3	4,6	14,7	27,4	190	430	745	1140	1550	1980	2420
0,5	9	29	53	280	600	1020	1460	1950	2490	3040
1,0	35	76	117	430	950	1540	2200	2900	3640	4380
1,5	70	134	182	560	1200	1920	2700	3580	4450	5130

gelangt, in der die Verdunstungsmengen in g/dm² Tag für Spannungsunterschiede $(p_s - p_D)$ von 1 bis 350 mm QS und Luftgeschwindigkeiten von 0 bis 1,5 m/s in Höhenlagen bis zu etwa 500 m ü. M. angegeben sind. Obschon die Genauigkeit dieser Werte keine unbedingte ist, so ergibt sich dadurch doch eine Übersicht über diese Verhältnisse, die m. W. bisher nicht übertroffen worden ist. Sie erlaubt eine Menge von Fragen mit für die Praxis ausreichender Genauigkeit zu beantworten.

So stützt sich auf diese Feststellungen z. B. Zahlentafel 36, in der gezeigt ist, wie groß die tägliche Verdunstungsmenge je dm² Wasseroberfläche bei Temperaturen des Wassers von 20 bis 80⁰, Luft von 20⁰, 50 vH relativer Feuchte und

Zahlentafel 36. Wasserverdunstung in g/dm² Tag bei Temperaturen der Wasseroberfläche von 20 bis 80⁰ und verschieden stark bewegter Luft von 20⁰ und 50 vH relativem Feuchtegehalt.

Luftgeschwindigkeit m/s	Temperatur der Wasseroberfläche ⁰ C			
	20	40	60	80
	Verdunstende Wassermenge in g/dm² Tag			
0	6	37	284	1339
0,1	10	87	422	1742
0,2	15	137	555	2080
0,3	24	175	675	2400
0,5	48	260	941	3010
1,0	106	403	1435	4340
1,5	170	529	1785	5080

Luftgeschwindigkeiten von 0 bis 1,5 m/s ist. Daraus geht hervor, daß die Steigerung der Verdunstungswirkung zufolge Erhöhung der Luftgeschwindigkeit bei geringen Spannungsunterschieden, also niedrigen Wassertemperaturen, verhältnismäßig größer ist als bei hohen. Bei z. B. 20⁰ Wassertemperatur und einer Erhöhung der Luftgeschwindigkeit von 0 auf 1,5 m/s steigt die tägliche Verdunstungsmenge von 6 auf 170 g/dm², d. h. um das 28fache, bei Wasser von 80⁰ dagegen nur von 1339 auf 5080 g/dm², also um das 3,8fache. Von weit größerem Einfluß als die Steigerung der Luftgeschwindigkeit ist die Erhöhung der Wassertemperatur, steigt doch bei einer Zunahme der Wassertemperatur von 20 auf 80⁰ die Verdunstungsmenge bei ruhender Luft von 6 auf 1339 g/dm², d. h. um das 223fache und bei 1,5 m/s Luftgeschwindigkeit von 170 auf 5080 g/dm², d. h. um das 30fache. Bringt man beides zur Anwendung, so nimmt die Menge von 6 auf 5080 g/dm², d. h. um das 847fache zu.

Der Berechnung von Zahlentafel 36 wurde, wie angegeben, Luft von 20⁰ und 50 vH relativer Feuchte zugrunde gelegt. Andere Feuchtegehalte bewirken bei gleicher Temperatur der Luft Änderungen der Spannung des in der Luft enthaltenen Wasserdampfes, also auch des Spannungsunterschiedes ($p_s - p_D$), die, bezogen auf hohe Wassertemperaturen, nur geringe, bei Wassertemperaturen, die von denjenigen der Luft nicht oder nur wenig abweichen, dagegen sehr beträchtliche Unterschiede in der Verdunstung hervorbringen. In Zahlentafel 37 sind beispielsweise die täglichen Verdunstungsmengen angegeben unter der Annahme, daß sowohl Luft als auch Wasser eine Temperatur von 20° haben und die Luft 30, 50 und 80 vH gesättigt sei sowie Geschwindigkeiten von 0 bis 1,5 m/s aufweise.

Handelt es sich z. B. um eine auf einen Heizkörper gestellte Dunstschale und nimmt man an, die Luft besitze daselbst eine Temperatur von 50°, eine relative Feuchte von 10 vH, eine Geschwindigkeit von 0,3 m/s und das Wasser in der Schale sei ebenfalls 50° warm, so ist $(p_s - p_D) = (92{,}5 - 9{,}3) = 83{,}2$ mm QS und die Verdunstungsmenge nach Zahlentafel 35 rd. 340 g/dm² Tag. Hinsichtlich der Luftgeschwindigkeit ist zu beachten, daß die Auftriebsgeschwindigkeit längs dem Heizkörper bei hohen Vorlauftemperaturen des Heizwassers zwar erheblich größer als 0,3 m/s sein wird. Trotzdem tut man gut, vorsichtshalber auch in diesen Fällen über der Wasseroberfläche, die ja waagerecht liegt, und über der daher nicht die volle Auftriebsgeschwindigkeit zur Geltung kommt, nicht mit über 0,3 m/s zu rechnen. Mißt die Verdunstungsoberfläche beispielsweise 1 m in der Länge und 0,15 m in der Breite, so ist die je Tag verdunstende Wassermenge somit = 5100 g.

Zahlentafel 37. Wasserverdunstung in g/dm² Tag bei 20° Wasser- und Lufttemperatur, relativen Feuchtegehalten der Luft von 40 bis 80 vH und Luftgeschwindigkeiten von 0 bis 1,5 m/s.

Luftgeschwindigkeit m/s	Relativer Feuchtegehalt der Luft in vH 30	50	80
	Verdunstende Wassermenge in g/dm² Tag		
0	9	6	3
0,1	14	10	4
0,2	21	15	7
0,3	34	24	11
0,5	66	48	22
1,0	134	106	64
1,5	204	170	118

In seinem in Fußnote 3, S. 8 erwähnten Aufsatz schreibt v. GONZENBACH, daß in den Räumen aufgestellte Luftbefeuchtungsgeräte je Tag und m³ Rauminhalt rd. 100 g Wasser verdunsten sollen. Legt man diese praktische Erfahrung zugrunde, so reichen die vorstehend berechneten 5100 g/Tag für einen Raum von 50 m³ Inhalt aus. Zur Überprüfung der dadurch erzielbaren Höhersättigung der Luft werde angenommen, es komme durch die Undichtigkeiten der Raumumfassungswände stündlich eine einmalige Lufterneuerung zustande, d. h. es strömen in 24 Stunden 1200 m³ oder bei 18° Raumtemperatur rd. 1400 kg Luft in den Raum ein. Dann erhöht sich zufolge der Wasserverdunstung der absolute Feuchtegehalt je kg Luft um $\frac{5100}{1400} = 3{,}65$ g. Weist die Luft im Freien beispielsweise 0° und 80 vH relative Feuchte, d. h. je kg Reinluft 3,0 g Wasser auf, so steigt der Gehalt im Raum somit auf 6,65 g/kg an. Da Luft von 18° im Höchstfall 12,9 g/kg Wasser enthalten kann, so würde sie ohne Befeuchtung bei der Erwärmung von 0 auf 18° somit eine relative Sättigung von $\frac{3{,}0 \cdot 100}{12{,}9} = 23$ vH annehmen, die sich zufolge der Befeuchtung auf $\frac{6{,}65 \cdot 100}{12{,}9} = 51$ vH erhöht. Das

Ergebnis ist somit zufriedenstellend. In Wirklichkeit sind zufolge des Feuchtigkeitsaustausches zwischen der Luft und den Wänden, ferner weil die Wasserverdunstung in der Nacht, wenn die Heizung mit tieferen Temperaturen betrieben wird, kleiner ist und aus andern Gründen allerdings gewisse Abweichungen von solchen Rechnungsergebnissen zu erwarten. Hinsichtlich der Wasserverdunstung ist nicht zu übersehen, daß nach den Zahlentafeln 35 bis 37 schon kleine Änderungen in den Annahmen große Abweichungen bedingen.

Mit größerer Sicherheit lassen sich die Berechnungen allerdings durchführen, wenn es sich um Klimaanlagen mit in den Luftwegen aufgestellten beheizten Dunstschalen handelt, weil hier die Verhältnisse genau bekannt sind.

Sind z. B. 10000 kg/h Luft von 20° und 30 vH auf 50 vH zu befeuchten, d. h. 29,4 kg/h Wasser zuzuführen, wird dabei das Wasser in den Dunstschalen auf 80° erwärmt und streicht die Luft mit 1 m/s Geschwindigkeit über die Wasserfläche, so beträgt der mittlere Spannungsunterschied $(355{,}1 - 17{,}5 \cdot 0{,}4) = 348$ mm QS und die verdunstende Wassermenge nach Zahlentafel 35 rd. 180 g/dm² h, so daß eine Verdunstungsoberfläche von $\frac{29{,}4}{0{,}18 \cdot 100} =$ rd. 1,6 m² erforderlich ist. Das bezieht sich auf einen durchschnittlichen Luftdruck von etwa 740 mm QS. Befindet sich die Anlage auf 1800 m ü. M., d. h. ist der mittlere Barometerstand nur 612 mm QS, so brauchte die Verdunstungsfläche bei sonst gleichen Verhältnissen nach früher Gesagtem nur rd. $\frac{1{,}6 \cdot 612}{740} = 1{,}3$ m² zu betragen.

Wünscht man die Wasserverdunstung zu steigern, so kommt außer der Erhöhung des Spannungsunterschiedes $(p_s - p_D)$ und der Luftgeschwindigkeit w natürlich auch die Vergrößerung der Verdunstungsoberfläche F in Frage, sei es durch Aufstellung von größeren oder mehr Verdunstungsschalen oder die Anwendung von Sonderausführungen, z. B. mit ins Wasser eintauchenden wasseraufsaugenden (hygroskopischen) Flächen oder aber durch Anwendung von Berieselungseinrichtungen, bzw. durch Zerstäubung des Wassers. Bei den Berieselungsanlagen ist die Vergrößerung der Oberfläche darauf zurückzuführen, daß das Wasser in einzelne Tropfen und Wasserfäden zerteilt wird, die zudem die Oberflächen der Berieselungskörper und -flächen benetzen. Bei der Zerstäubung des Wassers kommen diese Umstände noch stärker zur Geltung, weil das Wasser in feinste Wassertröpfchen aufgelöst wird, die mit der Luft in innige Berührung treten und dadurch eine außerordentlich große Verdunstungsoberfläche bilden. Bei gleichzeitiger Erwarmung des zerstäubten Wassers fällt außerdem der Spannungsunterschied groß aus; allerdings findet eine rasche Abkühlung des Wassers statt, weil ihm ein großer Teil der erforderlichen Verdunstungswärme entzogen wird.

Als Hinweise darauf, was durch Verwendung von Streudüsen erreichbar ist, seien folgende Versuchsergebnisse mitgeteilt:

In einem Kanal von 1,0 auf 1,15 m wurde eine Düsenreihe, bestehend aus 4 Düsen, in 1 m Abstand von einem Tropfenfänger, eingebaut. Dabei zeigten sich bei einer Luftgeschwindigkeit von 1,4 m/s im Kanal die in Zahlentafel 38 aufgeführten Ergebnisse.

Bemerkenswert ist, wie wenig sich die Luft, auch bei stark vorgewärmtem Einspritzwasser, erwärmte, was eben auf die rasche Abkühlung des Wassers zu-

Zahlentafel 38. Versuchsergebnisse bei der Zerstäubung erwärmten Wassers bei einer Düsenreihe.

Temperatur des zerstäubten Wassers	Luftzustand vor der Befeuchtung		Luftzustand nach der Befeuchtung		Verdunstete Wassermenge rd.
	Temperatur	relative Feuchte	Temperatur	relative Feuchte	
°C	°C	vH	°C	vH	vH
44	15,5	39	15,0	61	2
64	15,8	38	16,4	72	3
85	16,0	37	18,1	90	6

folge des Entzuges an Verdunstungswärme zurückzuführen ist. Als die Temperatur des Einspritzwassers beispielsweise 72^0 betrug, war diejenige des gesammelten Rücklaufwassers nur 19^0.

In ähnlicher Weise habe ich auch Versuche mit ungewärmtem Wasser durchgeführt, wobei jedoch zwei Düsenreihen in Abständen von 2,2 und 3,4 m vom Tropfenfänger angebracht waren. Das Wasser hatte eine Temperatur von $16{,}5^0$. Damit ergaben sich die in Zahlentafel 39 enthaltenen Zahlen. Die verdunsteten Wassermengen betrugen 3 bis 4 vH der zerstäubten und die Luft wurde, wie ersichtlich, auf 0,3 bis 1^0 über die Temperatur des zerstäubten Wassers abgekühlt.

Zahlentafel 39. Versuchsergebnisse bei der Zerstäubung ungewärmten Wassers bei zwei Düsenreihen.

Luftgeschwindigkeit	Luftzustand vor der Befeuchtung		Luftzustand nach der Befeuchtung	
	Temperatur	relative Feuchte	Temperatur	relative Feuchte
m/s	°C	vH	°C	vH
1,3	22,5	45	16,8	97
1,8	21,0	51	17,5	95
2,4	20,0	56	17,5	90

Wie bei der Luftheizung, Klimatisierung und Entnebelung unterscheidet man auch bei der Luftbefeuchtung zwischen zentralen Anlagen und in den Räumen aufgestellten Geräten. Außerdem gibt es Befeuchtungsanlagen, bei denen das Wasser unmittelbar in die Raumluft hinein zerstäubt wird.

Die zentralen Anlagen gleichen in ihrem Aufbau vollständig den früher beschriebenen Klimaanlagen, besonders wenn sie nicht nur zur Befeuchtung, sondern gleichzeitig auch zum Heizen, Lüften und manchmal im Sommer sogar zur Kühlung benutzt werden sollen. Ein Unterschied liegt nur darin, daß zur Erzielung gleichmäßiger Feuchtegrade im Raum auf die Verteilung der Zuluft besonders großes Gewicht gelegt wird, indem man dazu beispielsweise nach Abb. 128 lange Kanäle mit einer großen Zahl regelbarer Lufteintrittsöffnungen erstellt.

Sind besondere Heizanlagen vorhanden und ist Lüftung und Kühlung der Räume nicht erforderlich, so begnügt man sich, wie erwähnt, oft auch damit, entsprechend Abb. 129, einfach Wasser mittels Druckluft in die Räume hinein zu zerstäuben. Solche Anlagen werden ebenfalls seit langem erstellt[1] und haben

[1] Vgl. KÖRTING, J.: Luftbefeuchtung. Z. VDI Bd. 66 (1922) Heft 42 S. 1000/1001. — Ferner: Technik u. Betr. 1924 Heft 4 u. 5.

große Verbreitung erlangt, weil sie billig sind und selbst in bestehende Räume leicht eingebaut werden können. Das Wasser wird dabei von der ringförmig

Abb. 128. Ringspinnsaal mit Zuluftkanal der zentralen Klimaanlage.

Abb. 129. Mit Druckluft betätigte Wasserzerstäubungsanlage in einem Ringspinnsaal.

austretenden Preßluft durch Nadelventile, Abb. 130, angesaugt und zerstäubt. Die Menge läßt sich durch Heben und Senken des Wasserstandes in einem

Gefäß, von dem aus das Wasser den Düsen zuströmt, regeln. Zur Vermeidung von Tropfenbildung im Raum dürfen je Düse aber nicht mehr als 3 bis höchstens 5 l/h Wasser zerstäubt werden. Die Preßluft wird meist in Kreiselverdichtern, Abb. 131, erzeugt. Der Luftdruck hat 0,3 bis 0,4 atü zu betragen.

Abb. 130. Mit Druckluft betätigte Wasserzerstäubungsdüse für industrielle Luftbefeuchtung.

Statt dessen hat man auch schon Anlagen ausgeführt, bei denen überhitztes Wasser durch Düsen in die Räume ausströmt[1]. Dabei verdampft ein Teil unmittelbar. Die dazu erforderliche Wärme wird zur Hauptsache dem Wasser selber, im übrigen der Luft entzogen, so daß nach Versuchen von KÖRTING, trotz der Zuführung derart heißen Wassers, keine Erwärmung, sondern eine Kühlung der Raumluft eintritt. Auf die Vermeidung von Tropfenbildung ist dabei besonders zu achten.

Man ist sogar so weit gegangen, unmittelbar Dampf in die zu befeuchtenden Räume ausströmem zu lassen[2], was jedoch nicht befriedigt hat.

Abb. 131. Doppelverdichter zur Erzeugung der Druckluft für eine Luftbefeuchtungsanlage nach Abb. 129.

Außer diesen Einrichtungen gibt es eine große Zahl verschiedener Luftbefeuchtungsgeräte, angefangen mit den einfachen, auf die Heizkörper zu setzenden Dunstschalen bis zu den Ausführungen, z. B. nach Abb. 132, die außer zur

[1] Luftbefeuchtungsanlagen nach SCONFIETTI: Gesundh.-Ing. Bd. 27 (1904) S. 426/428.

[2] Bericht über den III. Internat. Kongreß für Wohnungshygiene, Dresden 2. bis 7. Okt. 1911. Gesundh.-Ing. Bd. 34 (1911) S. 915.

Befeuchtung auch zum Heizen und Lüften dienen können. In den in Abb. 132 dargestellten Geräten wird das Wasser statt durch Düsen durch die Lüfterflügel zerstäubt und die Luft beim Ausströmen gegen die vorstehenden Bleche geworfen, die zum Abfangen der mitgerissenen Wassertropfen mit vorstehenden Querblechen versehen sind. Auf diese Weise ist es möglich, große Leistungen herauszubringen, ohne daß die im Raum befindlichen Waren dadurch gefährdet sind.

Ich hatte u. a. auch Gelegenheit, an einem Falschebnerschen Luftbefeuchtungsgerät Versuche durchzuführen. Es bestand aus einem U-förmig gebogenen Blechrohr von 145 mm Durchmesser und 320 mm gerader Schenkellänge. Oben war je ein Bogen mit Ansaug- und Ausblaseteil, unten als Verbindung der beiden

Abb. 132. Einzelgeräte für industrielle Klimatisierung.

Schenkel ein Doppelbogen mit an der tiefsten Stelle angebrachtem Wasserablauf angesetzt. Ferner befand sich in dem Ansaugschenkel eine nach unten gerichtete Streudüse, durch deren Betätigung die Luft in dem Rohr nicht nur befeuchtet, sondern gleichzeitig in Bewegung gesetzt wurde. Das zerstäubte Wasser hatte eine Temperatur von 18° und stand unter einem Druck von 11,5 at. Die angesaugte Luft wies 22° und 60 vH, die ausgestoßene 18,5° und 100 vH relative Feuchte auf. Zufolge der Berührung mit dem kälteren Wasser und dem Entzug an Verdunstungswärme fand also gleichzeitig eine Kühlung der Luft statt [vgl. Abschnitt VI 2b) γ)]. Die verdunstete Wassermenge betrug rd. 1,5 vH der zerstäubten. Der Vorteil dieser Geräte besteht darin, daß zu ihrem Betrieb nur Druckwasser erforderlich ist, doch sind sie, wie aus den Angaben hervorgeht, nicht besonders leistungsfähig.

Ein heute ziemlich oft verwendeter Luftbefeuchter besteht aus einem zylindrischen, waagerecht liegenden Blechmantel, in den eine elektrische Luftheizung sowie ein Lüfter nebst Zerstäuberdüse und Tropfenfang eingebaut sind. Die Erwärmung der Luft wird durch den Entzug von Verdunstungswärme wieder aufgehoben. Zur Regelung der Luftfeuchte setzt ein im Raum angebrachter Feuchteregler (Humidostat) bei Erreichung der untern zulässigen Feuchtegrenze den Lüfter selbsttätig in Bewegung, schaltet gleichzeitig die Heizung ein und öffnet das in die Wasserleitung eingesetzte Fernsteuerventil. Ist die obere zulässige Grenze erreicht, so vollzieht sich der Vorgang im umgekehrten Sinn.

Solche selbsttätige Regelvorrichtungen sind, wie das unter Abschnitt VI 2a) δ) dargelegt wurde, auch bei den zentralen Befeuchtungsanlagen anwendbar.

Es ist unmöglich, hier auf die vielen verschiedenen Luftbefeuchtungsgeräte weiter einzutreten. Wertvolle diesbezügliche Angaben finden sich jedoch z. B. in folgenden Arbeiten:

Bauer, K.: Vorrichtungen zur Befeuchtung der Luft. Gesundh.-Ing. Bd. 61 (1938) Heft 11 S. 147/148.

Hübner, M.: Untersuchung von Einzelluftbefeuchtern zur Raumbefeuchtung. Gesundh.-Ing. Bd. 61 (1938) Heft 7 S. 89/93, mit Schrifttumsverzeichnis.

Nicolai, R.: Vorrichtung zur Befeuchtung von Luft. Gesundh.-Ing. Bd. 60 (1937) Heft 16 S. 232.

Voigt, H., u. M. Hübner: Untersuchungen über die Ausbildungsmöglichkeiten von Luftbefeuchtern für einzelne Räume. Z. VDI Bd. 79 (1935) S. 667/669.

Bachmann, W.: Über Luftbefeuchtungsversuche mit verbessertem Lukarga-Gerät. Gesundh.-Ing. Bd. 56 (1933) Heft 42 S. 497/498.

Egloff, K.: [3].

Rybka, R.: Raumluftfeuchtigkeit nach amerikanischer Auffassung. Gesundh.-Ing. Bd. 55 (1932) Heft 53 S. 636/638.

Bürgers u. W. Bachmann: Luftbefeuchtung durch Lukarga-Gerät. Gesundh.-Ing. Bd. 55 (1932) Heft 40 S. 478/479.

Muntner, S.: Über Luftbefeuchtung. Gesundh.-Ing. Bd. 49 (1926) Heft 13 S. 194/195 und Heft 14 S. 209/217.

Hinsichtlich der Befeuchtung von Kühlräumen vgl.: Cook, W. H.: Befeuchtung von Kühlräumen. Refrig. Engng. Bd. 38 (1939) Heft 4 S. 229/233. Kurzbericht in Wärme- und Kältetechn. Bd. 42 (1940) Heft 3, S. 44.

VII. Anforderungen an die Lüftungs- und Klimaanlagen bei einigen beispielsweise herausgegriffenen Raumarten.

1. Gaststätten, Speisewirtschaften usw.

Gaststätten, Speisewirtschaften usw., in denen gegessen und geraucht wird, sind sowohl mit Zu- als Abluftanlagen zu versehen. Die noch vielfach angetroffene Lösung, einfach Schraubenlüfter in die Außenwände einzusetzen und die Luft auf die Straße zu blasen, ist unsachgemäß, weil dadurch Belästigungen der Nachbarschaft herbeigeführt werden und zudem in den Räumen erheblicher Unterdruck entsteht, während im Gegenteil Überdruck erzeugt werden soll, um das Einströmen von Zugluft aus dem Freien und von verdorbener Luft aus der Küche, den Aborten usw. zu verhindern. Allerdings muß auch Luft abgesaugt werden, und zwar zur einwandfreien Beseitigung des Tabakrauches sowie der höchsterwärmten und feuchtesten Luft, im obern Teil der Räume. Um dabei trotzdem Überdruck zu erzielen, ist die Zuluftmenge größer als die Abluftmenge zu halten. Von dieser Forderung ist nur abzugehen, wenn durch das Hinüberdrücken verdorbener Luft in die angrenzenden Räume Belästigungen zu erwarten sind. In solchen Fällen ist die Abluftmenge gleich der Zuluftmenge zu halten oder sogar ein schwacher Unterdruck zu erzeugen. Dem Eindringen kalter Zugluft durch offenstehende Außentüren ist in jedem Fall nach Möglichkeit durch Windfänge, nötigenfalls mit Windfangheizung, zu begegnen.

Nach Zahlentafel 11 soll die abgesaugte Luftmenge 30 bis 50 m^3/h je Kopf bzw. das 5- bis 10fache des Rauminhaltes betragen. Ist die Zahl der Sitzplätze z. B. 200, die Bodenfläche je Sitzplatz 0,8 m^2, die Raumhöhe 4 m, der Luftinhalt je Sitzplatz somit 3,2 m^3 bzw. des ganzen Raumes 640 m^3, so hat die Abluftmenge also mindestens $200 \cdot 30 = 6000\ m^3/h$ zu betragen, was dem $\frac{6000}{640} = 9{,}4$fachen des Rauminhaltes entspricht. [Vgl. hierzu Abschnitt IV 3a).]

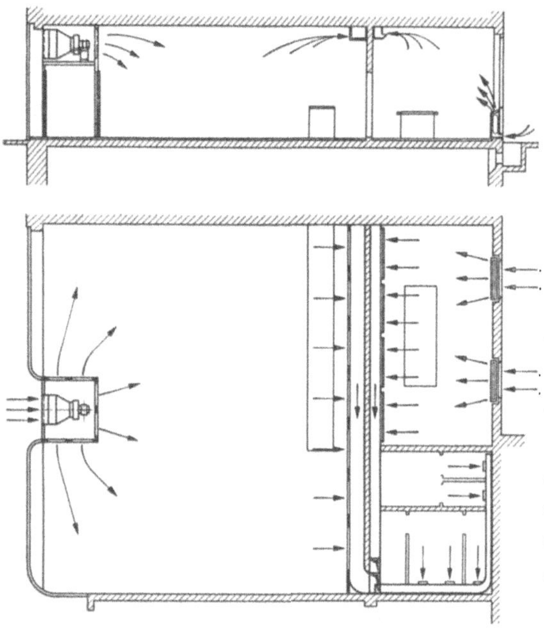

Abb. 133. Beispiel für die Lüftung einer Gaststätte mit Küche.

Als Ort für die Aufstellung der Zuluftanlage eignet sich entsprechend Abb. 133 vielfach der Platz über dem Windfang, da er anderweitig in der Regel doch nicht benötigt wird. Die Abluft ist möglichst an der gegenüberliegenden Wand unter der Decke abzusaugen. Können die Abluftöffnungen dabei über die Speiseausgabe bzw. den Schanktisch gelegt werden, so ist dies zu empfehlen, weil die daselbst entstehenden Gerüche und Dämpfe dadurch auf kürzestem Wege beseitigt werden.

Ein hübsches Beispiel für eine Lüftungsanlage in einem einfachen Landgasthaus zeigt Abb. 134. Zuluftlüfter und Lufterhitzer befinden sich unter der im Vordergrund sichtbaren Sitzbank. Die frische, vorgewärmte Luft kann verschiedenen Räumen zugeleitet werden. In die auf der Abbildung sichtbare Gaststube tritt sie fächerartig durch das unter der Decke angeordnete Zuluftgitter aus. Die im Pfeiler angebrachte Schalttafel enthält: Oben das Zulufttthermometer, in der Mitte 4 Klappensteller für die Umschaltung auf die verschiedenen Räume und unten die Schalter für den Zu- und den Abluftlüfter, sowie für einen elektrischen Lufterhitzer zur Vorwärmung der Zuluft in den Übergangszeiten und an kühlen Sommertagen, wenn die Sammelheizung nicht in Betrieb steht.

Wird in der Gaststätte ein Bratrost (Grill) aufgestellt, so ist dafür am besten eine besondere, genügend leistungsfähige Abluftanlage vorzusehen. Sie mit derjenigen der Gaststätte zu vereinigen ist gewöhnlich nicht zweckmäßig, weil die Bratrostlüftung nur zeitweise in Betrieb steht und dann erhebliche Luftmengen abzusaugen sind.

Man kann die Bratroste in kaminartige Vertiefungen einbauen und die Luft aus diesen absaugen. Stehen sie frei im Raum, so hat es sich als zweckmäßig erwiesen, Trennwände, z. B. entsprechend Abb. 135 aus Glas, die die Sicht von der Gaststätte her nicht beeinträchtigen, zu versehen. Selbstverständlich muß dabei genügend Zuströmmöglichkeit für die Zuluft gewahrt bleiben. Hierauf ist auch Rücksicht zu nehmen, wenn die Bratroste in besonderen Räumen aufgestellt werden. Bei der Bemessung der Zuluftanlage der Gaststätte ist die vermehrte Luftabsaugung zufolge der Bratroste ebenfalls zu berücksichtigen. Für die Ausführung der Abluftkanäle, in bezug auf leichte Reinigungsmöglichkeit usw., gilt das gleiche wie für Küchen.

Abb. 134. Beispiel für den nachträglichen Einbau einer Lüftungsanlage in die Gaststube eines einfachen Landgasthauses.

2. Kochküchen.

Kochküchen für Gaststätten, Speisewirtschaften, Anstalten, Fabriken usw. sind mit Sauglüftungen zu versehen. Die Abluft ist über Dach zu führen. Die Luftmenge muß von Fall zu Fall bestimmt werden. Sie richtet sich außer nach der Feuerungsart des Herdes auch nach der Belastung, Raumgröße und Lage der Küche (vgl. Zahlentafel 11, Abschnitt IV 3a) und VDI-Richtlinien für die Lüftung großer Küchen, [9]).

Außerdem ist für das Einströmen vorgewärmter Frischluft zu sorgen. Bei stark belasteten Küchen und großen Verhältnissen ist es angezeigt, hierfür einen Zuluftlüfter, verbunden mit Gebläseheizkörper, vorzusehen. Die Zuluftmenge hat aber kleiner zu sein als die Abluftmenge, so daß auch in dem Fall Unterdruck in der Küche entsteht und dadurch verhindert wird, daß durch Türen, Speiseausgaben, Aufzüge usw. Luft in die Nebenräume ausströmt. Bei mittleren Verhältnissen genügt es, wenn ein von außen kommender Frischluftkanal mit eingebautem Heizkörper erstellt wird oder, wie in Abb. 26 dargestellt, hinter vorhandenen Fensternischenheizkörpern Öffnungen mit Gittern und Klappen in den Mauern angebracht werden. In letzterm Fall sind die Heizkörper so zu verkleiden, daß die einströmende Luft gezwungen ist, sie richtig zu bestreichen und sich dabei zu erwärmen. Befindet sich der Luftaustritt oben, was zur Vermeidung von Zugerscheinungen und zur Verhinderung von Schwitzwasserbildung an den Fenstern zu empfehlen ist, so werden daselbst mit Vorteil Gitter in schiefer Lage angebracht, so daß es den Küchenangestellten unmöglich ist, die Öffnungen mit Schüsseln und Tellern zu verstellen. Bei Warmwasserheizung sind derartige Heizkörper zur Ausschließung der Einfriergefahr nicht ganz abstellbar zu machen.

Abb. 135. Bratrost mit Absaughaube und Glasschutzwand.

Die Frischluft ungewärmt durch geöffnete Fenster, Klappflügel usw. einströmen zu lassen, ist der dabei auftretenden Zugerscheinungen und Nebelbildungen wegen nicht zweckmäßig. Dagegen strömt bei genügendem Unterdruck auch Luft von den Nebenräumen her zu, was bei der Erstellung der dortigen Heiz- und Lüftungsanlagen zu beachten ist. Die Zuströmgeschwindigkeit durch Speiseausgaben usw. darf aber nicht derart groß ausfallen, daß die Küchenangestellten dadurch belästigt werden. Um dies zu verhindern, sind erforderlichenfalls weitere, für diesen Zweck besonders vorgesehene Öffnungen, z. B. in den Verbindungstüren, anzubringen. Selbstverständlich darf der durch das Absaugen der Luft in den Küchen erzeugte Unterdruck auch nicht derart groß sein, daß durch die Schornsteine von Kohleherden und in den Küchen aufgestellten Heizkesseln sowie durch die Abzugsrohre von Gasherden, Gasboilern usw. Luft heruntergesaugt wird und die Verbrennungsgase, statt richtig abzuziehen, in die Küche austreten. Der Fall liegt diesbezüglich gleich wie bei Räumen, in denen Gasheizöfen mit ins Freie führenden Abzugsrohren aufgestellt sind.

Bei Küchen mit starker Dampfentwicklung der Koch- und Abwaschgeräte ist für Entnebelung zu sorgen [vgl. Abschnitt VI 2d) γ)].

Das Zusammenhängen von Küchen- und andern Lüftungsanlagen, insbesondere denjenigen von Gaststätten, unter Verwendung von Umstellklappen, ist nur in Ausnahmefällen, bei kleinen Verhältnissen, empfehlenswert. Für gewöhnlich sind, wie auch Abb. 133 zeigt, vollständig unabhängige Anlagen, die vom Küchenpersonal nach Bedarf ein- und ausgeschaltet werden können, auszuführen. Das ist wichtig, weil Küche und Gaststätte zur Hauptsache zu verschiedenen Zeiten gelüftet werden müssen, und daher beim Zusammenhängen der Anlagen gewöhnlich die Küche zu wenig gelüftet wird oder bei genügendem Laufenlassen der Anlage unnötig große Betriebsauslagen entstehen, wie folgendes Beispiel zeigt:

Die Stromaufnahme eines Gaststätten-Abluftlüfters sei 0,7 kW, diejenige des Küchen-Abluftlüfters 0,5 kW, wogegen sie bei einem gemeinsamen Lüfter 1,0 kW betragen würde. Die Stromaufnahme des Gaststätten-Zuluftlüfters sei 0,4 kW. Sowohl die Gaststätte als die Küche müssen je 6 Stunden im Tag, jedoch zu verschiedenen Zeiten, gelüftet werden. Dann ist der monatliche Energieverbrauch:

bei getrennten Anlagen $= 6 \cdot (0{,}7 + 0{,}5 + 0{,}4) \cdot 30 = 288$ kWh,

bei gemeinsamer Anlage $= 12 \cdot (1{,}0 + 0{,}4) \cdot 30 = 504$ kWh,

wozu im Winter erst noch vermehrte Auslagen für Brennstoff zur Anwärmung der unnötig großen Frischluftmenge hinzukommen.

Auf ihrem Wege von den Frischlufteintrittsstellen nach den Abluftöffnungen muß die Luft die in den Küchen entstehenden Dämpfe und Gerüche sowie die übermäßig große Hitze des Herdes und anderer Kochgeräte möglichst vollständig und auf kürzestem Wege beseitigen. Es empfiehlt sich daher, die Abluftöffnungen so unmittelbar wie möglich über den Herden, Kochtischen, Spültrögen, Geschirrabwaschmaschinen usw. anzuordnen, u. U. aber auch die im Winter vorgewärmte und daher relativ sehr trockene Luft in deren Nähe eintreten zu lassen (vgl. z. B. Abb. 121). Dabei ist aber auch daran zu denken, daß in den Sommermonaten nach Möglichkeit die Fenster geöffnet werden und eine richtige Durchlüftung des Raumes alsdann nur zustande kommt, wenn die durch die Fenster einströmende Luft nicht unmittelbar über denselben abgesaugt wird, sondern den Raum durchströmt, weshalb die Absaugstellen nach Möglichkeit ins Rauminnere zu verlegen sind.

Wenn bei Herden mit Gasfeuerung die Verbrennungsgase nicht unmittelbar ins Freie geleitet werden können, sondern in die Küche austreten, so sind sie wenigstens bis in die Nähe der Absaugstellen der Abluftanlagen zu leiten. Ferner ist es in dem Fall angezeigt, zwecks Entfernung der schweren, niedersinkenden Gase auch über den Küchenböden Luft abzusaugen. Von großen Gasherden werden die Verbrennungsgase am besten unmittelbar, nötigenfalls unter Verwendung von Lüftern, ins Freie abgeleitet. In solche, unmittelbar ins Freie führende Abgasleitungen sind Zugunterbrecher einzusetzen.

Zurüst-, Speiseausgabe-, Abwasch- und ähnliche Räume sind ebenfalls an die Küchenlüftungen anzuschließen.

Besondere Aufmerksamkeit ist der leichten Reinigungsmöglichkeit der Abluftkanäle zu schenken, weil die aus den Küchen abströmende Luft fettige Ablagerungen hinterläßt. Die waagerechten Kanalstücke werden daher mit Vorteil so ausgeführt und befestigt, daß sie leicht heruntergenommen und im Freien gereinigt werden können. Ferner sind die Küchen-Abluftkanäle feuersicher und zudem wasserdicht zu erstellen, weil sonst Mauerdurchfeuchtungen auftreten werden.

3. Pissoire und Aborte.

Pissoire und Aborte, z. B. in Gasthäusern, sollen entweder durch genügend große Fenster lüftbar sein oder, wie in Abb. 133 dargestellt, an die Gaststätten-Abluftanlagen (nicht an die Abluftanlagen der Küchen, weil diese zu andern Zeiten laufen) angeschlossen werden. Dieser Anschluß hat so zu erfolgen, daß bei abgestellten Lüftern die Abortluft nicht in die Gaststätte übertreten kann. Bei großen Verhältnissen ist es angezeigt, besondere über Dach führende, nötigenfalls mit Sauglüftern versehene Abluftschächte zu erstellen. Der nach Zahlentafel 11 vorzusehende 5- bis 10 malige stündliche Luftwechsel scheint zu großen Anlagen zu führen; in Wirklichkeit sind der kleinen Rauminhalte wegen jedoch nur geringe Luftmengen zu fördern.

Eingebaute Aborte wie auch eingebaute Bäder sind ebenfalls mit besonderen Abluftanlagen zu versehen. Dabei ist von Fall zu Fall zu entscheiden, ob Abluftkanäle allein genügen oder Lüfter vorzusehen sind. Letztere werden vielfach durch Zeitschalter selbsttätig ein- und ausgeschaltet. Bei einfachen Verhältnissen genügt es u. U., wenn sie beim Spülen der Schüsseln selbsttätig für kurze Zeit in Betrieb gesetzt werden.

Um das Einströmen von Frischluft in die genannten Räume zu ermöglichen, sind besondere Öffnungen, beispielsweise unten Schlitze über die ganze Breite der Türen oder Gitter in den untern Füllungen, vorzusehen.

4. Kegelbahnen.

Obschon in den Kegelbahnen meist stark geraucht wird, genügt nach Zahlentafel 11 ein dreifacher stündlicher Luftwechsel, weil der Rauminhalt im Verhältnis zur Anzahl der anwesenden Personen groß ist.

Wenn immer möglich, ist die Abluft aus der Kegelstube, d. h. da, wo die Luft in erster Linie verunreinigt wird, abzusaugen und über Dach zu blasen, während vom andern Ende der Kegelbahn her vorgewärmte Frischluft zugeführt wird. Ein Zuluftlüfter ist nicht erforderlich. Dagegen ist die Abluftanlage der Kegelbahn unabhängig von derjenigen der Gaststätte zu erstellen, damit sie nach Bedarf ein- und ausgeschaltet werden kann.

5. Bildwerferräume (Kinokabinen) in Lichtspieltheatern, Saalbauten usw.

Die Lüftungsanlagen der Bildwerferräume in Lichtspieltheatern, Saalbauten usw., sind vollständig getrennt von denjenigen der Zuschauerräume auszuführen. Auch durch Kanäle dürfen sie mit den Zuschauerräumen und deren Zugängen, Treppen, Aborten und anderen Nebenräumen in keiner Verbindung stehen. Die Zuluft ist vom Freien oder von einem besondern, ausschließlich zu den betreffenden Räumen führenden Treppenhaus her zuzuführen und die Abluft über Dach zu leiten. Zwecks Vermeidung zu starker Erwärmung der Räume sind die Bildwerfer von Schutzmänteln zu umgeben, durch die zur Kühlung Luft aus dem Raum abgesaugt und durch Verbindungsrohre nach den Abluftkanälen geleitet wird. Nötigenfalls sind hierfür besondere kleine Lüfter vorzusehen[1].

[1] Für Deutschland vgl. die Polizeiverordnung über die Anlage und Einrichtung von Lichtspieltheatern und über die Sicherheitsvorschriften bei Lichtspielvorführungen vom 18. 3. 1937. Zbl. Bauverw. Bd. 57 (1937) Heft 18 Beilage und Gesundh.-Ing. Bd. 60 (1937) Heft 29 S. 464.

6. Eingebaute Kesselräume.

Eingebaute Kesselräume von Sammelheizungen sind durch Abluftschächte ohne Lüfter zu lüften, die zur Erhöhung des Auftriebes, wenn möglich, neben die Schornsteine zu legen sind und außer an obere mit Vorteil auch an untere Abluftöffnungen angeschlossen werden[1]. Ferner ist für leichte Zuströmmöglichkeit der zur Verbrennung und zur Lüftung des Raumes erforderlichen Frischluft zu sorgen. Genügt die freie Lüftung nicht, so sind Lüfter vorzusehen, indem Luft in die Räume eingeblasen wird. Ist dies des entstehenden Überdruckes und der Möglichkeit unerwünschten Übertrittes von Luft in die Nebenräume wegen nicht möglich, so ist sowohl Luft abzusaugen, als eine um den Anteil der Verbrennungsluft größere Zuluftmenge einzublasen. In diesen Fällen sind die beiden Lüfter miteinander zu kuppeln, damit sie stets gleichzeitig laufen. Keinesfalls dürfen durch den Einbau von Lüftern in die Abluftschächte allein reine Sauglüftungen erstellt werden, weil sonst infolge des entstehenden Unterdruckes rückläufige Strömungen in den Kaminen entstehen und Gase aus den Kesseln in die Räume austreten.

7. Mittel- und Großkraftwagenräume.

Mittel- und Großkraftwagenräume sollen genügende Raumhöhe (nicht unter 3 m, bei großer Grundfläche entsprechend mehr) aufweisen.

Womöglich sind seitliche Fenster und bei Hofkraftwagenräumen, nach Abb. 136, Oberlichtaufsätze mit seitlichen Fenstern anzubringen, die genügend Licht einlassen und, sofern die Verhältnisse es gestatten, geöffnet werden können. Empfehlenswert sind auch einander möglichst gegenüberliegende Ein- und Ausfahrten. Einmal trägt dies dazu bei, daß im Raum weniger hin und her gefahren werden muß, also weniger Auspuffgase entstehen, und zudem wird dadurch die freie Lüftung gefördert, indem die im Freien auftretenden Luftströmungen auch den Kraftwagenraum besser durchspülen.

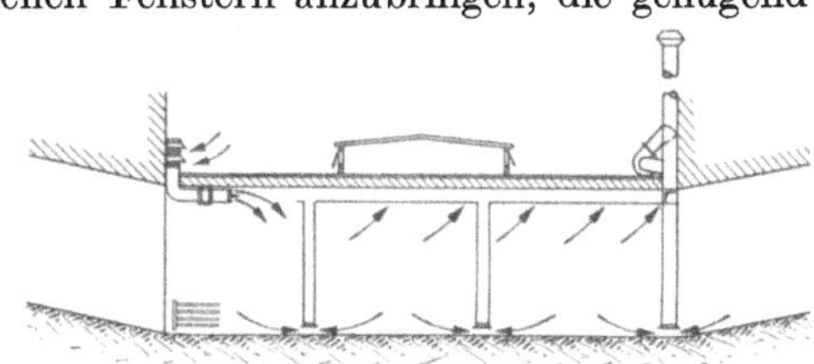

Abb. 136. Beispiel für die Lüftung eines Kraftwagenraumes.

Trotz derartiger Vorkehrungen sind aber doch lotrechte, bis über Dach führende Abluftschächte erforderlich, deren Ausmündungsstellen den unter Abschnitt IV 3b) genannten Forderungen zu entsprechen haben. Ihre Querschnitte sind so groß zu bemessen, daß bei 1,0 m/s Auftriebsgeschwindigkeit stündlich eine mindestens halbfache Lufterneuerung des Rauminhaltes zustande kommt. Wie Abb. 136 ebenfalls zeigt, sind sie durch waagerechte Kanäle mit obern und untern Abluftöffnungen in Verbindung zu bringen und diese so anzuordnen, daß die Auspuffgase bestmöglich und auf kürzestem Weg beseitigt werden. Stellt man die Kraftwagen mit ihren Rückseiten an die Wände, so sind zwecks Beseitigung der beim Anfahren in besonderem Maße entstehenden Gase mit

[1] Vgl. Lüftungsgrundsätze [7] S. 13/15. — Tilly, H.: Über die Lüftung der Kesselräume. Wärmewirtschaft Bd. 11 (1938) S. 169. Kurzbericht in Heizg. u. Lüftg. Bd. 13 (1939) Heft 4 S. 57.

Vorteil daselbst Absaugstellen vorzusehen, desgleichen im untern Teil der Ausfahrten, weil auch da, beim Hinauffahren der Wagen, die Luft stark verunreinigt wird.

Die lotrechten Kanäle sind mit Lüftern zu versehen, die laufen müssen, wenn der natürliche Auftrieb zufolge geringer Temperaturunterschiede zwischen innen und außen, oder starken Verkehrs im Kraftwagenraum, nicht genügt. Mit ihnen sollte bei Normalbetrieb ein stündlich dreimaliger, bei Spitzenbetrieb und daher größtem Lüftungsbedürfnis ein sechsmaliger Luftwechsel in der Stunde erzielbar sein (vgl. Zahlentafel 11). Keinesfalls darf die stündlich abgesaugte Luftmenge bei Normalbetrieb aber weniger als 8 m^3 je m^2 Grundfläche betragen.

Werden in den Kraftwagenräumen Motoren ausgeprobt und daher längere Zeit laufen gelassen, so sind die Auspuffgase durch Schlauchverbindungen in die Abluftkanäle abzuleiten, oder es ist von den betreffenden Raumstellen so viel Luft abzusaugen, daß die Arbeiter durch die auspuffenden Gase nicht zu stark belästigt werden[1]. Nach MAYERS[2] kann der CO-Gehalt der Auspuffgase bis zu 10 und 12 vH betragen. In einer Entfernung von etwa ½ m hinter den Kraftwagen wurden in der Hallenluft noch 0,7 bis 1,1 vH CO gemessen, was einem mit Instandstellungsarbeiten an den untern Kraftwagenteilen beschäftigten Menschen gefährlich werden kann. Die Lüftung muß so beschaffen sein, daß auch in unmittelbarer Nähe der Wagen die zulässige Grenze von etwa 0,1 vH CO nicht überschritten wird.

Da beim bloßen Absaugen großer Luftmengen bei tiefen Außentemperaturen Zugerscheinungen entstehen, muß auch vorgewärmte Luft eingeblasen werden können, was in den meisten Fällen am besten durch Einzelheizgeräte (vgl. Abb. 136) erfolgt. Diese sind so anzubringen, daß die Luft auf ihrem Wege von den Eintritts- zu den Absaugstellen den Raum in allen Teilen gut durchspült, jedoch ohne daß die Leute belästigt werden. Gewünschtenfalls können die gleichen Geräte auch für den Betrieb mit Umluft eingerichtet und dadurch zum Heizen benutzt werden. Die Frischluftzuführung soll indessen auch beim Einstellen auf Umluftbetrieb nie ganz abstellbar sein. In der Regel ist es aber angezeigt, die Heizung der Kraftwagenräume durch unmittelbar wirkende Heizkörper, z. B. den Wänden entlang angeordnete Heizrohre, vorzunehmen und die Lüftung unabhängig davon zu erstellen und zu betreiben.

Hinsichtlich der Wagenwaschplätze in Kraftwagenräumen ist folgendes zu sagen: In kleineren Einstellräumen, in denen nur gelegentlich Wagen mit Wasser (ohne Benutzung von Petrol usw.) gewaschen werden, genügen die vorstehend beschriebenen Lüftungsanlagen. Werden bei größeren Verhältnissen besondere Wagenwaschplätze vorgesehen und durch feste Wände oder Vorhänge vom übrigen Raum abgetrennt, so müssen diese jedoch eigene Lüftungsanlagen erhalten, die für eine stündliche Lufterneuerung gleich mindestens dem 15fachen des betreffenden Rauminhaltes sorgen und durch Verriegelung mit den Petrolspritzpistolen stets laufen, wenn gespritzt wird. Das kann z. B. dadurch erfolgen,

[1] Vgl. z. B. HOTTINGER, M.: Fußnote 1, S. 105.

[2] MAYERS, M. R.: Kohlenoxydvergiftungen in der Industrie und ihre Bekämpfung; Kohlenoxydgehalt der Luft und Lüftung von öffentlichen Kraftwagenhallen. Heat. & Vent. Bd. 35 (1938) Heft 10 S. 44/46. Kurzbericht im Gesundh.-Ing. Bd. 62 (1939) Heft 28 S. 400.

daß in die vom Luftverdichter zu den Spritzpistolen führende Preßluftleitung, vor ihrer Gabelung, ein Fernsteuerventil nach Abb. 137 eingesetzt wird, das sich beim Anlassen der Lüftung selbsttätig öffnet und beim Abstellen wieder schließt. Das Schaltschema zeigt Abb. 138. Dadurch können die zum Waschen der Wagen gebräuchlichen Petrolspritzpistolen nur in Betrieb genommen werden, wenn die miteinander gekuppelten Zu- und Abluftlüfter [vgl. Abschnitt IV 3f) δ)] laufen. Diese Anordnung wird in Zürich von der Baupolizei schon seit bald 10 Jahren verlangt und hat sich gut bewährt.

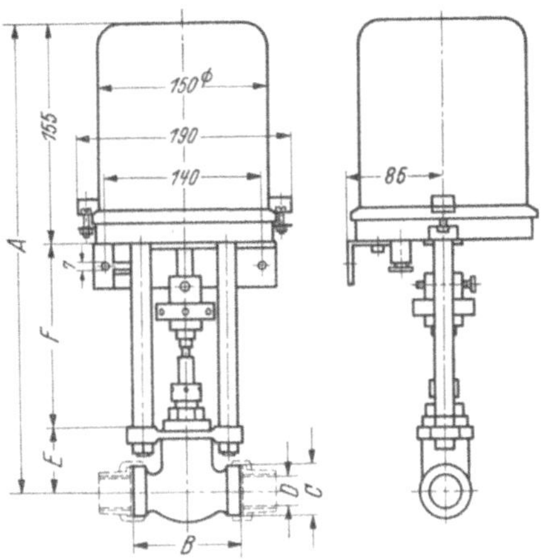

Abb. 137. Fernsteuerventil.

Leitungsdurchmesser mm	D	A	B	C	E	F
10	¾″ G	315	60	¾″ G	40	120
15	½″ G	320	75	1″ G	45	120
20	¾″ G	327	90	1¼″ G	52	120
25	1″ G	360	105	1½″ G	60	145
30	1¼″ G	377	120	2″ G	70	152
40	1½″ G	385	140	2¼″ G	78	152
50	2″ G	430	160	2¾″ G	90	174

Zum möglichst unmittelbaren Abführen der verdorbenen Luft aus den Wagenwaschräumen wird sie am besten zur Hauptsache unten, beispielsweise durch einen Bodenrost, teilweise aber auch oben, abgesaugt. Die im Winter vorzuwärmende Frischluft kann, in gleicher Weise wie in den Kraftwagenraum, unter der Decke eingeblasen werden.

Die Raumtemperatur sollte im Waschraum mindestens 10 bis 12⁰ betragen, während der übrige Kraftwagenraum, sofern er nicht als Werkstatt benutzt wird, nur gegen Einfriergefahr geschützt werden muß, so daß z. B. $+5^0$ vollständig genügen. Die höhere Temperatur in den Waschräumen kann durch Einblasen entsprechend hoch erwärmter Zuluft oder unmittelbar wirkende Heizkörper erreicht werden.

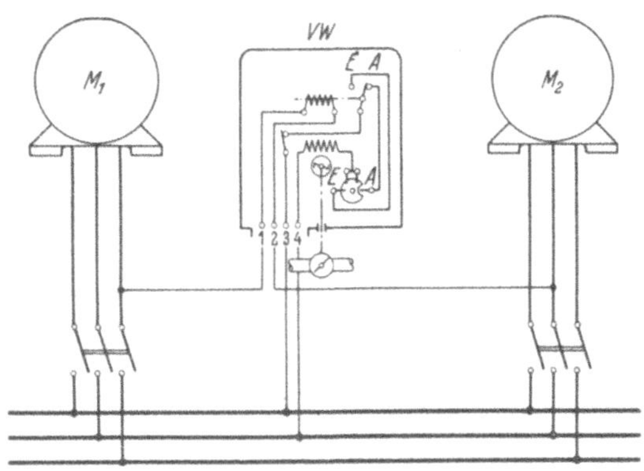

Abb. 138. Schaltschema zum Fernsteuerventil Abb. 137. M_1 Zuluftlüfter, M_2 Abluftlüfter.

Wichtig ist, daß der Benzin- und Petroldämpfe wegen für Zerknallsicherheit gesorgt wird. An manchen Orten bestehen feuerpolizeiliche Verordnungen, die z. B. das Aufstellen von kohle- oder ölbefeuerten Heizkesseln innerhalb der Kraftwagenräume untersagen, Funkensicherheit bei den in diesen Räumen aufgestellten Elektromotoren verlangen usw.

Als Beispiel einer Sonderausführung sei noch auf den in Abb. 85 wiedergegebenen, 3500 m³ Rauminhalt umfassenden Kraftwagenraum der Zürcher Brandwache eingetreten, weil hier die Lüftungsanlage nicht alltägliche Bedingungen zu erfüllen hat. Ihre wichtigste Aufgabe besteht darin, die beim Laufenlassen der Wagenmotoren entstehenden Gase derart zu beseitigen, daß es die Mannschaft auch bei geschlossenen Toren in dem Raum aushält. Diese Forderung ist weitgehend, weil das gleichzeitige Laufenlassen der Motoren zwecks Kontrolle täglich viermal während je 7 bis 10 Minuten vorgenommen wird und es sich dabei um vier Wagen zu je 105 PS und zwei Wagen zu je 70 PS handelt, während weitere vier Wagen kleiner sind und der Kontrolle innerhalb der Gerätehalle weniger oft unterzogen werden, weil sie viel im Gebrauch stehen.

Natürlich dachte man zuerst daran, die Gase zur einwandfreien Beseitigung bei geringstem Kraftaufwand durch an die Auspuffrohre angesetzte Schläuche ins Freie zu leiten. Diese Lösung kam im vorliegenden Fall indessen nicht in Frage, weil die Wagen jederzeit ausfahrbereit sein müssen. Die Mannschaft der Brandwache rechnet vom Alarm bis zur Ausfahrt mit Sekunden, und es wurde vom Feuerwehrinspektorat jede Vorkehrung abgelehnt, die diese Zeit verzögern könnte.

Unter Abschnitt V 3 wurde bereits erwähnt, daß aus dem gleichen Grunde die Temperatur in der Gerätehalle stets mindestens 15° betragen muß, damit die Motoren beim Ausfahren warm sind, weshalb man außer den an den Seitenwänden angebrachten Heizrohrregistern auch Einzellufterhitzer einbaute, die nach dem Öffnen der Tore in Betrieb gesetzt werden. Mit der Lüftung des Raumes haben diese jedoch nichts zu tun.

Eine wichtige Aufgabe der Lüftungsanlage besteht weiter darin, zu verhüten, daß verunreinigte Luft durch die Rutschschächte in die Mannschaftsschlafräume hinaufgelangt. Der Kraftwagenraum und das darüberliegende Stockwerk mit den Schlafräumen sind durch 10 solcher Schächte miteinander verbunden (s. Abb. 85 rechts), durch die die Mannschaft bei nächtlichem Alarm an polierten Gleitstangen herunterrutscht.

Und schließlich wurden noch vollkommene Betriebssicherheit, weitgehendste Einfachheit und größtmögliche Wirtschaftlichkeit zur Bedingung gemacht.

Unter Berücksichtigung all dieser Umstände, sowie auch der baulichen Verhältnisse, gelangte man zu folgender Lösung: Sowohl die Zu- als Abluftmenge beträgt 20000 m³/h, was einem nahezu 6fachen stündlichen Luftwechsel entspricht. Die im Winter bei Außentemperaturen bis -5^{0} auf $+20^{0}$ vorgewärmte Frischluft wird vom Zuluftlüfter durch die Rutschschächte in den Kraftwagenraum hinuntergeblasen. Dadurch entsteht eine kräftige Luftströmung von oben nach unten, die das Aufsteigen vergaster Luft mit Sicherheit ausschließt.

Das Absaugen der Raumluft, und damit der Motorauspuffgase, erfolgt durch acht unter den Wagen befindliche Bodenkanale. Diese sind mit Rücksicht darauf, daß die Auspuffgase beim Kontrollaufenlassen und Ausfahren der Wagen nach hinten geschleudert werden, von der Mitte des Raumes gegen die Einfahrtstore hin verlegt (vgl. Abb. 85). Über jedem derselben sind hintereinander zwei Gitter von 40 cm Breite, je 1,5 m Länge und 80 vH freiem Querschnitt angeordnet. Da die Wagenräder diese Gitter nicht berühren, konnten sie in leichter Bauart ausgeführt werden. Sie sind daher bequem abhebbar, was für die Reinigungsmöglichkeit der Kanäle von Vorteil ist. Diese haben Gefälle und können deshalb leicht durchgespült werden.

Zu- und Abluftlüfter sind elektrisch miteinander gekuppelt. Das Ein- und Ausschalten sowie die Drehzahlregelung erfolgen daher stets gleichzeitig. Die Bedienung kann sowohl vom Kommandoraum als von der Gerätehalle aus vorgenommen werden. Bei Alarm erfolgt sie durch einen einzigen Schaltergriff vom Kommandoraum aus, wodurch gleichzeitig die Alarmglocken oder -summer, die Zeitregistrierung und des Nachts die Beleuchtung in den Schlafzimmern der Brandwächter, in der Gerätehalle und in der Ausfahrt in Tätigkeit treten. Beleuchtung und Lüftung haben auf dem Kommandotisch Signallampen, welche das richtige Arbeiten rückmelden.

Um die Betriebskosten der Lüftungsanlage nicht allzuhoch ausfallen zu lassen, wird die geförderte Luftmenge bei den in Zürich nur selten auftretenden Außentemperaturen von unter -5^0 und bei geringfügigem Lüftungsbedürfnis eingeschränkt. Zu dem Zweck wurden Kurzschlußankermotoren mit Polumschaltung vorgesehen, so daß die Luftmenge von 20000 auf 15000 und 10000 m^3/h vermindert werden kann. Die Motorstärken betragen hierbei: beim Zuluftlüfter 5,0, 2,2 und 0,65 PS, beim Abluftlüfter 3,0, 1,3 und 0,4 PS. Außer großer Bequemlichkeit in der Handhabung der Anlage wurde durch das Zusammenhängen der Lüfter erreicht, daß fehlerhafte Bedienung in dem Sinne, daß fälschlicherweise nur der Zu- oder nur der Abluftlüfter laufen gelassen, d. h. unerwünschter Über- oder Unterdruck erzeugt wird, ausgeschlossen ist.

Der auf Abb. 85 im Hintergrund der Gerätehalle sichtbare, durch eine halbhohe Glaswand abgetrennte Wagenwasch- und Prüfraum ist in der vorstehend angegebenen Weise gelüftet. Zu- und Abluftlüfter sind auch hier elektrisch miteinander gekuppelt und nach den Abb. 137 und 138 derart mit der Petrolspritzpistole verriegelt, daß diese nur benutzt werden kann, wenn die Lüfter laufen.

Die Zuluft wird auf der Längsseite des Waschraumes unter der Decke durch Düsen nach unten geblasen, jedoch so, daß die Arbeiter dadurch nicht belästigt werden. Im Winter wird sie auf $+25^0$ vorgewärmt. Das Absaugen der Abluft findet durch den Bodenrost statt. Sie wird, wie die Abluft der Gerätehalle, über Dach geblasen. Um das Überschlagen eines möglicherweise im Wagenwaschraum ausgebrochenen Brandes auf den im Treppenhaus gelegenen Abluftschacht zu verhindern, ist eine motorisierte Brandschutzklappe mit Schmelzsicherung in diesen eingebaut, die sich beim Inbetriebsetzen der Lüfter selbsttätig öffnet, beim Abstellen wieder schließt. Im Winter werden dadurch in gleicher Weise wie bei der Gerätehalle, deren Abluftschacht ebenfalls mit einer solchen Klappe versehen ist, unnütze Wärmeverluste infolge des natürlichen Auftriebes der Luft vermieden.

Die aus dem Wagenwaschraum abgesaugte Abluftmenge beträgt 9000 m^3/h, was einer 18fachen stündlichen Lufterneuerung entspricht, während nur rd. 6000 m^3/h eingeblasen werden, so daß von der Gerätehalle her noch 3000 m^3/h zuströmen. Dadurch wird verhindert, daß beim Spritzen mit Petrol über die Trennwand Petroldämpfe in den Geräteraum hinübergelangen. Der Motor der Zuluftanlage weist eine Leistung von 0,75 PS, derjenige der Abluftanlage eine solche von 1,0 PS auf.

Schrifttum.

KERN, J. F.: Die Lüftung eines großen unterirdischen Kraftwageneinstellraumes. Heat. & Vent. Bd. 34 (1937) Heft 7 S. 35/38. Kurzbericht in Gesundh.-Ing. Bd. 61 (1938) Heft 1 S. 14.

MENSING, P.: Lüftungsfragen in Einstellräumen und Instandsetzungswerkstätten für Kraftfahrzeuge. Gesundh.-Ing. Bd. 60 (1937) Heft 3 S. 39/40.

Bestimmungen über Heizungs- und Lüftungsanlagen in Räumen, welche zur Einstellung von Kraftfahrzeugen dienen. Haustechn. Rdsch. Bd. 37 (1932) Heft 15 S. 220/221. Ferner: Kalender für Heizungs-, Lüftungs- und Badetechniker 1939 und ebenso Kalender für Gesundheits- und Wärmetechnik 1939 S. 358/359.

HOLBROOK, F. C.: Die Lüftungsanlagen in einem städtischen Kraftwagenraum. Heat. & Vent. Bd. 33 (1936) Heft 10 S. 38. Kurzbericht im Gesundh.-Ing. Bd. 60 (1937) Heft 15 S. 226.

8. Farbspritzereien.

Dieses Buch hat sich, wie schon im Vorwort erwähnt, nicht mit den industriellen Lüftungsanlagen, z. B. zum Betrieb von Kaltlager- und Kühlräumen oder mit Trocken-, Entstaubungs- und ähnlichen Anlagen, zu befassen. Auch auf die zum Schutz der Arbeiter gegen gesundheitsschädigende Einwirkungen von Gasen, Dämpfen, Staub, großer Hitze usw. zu erstellenden Anlagen wurde nur gelegentlich (z. B. in bezug auf die soeben besprochenen Wäschereien in Großkraftwagenräumen) hingewiesen, da es sich auch hierbei um ein ausgesprochenes, durch Bücher und Aufsätze schon weitgehend bearbeitetes Sondergebiet handelt[1]. Selbstverständlich kann der Inhalt des vorliegenden Buches mit Vorteil aber trotzdem auch zur Erstellung solcher Anlagen benutzt werden, und ich möchte zum Schluß doch wenigstens noch auf ein besonders charakteristisches diesbezügliches Beispiel, das zudem die Wichtigkeit solcher Anlagen in vollem Lichte zeigt, nämlich auf die in Farbspritzereien vorzukehrenden Maßnahmen eintreten.

Da es sich hierbei um eine ernste Bedrohung der Gesundheit der Arbeiter, und bei Verwendung brennbarer Farben und Lacke zudem um eine erhebliche Zerknallgefahr handelt, so haben sich die Behörden schon vielfach mit dieser Angelegenheit befaßt. Im folgenden halte ich mich an den von der *Schweizerischen Unfallversicherungsanstalt Luzern (Suva)* in Verbindung mit den Eidgenössischen Fabrikinspektoraten auf Grund langjähriger Erfahrungen ausgearbeiteten Verordnungsentwurf[2]. Die sich insbesondere auf die Lüftung beziehenden Abschnitte lauten:

Art. 2. 1. Die Verarbeitung von Anstrichstoffen im Spritzverfahren hat, sofern diese nicht im Freien vorgenommen werden kann, in besondern Räumen oder unter Kapellen zu erfolgen. Hallen von 4000 m³ Rauminhalt je Spritzstelle und einer Höhe von mindestens

[1] MENSING, P.: Gesunde Luft im Arbeitsraum. Gesundh.-Ing. Bd. 62 (1939) Heft 47 S. 665/667. — BÖTTCHER: Ein Beitrag zur Lüftung von Arbeitsräumen. Zbl. Gew.-Hyg. 1938 Heft 3 S. 67. — BRANDI, O. H.: Gute Luft in Arbeitsräumen. Bericht des ständigen Ausschusses über den XV. Kongreß für Heizung und Lüftung 1938 S. 79/106. — NAGEL, R.: [19]. — WIETFELDT, W.: [16]. — STEINWARZ, H.: Gute Luft und Gesundheit am Arbeitsplatz. Gesundh.-Ing. Bd. 60 (1937) Heft 24 S. 373/374. — LIESE, W.: „Gute Luft" als raumhygienische Forderung in Arbeitsräumen. Gesundh.-Ing. Bd. 60 (1937) Heft 24 S. 374/380. — WIETFELDT, W.: Die künstliche Be- und Entlüftung größerer Arbeitsräume. Gesundh.-Ing. Bd. 60 (1937) Heft 24 S. 390/395. — BEDFORT, T.: Modern Principles of Ventilation and Heating. London: H. K. Lewis & Co., 1937. Kurze Besprechung im Gesundh.-Ing. Bd. 60 (1937) Heft 20 S. 320. — WIETFELDT, W.: Zur Belüftung von Arbeitsräumen durch natürlichen Luftauftrieb. Arbeitsschutz (1935) Heft 7 S. 144/150. Kurzbericht im Gesundh.-Ing. Bd. 58 (1935) Heft 38 S. 590. — WIETFELDT, W.: Zur Lüftung von Arbeitsräumen durch Schraubenventilatoren. Arbeitsschutz 1935 Heft 9 S. 221/226. — HARTMANN, K.: Reine Luft in Arbeitsräumen. Bericht des ständigen Ausschusses über den XII. Kongreß für Heizung und Lüftung 1927 S. 6/47.

[2] *Schweiz. Unfallversicherungsanstalt Luzern,* Entwurf zu einer Verordnung betreffend Einrichtung und Betrieb von Farbspritzanlagen, Formular Nr. 1254.

6 m werden dem Freien gleichgestellt. Die besondern Räume dürfen nicht für Lagerzwecke benutzt werden. In Spritzräumen dürfen andere Arbeiten als die Verarbeitung von Anstrichstoffen nur ausgeführt werden, wenn nicht gespritzt wird.

2. Kleine Ausbesserungsarbeiten dürfen mit der Spritzpistole in Arbeitsräumen vorgenommen werden, aber nur dann, wenn durch künstliche Entlüftung bei hinreichender Zuführung von Frischluft, die bei kalter Witterung auf Raumtemperatur erwärmt werden kann, dafür gesorgt ist, daß an keiner Stelle des Raumes die Farbnebel in einer Dichte auftreten, daß Gesundheitsschädigungen verursacht werden können.

3. Kapellen mit künstlicher Entlüftung und Frischluftzuführung dürfen in Arbeitsräumen eingerichtet werden, sofern sich alle Spritzarbeiten im Innern der Kapelle ausführen lassen.

4. Beim Spritzen im Innern von Behältern, in geschlossenen Räumen, Tunnels usw. sind dieselben Maßnahmen zu treffen wie in Spritzräumen.

Art. 4. Bietet die Verarbeitung von Anstrichstoffen im Spritzverfahren eine besondere Vergiftungsgefahr, wie z. B. das Spritzen von bleihaltigen Farben oder Anstrichstoffen, die mit Tetrachlorkohlenstoff, halogenierten Kohlenwasserstoffen oder Methylalkohol gelöst oder verdünnt sind, dann ist diese nur zulässig, wenn Maßnahmen getroffen werden, daß sowohl der Arbeiter, welcher die Anlage bedient, als auch die Nebenarbeiter gegen Verunreinigung durch Anstrichstoffe geschützt sind.

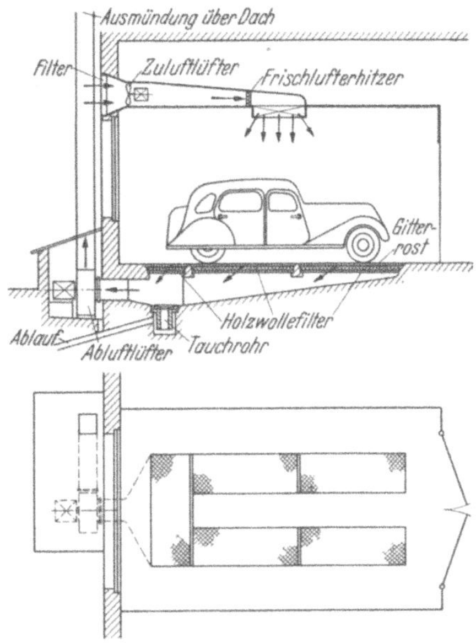

Abb. 139. Spritzraum mit Zu- und Abluftanlage.

Art. 5. 1. In Farbspritzräumen bzw. Kapellen sind die entstehenden Farbnebel so weit abzusaugen, daß sich keine explosiven Gemische bilden können. Die nötige Frischluft ist dem Spritzraum bzw. der Kapelle künstlich zuzuführen, und es ist dafür zu sorgen, daß die

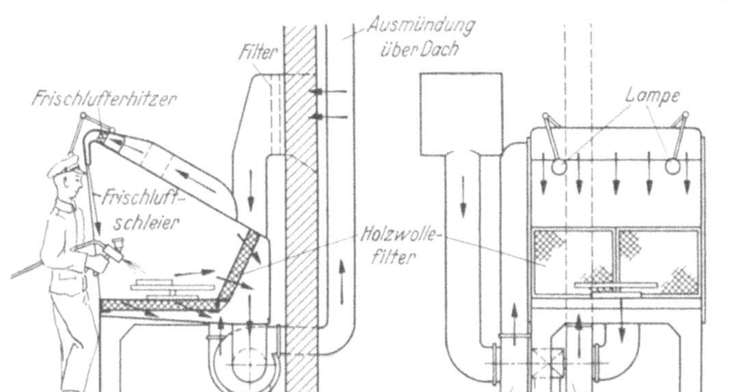

Abb. 140. Kleine Spritzkapelle mit Zu- und Abluftanlage.

dem Spritzraum zugeführte Frischluft auf Raumtemperatur erwärmt werden kann. Der Frischluft- und der Abluftventilator sind derart miteinander zu kuppeln, daß beide gleichzeitig in Gang gesetzt werden.

2. Die Abluftkanäle sind, wenn möglich (beispielsweise nach Abb. 139), in den Boden zu verlegen oder unmittelbar über Boden anzuordnen. Den Eintrittsöffnungen zu den Abluftkanälen sind leicht auswechselbare Filter, z. B. solche aus Holzwolle, vor-

zuschalten. Bei Kapellen ist der Tisch oder die Rückwand als Filter auszubilden (vgl. die Abb. 140 und 141)[1].

3. Die Ausmündung der Absaugung ist so anzuordnen, daß die austretenden Dämpfe gegen Entzündung gesichert sind und weder in das Gebäude zurückkehren noch in die Kanalisation gelangen können.

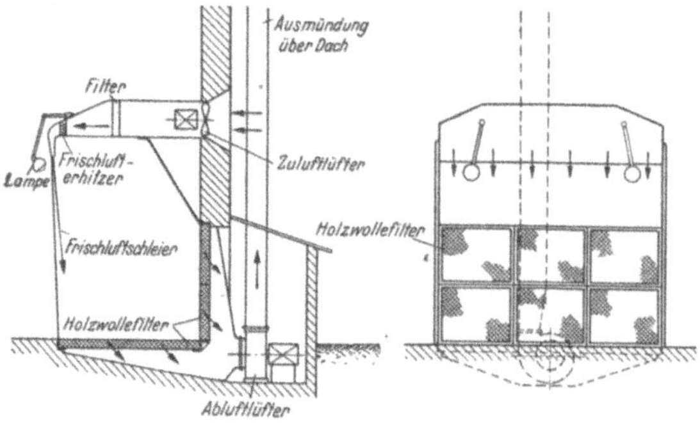

Abb. 141. Große Spritzkapelle mit Zu- und Abluftanlage.

Art. 6. In Fällen, wo die Entlüftung die Vergiftungsgefahr nicht ganz beseitigt, sind den Arbeitern Frischluftgeräte, d. h. Atemschützer mit künstlicher Luftzuführung (Abb. 142 und 143) zur Verfügung zu stellen. Es ist dafür zu sorgen, daß die Frischluft rein ist und bei kalter Witterung erwärmt werden kann.

Art. 7. Für die Verarbeitung der Anstrichstoffe im Spritzverfahren dürfen jugendliche Personen im Sinne des Fabrikgesetzes oder weibliche Arbeitskräfte nur dann verwendet werden, wenn die entstehenden Farbnebel sich restlos an der Entstehungsstelle erfassen und abführen lassen und auch der Verunreinigung durch Anstrichstoffe wirksam vorgebeugt ist. Diese Bestimmung gilt nicht für Lehrlinge des Malerberufes.

Die folgenden Abschnitte beziehen sich auf das Spritzen von Nitrozellulose oder andern leicht brennbaren Anstrichstoffen:

Art. 10. Die elektrischen Einrichtungen in Spritzräumen und im Innern von Kapellen müssen nach den für explosionsgefährliche Räume geltenden Grundsätzen erstellt sein. In Kapellen können gewöhnliche elektrische Lampen verwendet werden, sofern diese von Frischluft umspült sind.

Art. 11. Die Aufstellung der Kompressoranlage ist im Spritzraum zulässig, wenn diese den Anforde-

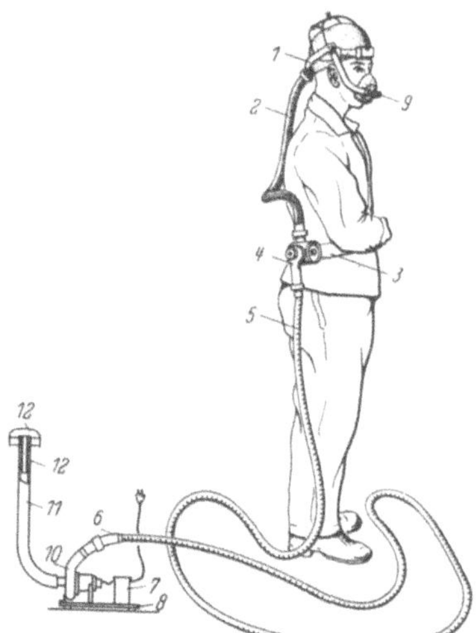

Abb. 142. Frischluftgerät.
1 Kopfteil mit Lederkappe und einstellbarer Muschel, *2* Geräteschlauch, 20 mm lichte Weite, 700 mm Länge, *3* Ledergurt 40/4/1300 mm, *4* Schlauchkupplung mit Luftregelhahn, *5* Lüfterschlauch aus Stahl verzinkt, mit Asbestdichtung, 20 mm lichte Weite, *6* Einführungstülle für die Heizstromleitung, *7* Anschlußtransformer für Stromnetze mit 110/125/145/220 und 250 Volt, Anschlußleistung rd. 140 Watt, *8* Grundplatte zum Elektrolüfter und Transformer, *9* Heizkörper zur Lufterwärmung, 25 Volt, Anschlußleistung rd. 50 Watt. *10* Elektrolüfter für rd. 8 m³/h Luft bei rd. 280 mm WS. Anschlußleistung rd. 90 Watt, *11* Saugschlauch, Gummi mit Stoffeinlage 35/3,5 mm, *12* Filter.

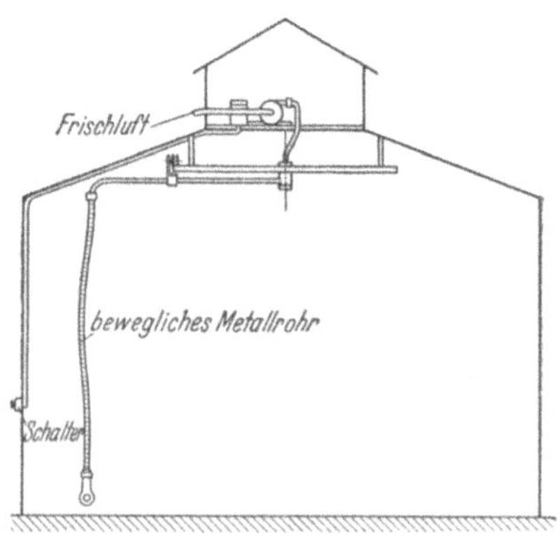

Abb. 143. Anordnung der Luftzuführung zu einem Frischluftgerät nach Abb. 142.

[1] Da die Wirkung der Lüftung mit zunehmender Verschmutzung und damit des Widerstandes der Filter abnimmt, empfiehlt die Suva die Überwachung der Anlagen durch den Einbau von Druckmessern zwischen Filter und Abluftlüfter. Und weiter schlägt sie zur Erzeugung eines geringen Unterdruckes im Raum vor, die Frischluftmenge nur zu etwa ¾ der Abluftmenge zu bemessen.

rungen, wie sie für explosionsgefährdete Räume gestellt werden, genügt. Es ist dafür zu sorgen, daß der Kompressor nur reine Luft ansaugen kann.

Art. 12. Ofenheizung bzw. Heizung mit direkter Feuerung ist unzulässig. Neben Warmluft- oder Warmwasserheizung darf auch indirekte explosionssichere Heizung angewendet werden. Warmluftheizung ist an die Bedingung gebunden, daß die Abluft ins Freie geleitet wird. Rückführung der Abluft in den Spritzraum ist zulässig, wenn diese so weit gereinigt bzw. mit reiner Frischluft vermischt wird, daß dadurch keine Explosionsgefahr bedingt ist.

Art. 13. Sofern die Ventilatoren in den Spritzräumen eingerichtet werden, sind für deren Antrieb Ausführungen zu wählen, die volle Gewähr gegen Funkenbildung bieten. Riemenantrieb ist nicht zulässig. Es ist auch dafür zu sorgen, daß sich im Innern des Abluftventilators keine Funken bilden können. Die Ventilatoren sind zu erden.

Abb. 144. Spritzraum mit den beiden beweglichen Arbeitskabinen in der Werkstätte der SBB in Yverdon.

Abb. 145. Arbeitskabine im Gebrauch, Bespritzung der Bremshütte eines Güterwagens.

Art. 14. 1. Farbspritzanlagen sind in allen ihren Teilen rein zu halten und Farbrückstände zu entfernen.

2. Zum Abkratzen dieser Rückstände dürfen keine Instrumente aus Eisen, sondern nur solche aus Weichmetall (Kupfer, Messing usw.) verwendet werden.

Eine besonders interessante Farbspritzanlage ist seit dem Jahre 1935 in der Werkstatt der SBB in *Yverdon* zur Bemalung der Eisenbahnwagen in Betrieb[1]. Die Maler befinden sich dabei in geschlossenen Arbeitskabinen (Abb. 144 und 145). Die Anlage besitzt zwei solcher Kabinen, denen frische Luft durch einen mit einem 1-PS-Elektromotor angetriebenen, auf dem Dachboden aufgestellten Lüfter zugeführt wird. Sie können durch motorische Kraft an Laufschienen um den zu spritzenden Eisenbahnwagen herumgefahren und auf pneumatischem Wege gehoben und gesenkt werden. In den Vorderwänden sind durch leichte Tuch-

[1] Koenig, A.: Die Farbspritzanlage der Werkstätte Yverdon, SBB. Nachrichtenblatt Bd. 13 (1936) Heft 5 S. 74/76.

bälge bedeckte Öffnungen von 800/250 mm vorhanden, die den Malern erlauben, den die Spritzpistole bedienenden Arm herauszustrecken. Die Sicht ist durch Glasfenster ermöglicht. Die vom Lüfter durch zentral angeordnete, biegsame Schläuche nach den Kabinen beförderte Luft wird durch Metallfilter gereinigt und im Winter durch einen Lufterhitzer angewärmt. Damit das Profil für den Durchgang des Eisenbahnwagens frei bleibt, sind die Schläuche, wie auch die Leitungen für die Zuführung der elektrischen Energie und der Preßluft, in der Mitte des Raumes an einer kleinen Rollschiene aufgehängt.

Zufolge des Einblasens von Luft herrscht in den Kabinen natürlich ein geringer Überdruck, der das Einströmen von Luft aus dem Spritzraum mit Sicherheit ausschließt. Der Druckunterschied wird dadurch noch erhöht, daß aus dem Spritzraum durch einen ebenfalls im Dachboden aufgestellten, durch einen 4-PS-Motor angetriebenen Lüfter Luft abgesaugt und durch einen Abluftschacht über Dach geblasen wird. Zur Zurückhaltung der Farbnebel sind auch hier Holzwollfilter angebracht. Das Einströmen der Ersatzluft erfolgt außer durch die Arbeitskabinen durch zwei beiderseits des Tores angebrachte, mit selbsttätig wirkenden Jalousieklappen versehene Öffnungen von 2,3/0,75 m. Die abgesaugte Luftmenge beträgt 20000 m^3/h gleich dem 50fachen des Rauminhaltes. Im Winter wird die eingesaugte Luft angewärmt.

Die Anlage hat von Anfang an befriedigt und schützt die Maler vollständig gegen die schädlichen Einwirkungen der Farbnebel. Gegenüber dem Bemalen der Wagen mittels Pinseln ist die Zeitersparnis zudem so groß, daß sich derartige Anlagen in kurzer Zeit abschreiben lassen.

Weitere eingehende Angaben über die in den verschiedenen Gebäude- bzw. Raumarten an die Lüftungs- und Klimaanlagen zu stellenden Anforderungen sind in dem aufgeführten Schrifttum zu finden, das auch manches beachtliche Ausführungsbeispiel enthält.

VIII. Schrifttumsverzeichnis.

1. Bücher und Schriften.

1. Missenard, A.: Der Mensch und seine klimatische Umwelt. Berlin: Deutsche Verlags-Anstalt Stuttgart 1936.
2. Brezina, E., u. W. Schmidt: Das künstliche Klima in der Umgebung des Menschen. Stuttgart: Ferdinand Enke Verlag 1937.
3. Egloff, K.: Über das Klima im Zimmer und seine Beziehungen zum Außenklima, mit besonderer Berücksichtigung von Feuchtigkeit, Staub- und Ionengehalt der Luft. Diss. Eidgen. Techn. Hochschule Zürich (Nr. 766) 1933.
4. Roose, H.: Neue elektro-thermische Meßmethoden zur Kennzeichnung eines Raumklimas und deren Anwendung zum Vergleich von Radiatoren-, Fußboden- und Deckenheizung. Diss. Eidgen. Techn. Hochschule Zürich 1937.
5. Hottinger, M.: Klima und Gradtage in ihren Beziehungen zur Heiz- und Lüftungstechnik. Berlin: Julius Springer 1938.
6. Gröber, H., u. F. Bradtke: H. Rietschels Leitfaden der Heiz- und Lüftungstechnik. 11. Aufl. Berlin: Julius Springer 1938.
7. VDI-Lüftungsgrundsätze. Berlin: VDI-Verlag G. m. b. H. 1937.

8. VDI-Regeln zur Lüftung von Versammlungsräumen. Berlin: VDI-Verlag G. m. b. H. 1937.
9. VDI-Richtlinien für die Lüftung von großen Küchen. Berlin: VDI-Verlag G. m. b. H. 1939.
10. HOTTINGER, M.: Wegleitungen für die Ausführung von Lüftungsanlagen. Zürich: Verein Schweiz. Centralheizungsindustrieller 1937.
11. VDI-Richtlinien für die Lärmabwehr in der Lüftungstechnik. Berlin: VDI-Verlag G. m. b. H. 1938.
12. RYBKA, R.: Amerikanische Heizungs- und Lüftungspraxis. Berlin: Julius Springer 1932.
13. — u. A. KLEIN: Klimatechnik, Entwurf, Berechnung und Ausführung von Klima-Anlagen. 2. Aufl. München und Berlin: R. Oldenbourg 1938.
14. VDI-Sonderheft, Klimatechnik. Berlin: VDI-Verlag G. m. b. H. 1939.
15. BRADTKE, F., u. O. H. BRANDI: Handbuch der Klimatechnik. Berlin: VDI-Verlag G. m. b. H., DIN A 5, in Vorbereitung.
16. WIETFELDT, W.: Die Be- und Entlüftung des Normalarbeitsraumes. Berlin: Julius Springer 1937.
17. SILBERBERG, L.: Luftbehandlung in Industrie- und Gewerbebetrieben, Be- und Entfeuchten, Heizen und Kühlen. Berlin: Julius Springer 1932.
18. KÄMPER, H., M. HOTTINGER u. W. v. GONZENBACH: Die Heiz- und Lüftungsanlagen in den verschiedenen Gebäudearten. 2. Aufl. Berlin: Julius Springer 1940.
19. NAGEL, R.: Entstaubungs- und Lüftungsfragen in der Werkstatt. 2. Aufl. Berlin: VDI-Verlag G. m. b. H. 1938.
20. OBER, J., u. R. WEISE: Richtlinien zum Bau von Stallüftungsanlagen. Berlin: Flugschrift des Reichskuratoriums für Technik in der Landwirtschaft 1939.
21. WIESMANN, E.: Die Ventilatoren. Berlin: Julius Springer 1930.
22. ECK, B.: Ventilatoren. Entwurf und Betrieb der Schleuder- und Schraubengebläse. Berlin: Julius Springer 1937.
23. VDI-Regeln für Leistungsversuche an Ventilatoren und Kompressoren. Berlin: VDI-Verlag G. m. b. H. Ferner: DIN 1945: Regeln für Abnahme- und Leistungsversuche an Verdichtern.
24. JAHNKE, H.: Fluchtentafeln für feuchte Luft. Berlin: Julius Springer 1937.
25. KASTNER, F.: Luftbefeuchtungsanlagen, Untersuchungen und Berechnungen. München und Berlin: R. Oldenbourg 1931.
26. TAMM, W.: Die Grundlagen der Raumkühlung. Berlin: Julius Springer 1938.
27. BRADTKE, F., u. W. LIESE: Hilfsbuch für raum- und außenklimatische Messungen, mit besonderer Berücksichtigung des Katathermometers. Berlin: Julius Springer 1937.
28. WEISS, P.: Die hygienischen Grundlagen der Lüftungstechnik mit spezieller Berücksichtigung der Kata-Thermometrie zur Bestimmung der Entwärmungsverhältnisse. Diss. Eidgen. Techn. Hochschule Nr. 379. Zürich 1924.
29. CAMMERER, J. S.: Die konstruktiven Grundlagen des Wärme- und Kälteschutzes im Wohn- und Industriebau. Berlin: Julius Springer 1936.
30. — Der Wärme- und Kälteschutz in der Industrie. 2. Aufl. Berlin: Julius Springer 1938.
31. VDI-Richtlinien für die Lüftung von Fabrikräumen und handwerklichen Werkstätten. Berlin: VDI-Verlag G. m. b. H. 1940.
32. FORSTER, H.: Studien über Kondensationskerne; ihre physikalische und biologische Bedeutung im Außen- und Innenklima. Diss. Eidgen. Techn. Hochschule Zürich 1940.
33. KUFFERATH, A.: Klima-Anlagen für Industrie und Gewerbe unter besonderer Berücksichtigung der Textilindustrie. Berlin-Steglitz: Chemisch-technischer Verlag Dr. G. Bodenbender 1940.

2. Weitere Hinweise.

Die nachfolgende Zusammenstellung ist nur eine Ergänzung der Schrifttumshinweise in diesem sowie dem vorstehend unter Nr. 18 aufgeführten Buch: „Die Heiz- und Lüftungsanlagen in den verschiedenen Gebäudearten". Auf die daselbst in Frage kommenden Seitenzahlen ist nachstehend unter den einzelnen Überschriften jeweils zuerst hingewiesen. Zwecks Vermeidung von Doppelspurigkeiten und um den Umfang des Buches nicht unnötig zu erweitern, sind jedoch alle in den beiden Büchern bereits aufgeführten Arbeiten weggelassen worden. Abgesehen von Ausnahmen beziehen sich die nachfolgenden Angaben zudem nur auf die einschlägigen in den Jahrgängen 1937 bis anfangs 1940 im *Gesundh.-Ing.* und 1939 bis anfangs 1940 in *Heizung und Lüftung* sowie *Wärme- und Kältetechnik* erschienenen oder besprochenen Arbeiten. Es handelt sich also nicht um eine vollständige Übersicht über das in Frage kommende Schrifttum.

a) Wohnhäuser.

KÄMPER, HOTTINGER u. v. GONZENBACH: [18] S. 96/99.

JOHNSON, O. W., u. T. A. POLLARD: Wohnraumkühlung für Ölfelder in den Tropen. Heat. & Vent. Bd. 36 (1939) Heft 9 S. 43/46. Kurzbericht in Wärme- u. Kältetechn. Bd. 42 (1940) Heft 3 S. 42.

SEVERNS, W. H., u. P. E. MOHN: Klimaanlagen für ganzjährigen Betrieb. Univ. Illinois Bull. Bd. 36 (1939) Heft 76, Circular Nr. 37, S. 7/28. Kurzbericht in Wärme- u. Kältetechn. Bd. 42 (1940) Heft 2 S. 27.

PATORNO, S. A. S.: Das erste klimatisierte Miethaus New Yorks. Heat. & Vent. Bd. 36 (1939) Heft 7 S. 28/31. Kurzbericht in Wärme- u. Kältetechn. Bd. 42 (1940) Heft 1 S. 11.

KRATZ, A. P., S. KONZO, M. K. FAHNESTOCK u. E. L. BRODERICK: Die Luftkühlung im Forschungs-Wohnhaus während des Sommers 1938. Heat. Pip. Air. Condit. Bd. 11 (1939) Heft 8 S. 515/524. Kurzbericht in Wärme- u. Kältetechn. Bd. 41 (1939) Heft 11 S. 168.

NESSI, A.: Untersuchungen der natürlichen Lüftung von Wohngebäuden. Ann. Inst. Techn. Bd. 3 (1938) Heft 4 S. 1/26. Kurzbericht im Gesundh.-Ing. Bd. 62 (1939) Heft 1 S. 14.

HAPPEL, O.: Klima-Warmluftheizung für Wohnhäuser. Gesundh.-Ing. Bd. 61 (1938) Heft 28 S. 381/386.

TAROK, E.: Klimatisierung von Wohnhäusern. Besprechung in Heizg. u. Lüftg. Bd. 12 (1938) Heft 9 S. 150.

LIESE, W.: Küchen- und Abortlüftung in Wohnungen. Gesundh.-Ing. Bd. 59 (1936) Heft 51 S. 745/747.

b) Krankenhäuser.

KÄMPER, HOTTINGER u. v. GONZENBACH: [18] S. 137/145 und 158.

Über eine Bewetterungsanlage in einem Krankenhaus. Heat. & Vent. Bd. 36 (1939) Heft 2 S. 30. Kurzbericht im Gesundh.-Ing. Bd. 62 (1939) Heft 51 S. 723.

WOLFER, H.: Klimatechnik und Heilbehandlung im Krankenhaus. Z. VDI Bd. 82 (1938) Heft 21 S. 603/609. Kurzbericht im Gesundh.-Ing. Bd. 61 (1938) Heft 35 S. 491/492.

YAGLOU, A. G.: Luftbewetterungsergebnisse in einem Krankenhaus. Heat. & Vent. Bd. 34 (1937) Heft 2 S. 27 und Bd. 35 (1938) Heft 2 S. 55. Kurzbericht im Gesundh.-Ing. Bd. 61 (1938) Heft 27 S. 380.

YAGLOU, C. P.: Klima-Anlagen im Krankenhaus. Journ. industr. Hyg. et Toxicol. Bd. 18 (1936) Heft 10 S. 741ff.

c) Unterrichtsgebäude.

KÄMPER, HOTTINGER u. v. GONZENBACH: [18] S. 166/173.

Heizung und Lüftung eines bedeutenden Schulgebäudes. Heat. & Vent. Bd. 36 (1939) Heft 10 S. 21/23. Kurzbericht in Wärme- u. Kältetechn. Bd. 42 (1940) Heft 3 S. 43.

YOUNG, A. G.: Luftbehandlung in Schulen. Air condit. a. Refrig. News Bd. 28 (1939) Heft 6 S. 4. Kurzbericht in Wärme- u. Kältetechn. Bd. 42 (1940) Heft 2 S. 31/32.

d) Kirchen.

KÄMPER, HOTTINGER u. v. GONZENBACH: [18] S. 173/194.

Ständige Bewetterung und Brunnenwasserkühlung der Indianapolis-Kirche und Klimaanlage in der Long Island Kirche. Heat. & Vent. Bd. 34 (1937) Heft 6 S. 46 und Heft 8 S. 45. Kurzbericht im Gesundh.-Ing. Bd. 61 (1938) Heft 1 S. 14.

e) Geschäfts- und Bürogebäude.

KÄMPER, HOTTINGER u. v. GONZENBACH: [18] S. 204/205 und 211/216.

METZKOW, N.: Die Heizungs- und Lüftungsanlagen im Erweiterungsbau der Reichskanzlei Berlin. Z. VDI Bd. 83 (1939) Heft 23 S. 699/702. Kurzberichte im Gesundh.-Ing. Bd. 62 (1939) Heft 36 S. 550 und Heizg. u. Lüftg. Bd. 13 (1939) Heft 9 S. 139/140.

SCHMITT, K. H.: Baukörper und Klimaanlage des Bürohauses der Detroit Edison Co. Heizg. u. Lüftg. Bd. 13 (1939) Heft 3 S. 33/39. Kurzbericht in Wärme- u. Kältetechn. Bd. 41 (1939) Heft 1/3 S. 40.

PETERS, CH. A.: Betriebserfahrungen mit den größten Klimaanlagen der Welt. Refrig. Engng. Bd. 37 (1939) Heft 6 S. 375/378. Kurzbericht in Wärme- u. Kältetechn. Bd. 41 (1939) Heft 11 S. 168.

Heizung und Kühlung eines Bürohauses durch Kältemaschine. Heat. & Vent. Bd. 36 (1939) S. 64. Kurzbericht in Heizg. u. Lüftg. Bd. 13 (1939) Heft 7 S. 111.

MERILL, F. A.: Getrennte Heiz- und Lüftungsanlage in einem großen Geschäftshaus. Heat. & Vent. Bd. 36 (1939) Heft 4 S. 19/23. Kurzberichte im Gesundh.-Ing. Bd. 62 (1939) Heft 36 S. 551 und Heizg. u. Lüftg. Bd. 13 (1939) Heft 8 S. 126.

SMITH, A. M.: Künstliche Belüftung eines Bankhauses in Hong Kong. Engineer Bd. 164 (1938) Heft 4260/4261 S. 259/260 u. 274/276. Kurzbericht im Gesundh.-Ing. Bd. 62 (1939) Heft 1 S. 13/14.

WILLNER, M.: Die heiz- und lüftungstechnischen Anlagen im Führerbau der NSDAP. Gesundh.-Ing. Bd. 61 (1938) Heft 39 S. 539/542.

HERBST, W.: Klimatechnik in amerikanischen Bürogebäuden. Heizg. u. Lüftg. Bd. 12 (1938) S. 97/104.

KLESCHKA, J.: Über die Klimaanlage im Zentralgebäude der Elektrischen Unternehmungen der Hauptstadt Prag. Gesundh.-Ing. Bd. 59 (1936) Heft 10 S. 129/138.

f) Industrie und Gewerbe.

KÄMPER, HOTTINGER u. v. GONZENBACH: [18] S. 297/299 und 305/317.

STROCK, CL.: Bewetterung einer Werkshalle. Heat. & Vent. Bd. 36 (1939) Heft 11 S. 28/34. Kurzbericht im Gesundh.-Ing. Bd. 63 (1940) Heft 16 S. 194/195.

Klimatisierung in der Räucherei. Food Ind. Bd. 11 (1939) Heft 9 S. 490/491. Kurzbericht in Wärme- u. Kältetechn. Bd. 42 (1940) Heft 3 S. 43.

JORDAN, F. O.: Winter- und Sommerluftbewetterung in einer Heilmittelfabrik. Neuzeitliche Dampfheizart und ihre Überwachung in einer Heilmittelfabrik. Heat. & Vent. Bd. 36 (1939) Heft 6 S. 27 u. Heft 7 S. 67. Kurzbericht im Gesundh.-Ing. Bd. 63 (1940) Heft 5 S. 59.

Luftbehandlung bei der Eisenverhüttung. Iron Age Bd. 144 (1939) Heft 3 S. 38/39. Kurzbericht in Wärme- u. Kältetechn. Bd. 42 (1940) Heft 1 S. 11.

SCHMIDT, E. G.: Klima-Anlagen in der Erzeugung und Verarbeitung von Zellwolle und Kunstseide. Zellwolle Bd. 5 (1939) Heft 6 S. 190 u. Heft 7 S. 236.

SPEIDEL, W.: Klima-Anlagen und ihre Bedeutung für die Elektrizitätsversorgung. Elektrizitätswirtsch. Bd. 38 (1939) Heft 2 S. 27ff.

FERDERBER, M. B.: Klimatisierung in der Industrie. Heat. Pip. Air Condit. Bd. 11 (1939) Heft 4 S. 255/268. Kurzbericht in Wärme- u. Kältetechn. Bd. 41 (1939) Heft 7 S. 105.

FLEISHER, W. L., A. E. STACEY, F. C. HOUGHTON u. M. B. FERDERBER: Luftbewetterung in der Industrie, physiologische Vorgänge bei einzelnen Arbeiten in hohen Bereichen der wirksamen Temperatur. J. Inst. Heat. & Vent. Engr. Bd. 7 (1939) Heft 74 S. 48/112, ausführliche Besprechung im Gesundh.-Ing. Bd. 62 (1939) Heft 44 S. 634.

OVERTON, L. J.: Die Heizung von Industriegebäuden in Leichtbauweise. Heat. & Vent. Engr. Bd. 12 (1939) Heft 141 S. 405/407. Kurzbericht im Gesundh.-Ing. Bd. 62 (1939) Heft 43 S. 627.

DOWSON, C.: Kühlanlagen beim Bäcker. Refrig. Air Condit. Bd. 5 (1939) Heft 4 S. 17/18. Kurzbericht in Wärme- u. Kältetechn. Bd. 41 (1939) Heft 7 S. 105.

SCHMIDT, E. G.: Heizungs-, Lüftungs- und Klimaanlagen in Industriebauten. Baugilde Bd. 21 (1939) Heft 6 S. 168/174. Kurzbericht in Wärme- u. Kältetechn. Bd. 41 (1939) Heft 1/3 S. 40.

Die Klimaanlage der Industrial Rayon Corporation. Power Bd. 83 (1939) Heft 3 S. 76/78 u. 126. Kurzbericht in Wärme- u. Kältetechn. Bd. 41 (1939) Heft 1/3 S. 40.

SEBREE, G. M.: Klimatechnik in der Industrie. Die Feinmehlmühle. Heat. Pip. Air Condit. Bd. 11 (1939) Heft 1 S. 1/5 u. S. 19. Kurzbericht in Wärme- u. Kältetechn. Bd. 41 (1939) Heft 1/3 S. 40.

KORN: Die Bedeutung der Klimatisierung für die Papierprüfung. Wbl. Papierfabr. Bd. 70 (1939) Heft 1 S. 6/9, Heft 2 S. 33/36 und Heft 11 S. 247. Kurzbericht in Wärme- u. Kältetechn. Bd. 41 (1939) Heft 1/3 S. 40.

SCHMID, A.: Klimatisierung in der Papier- und Druckindustrie. Papierfabrikant Bd. 37 (1939) Heft 9 S. 65/69. Kurzbericht in Wärme- u. Kältetechn. Bd. 41 (1939) Heft 1/3 S. 40/41.

KUFFERATH, A.: Die Bedeutung der Klimaanlagen in der Dunststoff-Fabrik. Dtsch. Parfümerie-Ztg. Bd. 25 (1939) Heft 18 S. 334 u. Heft 19 S. 349.

KERN, J. F.: Bemerkenswerte Klimaanlagen für ein Baumwoll-Laboratorium. Heat. & Vent. Bd. 36 (1939) Heft 6 S. 33/38. Kurzbericht in Wärme- u. Kältetechn. Bd. 41 (1939) Heft 8 S. 121 sowie Gesundh.-Ing. Bd. 63 (1940) Heft 15 S. 183.

MONSELL, J. R.: Luftklimatisierung bei niedrigen Temperaturen in Flugmotoren-Laboratorien. Refrig. Engng. Bd. 37 (1939) Heft 4 S. 232/234. Kurzbericht in Wärme- u. Kältetechn. Bd. 41 (1939) Heft 8 S. 122.

MENSING, P.: Lüftungstechnische Forderungen beim Bau und Betrieb von gewerblichen Arbeitsräumen. Gesundh.-Ing. Bd. 62 (1939) Heft 50 S. 701/703.

SLADE, F. H.: Die Luftbewetterung in der Bäckerei. Heat. & Vent. Engr. Bd. 12 (1938) Heft 137 S. 206/209. Kurzbericht im Gesundh.-Ing. Bd. 62 (1939) Heft 25 S. 358/359.

Klimaanlage für die Filmentwicklung. Wärme Bd. 61 (1938) Heft 19 S. 358. Kurzbericht im Gesundh.-Ing. Bd. 62 (1939) Heft 2 S. 25.

SÜLZLE, W.: Vollautomatische Klima-Anlagen in Industriewerken. Heizg. u. Lüftg. Bd. 12 (1938) Heft 9 S. 129ff.

COSDEN, L. G. W.: Abschnittweise Luftbewetterung unter besonderer Berücksichtigung der Arbeitsverhältnisse in der Textilindustrie. Heat. & Vent. Engr. Bd. 11 (1938) Heft 128 S. 415/417. Kurzbericht im Gesundh.-Ing. Bd. 61 (1938) Heft 24 S. 335.

BAHLSEN, H.: Erfahrungen mit Klimaanlagen in der Süßwarenindustrie. Techn. u. Wirtsch. Bd. 31 (1938) S. 293/295. Kurzbericht in Heizg. u. Lüftg. Bd. 13 (1939) Heft 1 S. 13.

SCHROEDER, F.: Der Wert der Bewetterungsanlagen für die Werkzeugmaschinen-Industrie. Werkzeugmaschine Bd. 42 (1938) Heft 20.

SACHS, H. W.: Die Luftbewetterung im Agfa-Ansco-Film-Lagerhaus. Heat. & Vent. Bd. 34 (1937) Heft 8 S. 31/36. Kurzbericht im Gesundh.-Ing. Bd. 61 (1938) Heft 17 S. 237.

Marsh, M. C.: Feuchtigkeit in der Industrie. J. Heat. & Vent. Engr. Bd. 4 (1937) Heft 47 S. 534/559, ausführlicher Bericht in Gesundh.-Ing. Bd. 61 (1938) Heft 7 S. 94.

KUFFERATH, A.: Über Feuchtigkeitsmessung und -regelung in den Betrieben der Schieß- und Sprengstoffindustrie. Z. ges. Schieß- u. Sprengstoffw. Bd. 32 (1937) Heft 11 S. 305ff.

JUNGNITZ, G.: Klimaanlagen für Industrie. Wärme Bd. 59 (1936) Heft 44 S. 745/746. Kurzbericht im Gesundh.-Ing. Bd. 60 (1937) Heft 5 S. 76.

g) Gasthäuser und Gaststätten, Speisewirtschaften, Vergnügungsstätten usw.

KÄMPER, HOTTINGER u. v. GONZENBACH: [18] S. 229/233, 237/238 und 240/245.

h) Warenhäuser und Markthallen.

KÄMPER, HOTTINGER u. v. GONZENBACH: [18] S. 220 und 225/227.

STAHL, W. A.: Das größte Gebäude der Welt beginnt sein Luftbewetterungsprogramm. Heat. & Vent. Bd. 34 (1937) Heft 9 S. 65/68. Kurzbericht im Gesundh.-Ing. Bd. 61 (1938) Heft 18 S. 250. (Betrifft das neue Warenhaus in Chicago.)

BAILEY, G. R.: Die Luftbewetterung in dem größten Kornmarkt der Welt. Heat. & Vent. Bd. 34 (1937) Heft 8 S. 47/49. Kurzbericht im Gesundh.-Ing. Bd. 61 (1938) Heft 11 S. 153.

VOGT, H.: Die Heizungs- und Lüftungsanlage der Markthalle in Karlsruhe i. B. Gesundh.-Ing. Bd. 59 (1936) Heft 5 S. 57/60.

i) Kunsthäuser, Museen, Büchereien, Archive usw.

KÄMPER, HOTTINGER u. v. GONZENBACH: [18] S. 257/266.

Die Nationalgalerie in Washington wird klimatisiert. Heat. & Vent. Bd. 36 (1939) S. 60. Kurzbericht in Heizg. u. Lüftg. Bd. 13 (1939) Heft 7 S. 111.

ORENGO, L.: Neue Heizungs- und Klimaeinrichtungen der Nationalbibliothek. Chauff. Vent. Condit. Bd. 16 (1939) Heft 2 S. 86/92. Kurzbericht im Gesundh.-Ing. Bd. 62 (1939) Heft 35 S. 539.

k) Saalbauten, Kongreßgebäude usw.

KÄMPER, HOTTINGER u. v. GONZENBACH: [18] S. 240/245.

GUT, A.: Klimaanlage im Alten Rathaus in München. Gesundh.-Ing. Bd. 59 (1936) Heft 3 S. 29/33.

l) Ausstellungs-, Fest-, Flugzeug- und andere Hallen.

SANFORD, R. A.: Heiz- und lüftungstechnische Einrichtungen für die Weltausstellung 1939 in New York. Heat. Pip. Air Condit. Bd. 11 (1939) Heft 2 S. 75/78. Kurzberichte in Heizg. u. Lüftg. Bd. 13 (1939) Heft 8 S. 126 und Wärme- u. Kältetechn. Bd. 41 (1939) Heft 1/3 S. 39.

SPILLHAGEN, W.: Die Beheizung von Flugzeughallen. Gesundh.-Ing. Bd. 62 (1939) Heft 5 S. 61.

SCHULZE, A.: Die Beheizung großer Hallen. Stahl u. Eisen Bd. 59 (1939) S. 685/689. Kurzbericht in Heizg. u. Lüftg. Bd. 13 (1939) Heft 9 S. 141.

GRUNOW, W.: Die Heizung und Lüftung der Jahrhunderthalle in Breslau. Gesundh.-Ing. Bd. 61 (1938) Heft 39 S. 560/564.

FABER, O., u. J. R. KELL: Die Earls Court-Ausstellungshalle. J. Instn. Heat. & Vent. Engr. Bd. 6 (1938) Heft 61 S. 29/53. Kurzbericht im Gesundh.-Ing. Bd. 61 (1938) Heft 38 S. 529.

Die Lüftung des Deutschen Hauses auf der Weltausstellung Paris 1937. Gesundh.-Ing. Bd. 60 (1937) Heft 43 S. 655/656.

Heizung und Lüftung der Brüsseler Ausstellungshallen. Herausgegeben vom Service du Gaz der Stadt Brüssel. Gesundh.-Ing. Bd. 60 (1937) Heft 2 S. 30.

WIETFELDT, W.: Die Lüftung in Arbeitshallen und Großwerkstätten. Reichsarb.-Bl. Bd. 17 (1937) Heft 3 III S. 17/22. Kurzbericht im Gesundh.-Ing. Bd. 60 (1937) Heft 19 S. 282.

m) Theater und Lichtspielhäuser.

KÄMPER, HOTTINGER u. v. GONZENBACH: [18] S. 246/256.

HENTON, L. W. J.: Klimatisierung in Lichtspielhäusern. Ice Cold Stor. Bd. 42 (1939) Nr. 490 S. 7/8. Kurzbericht in Wärme- u. Kältetechn. Bd. 41 (1939) Heft 4/5 S. 74.

— Klimatechnik in englischen Lichtspielhäusern. J. Instn. Heat. & Vent. Engr. Dez. 1938, ausführlicher Bericht in Heizg. u. Lüftg. Bd. 13 (1939) Heft 4 S. 56/57.

VENTILATOR, A. G. STÄFA: Die Luftkonditionierungsanlage im neuen Kinotheater „Rex" in Zürich. Schweiz. Techn. Z. 1936 Heft 30.

n) Badehäuser, Hallenschwimmbäder.

KÄMPER, HOTTINGER u. v. GONZENBACH: [18] S. 278/281.

o) Gewächshäuser.

KÄMPER, HOTTINGER u. v. GONZENBACH: [18] S. 113/114.

p) Luftschutzräume.

SALMON, F.: Luftschutzräume. Ann. Inst. Techn. Batim. Travaux Publ. Bd. 4 (1939) Heft 1 S. 18/40. Kurzbericht im Gesundh.-Ing. Bd. 63 (1940) Heft 5 S. 59/60.

AMT SCHÖNHEIT DER ARBEIT DER DAF.: Richtlinien für Lüftungsbehelf bei Verdunkelung. Kurze Besprechung in Wärme- u. Kältetechn. Bd. 42 (1940) Heft 1 S. 9.

BEAUFRAUX, G., u. L. DUPONT: Die Luftbewetterung in Luftschutzkellern. Travaux Bd. 23 (1939) Heft 79 S. 298/302. Kurzbericht im Gesundh.-Ing. Bd. 62 (1939) Heft 46 S. 662/663 sowie Wärme- u. Kältetechn. Bd. 42 (1940) Heft 1 S. 14.

Wesentliche Gesichtspunkte zur Belüftung von Luftschutzräumen. Heat. & Vent. Engr. Bd. 12 (1939) Heft 142 S. 446/452. Kurzbericht im Gesundh.-Ing. Bd. 62 (1939) Heft 34 S. 523.

NIEBEL, TH.: Luftverbesserung in Luftschutzräumen. Diss. Hamburg 1936.

q) Fahrzeuge.

α) *Eisenbahnwagen.*

KÄMPER, HOTTINGER u. v. GONZENBACH: [18] S. 325/329.

LANG, G.: Die Wärmepumpe für Eisenbahnwagen. Refrig. Engng. Bd. 37 (1939) Heft 4 S. 240 u. 268. Kurzbericht in Wärme- u. Kältetechn. Bd. 42 (1940) Heft 1 S. 15.

GUARINI, E.: Bemerkung zur Klimatisierung von Fahrzeugen. Wärme- u. Kältetechn. Bd. 41 (1939) Heft 7 S. 99.

BROUWER, J. CH. H.: Luftbehandlung in Eisenbahnwagen in den Tropen. Gesundh.-Ing. Bd. 62 (1939) Heft 9 S. 121/126.

CHILTON, A. H.: Klimaanlagen in Eisenbahnwagen. Ice Cold Stor. Bd. 42 (1939) Heft 493 S. 55/56. Kurzbericht in Wärme- u. Kältetechn. Bd. 41 (1939) Heft 4/5 S. 74.

BAUR, H.: Heizung, Lüftung und Luftkühlung der amerikanischen Eisenbahnpersonenwagen. Gesundh.-Ing. Bd. 62 (1939) Heft 5 S. 57/61 und Heft 6 S. 76/80 sowie Heizg. u. Lüftg. Bd. 13 (1939) Heft 4 S. 58/60. Ferner: Org.Fortschr. Eisenbahnw. Bd. 94 (1939) Heft 17 S. 331/338. Kurzbericht in Wärme- u. Kältetechn. Bd. 42 (1940) Heft 1 S. 12.

ASPENBERG, E.: Belüftungsanordnungen für schwedische Eisenbahnwagen. Tekn. T. Bd. 69 (1939) Heft 20 S. 308/310. Kurzbericht in Wärme- u. Kältetechn. Bd. 41 (1939) Heft 11 S. 169.

BAUR, H.: Heizung und Lüftung der Triebwagen der Deutschen Reichsbahn. Heizg. u. Lüftg. Bd. 12 (1938) Heft 12 S. 185/192.

BOILEAU, CH.: Die Kühlung von Eisenbahnwagen in sehr heißen Ländern. Chauff. Vent. Condit. Bd. 14 (1937) Heft 8 S. 206/211. Kurzbericht im Gesundh.-Ing. Bd. 61 (1938) Heft 11 S. 152.

Bewetterung in Eisenbahnpersonenwagen, Chikago: Association of American Railroads 1937, Besprechung im Gesundh.-Ing. Bd. 61 (1938) Heft 6 S. 87.

DAMOND, E.: Luftaufbereitung und Heizung von Eisenbahnwagen. Rly. Gaz., N. Y. Bd. 66 (1937) Heft 2 S. 72/73. Kurzbericht im Gesundh.-Ing. Bd. 60 (1937) Heft 25 S. 407.

MAUCK, P.: Klimaanlage für Doppeldeck-Eisenbahnwagen. Z. VDI Bd. 81 (1937) Heft 48 S. 1383/1386. Kurzbericht im Gesundh.-Ing. Bd. 61 (1938) Heft 14 S. 194.

LEBOUCHER: Luftaufbereitung in Eisenbahnwagen, System „P. O.-Midi“. Rev. gén. Chem.-de-Fer Bd. 55 (1936) Heft 5 S. 324/330. Kurzbericht im Gesundh.-Ing. Bd. 59 (1936) Heft 31 S. 474/475.

BAUR, H., u. W. LIESE: Versuche zur Hygiene der Heizung und Lüftung in Eisenbahnwagen. Gesundh.-Ing. Bd. 59 (1936) Heft 32 S. 477/482.

β) Autobusse, Kraftfahrzeuge.

MALLINCKRODT, A. J., u. L. HANSEN: Klimaanlagen für Autobusse. Refrig. Engng. Bd. 37 (1939) Heft 6 S. 388/390 u. 399. Kurzbericht in Wärme- u. Kältetechn. Bd. 42 (1940) Heft 1 S. 11.

Klimaanlagen für Autobusse. Heat. & Vent. Bd. 36 (1939) S. 63. Hinweis auf die Verbreitung solcher Anlagen in Heizg. u. Lüftg. Bd. 13 (1939) Heft 7 S. 111.

Heizung und Lüftung von Kraftfahrzeugen. Heizg. u. Lüftg. Bd. 13 (1939) Heft 4 S. 55.

γ) Schiffe.

BOODEN, A.: Die Klimaanlage an Bord des M. S. „Oranje“. Polyt. Weekbl. Bd. 33 (1939) Heft 11 S. 397/398. Kurzbericht in Wärme- u. Kältetechn. Bd. 42 (1940) Heft 3 S. 42.

FRENCH, D. M.: Neuzeitliche Verfahren der Schiffsheizung und -lüftung. Heat. & Vent. Eng. Bd. 12 (1939) Heft 144 S. 550/554. Kurzbericht im Gesundh.-Ing. Bd. 63 (1940) Heft 6 S. 70/71.

BEHRINGER, H.: Klimatologische Untersuchungen auf Schiffen, Luchtbehandlg. Sonderbeil. z. Polyt. Weekbl. Bd. 33 Nr. 3 (1939) Heft 12 S. 41/43. Kurzbericht in Wärme- u. Kältetechn. Bd. 41 (1939) Heft 11 S. 168 sowie im Gesundh.-Ing. Bd. 62 (1939) Heft 41 S. 603.

SCHÄFFR, D.: Lüftung auf Seeschiffen. Heizg. u. Lüftg. Bd. 11 (1937) Heft 12 S. 182/188.

POORTMAN, CH.: Luftbehandlungsanlage an Bord der „Nieuw Amsterdam“ der Holland-Amerika-Linie. Luchtbehandeling. Beil. Polyt. Weekbl. Bd. 32 (1938) S. 27 u. 31. Kurzbericht im Gesundh.-Ing. Bd. 62 (1939) Heft 10 S. 147.

δ) Flugzeuge und Luftschiffe.

Dampfluftheizung für Flugzeuge. Heizg. u. Lüftg. Bd. 13 (1939) Heft 1 S. 9.

RIEGER, L.: Die Lüftungs- und Heizungsanlage des LZ 129. Gesundh.-Ing. Bd. 60 (1937) Heft 20 S. 300/303.

r) Gebäude für landwirtschaftliche Zwecke (Ställe, Geflügelhöfe, Herstellungs-, Pack-, Aufbewahrräume usw.).

KÄMPER, HOTTINGER u. v. GONZENBACH: [18] S. 99.

Landwirtschaftliche Anwendung der Klimatechnik. Heat. & Vent. Bd. 36 (1939) Heft 11 S. 51/55. Kurzbericht in Wärme- u. Kältetechn. Bd. 42 (1940) Heft 3 S. 42.

HOTTINGER, M.: Stallüftung. Gesundh.-Ing. Bd. 63 (1940) Monat Juni.

BAROTT, H. G.: Luftbewetterung und ihre Bedeutung bei der Geflügelzuchtuntersuchung. Heat. & Vent. Bd. 36 (1939) Heft 9 S. 23/25. Kurzbericht im Gesundh.-Ing. Bd. 63 (1940) Heft 11 S. 130/131 sowie Wärme- u. Kältetechn. Bd. 42 (1940) Heft 3 S. 43.

OBER, J., u. R. WEISE: [20].

MULDER, L. L.: Die Lüftung der Kuhställe der Bauerngehöfte in dem niederländischen Wieringermeer-Polder. Mitteilung der Warmte-Stichting, Utrecht. Gesundh.-Ing. Bd. 62 (1939) Heft 30 S. 417/423.

CAMMERER, J. S.: Der Mindestwärmeschutz im ländlichen Wohn- und Stallbau. Wärme- u. Kältetechn. Bd. 41 (1939) Heft 8 S. 109/116.

PFISTER, J., H. SCHNYDER u. E. HALDEMANN: Landwirtschaftliche Baukunde, 2. Aufl. Frauenfeld: Huber & Co. A. G. 1938.

OTT, J.: Der Landfreundbaumeister, ein praktischer Ratgeber zur Erstellung zweckmäßiger, billiger Bauten und Einrichtungen im ländlichen Eigenheim. Bern: Landfreund-Genossenschaft.

CAMPBELL, F. L.: Heizung und Lüftung im Geflügelhof. Heat. Pip. Air Condit. März 1932.

FELIX, O., u. P. HUG: Der Milchviehstall für schweizerische Verhältnisse. Schriften der Schweiz. Milchkommission, Heft 1. 2. Aufl. Bern: Verlag der Verbandsdruckerei A.G. 1929.

BRUNE, H.: Beheizung und Lüftung eines Raubtierhauses. Gesundh.-Ing. Bd. 49 (1926) Heft 34 S. 522/523.

Elektrische Heizung und Lüftung für Kriechtiere. The Times, London, 2. Aug. 1926. Kurzbericht im Gesundh.-Ing. Bd. 49 (1926) Heft 42 S. 653.

Beheizung von Hühnerbrutanstalten. Gesundh.-Ing. Bd. 49 (1926) Heft 42 S. 658 und Heft 45 S. 707/708.

s) Tunnels.

(*Stollen- und Tunnelbau, Bahn- und Straßentunnels.*)

KÄMPER, HOTTINGER u. v. GONZENBACH: [18] S. 317.

Die selbsttätige Lüftung eines New Yorker Fahrzeugtunnels. Heat. & Vent. Bd. 36 (1939) Heft 10 S. 44/45. Kurzbericht im Gesundh.-Ing. Bd. 63 (1940) Heft 18 S. 223.

SCHNITTER, E.: Die Gründung der Lüftungsgebäude des Maastunnels in Rotterdam. Schweiz. Bauztg. Bd. 113 (1939) Heft 12 S. 143/147. Kurzbericht in Wärme- u. Kältetechn. Bd. 41 (1939) Heft 7 S. 104.

ANDREAE, C.: Zum Problem der Autostraßentunnel. Schweiz. Bauztg. Bd. 114 (1939) Heft 1 S. 1 u. Heft 2 S. 20. Kurzbericht im Gesundh.-Ing. Bd. 63 (1940) Heft 6 S. 72.

— Zur Frage der Lüftung langer Autotunnel. Schweiz. Bauztg. Bd. 111 (1938) Heft 18 S. 225/230. Kurzbericht im Gesundh.-Ing. Bd. 61 (1938) Heft 41 S. 601.

BERESTNEFF, A. A.: Die Lüftungsanlagen des East-Boston-Traffic-Tunnel. Heat. & Vent. Bd. 29 (1932) Heft 9 S. 38. Kurzbericht im Gesundh.-Ing. Bd. 56 (1933) Heft 10 S. 119.

t) Bergwerke.

MARTIN, O.: Aufbau und Wirkung von Wetterkühlanlagen. Mitt. Forsch.-Anst. Gutehoffn., Oberhausen (Rhld.) Bd. 7 (1939) Heft 9 S. 195/204. Kurzbericht in Wärme- u. Kältetechn. Bd. 42 (1940) Heft 3 S. 43.

PLANK, R.: Klimaanlagen in Bergwerken. Heizg. u. Lüftg. Bd. 14 (1940) Heft 2 S. 20/22.

RICHARDSON, A. S.: 4500000 kcal tägliche Kälteleistung im Bergwerk ohne Kältemaschine. Heat. & Vent. Bd. 36 (1939) Heft 2 S. 21/23. Kurzbericht in Wärme- u. Kältetechn. Bd. 42 (1940) Heft 2 S. 29 sowie im Gesundh.-Ing. Bd. 63 (1940) Heft 5 S. 58.

CLIVE, R., D. HAY u. J. C. F. STATHAM: Bergwerksbewetterung. Ein Rundblick über gegenwärtige Kenntnis und Übung. Colliery Guard. Bd. 159 (1939) Hefte 4097—4100. Kurzbericht in Wärme- u. Kältetechn. Bd. 42 (1940) Heft 2 S. 27/28.

LIESE, W.: Die menschliche Arbeitsbeanspruchung unter grubenklimatischen Bedingungen. Wärme- u. Kältetechn. Bd. 41 (1939) Heft 10 S. 150/151.

Martin, O.: Klimatisierung von Bergwerken. Wärme- u. Kältetechn. Bd. 41 (1939) Heft 10 S. 141/149 und Heft 11 S. 159/163.

Plank, R.: Die Klimatisierung von Bergwerken. Z. VDI Bd. 83 (1939) Heft 36 S. 1021/1029. Kurzbericht in Wärme- u. Kältetechn. Bd. 41 (1939) Heft 10 S. 154.

Schulz, W.: Ein neues Kühlverfahren für Bergwerke (Wetterlaborat., Bergakad., Clausthal). Techn. Mitt. Bd. 32 (1939) Heft 9 S. 264/265. Kurzbericht in Wärme- u. Kältetechn. Bd. 41 (1939) Heft 10 S. 154.

Fritzsche, H.: Heutiger Stand und Zukunftsmöglichkeiten der Wetterkühlung in heißen Gruben. 8. techn. Tag. d. Ver. f. d. bergbaul. Interessen, Essen, Sitzung vom 19. Juni 1939. Kurzbericht in Wärme- u. Kältetechn. Bd. 41 (1939) Heft 7 S. 104.

Stoces, B., u. B. Cernik: Bekämpfung hoher Grubentemperaturen. Berlin: Julius Springer 1938. Besprechung im Gesundh.-Ing. Bd. 61 (1938) Heft 15 S. 210/211.

u) Klimatisierung in den Tropen.

Mom, C. P.: Körpertemperatur in tropischen und gemäßigten Zonen. Gesundh.-Ing. Bd. 62 (1939) Heft 46 S. 660/661.

Vick, F.: Einfluß des tropischen Klimas auf Gestaltung und Konstruktion der Gebäude. Berlin 1938.

v) Verschiedene, sich auf Lüftung und Klimatisierung beziehende Aufsätze.

Ferrannini, L.: Die neuen Anschauungen auf dem Gebiet der Klimaphysiologie. Meteorol. Part Bd. 20 (1939) Heft 4 S. 157/176. Kurzbericht in Wärme- u. Kältetechn. Bd. 42 (1940) Heft 3 S. 46.

Mom, C. P.: Biophysische Fragen der Luftbehandlung. Chem. Weekbl. Bd. 36 (1939) Heft 43 S. 717/722. Kurzbericht in Wärme- u. Kältetechn. Bd. 42 (1940) Heft 3 S. 46.

Ness, W., u. F. C. Stewart: Kühlung von Luft durch Rippenrohre unter Abscheidung von Feuchtigkeit. Heat. & Vent. Bd. 36 (1939) Heft 10 S. 38/41. Kurzbericht in Wärme- u. Kältetechn. Bd. 42 (1940) Heft 3 S. 43.

Missenard, A.: Fortschritte auf dem Gebiete der Erkenntnis physiologischer Grundlagen und ihre praktische Anwendung bei der Lüftung. Chauff. Vent. Condit. Bd. 16 (1939) Heft 4 S. 151/158. Kurzbericht im Gesundh.-Ing. Bd. 62 (1939) Heft 47 S. 667/668.

Hasse, A.: Lärmbekämpfung, eine hygienische und wirtschaftliche Forderung. Gesundh.-Ing. Bd. 62 (1939) Heft 12 S. 165/169.

Kratz, A. P., u. H. R. Fellows: Druckverluste durch Querschnittsveränderungen in Luftleitungen. Forschungsber. Nr. 300 der Versuchsanstalt der Illinois Universität, Urbana, Ill. Kurzbericht im Gesundh.-Ing. Bd. 62 (1939) Heft 29 S. 415.

Brückner, G., u. Schmidt: Die Meßgeräte zur Überwachung der Temperatur und Feuchtigkeit in den Betrieben. Berlin: Karl Jahn-Verlag 1939, DIN A 5. Besprechung im Gesundh.-Ing. Bd. 62 (1939) Heft 45 S. 651.

Woltereck, H. v.: Klima, Wetter, Mensch. Leipzig: Quelle & Meyer 1938. Besprechung im Gesundh.-Ing. Bd. 62 (1939) Heft 32 S. 496.

Bradtke, F.: Grundlagen für Planung und Entwurf von Klimaanlagen. Z. VDI Bd. 82 (1938) Heft 52 S. 1473/1480. Kurzbericht im Gesundh.-Ing. Bd. 62 (1939) Heft 10 S. 147. Ausführlicher Bericht in Heizg. u. Lüftg. Bd. 13 (1939) Heft 1, S. 7/9.

Smith, R. W., u. T. B. Lloyd: Haupt- und Zusatzgesetze für Lüfterberechnungen. Heat. & Vent. Bd. 35 (1938) S. 32/34. Kurzbericht im Gesundh.-Ing. Bd. 62 (1939) Heft 27 S. 386.

Liese, W.: Raumklimatische Bewertungsgrundsätze in der Heizungs- und Lüftungstechnik. Bericht über den XV. Kongreß für Heizung und Lüftung 1938 S. 57/67.

Süpfle, K.: Der Einfluß des künstlichen Klimas auf den Menschen. Bericht über den XV. Kongreß für Heizung und Lüftung 1938 S. 49/56.

Milnes, A. H.: Die Wirtschaftlichkeit der Luftbewetterung. J. Instn. Heat. Vent. Engr. Bd. 6 (1938) Heft 66 S. 311/319. Kurzbericht im Gesundh.-Ing. Bd. 62 (1939) Heft 2 S. 25.

Kraemer, M. H.: Werkstoffe in der Heizungs- und Lüftungstechnik. Bericht über den XV. Kongreß für Heizung und Lüftung 1938 S. 75/78.

Lehmann, Günther: Die Filterung der Atemluft und deren Bedeutung für Staubkrankheiten. (Aus: Hygien., Bakteriolog. Immunitätsforschung u. experiment. Therapie Bd. 19) Berlin 1938.

KRATZER, A.: Das Stadtklima. Braunschweig: Friedr. Vieweg & Sohn 1937. Besprechung im Gesundh.-Ing. Bd. 61 (1938) Heft 11 S. 155.

FLEISHER, W. L.: Grundlagen der Luftbewetterung mit besonderer Berücksichtigung der wirksamen Temperatur. Heat. & Vent. Engr. Bd. 11 (1938) Heft 130 S. 484/487. Kurzbericht im Gesundh.-Ing. Bd. 61 (1938) Heft 41 S. 600.

LIESE, W.: Zur Behaglichkeitsbeurteilung bei Arbeit in warmer und feuchter Luft. Gesundh.-Ing. Bd. 61 (1938) Heft 30 S. 410.

KÜSTER, E., u. H. MEIXNER: Der Behaglichkeitsbeiwert der Luft. Gesundh.-Ing. Bd. 61 (1938) Heft 17 S. 225/229.

YAGLOU, C. P.: Der gegenwärtige medizinische Standpunkt der Luftbewetterung. Heat. & Vent. Bd. 35 (1938) Heft 5 S. 34/36. Kurzbericht im Gesundh.-Ing. Bd. 61 (1938) Heft 52 S. 756.

HERBST, W.: Amerikanische Klimatechnik. Heizg. u. Lüftg. Bd. 12 (1938) S. 57/60; vgl. dazu SCHMITT, K. H.: Zur Klimatechnik in Amerika. Heizg. u. Lüftg. Bd. 13 (1939) Heft 4 S. 60/61.

WOLKOW, G. I.: Befeuchtungskammern der Klimaanlagen, u. W. A. KONSTANTINOW: Die Berechnung von Befeuchtungskammern, Otoplenije i Ventiljazija (Heizung und Lüftung) Bd. 8 (1937) Heft 9 S. 1/5 u. Heft 10 S. 30/31. Kurzbericht im Gesundh.-Ing. Bd. 61 (1938) Heft 35 S. 489/490.

BENHAM, C. S. K.: Über die amerikanischen Heizungs- und Lüftungsverfahren. Heat. & Vent. Engr. Bd. 10 (1937) Heft 120 S. 524/530 u. 555/556, Bd. 11 (1937) Heft 121 S. 28/33. Kurzbericht im Gesundh.-Ing. Bd. 61 (1938) Heft 9 S. 124/125.

KOSSAK, W.: Klimaanlagen, Konstruktions- und Betriebsfragen. Z. öst. Ing.- u. Archit.-Ver. Bd. 89 (1937) Heft 27/28 S. 189/198. Kurzbericht im Gesundh.-Ing. Bd. 61 (1938) Heft 9 S. 125, vgl. auch Gesundh.-Ing. Bd. 61 (1938) Heft 24 S. 329/330.

SCHNEIDER, L.: Neuzeitliche Luftheizung und Klimatechnik. Gesundh.-Ing. Bd. 60 (1937) Heft 6 S. 81/84.

JUSATZ, H. J.: Einige ärztliche Gesichtspunkte zur Heizungs- und Lüftungsfrage. Gesundh.-Ing. Bd. 60 (1937) Heft 24 S. 380/385.

Praktische Angaben über Klimaanlagen. Heat. & Vent. Air Condit. Bd. 34 (1937) Heft 2 S. 51/52. Kurzbericht im Gesundh.-Ing. Bd. 60 (1937) Heft 29 S. 462.

REISNER: Gesundheitstechnik, Städtehygiene und Klima. Gesundh.-Ing. Bd. 60 (1937) Heft 34 S. 527/532.

DOLBY, E. R.: Lüftung und Bewetterung in neuzeitlichen Gebäuden. Heat. & Vent. Engr. Bd. 10 (1937) Heft 117 S. 389/394. Kurzbericht im Gesundh.-Ing. Bd. 60 (1937) Heft 42 S. 646/647.

HENLEY, A. T.: Luftverbesserung durch Kühlung und andere Verfahren. Heat. & Vent. Engr. Bd. 9/10 (1936) Heft 107/112 S. 420/422, 467/469, Bd. 9/11 S. 62/65, 125/127, 161/163. Kurzbericht im Gesundh.-Ing. Bd. 60 (1937) Heft 11 S. 169.

GHILARDI, F.: Neue Gedanken über Luftaufbereitung. Chauff. et Vent. Bd. 13 (1936) Heft 11 S. 305/315. Kurzbericht im Gesundh.-Ing. Bd. 60 (1937) Heft 32 S. 506.

BEDFORD, T.: Neuzeitliche Grundsätze auf dem Gebiete der Belüftung und Beheizung. Heat. & Vent. Engr. Bd. 10 (1936) Heft 110 S. 56/59. Kurzbericht im Gesundh.-Ing. Bd. 60 (1937) Heft 16 S. 238.

ADSHEAD, B.: Luftaufbereitung in ihren Beziehungen zum Wohlbefinden des Menschen. J. Inst. Heat. & Vent. Engr. Bd. 4 (1936) Heft 43 S. 281/295. Kurzbericht im Gesundh.-Ing. Bd. 60 (1937) Heft 17 S. 254.

WOLFER, H.: Verwendung von Klimaanlagen für öffentliche Bauten. Gesundh.-Ing. Bd. 59 (1936) Heft; 14 S. 189/195 u. Heft 15 S. 205/210.

LIESE, W.: Hygiene und Lüftung. Bericht über den XIV. Kongreß für Heizung und Lüftung 1935 S. 116/117.

NEUHAUS, K.: Lüftung und Baupolizei. Bericht über den XIV. Kongreß für Heizung und Lüftung 1935 S. 128/130.

GPSR Compliance

The European Union's (EU) General Product Safety Regulation (GPSR) is a set of rules that requires consumer products to be safe and our obligations to ensure this.

If you have any concerns about our products, you can contact us on ProductSafety@springernature.com

In case Publisher is established outside the EU, the EU authorized representative is:

Springer Nature Customer Service Center GmbH
Europaplatz 3
69115 Heidelberg, Germany

Batch number: 10684222

Printed by Printforce, the Netherlands